深入剖析
Kubernetes

前言

有很多人在學習 Kubernetes，但也有很多人抱怨 Kubernetes「太複雜了」。

這裡的根本問題在於，Kubernetes 的定位是「平台的平台」（The Platform for Platform），所以其核心功能、原本服務的對象是基礎平台工程師，而非業務研發人員與運維人員；它的宣告式 API 設計、CRD Operator 系統，也是為了方便基礎平台工程師，接入和構建新基礎設施能力而設計的。這就導致作為這些能力的最終使用者 —— 業務人員，實際上跟 Kubernetes 核心定位之間存在明顯的錯位；而且現有的運維體系和系統，跟 Kubernetes 之間也存在巨大的鴻溝。所以，首先需要說明的是，本書針對的最主要目標讀者是基礎平台工程師。

實際上，與傳統中間件從業務研發視角出發不同，雲原生基礎設施的革命是自底向上的。它始於 GoogleBorg/Omega 這種比「雲端計算」還要底層的容器基礎設施構建理念，然後逐層向上對底層的計算、儲存、網路進行了統一的抽象，這些抽象就是今天我們所熟知的 Pod、NetworkPolicy、Volume 等概念。基於基礎設施與生俱來的高門檻，和宣告式應用管理理論被接納的速度，直到 2019 年，社群對 Kubernetes 的認識才剛剛從「類 IaaS 基礎設施」、「資源管理與調度」，上升到「運維」這個維度。

所以，Kubernetes 的「複雜」是與生俱來的，這是一個專注於對底層基礎設施能力進行統一抽象的「能力接入層」的價值所在。而作為基礎平台工程師，你應該接受這種「複雜度」，並利用好這種「複雜度」背後各種精妙的設計，構建出真正面向使用者的上層系統，來服務自己的使用者。

這也是為何本書會反覆強調 Kubernetes 作為「標準化基礎設施能力接入層」這個定位和理念，帶著這樣的核心思想去審視和研究 Kubernetes 中的各種功能，去討論它的基礎模型與核心設計。我們希望透過不斷強調，能夠讓讀者在這個複雜而龐大的項目中抓到主線，真正起到「授之以漁」的效果。

最後，希望你在學習完本書之後，能夠理解所謂「宣告式 API 和控制器模式」的本質，是將底層基礎設施能力和運維能力接入 Kubernetes 的一種手段。而這個手段達成的最終效果，就是如今 Kubernetes 生態中數以千計的外掛程式化能力，讓你能夠基於 Kubernetes 輕鬆構建出各式各樣、面向使用者的上層平台。

我們更加希望的是，你能夠將本書內容「學以致用」，使用 Kubernetes 打造出下一代「以應用為中心」、高可擴展的雲原生平台系統。我們希望這些平台的使用者真正能夠以使用者視角來描述與部署應用，而不是「強迫」自己成為「Kubernetes 專家」。

這時候，作為基礎平台工程師，你可能就會更加理解「宣告式 API」的真諦：把簡單留給使用者，把複雜留給自己。

致謝

本書的成書少不了開源技術社群的大力支援，尤其是董殿宇、黃福臨、歐陽龍坤、潘冬子四位優秀的社群志工，對本書的審稿、術語翻譯、實踐環節 Kubernetes 版本的驗證等做出了非常巨大的貢獻，在此表示最真摯的謝意！

目錄

Part 2　Kubernetes 核心原理

⑤ chapter
Kubernetes 編排原理

⑥ chapter
Kubernetes 儲存原理

背景回顧：雲原生大事記

1.1 ▶ 初出茅廬

如果我問你，現今最熱門的伺服器端技術是什麼？想必你不假思索就能回答：當然是容器！可是，如果現在不是 2021 年而是 2013 年，你的回答還能這麼斬釘截鐵嗎？

現在就讓我們把時間撥回到 2013 年去看看吧！

2013 年的後端技術領域，已經太久沒有出現過令人興奮的東西了。曾經被人們寄予厚望的雲端運算技術，已經從當初虛無縹緲的概念蛻變成實實在在的虛擬機和帳單。而相較於如日中天的 AWS 和盛極一時的 OpenStack，以 Cloud Foundry 為代表的開源 PaaS，卻成了當時雲端運算技術中的一股清流。

當時，Cloud Foundry 已經差不多度過了最艱難的概念普及和使用者教育階段，吸引了華為、IBM 等一大批廠商，開啟了以開源 PaaS 為核心構建平台層服務能力的變革。如果你有機會問問當時的雲端運算從業者，他們十有八九會告訴你：PaaS 的時代就要來了！

這種說法其實一點也沒錯，如果不是後來一個叫 Docker 的開源專案突然冒出來的話。

事實上，當時還名叫 dotCloud 的 Docker 公司，也是這波 PaaS 熱潮中的一份子。只不過相比於 Heroku、Pivotal、Red Hat 等 PaaS 領導廠商，dotCloud 公司實在是太微不足道了，而它的主打產品由於跟主流的 Cloud Foundry 社群脫節，長期以來無人問津。眼看就要被如火如荼的 PaaS 風潮拋棄，這時 dotCloud 公司卻做出了這樣一個決定：將自己的容器專案 Docker 開源。

顯然，這個決定在當時根本沒人在乎。

「容器」這個概念從來就不新鮮，也不是 Docker 公司發明的。即使在當時最熱門的 PaaS 專案 Cloud Foundry 中，容器也只是其最底層、最沒人關注的那一部分。說到這裡，我就以當時的事實標準 Cloud Foundry 為例來解說 PaaS 技術。

PaaS 被大家接納的一個主要原因，就在於它提供了一種名為「應用託管」的能力。當時，虛擬機和雲端運算已經是比較普遍的技術和服務了，主流使用者的普遍用法就是租一批 AWS 或者 OpenStack 的虛擬機，然後像以前管理物理伺服器那樣，用腳本或者手動的方式在這些機器上部署應用程式。

當然，在部署過程中難免會遇到雲端虛擬機和本機環境不一致的問題，所以當時的雲端運算服務比的，就是誰能更好地模擬本機伺服器環境，提供更好的「上雲」體驗。而 PaaS 開源專案的出現，就是當時這個問題的最佳解決方案。

舉個例子，虛擬機建立好之後，運維人員只需在這些機器上部署一個 Cloud Foundry，然後開發者只要執行一條指令就能把本機應用程式部署到雲端上，這條指令就是：

```
$ cf push _ 我的應用程式 _
```

是不是很神奇？

事實上，像 Cloud Foundry 這樣的 PaaS 專案，最核心的元件就是一套應用程式的打包和分發機制。Cloud Foundry 為每種主流程式語言都定義了一種打包格式，而 `cf push` 的作用，基本上等同於使用者把應用程式的可執行檔和啟動腳本打進一個壓縮檔內，上傳到雲端上 Cloud Foundry 的儲存中。接著，Cloud Foundry 會透過調度器選擇一個可以執行這個應用程式的虛擬機，然後通知這個機器上的 Agent 下載應用程式壓縮檔並啟動。

這時關鍵點來了，由於需要在一個虛擬機上啟動多個來自不同使用者的應用程式，Cloud Foundry 會呼叫作業系統的 Cgroups 和 Namespace 機制為每一個應用程式單獨建立一個稱為「沙盒」的隔離環境，然後在「沙盒」中啟動這些應用程式行程。這樣就實現了把多個使用者的應用程式互不干涉地在虛擬機裡批次地、自動地執行起來的目的。

這正是 PaaS 最核心的能力。這些 Cloud Foundry 用來執行應用程式的隔離環境，或者說「沙盒」，就是所謂的「容器」。

Docker 實際上跟 Cloud Foundry 的容器並沒有太大的不同，所以在它發布後不久，Cloud Foundry 的首席產品經理 James Bayer 就在社群裡做了一次詳細比較，告訴使用者 Docker 實際上只是一個同樣使用 Cgroups 和 Namespace 實現的「沙盒」而已，沒有什麼特別的「黑科技」，也不需要特別關注。

然而短短幾個月，Docker 就迅速崛起了。它的崛起速度如此之快，以至於 Cloud Foundry 和所有的 PaaS 社群還沒來得及成為它的競爭對手，就直接被宣告出局。當時一位多年的 PaaS 從業者如此感慨道：這簡直就是一場「降維打擊」啊！

難道這一次，連闖蕩多年的「老江湖」James Bayer 也看走眼了嗎？

並沒有。事實上，Docker 確實與 Cloud Foundry 的容器在大部分功能和實現原理上一樣，可偏偏就是這剩下的一小部分不同的功能，成了 Docker 接下來「呼風喚雨」的不二法寶。

這個功能就是 **Docker 鏡像**。

恐怕連 Docker 的作者 Solomon Hykes 自己當時都沒料到，這個小小的創新，在短短幾年內就迅速改變了整個雲端運算領域的發展歷程。

如前所述，PaaS 之所以能夠幫助使用者大規模地部署應用程式到叢集裡，是因為它提供了一套應用程式打包的功能。可偏偏就是這個打包功能，成了 PaaS 日後不斷被使用者詬病的一個「弱點」。

出現這個問題的根本原因是，一旦用上 PaaS，使用者就必須為每種語言、每種框架，甚至每個版本的應用程式維護一個打好的包。這個打包過程沒有任何章法可循，更麻煩的是，明明在本機執行得好好的應用程式，卻需要做很多修改和配置工作才能在 PaaS 裡執行起來。而這些修改和配置並沒有什麼經驗可以借鑑，基本上得靠不斷偵錯，直到摸清了本機應用程式和遠端 PaaS 匹配的「脾氣」才能搞定。

結局就是，`cf push` 確實能一鍵部署了，但是為了實現這個一鍵部署，使用者為每個應用程式打包的工作可謂一波三折，費盡心機。

而 Docker 鏡像解決的恰恰就是打包這個根本性的問題。所謂 Docker 鏡像，其實就是一個壓縮檔。但是這個壓縮檔裡的內容，比 PaaS 的應用程式可執行檔＋啟停腳本的組合要豐富多了。實際上，大多數 Docker 鏡像是直接由一個完整作業系統的所有檔案和目錄構成的，所以這個壓縮檔裡的內容跟你本機開發和測試環境用的作業系統完全一樣。

這就有意思了：假設你的應用程式在本機執行時，能看見的環境是 CentOS 7.2 作業系統的所有檔案和目錄，那麼只要用 CentOS 7.2 的 ISO 做一個壓縮檔，再把你的應用程式可執行檔也壓縮進去，那麼無論在哪裡解這個壓縮檔，都可以得到與你本機測試時一樣的環境。當然，你的應用程式也在裡面！

這就是 Docker 鏡像最厲害的地方：只要有這個壓縮檔在手，你就可以使用某種技術建立一個「沙盒」，在「沙盒」中解這個壓縮檔，然後就可以執行你的程式了。

更重要的是，這個壓縮檔包含了完整的作業系統檔案和目錄，也就是包含了這個應用程式執行所需的所有相關檔案，所以你可以先用這個壓縮檔在本機進行開發和測試，完成之後再上傳到雲端執行。

在此過程中，你完全不需要進行任何配置或者修改，因為這個壓縮檔賦予了你一種極其寶貴的能力：本機環境和雲端環境高度一致！

這正是 Docker 鏡像的精髓。

那麼，有了 Docker 鏡像這個利器，PaaS 裡最核心的打包系統頓時就沒了用武之地，最讓使用者頭痛的打包過程中的麻煩也隨之消失了。相比之下，在當今的網路世界，Docker 鏡像需要的作業系統檔案和目錄可謂唾手可得。

所以，你只需要提供下載好的作業系統檔案與目錄，然後使用它製作一個壓縮檔即可，這個指令就是：

```
$ docker build _我的鏡像_
```

一旦鏡像製作完成，使用者就可以讓 Docker 建立一個「沙盒」來解這個鏡像的壓縮檔，然後在「沙盒」中執行自己的應用程式，這個指令就是：

```
$ docker run _我的鏡像_
```

當然，docker run 建立的「沙盒」也是使用 Cgroups 和 Namespace 機制建立出來的隔離環境。後文會詳細介紹該機制的實現原理。

所以，Docker 給 PaaS 世界帶來的「降維打擊」，其實是它提供了一種非常便利的打包機制。這種機制直接打包了應用程式執行所需要的整個作業系統，從而確保了本機環境和雲端環境的高度一致，避免了使用者透過「偵錯」來匹配不同執行環境之間差異的痛苦過程。

對於開發者來說，在終於體驗到了生產力解放所帶來的痛快之後，他們自然選擇了用「腳」投票，直接宣告了 PaaS 時代的結束。

不過，雖然 Docker 解決了應用程式打包的難題，但如前所述，它並不能代替 PaaS 完成大規模部署應用程式的職責。遺憾的是，考慮到 Docker 公司是一個與自己有潛在競爭關係的商業實體，再加上對 Docker 普及程度的誤判，Cloud Foundry 並沒有第一時間使用 Docker 作為核心依賴，去取代那套飽受詬病的打包流程。反倒是一些嗅覺敏銳的新創公司紛紛在第一時間推出了

Docker 容器叢集管理的開源專案（例如 Deis 和 Flynn），它們一般稱自己為 CaaS（Container-as-a-Service），用來跟「過時」的 PaaS 劃清界限。

在 2014 年底的 DockerCon 上，Docker 公司雄心勃勃地對外發布了自家研發的「Docker 原生」容器叢集管理工具 Swarm，不僅將這波「CaaS」熱推向了一個前所未有的高潮，更是寄託了整個 Docker 公司重新定義 PaaS 的宏偉願望。

在 2014 年的這段巔峰歲月裡，Docker 公司離自己的理想真的只有一步之遙。

小結

2013 ～ 2014 年，以 Cloud Foundry 為代表的 PaaS 專案逐漸完成了教育使用者和開拓市場的艱巨任務，也正是在這個將概念逐漸普及的過程中，應用程式「打包」困難這個問題成了整個後端技術圈的一個心病。

Docker 的出現為這個根本性的問題提供了一個近乎完美的解決方案。這正是 Docker 剛剛開源不久，就能夠帶領一家原本默默無聞的 PaaS 新創公司脫穎而出，並迅速占領所有雲端運算領域頭條的技術原因。

在成為了基礎設施領域近 10 年難得一見的技術明星之後，dotCloud 公司在 2013 年底大膽改名為 Docker 公司。不過，這個在當時就頗具爭議的改名舉動，成為了日後容器技術圈風雲變幻的一個關鍵伏筆。

1.2 ▶ 嶄露頭角

上一節講到，伴隨著 PaaS 概念的逐漸普及，以 Cloud Foundry 為代表的經典 PaaS 專案開始進入基礎設施領域的視野，平台化和 PaaS 化成了這個生態中最重要的進化趨勢。

就在對開源 PaaS 專案落地的不斷嘗試中，這個領域的從業者發現了 PaaS 中最為棘手也最急待解決的一個問題：究竟如何打包應用程式？

遺憾的是，無論是 Cloud Foundry、OpenShift，還是 Clodify，面對這個問題都沒能給出一個完美的答案，反而在競爭中走向了碎片化的歧途。

就在這時，一個並不引人矚目的 PaaS 新創公司 dotCloud，選擇了將自家的容器產品 Docker 開源。更出人意料的是，就是這樣一個普通到不能再普通的技術，卻開啟了一個名為「Docker」的全新時代。

你可能會有疑問，Docker 的崛起是不是偶然呢？

事實上，這個以「鯨魚」為註冊商標的技術新創公司，最重要的戰略之一就是：堅持把開發者放在至高無上的位置。

相比於其他正在企業級市場裡廝殺得頭破血流的經典 PaaS 專案，Docker 的推廣策略從一開始就呈現出一副「憨態可掬」的親人姿態，把每一位後端技術人員（而不是他們的老闆）作為主要的傳播物件。

簡潔的 UI，有趣的 demo，「1 分鐘部署一個 WordPress 網站」、「3 分鐘部署一個 Nginx 叢集」，這種跟開發者之間與生俱來的親近關係，使 Docker 迅速成為了全世界 Meetup 上最受歡迎的一顆新星。

在過去的很長一段時間裡，相較於前端和網路技術社群，伺服器端技術社群一直是一個相對沉悶而小眾的圈子。在這裡，從事 Linux 核心開發的技客內建「不合群」的「光環」，後端開發者「啃」著多年不變的 TCP/IP 發著牢騷，運維人員更是天生注定的幕後英雄。

而 Docker 為後端開發者提供了走向聚光燈下的機會。就例如 Cgroups 和 Namespace 這種已經存在多年卻很少被人們關心的特性，在 2014 年和 2015 年竟然頻繁入選各大技術會議的分享議題，就因為聽眾想知道 Docker 這個東西到底是怎麼一回事。

Docker 之所以能獲得如此高的關注度，一方面是因為它解決了應用程式打包和發布這一困擾運維人員多年的技術難題；另一方面是因為它第一次把一個純後端的技術概念，透過非常友善的設計和封裝，交到了最廣大的開發者群體手裡。

在這種獨特的氛圍烘托下，你不需要精通 TCP/IP，也無須深諳 Linux 核心原理，哪怕你只是前端或者網站的 PHP 工程師，都會對如何把程式碼打包成一個隨處可以執行的 Docker 鏡像充滿好奇和興趣。

這種受眾群體的變革，正是 Docker 這樣一個後端開源專案取得巨大成功的關鍵。這也是 PaaS 想做卻沒有做好的一件事情：PaaS 的最終使用者和受益者，一定是為這個 PaaS 編寫應用程式的開發者；而在 Docker 開源之前，PaaS 與開發者之間的關係從未如此緊密過。

Docker 解決了應用程式打包這個根本性的問題，同開發者有著與生俱來的親密關係，再加上 PaaS 概念已經深入人心的完美契機，都是讓 Docker 這個技術上看似平淡無奇的產品一舉走紅的重要原因。

一時之間，「容器化」取代「PaaS 化」成為了基礎設施領域最炙手可熱的關鍵字，一個以「容器」為中心的全新的雲端運算市場正呼之欲出。而作為這個生態的一手締造者，此時的 dotCloud 公司突然宣布將公司改名為「Docker」。

這個舉動在當時頗受質疑。在大家的印象中，Docker 只是一個開源專案的名字。可是現在，這個單字卻成了 Docker 公司的註冊商標，任何人在商業活動中使用這個單字以及鯨魚的 logo，都會立刻受到法律警告。

對「Docker 公司這個舉動到底葫蘆裡賣的什麼藥」這個問題，我們不妨後面再做解讀，因為相較於這件「小事」，Docker 公司在 2014 年發布 Swarm 才是真正的「大事」。

那麼，Docker 公司為什麼一定要發布 Swarm 呢？

透過我對 Docker 崛起背後原因的分析，你應該能發現這樣一個有意思的事實：雖然透過「容器」這個概念完成了對 PaaS 的「降維打擊」，但是 Docker 和 Docker 公司兜兜轉轉了一年多，還是回到了 PaaS 原本深耕了多年的那個戰場：如何讓開發者把應用程式部署在我的專案上。

沒錯，Docker 從發布之初就全面發力，從技術、社群、商業、市場全方位爭取到的開發者群體，實際上是為此後將整個生態吸引到自家 PaaS 上的一個

鋪墊。只不過那時，PaaS 的定義已經全然不是 Cloud Foundry 描述的那樣，而是變成了一套以 Docker 容器為技術核心、以 Docker 鏡像為打包標準的全新的「容器化」思路。

這正是 Docker 從一開始悉心運作「容器化」理念和經營整個 Docker 生態的主要目的。

而 Swarm 正是接下來承接 Docker 公司所有這些努力的關鍵所在。

小結

本節著重介紹了 Docker 在短時間內迅速崛起的三個重要原因：

- Docker 鏡像透過技術手段解決了 PaaS 的根本性問題；
- Docker 容器同開發者之間有著與生俱來的密切關係；
- PaaS 概念已經深入人心的完美契機。

1.3 ▶ 群雄並起

上一節解讀了 Docker 迅速走紅的技術原因與非技術原因，也介紹了 Docker 公司開啟平台化戰略的野心。可是，Docker 公司為什麼在 Docker 已經取得巨大成功之後，卻執意要走回那條已經讓無數先驅沉沙折戟的 PaaS 之路呢？

實際上，Docker 一日千里的發展趨勢一直伴隨著公司管理層和股東們的陣陣擔憂。他們心裡明白，雖然 Docker 備受追捧，但使用者最終要部署的還是他們的網站、服務、資料庫，甚至是雲端運算業務。

這就意味著，只有那些能夠為使用者提供平台層能力的工具才會真正成為開發者關心和願意付費的產品。而 Docker 這樣一個只能用來建立和啟停容器的小工具，最終只能充當這些平台的「幕後英雄」。

談到 Docker 的定位問題，就一定要提到 Docker 公司的老朋友和老對手 CoreOS 了。

CoreOS 是一個基礎設施領域的新創公司。它的核心產品是一個客製化的作業系統，使用者可以按照分布式叢集的方式，管理所有安裝這個作業系統的節點。如此一來，使用者在叢集裡部署和管理應用程式，就像使用單機一樣方便了。

Docker 發布後，CoreOS 公司很快就想到可以把「容器」的概念無縫整合到自己的這套方案中，從而為使用者提供更高層次的 PaaS 能力。所以，CoreOS 很早就成了 Docker 專案的貢獻者，並在短時間內成為了 Docker 專案中第二重要的力量。

然而，這段短暫的「蜜月期」到 2014 年底就草草結束了。CoreOS 公司以強烈的措辭宣布與 Docker 公司停止合作，並直接推出了自己研製的 Rocket（後來更名為 rkt）容器。

這次決裂的根本原因正是源於 Docker 公司對 Docker 定位的不滿足。而 Docker 公司解決這種不滿足的方法，則是讓 Docker 提供更多的平台層能力，即向 PaaS 方向進化。這顯然與 CoreOS 公司的核心產品和戰略發生了嚴重衝突。

也就是說，Docker 公司在 2014 年就已經定好了平台化的發展方向，並且絕對不會跟 CoreOS 在平台層面開展任何合作。這樣看來，Docker 公司在 2014 年 12 月的 DockerCon 上發布 Swarm 的舉動，也就一點都不突然了。

相較而言，CoreOS 是依託於一系列開源專案（如 Container Linux 作業系統、Fleet 作業調度工具、systemd 行程管理和 rkt 容器）一層層搭建起來的平台產品，Swarm 則是以一個整體對外提供叢集管理功能。Swarm 的最大亮點，是它完全使用 Docker 原本的容器管理 API 來完成叢集管理，例如：

單機 Docker：

```
$ docker run " 我的容器 "
```

多機 Docker：

```
$ docker run -H " 我的 Swarm 叢集 API 位址 " " 我的容器 "
```

所以，在部署了 Swarm 的多機環境中，使用者只需要使用原先的 Docker 指令建立一個容器，Swarm 就會攔截這個請求並處理，然後透過具體的調度演算法找到一個合適的 Docker Daemon 執行起來。

這種操作方式簡潔明瞭，了解過 Docker 命令列的開發者也很容易掌握。所以，這樣一個「原生」的 Docker 容器叢集管理工具一經發布，就受到了 Docker 使用者群的熱捧。相比之下，CoreOS 的解決方案就顯得非常另類，更不用說使用者還要去接受完全讓人摸不著頭腦、新造的容器 rkt 了。

當然，Swarm 只是 Docker 公司重新定義 PaaS 的關鍵一環而已。在 2014 年到 2015 年這段時期，Docker 的迅速走紅催生了一個非常繁榮的 Docker 生態。在這個生態裡，圍繞 Docker 在各個層次進行整合和創新的產品層出不窮。

此時已經大紅大紫到「不差錢」的 Docker 公司，開始借助這波浪潮透過併購來完善自己的平台層能力。其中最成功的案例莫過於收購 Fig。

要知道，Fig 基本上是只靠兩個人全職開發和維護的，可它當時在 GitHub 上是熱度堪比 Docker 的明星。

Fig 之所以廣受歡迎，是因為它首次提出「容器編排」（container orchestration）的概念。其實，「編排」在雲端運算業界不算是新詞，它主要是指使用者透過某些工具或者配置來完成一組虛擬機以及關聯資源的定義、配置、建立、刪除等工作，然後由雲端運算平台按照指定邏輯來完成的過程。

在容器時代，「編排」顯然就是對 Docker 容器的一系列定義、配置和建立動作的管理。而 Fig 的工作實際上非常簡單：假如現在使用者需要部署的是應用程式容器 A、資料庫容器 B、負載平衡容器 C，那麼 Fig 就允許使用者把 A、B、C 這三個容器定義在一個配置檔中，並且可以指定它們之間的關聯關係，例如容器 A 需要連接資料庫容器 B。

接下來，你只需要執行一條非常簡單的指令：

```
$ fig up
```

Fig 就會把這些容器的定義和配置交由 Docker API 按照訪問邏輯依次建立，你的一系列容器就都啟動了；而容器 A 與容器 B 之間的關聯關係，也會透過 Docker 的 Link 功能寫入 hosts 設定檔的方式進行配置。更重要的是，你還可以在 Fig 的配置檔裡定義各種容器的副本個數等編排參數，再加上 Swarm 的叢集管理能力，一個活脫脫的 PaaS 就呼之欲出了。

Fig 被收購後改名為 Compose，它成了 Docker 公司到目前為止第二大受歡迎的產品，直到今日依然被很多人使用。

在當時的容器生態裡，還有很多令人眼睛一亮的開源專案或公司。例如，專門負責處理容器網路的 SocketPlane（後來被 Docker 公司收購）、專門負責處理容器儲存的 Flocker（後來被 EMC 公司收購）、專門給 Docker 叢集做圖形化管理介面和對外提供雲服務的 Tutum（後來被 Docker 公司收購）等。

一時之間，整個後端和雲端運算領域的聰明才俊，都匯集在了這頭「鯨魚」的周圍，為 Docker 生態的蓬勃發展獻出了自己的智慧。

除了這個異常繁榮、圍繞 Docker 和公司的生態，還有一股勢力在當時可謂風頭正勁，這就是老牌叢集管理產品 Mesos 和它背後的新創公司 Mesosphere。

Mesos 作為 Berkeley 主導的大數據套件之一，是大數據火熱時最受歡迎的資源管理專案，也是跟 Yarn 廝殺得難解難分的實力派選手。

不過，大數據所關注的計算密集型離線業務，其實並不像一般的 Web 服務那樣適合用容器進行託管和擴容，對應用程式打包也沒有強烈需求，所以 Hadoop、Spark 到現在也沒在容器技術上投下更大的賭注；但是對於 Mesos 來說，天生的兩層調度機制讓它非常容易從大數據領域抽身，轉而支援受眾更廣的 PaaS 業務。

在這種思路的指導下，Mesosphere 公司發布了一個名為 Marathon 的產品，而這個產品很快就成為了 Docker Swarm 的有力競爭對手。

雖然不能提供像 Swarm 那樣的原生 Docker API，但 Mesos 社群擁有一項獨特的競爭力：超大規模叢集的管理經驗。

早在幾年前，Mesos 就已經透過了萬台節點的驗證，2014 年之後又在 eBay 等大型網路公司的生產環境中被廣泛使用。而這次透過 Marathon 實現了諸如應用程式託管和負載平衡的 PaaS 功能之後，Mesos+Marathon 的組合實際上進化成了一個高度成熟的 PaaS 專案，同時對於大數據領域的運用有良好的支援。

所以，在這波容器化浪潮中，Mesosphere 公司把握時機地提出了一個名為「DC/OS」（資料中心作業系統）的口號和產品，旨在讓使用者能夠像管理一台機器那樣管理一萬級別的物理機叢集，並且使用 Docker 容器在這個叢集裡自由地部署應用程式。而這對很多大型企業來說具有非比尋常的吸引力。

此時再審視當時的容器技術生態，就不難發現 CoreOS 公司竟然顯得有些尷尬了。它的 rkt 容器完全打不開局面，Fleet 更是乏人問津，CoreOS 完全被 Docker 公司壓制了。

處境同樣不容樂觀的似乎還有 Red Hat，作為 Docker 早期的重要貢獻者，Red Hat 也是因為對 Docker 公司的平台化戰略不滿而憤然退出。但此時，它只剩下 OpenShift 這個跟 Cloud Foundry 同時代的經典 PaaS 一張牌可以打，跟 Docker Swarm 和轉型後的 Mesos 完全不在一條賽道上。

那麼，事實果真如此嗎？

2014 年注定是一個神奇的年分。就在這一年的 6 月，基礎設施領域的翹楚 Google 公司突然發力，正式宣告了 Kubernetes 的誕生。這個專案不僅挽救了當時的 CoreOS 和 Red Hat，還如同當年 Docker 的橫空出世一樣，再一次改變了整個容器市場的格局。

小結

本節介紹了 Docker 公司平台化戰略的來龍去脈，闡述了 Docker Swarm 發布的意義和它背後的設計理念，介紹了 Fig（後來的 Compose）如何成為了繼 Docker 之後最受矚目的新星。

同時回顧了 2014 年至 2015 年間，如火如荼的容器化浪潮裡群雄並起的繁榮姿態。在這次生態大爆發中，Docker 公司和 Mesosphere 公司依託自身優勢率先占據了有利位置。

但是，更強大的挑戰者即將在不久後紛紛登場。

1.4 ▶ 塵埃落定

上一節介紹了隨著 Docker 公司一手打造出來的容器技術生態，在雲端運算市場中站穩腳跟，圍繞 Docker 進行的各個層次的整合與創新產品，也如雨後春筍般出現在這個新興市場中。而 Docker 公司不失時機地發布了 Docker Compose、Swarm 和 Machine「三件套」，在重新定義 PaaS 的方向上邁出了最關鍵的一步。

這段時間也正是 Docker 生態新創公司的春天，大量圍繞 Docker 的網路、儲存、監控、CI/CD，甚至 UI 專案紛紛問世，也湧現出了很多像 Rancher、Tutum 這樣在開源與商業上均取得了巨大成功的新創公司。

2014 年至 2015 年，整個容器社群可謂熱鬧非凡。

但在這令人興奮的繁榮背後浮現出了更多的擔憂。其中最主要的負面情緒是對 Docker 公司商業化戰略的種種顧慮。

事實上，很多從業者也看得明白，Docker 此時已經成為 Docker 公司一個商業產品。而開源只是 Docker 公司吸引開發者群體的一個重要手段。不過，這麼多年來，開源社群的商業化其實都是類似的思路，無非是高不高調、心不心急的問題罷了。

而真正令大多數人不滿意的是，Docker 公司在 Docker 開源專案的發展上始終保持著絕對的權威和發言權，並在多個場合用實際行動挑戰了其他玩家（例如 CoreOS、Red Hat，甚至 Google 和微軟）的切身利益。

那麼，此時大家的不滿也就不再是在 GitHub 上發發牢騷這麼簡單了。

相信容器領域的很多老玩家聽說過，Docker 剛剛興起時，Google 也開源了一個在內部使用了多年、經過生產環境驗證的 Linux 容器：lmctfy（Let Me Container That For You）。

然而，面對 Docker 的強勢崛起，這個對使用者沒那麼友善的 Google 容器產品幾乎毫無招架之力。所以，知難而退的 Google 公司向 Docker 公司表示了合作的願望：關停這個專案，和 Docker 公司共同推進一個中立的**容器執行時**（container runtime）作為 Docker 的核心依賴。

不過，Docker 公司並沒有認同 Google 這個明顯會削弱自己地位的提議，還在不久後獨自發布了一個 container runtime Libcontainer。這次匆忙的、由一家主導並帶有戰略性考量的重構，成了 Libcontainer 被社群長期詬病程式碼可讀性差、可維護性不強的一個重要原因。

至此，Docker 公司在 container runtime 層面上的強硬態度，以及 Docker 在高速疊代中表現出來的不穩定和頻繁變更的問題，開始讓社群叫苦不迭。

這種情緒在 2015 年達到了一個小高潮，容器領域的其他幾位玩家開始商議「切割」Docker 的話語權。而「切割」的手段也非常經典，那就是成立一個中立的基金會。

於是，2015 年 6 月 22 日，由 Docker 公司發起，CoreOS、Google、Red Hat 等公司共同宣布，Docker 公司將 Libcontainer 捐出，並改名為 RunC，交由一個完全中立的基金會管理，然後以 RunC 為依據，大家共同制定一套容器和鏡像的標準和規範。

這套標準和規範就是 OCI（Open Container Initiative）。OCI 的提出意在將容器執行時和鏡像的實現從 Docker 中完全剝離。這樣做一方面可以改善 Docker 公司在容器技術上一家獨大的現狀，另一方面也為其他玩家不依賴 Docker 構建各自的平台層能力提供了可能。

不過，不難看出，OCI 成立的原因，主要是這些容器玩家出於自身利益進行干涉的一個妥協結果。所以，儘管 Docker 是 OCI 的發起者和創始成員，它卻很少在 OCI 的技術推進和標準制定等事務上扮演關鍵角色，也沒有動力去

積極地推進這些所謂的標準。這也是迄今為止 OCI 組織效率持續低下的根本原因。

眼看著 OCI 並沒能改變 Docker 公司在容器領域一家獨大的現狀，於是 Google 和 Red Hat 等公司把第二件武器擺上了台面。

Docker 之所以不擔心 OCI 的威脅，原因就在於它的 Docker 是容器生態的事實標準，而它所維護的 Docker 社群也足夠龐大。可是，一旦這場鬥爭被轉移到容器之上的平台層，或者說 PaaS 層，Docker 公司的競爭優勢便立刻捉襟見肘了。

在這個領域裡，像 Google 和 Red Hat 這樣成熟的公司，都擁有深厚的技術積累；而像 CoreOS 這樣的新創公司，也擁有像 etcd 這樣被廣泛使用的開源基礎設施。可是 Docker 公司呢？它只有一個 Swarm。

所以這次，Google、Red Hat 等開源基礎設施領域玩家共同領頭成立了一個名為 CNCF（Cloud Native Computing Foundation）的基金會。這個基金會的目的其實很容易理解：以 Kubernetes 為基礎，建立一個由開源基礎設施領域廠商主導的、按照獨立基金會方式運營的平台級社群，來對抗以 Docker 公司為核心的容器商業生態。

為了打造這樣一條圍繞 Kubernetes 的「護城河」，CNCF 社群需要至少確保兩件事情：

- Kubernetes 必須能夠在容器編排領域取得足夠大的競爭優勢；
- CNCF 社群必須以 Kubernetes 為核心，覆蓋足夠多的場景。

我們先來看看 CNCF 社群是如何解決「Kubernetes 在編排領域的競爭力」的問題的。

在容器編排領域，Kubernetes 需要面對來自 Docker 公司和 Mesos 社群兩個方向的壓力。不難看出，Swarm 和 Mesos 實際上分別從不同的方向講出了自己最擅長的故事：Swarm 擅長跟 Docker 生態的無縫整合，而 Mesos 擅長大規模叢集的調度與管理。

這兩個方向也是大多數人做容器叢集管理產品時最容易想到的兩個出發點。也正因為如此，Kubernetes 如果繼續在這兩個方向上做文章恐怕就不太明智了。所以這一次，Kubernetes 選擇的應對方式是：Borg。

如果你看過 Kubernetes 早期的 GitHub Issue 和 Feature，就會發現它們大多來自 Borg 和 Omega 系統的內部特性，這些特性落到 Kubernetes 上，就是 Pod、sidecar 等功能和設計模式。

這就解釋了為什麼 Kubernetes 發布後，很多人「抱怨」其設計理念過於「超前」：Kubernetes 的基礎特性並不是幾個工程師突然「拍腦袋」想出來的，而是 Google 公司在容器化基礎設施領域多年來實踐經驗的沉澱與昇華。這正是 Kubernetes 能夠從一開始就避免跟 Swarm 和 Mesos 社群同質化的重要手段。於是，CNCF 接下來的任務，就是如何把這些先進的理念透過技術手段在開源社群落地，並培育出一個認同這些理念的生態。這時，Red Hat 發揮了重要作用。

當時，Kubernetes 團隊規模很小，能夠投入的開發人力也十分有限，而這恰恰是 Red Hat 的長處。更難得的是，Red Hat 是世界上為數不多的、能真正理解開源社群運作和專案研發真諦的合作夥伴。所以，Red Hat 與 Google 聯盟的建立，不僅保證了 Red Hat 在 Kubernetes 上的影響力，也正式開啟了容器編排領域「三國鼎立」的局面。

這時再重新審視容器生態的格局，就不難發現 Kubernetes、Docker 公司和 Mesos 社群，這三大玩家的關係已經發生了微妙的變化。

其中，Mesos 社群與容器技術的關係更像是「借勢」，而不是該領域真正的參與者和領導者。而 Mesos 所屬的 Apache 基金會一直以來的營運方式都相對封閉，很少跟基金會之外的世界進行過多的互動和交流。「借勢」的關係，加上封閉的社群型態，最終導致了 Mesos 社群雖然技術最為成熟，卻在容器編排領域少有創新。

這也是為何 Google 公司很快就把注意力，轉向了動作更加激進的 Docker 公司。

有意思的是，Docker 公司對 Mesos 社群的看法，與本章前面的分析也是類似的。所以從一開始，Docker 公司就把應對 Kubernetes 的競爭擺在了首要位置：一方面，不斷強調「Docker Native」的重要性；另一方面，與 Kubernetes 在多個場合進行了直接的碰撞。

不過，這次競爭的發展態勢很快就超出了 Docker 公司的預期。Kubernetes 並沒有跟 Swarm 展開同質化的競爭，所以「Docker Native」的說辭並沒有太大的殺傷力。相反，Kubernetes 讓人耳目一新的設計理念和號召力，很快就構建出了一個與眾不同的容器編排與管理的生態。就這樣，Kubernetes 在 GitHub 上的各項指標開始一路領先，將 Swarm 遠遠地甩在了身後。

有了這個基礎，CNCF 社群就可以放心地解決第二個問題了。

在已經囊括了容器監控事實標準的 Prometheus 之後，CNCF 社群迅速在成員中新增了 Fluentd、OpenTracing、CNI 等一系列容器生態的知名工具。

在看到了 CNCF 社群對使用者表現出來的巨大吸引力之後，大量的公司和創業團隊也開始專門針對 CNCF 社群而非 Docker 公司制定推廣策略。

面對這樣的競爭態勢，Docker 公司決定更進一步。在 2016 年，Docker 公司宣布了一個令所有人震驚的計畫：放棄現有的 Swarm，將容器編排和叢集管理功能全部內建到 Docker 當中。

顯然，Docker 公司意識到了，Swarm 目前唯一的競爭優勢就是跟 Docker 的無縫整合。那麼，如何讓這種優勢最大化呢？那就是把 Swarm 內建到 Docker 當中。

實際上，從工程角度來看，這種做法的風險很大。內建容器編排、叢集管理和負載平衡能力，固然可以讓 Docker 的邊界直接擴大到一個完整 PaaS 的範疇，但這種變更帶來的技術複雜度和維護難度，從長遠來看對 Docker 是不利的。

不過，在當時的大環境下，Docker 公司的選擇恐怕也帶有一絲孤注一擲的意味。

Kubernetes 的應對策略則是反其道而行之，開始在整個社群推行「民主化」架構，即從 API 到容器執行時的每一層，Kubernetes 都為開發者提供了可以擴展的外掛程式機制，鼓勵使用者透過程式碼的方式介入 Kubernetes 的每一個階段。

Kubernetes 這個變革的效果立竿見影，很快在整個容器社群中，催生出了大量基於 Kubernetes API 和擴展介面的二次創新工作，例如：

- 目前熱度極高的微服務管理專案 Istio；
- 被廣泛採用的有狀態應用程式部署框架 Operator；
- 還有像 Rook 的開源專案，透過 Kubernetes 的可擴展介面，把 Ceph 這樣的重量級產品，封裝成了簡單易用的容器儲存外掛程式。

就這樣，在這種鼓勵二次創新的整體氛圍當中，Kubernetes 社群在 2016 年之後得到了空前的發展。更重要的是，不同於之前局限於「打包、發布」這樣的 PaaS 化路線，這一次容器社群的繁榮，是完全以 Kubernetes 為核心的「百花齊放」。

面對 Kubernetes 社群的崛起和壯大，Docker 公司也不得不面對自己豪賭失敗的現實。但之前拒絕了微軟的天價收購，Docker 公司實際上已經沒有什麼迴旋的餘地了，只能選擇逐步放棄開源社群，而專注於自己的商業化轉型。

所以，從 2017 年開始，Docker 公司先是將 Docker 的 container runtime 部分 Containerd 捐贈給 CNCF 社群，象徵著 Docker 已經全面升級為一個 PaaS 平台；緊接著，Docker 公司宣布將 Docker 改名為 Moby，然後交給社群自行維護，而 Docker 公司的商業產品將占有 Docker 這個註冊商標。

Docker 公司這些舉動背後的含義非常明確：它將全面放棄在開源社群與 Kubernetes 生態的競爭，轉而專注於自己的商業業務，並且透過將 Docker 改名為 Moby 的舉動，將原本屬於 Docker 社群的使用者轉化成了自己的客戶。

2017 年 10 月，Docker 公司出人意料地宣布，將在自己的主打產品 Docker 企業版中內建 Kubernetes，這代表著持續了近兩年之久的「編排之爭」至此落幕。

2018 年 1 月 30 日，Red Hat 宣布斥資 2.5 億美元收購 CoreOS。

2018 年 3 月 28 日，這一切紛爭的「始作俑者」── Docker 公司的 CTO Solomon Hykes 宣布辭職。曾經紛紛擾擾的容器技術圈，至此塵埃落定。

小結

容器技術圈在短短幾年裡出現了很多變數，但很多事情其實也在情理之中。就像 Docker 這樣一家新創公司，在透過開源社群的運作取得了巨大的成功之後，不得不面對來自整個雲端運算產業的競爭和圍剿。而這個產業的壟斷特性，對於 Docker 這樣的技術型新創公司其實天生就不友善。

在這種局勢下，接受微軟的天價收購，在大多數人看來是一個非常明智和實際的選擇。可是 Solomon Hykes 卻多少有一些理想主義，既然不甘於「寄人籬下」，那他就必須帶領 Docker 公司去對抗來自整個雲端運算產業的壓力。

只不過，Docker 公司最後選擇的對抗方式，是將開源專案與商業產品緊密綁定，打造了一個極端封閉的技術生態。而這其實違背了 Docker 與開發者保持親密關係的初衷。相比之下，Kubernetes 社群正是以一種更加溫和的方式承接了 Docker 的未竟事業，即以開發者為核心，構建一個相對「民主」和開放的容器生態。

這也是為何說 Kubernetes 的成功其實是必然的。

現在，我們很難想像如果 Docker 公司最初選擇了跟 Kubernetes 社群合作，如今的容器生態又將會是怎樣的一番景象。不過，可以肯定的是 Docker 公司在過去幾年裡的風雲變幻，以及 Solomon Hykes 的傳奇經歷，都已經在雲端運算的歷史中留下了濃墨重彩的一筆。

容器技術基礎

2.1 ▶ 從行程開始說起

第 1 章詳細梳理了「容器」技術的來龍去脈。透過這些內容，希望你能理解下列三個事實：

- 容器技術的興起源於 PaaS 技術的普及；
- Docker 公司發布的 Docker 具有里程碑式的意義；
- Docker 透過「容器鏡像」解決了應用程式打包這個根本性難題。

緊接著，我們詳細介紹了容器技術圈在過去幾年的「風雲變幻」。透過這部分內容，希望你能理解這樣一個道理：

> 容器本身的價值非常有限，真正有價值的是「容器編排」。

也正因如此，容器技術生態才爆發了一場關於「容器編排」的「戰爭」。而這次「戰爭」最終以 Kubernetes 和 CNCF 社群的勝利而告終。所以接下來，我會以 Kubernetes 為核心，來詳細介紹容器技術的各項實踐與其中原理。

不過，在此之前，還需要搞清楚一個更為基礎的問題：

容器，到底是怎麼一回事？

第 1 章提到，容器其實是一種沙盒技術。顧名思義，沙盒就是能夠像一個貨櫃一樣把你的應用程式「裝」起來的技術。這樣，應用程式與應用程式之間就因為有了邊界而不至於相互干擾；而被裝進貨櫃的應用程式，也可以被方便地搬來搬去，這不就是 PaaS 最理想的狀態嘛。

不過，這兩個能力說起來簡單，但要用技術手段實現，可能大多數人就無從下手了。所以，我們就先來研究這個「邊界」的實現手段。

假如現在你要寫一個計算加法的小程式，這個程式需要的輸入來自一個檔案，計算完成後的結果則輸出到另一個檔案中。

由於電腦只認識 0 和 1，因此無論這段程式碼是用哪種語言編寫的，最後都需要透過某種方式翻譯成二進位制檔案，才能在電腦作業系統中執行。

為了能夠讓這些程式碼正常執行，我們往往還要給它提供資料，例如我們這個加法程式所需要的輸入檔案。這些資料加上程式碼本身的二進位制檔案放在磁碟上，就是我們平常所說的一個「程式」，也叫程式碼的**可執行鏡像**（executable image）。然後，我們就可以在電腦上執行這個「程式」了。

首先，作業系統從「程式」中發現輸入資料儲存在一個檔案中，然後這些資料會被載入到記憶體中待命。同時，作業系統又讀取到了計算加法的指令，這時，它就需要指示 CPU 完成加法操作。而 CPU 與記憶體協作進行加法計算，又會使用暫存器存放數值、記憶體堆疊儲存執行的指令和變數。同時，電腦裡還有被打開的檔案，以及各式各樣的 I/O 裝置在不斷的呼叫中修改自己的狀態。

就這樣，「程式」一旦被執行，它就從磁碟上的二進位制檔案變成了由電腦記憶體中的資料、暫存器裡的值、堆疊中的指令、被開啟的檔案，以及各種裝置的狀態訊息組成的一個集合。像這樣一個程式執行起來之後的電腦執行環境的總和，就是下面要介紹的主角 —— 行程。

所以,對於行程來說,它的靜態表現就是程式,平常都安安靜靜地待在磁碟上;而一旦執行起來,它就變成了電腦裡的資料和狀態的總和,這就是它的動態表現。而容器技術的核心功能,就是透過約束和修改行程的動態表現,為其創造一個「邊界」。

對於 Docker 等大多數 Linux 容器來說,Cgroups 技術是用來製造約束的主要手段,而 Namespace 技術是用來修改行程檢視的主要方法。

你可能會覺得 Cgroups 和 Namespace 這兩個概念很抽象,別擔心,接下來動手實作一下,就很容易理解了。

假設你已經有一個在 Linux 作業系統上執行的 Docker,例如我的環境是 Ubuntu 16.04 和 Docker CE 18.05。

首先,建立一個容器:

```
$ docker run -it busybox /bin/sh
/ #
```

這個指令是 Docker 最重要的一個操作,即大名鼎鼎的 `docker run`。

-it 參數告訴了 Docker 在啟動容器後,需要幫我們分配一個文字輸入 / 輸出環境,即 TTY,跟容器的標準輸入相關聯,這樣我們就可以和這個 Docker 容器進行互動了。而 `/bin/sh` 就是我們要在 Docker 容器裡執行的程式。

所以,上面這條指令翻譯成人類的語言就是:請幫我啟動一個容器,在容器裡執行 `/bin/sh`,並且給我分配一個命令列終端來跟這個容器互動。

這樣,我的 Ubuntu 16.04 機器就變成了一個宿主機,而一個執行著 `/bin/sh` 的容器就在這個宿主機裡執行了。

對於上面的例子和原理,如果你已經玩過 Docker,想必不會感到陌生。此時,如果在容器裡執行 `ps` 指令,就會發現一些更有趣的事情:

```
/ # ps
PID  USER   TIME COMMAND
  1 root   0:00 /bin/sh
  10 root   0:00 ps
```

可以看到，在 Docker 裡最開始執行的 /bin/sh 就是這個容器內部的第 1 號行程（PID=1），而這個容器裡共有兩個行程在執行。這就意味著，前面執行的 /bin/sh 以及剛剛執行的 ps，已經被 Docker 隔離在一個跟宿主機完全不同的世界當中。

這究竟是怎麼做到的呢？

本來，每當我們在宿主機上執行了一個 /bin/sh 程式，作業系統都會分配一個 PID（行程號）給它，例如 PID=100。這個編號是行程的唯一標識，就像員工的工號一樣。所以可以把 PID=100 粗略地理解為這個 /bin/sh 是公司的第 100 號員工，而第 1 號員工就自然是比爾·蓋茲這樣統領全域的人物。

現在，我們要透過 Docker 在一個容器當中執行這個 /bin/sh 程式。這時，Docker 就會在這個第 100 號員工入職時給他施一個「障眼法」，讓他永遠看不到前面的其他 99 位員工，更看不到比爾·蓋茲。這樣，他就會誤以為自己是公司的第 1 號員工。

這種機制其實就是對被隔離應用程式的行程空間動了手腳，使得這些行程只能「看到」重新計算過的 PID，例如 PID=1。可實際上，在宿主機的作業系統裡，它還是原來的第 100 號行程。

這種技術就是 Linux 中的 Namespace 機制。Namespace 的使用方式也非常有意思：它其實只是 Linux 建立新行程的一個選擇性參數。我們知道，在 Linux 系統中建立執行緒的系統呼叫是 clone()，例如：

```
int pid = clone(main_function, stack_size, SIGCHLD, NULL);
```

這個系統呼叫就會為我們建立一個新的行程，並且返回它的 PID。

而當我們用 `clone()` 系統呼叫建立一個新行程時，就可以在參數中指定
`CLONE_NEWPID` 參數，例如：

```
int pid = clone(main_function, stack_size, CLONE_NEWPID | SIGCHLD, NULL);
```

這時，新建立的這個行程將會「看到」一個全新的行程空間。在這個行程空
間裡，它的 PID 是 1。之所以說「看到」，是因為這只是一個「障眼法」，在
宿主機真實的行程空間裡，這個行程的 PID 還是真實的數值，例如 100。

當然，我們還可以多次執行上面的 `clone()` 呼叫，這樣就會建立多個 PID
Namespace，而每個 Namespace 裡的應用程式行程都會認為自己是目前容器
裡的第 1 號行程，它們既「看不到」宿主機裡真正的行程空間，也「看不
到」其他 PID Namespace 裡的具體情況。

除了我們剛剛用到的 PID Namespace，Linux 作業系統還提供了 Mount、
UTS、IPC、Network 和 User 這些 Namespace，用來對各種行程 context 施
「障眼法」。例如，Mount Namespace 用於讓被隔離行程只「看到」目前
Namespace 裡的掛載點訊息，Network Namespace 用於讓被隔離行程「看
到」目前 Namespace 裡的網路裝置和配置。

這就是 Linux 容器最基本的實現原理。

所以，Docker 容器這個聽起來玄而又玄的概念，實際上是在建立容器行程
時，指定了該行程所需要啟用的一組 Namespace 參數。這樣，容器就只能
「看到」目前 Namespace 所限定的資源、檔案、裝置、狀態或者配置。而對
於宿主機以及其他不相關的程式，它就完全「看不到」了。

可見，容器其實是一種特殊的行程而已。

小結

談到「為行程劃分一個獨立空間」的概念，自然會聯想到虛擬機。圖 2-1 可
以看出虛擬機和容器的異同。

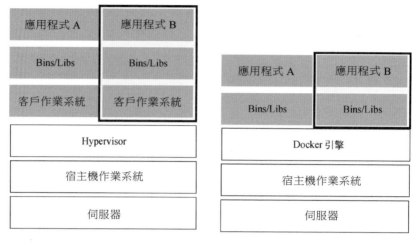

圖 2-1 虛擬機和容器的異同

圖 2-1 的左邊畫出了虛擬機的工作原理。其中，名為 Hypervisor 的軟體是虛擬機最主要的部分。它透過硬體虛擬化功能模擬出了執行一個作業系統所需要的各種硬體，例如 CPU、記憶體、I/O 裝置等。然後，它在這些虛擬硬體上安裝了一個新的作業系統 —— **客戶作業系統**（Guset OS）。

這樣，使用者的應用程式行程就可以在這個虛擬的機器中執行了，它能「看到」的自然也只有客戶作業系統的檔案和目錄，以及這台機器裡的虛擬裝置。這就是為什麼虛擬機也具有將不同的應用程式行程相互隔離的作用。

圖 2-1 的右邊則用一個名為 Docker 引擎的軟體取代了 Hypervisor。這也是很多人把 Docker 稱為「輕量級」虛擬化技術的原因，實際上就是把虛擬機的概念套用在容器上。

可是這樣的說法並不嚴謹。

在理解了 Namespace 的工作方式之後，你就會明白，和真實存在的虛擬機不同，在使用 Docker 時，並沒有一個真正的「Docker 容器」在宿主機中執行。Docker 幫助使用者啟動的還是原來的應用程式行程，只不過在建立這些行程時，Docker 為它們加上了各式各樣的 Namespace 參數。

這時,這些行程就會覺得自己是各自 PID Namespace 裡的第 1 號行程,只能「看到」各自 Mount Namespace 裡掛載的目錄和檔案,只能訪問到各自 Network Namespace 裡的網路裝置,就彷彿在一個個「容器」裡執行,與世隔絕。

不過,相信此刻的你已經會心一笑:這些不過是「障眼法」罷了。

思考題

基於本節對容器本質的講解,你覺得圖 2-1 右側關於容器的部分怎麼畫才更精確?

2.2 ▶ 隔離與限制

上一節詳細研究了 Linux 容器中用來實現「隔離」的技術手段:Namespace。透過這些講解,你應該能夠明白,Namespace 技術實際上修改了應用程式行程看待整個電腦「檢視」的視野,即它的「視線」受到了作業系統的限制,只能「看到」某些指定內容。但對於宿主機來說,這些被「隔離」了的行程跟其他行程並沒有太大區別。

說到這一點,相信你也能夠知道上一節未留的第一個思考題的答案了:在之前虛擬機與容器技術的比較圖裡,不應該把 Docker 引擎或者任何容器管理工具放在跟 Hypervisor 相同的位置,因為它們並不像 Hypervisor 那樣對應用程式行程的隔離環境負責,也不會建立任何實體的「容器」,真正對隔離環境負責的是宿主機作業系統本身。

所以,在這張比較圖裡,我們應該把 Docker 畫在跟應用程式同級別並且靠邊的位置,如圖 2-2 所示。這意味著,使用者在容器裡執行的應用程式行程,跟宿主機上的其他行程一樣,都由宿主機作業系統統一管理,只不過這些被隔離的行程擁有額外設置的 Namespace 參數。而 Docker 在這裡扮演的角色,更多的是旁路式的輔助和管理工作。

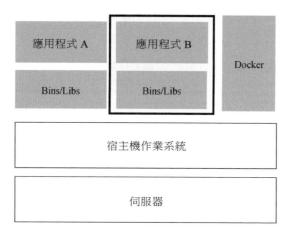

圖 2-2　虛擬機與容器技術的比較圖

後文講解 Kubernetes 與容器執行時的時候會專門介紹，其實像 Docker 這樣的角色甚至可以去掉。

這樣的架構也解釋了 Docker 比虛擬機更受歡迎的原因：使用虛擬化技術作為應用程式沙盒，就必須由 Hypervisor 來負責建立虛擬機，這個虛擬機是真實存在的，並且它裡面必須執行一個完整的客戶作業系統以執行使用者的應用程式行程。這勢必會帶來額外的資源消耗和占用。

根據實驗，一個執行 CentOS 的 KVM 啟動後，在不做最佳化的情況下，虛擬機自己就需要占用 100 ～ 200 MB 記憶體。此外，使用者應用程式在虛擬機裡執行，它對宿主機作業系統的呼叫，必須要經過虛擬化軟體的攔截和處理，這本身又是一層性能損耗，尤其是對計算資源、網路和磁碟 I/O 的損耗非常大。

相比之下，容器化後的使用者應用程式依然是宿主機上的普通行程，這就意味著不存在因為虛擬化而產生的效能損耗；此外，使用 Namespace 作為隔離手段的容器並不需要單獨的客戶作業系統，這就使得容器額外的資源占用幾乎可以忽略不計。

所以，「敏捷」和「高性能」是容器相較於虛擬機的最大優勢，也是它能夠在 PaaS 這種更細粒度的資源管理平台上大行其道的重要原因。

不過，有利就有弊，基於 Linux Namespace 的隔離機制相比於虛擬化技術也有很多不足之處，其中最主要的問題就是：隔離得不徹底。

首先，既然容器只是在宿主機上執行的一種特殊的行程，那麼多個容器之間使用的就還是同一個宿主機的作業系統核心。

儘管可以在容器裡透過 Mount Namespace 單獨掛載其他版本的作業系統檔案，例如 CentOS 或者 Ubuntu，但這並不能改變共享宿主機核心的事實。這意味著，如果要在 Windows 宿主機上執行 Linux 容器，或者在低版本的 Linux 宿主機上執行高版本的 Linux 容器，都是行不通的。

相比之下，擁有硬體虛擬化技術和獨立客戶作業系統的虛擬機，就要方便得多了。最極端的例子是微軟的雲端運算平台 Azure，它實際上就是在 Windows 伺服器叢集上執行的，但這並不妨礙你在上面建立出各種 Linux 虛擬機。

其次，在 Linux 核心中，有很多資源和物件是不能被 Namespace 化的，最典型的例子就是：時間。

這就意味著，如果你的容器中的程式使用 `settimeofday(2)` 系統呼叫修改了時間，那麼整個宿主機的時間都會被隨之修改，這顯然不符合使用者的預期。相比於在虛擬機裡可以隨便折騰的自由度，在容器裡部署應用程式時，「什麼能做，什麼不能做」，就是使用者必須考慮的問題。

此外，由於上述問題，尤其是共享宿主機核心的事實，容器向應用程式暴露的攻擊面是相當大的，應用程式「越獄」的難度自然也比虛擬機低得多。

更為棘手的是，儘管在實踐中我們確實可以使用 Seccomp 等技術，對容器內部發起的所有系統呼叫進行過濾和鑒別來進行安全強化，但這種方法因為多了一層對系統呼叫的過濾，必然會拖累容器的效能。何況在預設情況下，誰也不知道到底該開啟哪些系統呼叫，禁止哪些系統呼叫。

所以，在生產環境中，沒人敢把在物理機上執行的 Linux 容器，直接暴露到公網路上。當然，後面會講解基於虛擬化或者獨立核心技術的容器實現，可以比較好地在隔離與性能之間達到平衡。

在理解了容器的「隔離」技術之後，下面研究容器的「限制」問題。

也許你會好奇，我們不是已經透過 Linux Namespace 建立了一個「容器」，為何還需要對容器進行「限制」呢？下面還是以 PID Namespace 為例來解釋這個問題。

雖然容器內的第 1 號行程在「障眼法」的干擾下只能「看到」容器裡的情況，但是宿主機上，它作為第 100 號行程與其他所有行程之間依然是平等的競爭關係。這就意味著，雖然第 100 號行程表面上被隔離了起來，但是它所能夠使用到的資源（例如 CPU、記憶體），可以隨時被宿主機上的其他行程（或者其他容器）占用。當然，這個第 100 號行程自己也可能用光所有資源。這些情況顯然都不是一個「沙盒」應該表現出來的合理行為。

而 Linux Cgroups（Linux control groups）就是 Linux 核心中用來為行程設定資源限制的一個重要功能。

有意思的是，Google 的工程師在 2006 年開發出這項特性時，曾將它命名為「行程容器」（process container）。實際上，在 Google 內部，「容器」這個術語長期以來都用來形容被 Cgroups 限制過的行程組。後來 Google 的工程師說，他們的 KVM 也在 Borg 所管理的「容器」裡執行，其實就是在 Cgroups「容器」當中執行。這和我們今天說的 Docker 容器有很大差別。

Linux Cgroups 最主要的作用就是限制一個行程組能夠使用的資源上限，包括 CPU、記憶體、磁碟、網路頻寬等。

此外，Cgroups 還能夠對行程進行優先度設定、審計，以及將行程掛斷和復原等操作。本節會重點探討它與容器關係最緊密的「限制」能力，並透過實作來帶你認識 Cgroups。

在 Linux 中，Cgroups 向使用者暴露出來的操作介面是檔案系統，即它以檔案和目錄的方式組織在作業系統的 /sys/fs/cgroup 路徑下。在 Ubuntu 16.04 的機器裡，可以用 mount 指令將其顯示，這條指令是：

```
$ mount -t cgroup
cpuset on /sys/fs/cgroup/cpuset type cgroup (rw,nosuid,nodev,noexec,relatime,cpuset)
cpu on /sys/fs/cgroup/cpu type cgroup (rw,nosuid,nodev,noexec,relatime,cpu)
```

```
cpuacct on /sys/fs/cgroup/cpuacct type cgroup (rw,nosuid,nodev,noexec,relatime,cpuacct)
blkio on /sys/fs/cgroup/blkio type cgroup (rw,nosuid,nodev,noexec,relatime,blkio)
memory on /sys/fs/cgroup/memory type cgroup (rw,nosuid,nodev,noexec,relatime,memory)
```

它的輸出結果是一大串的檔案系統目錄。如果你在自己的機器上沒有看到這些目錄，就需要掛載 Cgroups，具體做法可自行搜尋。

可以看到，在 /sys/fs/cgroup 底下有很多諸如 cpuset、cpu、memory 這樣的子目錄，也叫子系統。這些都是我這台機器目前可以被 Cgroups 限制的資源種類。而在子系統對應的資源種類下，你可以看到這類資源被限制的方法。例如，對 CPU 子系統來說，我們可以看到如下幾個配置檔，這條指令是：

```
$ ls /sys/fs/cgroup/cpu
cgroup.clone_children cpu.cfs_period_us cpu.rt_period_us  cpu.shares notify_on_release
cgroup.procs         cpu.cfs_quota_us  cpu.rt_runtime_us cpu.stat   tasks
```

如果熟悉 Linux CPU 管理，你就會注意到在它的輸出裡有 `cfs_period` 和 `cfs_quota` 這樣的關鍵字。這兩個參數需要組合使用，可用於限制行程在長度為 `cfs_period` 的一段時間內，只能被分配到總量為 `cfs_quota` 的 CPU 時間。

這樣的配置檔如何使用呢？你需要在對應的子系統下面建立一個目錄，例如，現在進入 /sys/fs/cgroup/cpu 目錄下：

```
root@ubuntu:/sys/fs/cgroup/cpu$ mkdir container
root@ubuntu:/sys/fs/cgroup/cpu$ ls container/
cgroup.clone_children cpu.cfs_period_us cpu.rt_period_us  cpu.shares notify_on_release
cgroup.procs         cpu.cfs_quota_us  cpu.rt_runtime_us cpu.stat   tasks
```

這個目錄稱為一個「控制組」。你會發現，作業系統會在你新建立的 container 目錄下，自動生成該子系統對應的資源限制檔。

現在，我們在後台執行這樣一個腳本：

```
$ while : ; do : ; done &
[1] 226
```

顯然，它執行了一個死循環，可以把電腦的 CPU 占滿。它的輸出顯示該腳本在後台執行的 PID 是 226。

這樣，我們可以用 top 指令來確認 CPU 是否被占滿：

```
$ top
%Cpu0 : 100.0 us, 0.0 sy, 0.0 ni, 0.0 id, 0.0 wa, 0.0 hi, 0.0 si, 0.0 st
```

輸出顯示，CPU 的使用率已經到 100% 了。

此時，可以透過查看 container 目錄下的檔案，看到 container 控制組裡的 CPU quota 還沒有任何限制（即還 1），CPU period 則是預設的 100 ms（100 000 us）：

```
$ cat /sys/fs/cgroup/cpu/container/cpu.cfs_quota_us
-1
$ cat /sys/fs/cgroup/cpu/container/cpu.cfs_period_us
100000
```

接下來，我們可以透過修改這些檔案的內容來設定限制。

例如，向 container 組裡的 cfs_quota 檔案寫入 20 ms（20 000 us）：

```
$ echo 20000 > /sys/fs/cgroup/cpu/container/cpu.cfs_quota_us
```

結合前面的介紹，你應該能明白這個操作的含義。它意味著在每 100 ms 的時間裡，被該控制組限制的行程只能使用 20 ms 的 CPU 時間，即該行程只能使用到 20% 的 CPU 頻寬。

接下來，我們把被限制的行程的 PID 寫入 container 組裡的 tasks 檔案，上面的設定就會對該行程生效：

```
$ echo 226 > /sys/fs/cgroup/cpu/container/tasks
```

我們可以用 top 指令查看：

```
$ top
%Cpu0 : 20.3 us, 0.0 sy, 0.0 ni, 79.7 id, 0.0 wa, 0.0 hi, 0.0 si, 0.0 st
```

可以看到，電腦的 CPU 使用率立刻降到了 20%。

除 CPU 子系統外，Cgroups 的每一項子系統都有其獨有的資源限制能力，例如：

- blkio，為區塊裝置設定 I/O 限制，一般用於磁碟等裝置；
- cpuset，為行程分配單獨的 CPU 核和對應的記憶體節點；
- memory，為行程設定記憶體使用限制。

Linux Cgroups 的設計還是比較易用的。簡單而言，它就是一個子系統目錄加上一組資源限制檔案的組合。而對於 Docker 等 Linux 容器來說，它們只需要在每個子系統下面為每個容器建立一個控制組（建立一個新目錄），然後在啟動容器行程之後，把這個行程的 PID 填寫到對應控制組的 tasks 檔案中即可。

至於在這些控制組下面的資源檔裡填上什麼值，就靠使用者執行 docker run 時的參數指定了，例如這樣一條指令：

```
$ docker run -it --cpu-period=100000 --cpu-quota=20000 ubuntu /bin/bash
```

在啟動這個容器後，我們可以透過查看 Cgroups 檔案系統下，CPU 子系統中「docker」這個控制組裡的資源限制檔的內容來確認：

```
$ cat /sys/fs/cgroup/cpu/docker/5d5c9f67d/cpu.cfs_period_us
100000
$ cat /sys/fs/cgroup/cpu/docker/5d5c9f67d/cpu.cfs_quota_us
20000
```

這就意味著這個 Docker 容器只能使用 20% 的 CPU 頻寬。

小結

本節首先介紹了容器使用 Linux Namespace 作為隔離手段的優勢和劣勢，比較了 Linux 容器與虛擬機技術的不同，進一步明確了「容器只是一種特殊的行程」這個結論。

除了建立 Namespace，在後續關於容器網路的講解中，我還會介紹其他一些 Namespace 的操作，例如看不見摸不著的 Linux Namespace 在電腦中到底如何表示、一個行程如何「加入」其他行程的 Namespace 當中等。

然後，本節詳細介紹了容器在做好隔離工作後，如何透過 Linux Cgroups 限制資源，並透過一系列簡單的實驗模擬了 Docker 建立容器限制的過程。

讀完本節內容，你現在應該能夠理解，一個正在執行的 Docker 容器其實就是一個啟用了多個 Linux Namespace 的應用程式行程，而這個行程能夠使用的資源量受 Cgroups 配置的限制。

這也是容器技術中一個非常重要的概念：容器是一個「單行程」模型。

由於一個容器的本質就是一個行程，使用者的應用程式行程實際上就是容器裡 PID=1 的行程，也是其他後續建立的所有行程的父行程。這就意味著，在一個容器中，無法同時執行兩個不同的應用程式，除非你能事先找到一個公共的 PID=1 的程式來充當兩個不同應用程式的父行程，這也是為什麼很多人會用 systemd 或者 supervisord 這樣的軟體來代替應用程式本身作為容器的啟動行程。

不過，後面講解容器設計模式時，我還會推薦其他更好的解決辦法。這是因為容器本身的設計就是希望容器和應用程式能夠同生命週期，這個概念對後續的容器編排非常重要。否則，一旦出現類似於「容器正常執行，但是裡面的應用程式早已經停止了」的情況，編排系統處理起來就非常麻煩了。

另外，跟 Namespace 的情況類似，Cgroups 對資源的限制能力也有很多不完善之處，被提及最多的自然是 /proc 檔案系統的問題。

眾所周知，Linux 下的 /proc 目錄，儲存的是記錄目前核心執行狀態的一系列特殊檔案，使用者可以透過訪問這些檔案，查看系統以及目前正在執行的行程的訊息，例如 CPU 使用情況、記憶體占用率等，這些檔案也是 top 指令查看系統訊息的主要資料來源。

但是，你如果在容器裡執行 top 指令，就會發現它顯示的訊息居然是宿主機的 CPU 和記憶體資料，而非目前容器的資料。

造成這個問題的原因就是，/proc 檔案系統並不知道使用者透過 Cgroups 給這個容器做了怎樣的資源限制，即 /proc 檔案系統不了解 Cgroups 限制的存在。

在生產環境中，必須修正這個問題，否則應用程式在容器裡讀取到的 CPU 核數、可用記憶體等訊息都是宿主機上的資料，這會給應用程式的執行帶來非常大的風險。這是在企業中容器化應用程式碰到的一個常見問題，也是容器相較於虛擬機另一個不盡如人意的地方。

2.3 ▶ 深入理解容器鏡像

前兩節主要講解了 Linux 容器最基礎的兩種技術：Namespace 和 Cgroups。希望你已經徹底理解了「容器的本質是一種特殊的行程」這個最重要的概念。

如前所述，Namespace 的作用是「隔離」，它讓應用程式行程只能「看到」該 Namespace 內的「世界」；而 Cgroups 的作用是「限制」，它給這個「世界」圍了一圈看不見的「牆」。如此一來，行程就真的被「裝」在了一個與世隔絕的「房間」裡，這些「房間」就是 PaaS 賴以生存的應用程式「沙盒」。

可是，還有一個問題不知道你有沒有仔細思考過：這個「房間」雖然有了「牆」，但是如果容器行程低頭一看，會是怎樣一幅景象呢？換言之，容器裡的行程「看到」的檔案系統是怎樣的呢？

可能你立刻就能想到，這應該是一個關於 Mount Namespace 的問題：容器裡的應用程式行程理應「看到」一套完全獨立的檔案系統。這樣它就可以在自己的容器目錄（例如 /tmp）下進行操作，而完全不會受宿主機以及其他容器的影響。

那麼，真實情況是這樣嗎？

「左耳朵耗子」在多年前寫的一篇關於 Docker 基礎知識的部落格裡，曾介紹過一段小程式，它的作用是在建立子行程時開啟指定的 Namespace。下面不妨使用它來驗證剛剛提出的問題。

```c
#define _GNU_SOURCE
#include <sys/mount.h>
#include <sys/types.h>
#include <sys/wait.h>
#include <stdio.h>
#include <sched.h>
#include <signal.h>
#include <unistd.h>

#define STACK_SIZE (1024 * 1024)
static char container_stack[STACK_SIZE];

char* const container_args[] = {
  "/bin/bash",
  NULL
};

int container_main(void* arg)
{
  printf("Container - inside the container!\n");
  execv(container_args[0], container_args);
  printf("Something's wrong!\n");
  return 1;
}

int main()
{
  printf("Parent - start a container!\n");
  int container_pid = clone(container_main, container_stack+STACK_SIZE, CLONE_NEWNS |
SIGCHLD , NULL);
  waitpid(container_pid, NULL, 0);
  printf("Parent - container stopped!\n");
  return 0;
}
```

這段程式碼的功能非常簡單：在 `main` 函數裡，我們透過 `clone()` 系統呼叫建立了一個新的子行程 `container_main`，並且宣告要為它啟用 Mount Namespace（`CLONE_NEWNS` 標誌）。而這個子行程執行的是一個「/bin/bash」程式，也就是一個 shell。所以這個 shell 就在 Mount Namespace 的隔離環境中執行。

下面編譯這個程式：

```
$ gcc -o ns ns.c
$ ./ns
Parent - start a container!
Container - inside the container!
```

這樣，我們就進入了這個「容器」。可是，如果在「容器」裡執行 `ls` 指令，就會發現一個有趣的現象：/tmp 目錄下的內容跟宿主機的內容是一樣的。

```
$ ls /tmp
# 你會看到宿主機的很多檔案
```

也就是說，即使開啟了 Mount Namespace，容器行程「看到」的檔案系統也跟宿主機完全一樣。這是怎麼回事呢？

仔細思考一下，就會發現這其實不難理解：Mount Namespace 修改的是容器行程對檔案系統「掛載點」的認知。但這也就意味著，只有在「掛載」這個操作發生之後，行程的檢視才會改變；而在此之前，新建立的容器會直接繼承宿主機的各個掛載點。

這時，你可能已經想到了一個解決辦法：在建立新行程時，除了宣告要啟用 Mount Namespace，還可以告訴容器行程哪些目錄需要重新掛載，例如這個 /tmp 目錄。於是，我們在容器行程執行前可以新增一步重新掛載 /tmp 目錄的操作：

```
int container_main(void* arg)
{
  printf("Container - inside the container!\n");
  // 如果你機器的根目錄的掛載類型是 shared，那必須先重新掛載根目錄
  // mount("", "/", NULL, MS_PRIVATE, "");
```

```
  mount("none", "/tmp", "tmpfs", 0, "");
  execv(container_args[0], container_args);
  printf("Something's wrong!\n");
  return 1;
}
```

在修改後的程式碼裡，我在容器行程啟動之前加上了一條 mount("none",
"/tmp", "tmpfs", 0, "") 語句。這就告訴了容器以 tmpfs（記憶體盤）格
式重新掛載 /tmp 目錄。

這段程式碼編譯執行後的結果是什麼呢？下面試驗一下：

```
$ gcc -o ns ns.c
$ ./ns
Parent - start a container!
Container - inside the container!
$ ls /tmp
```

可以看到，/tmp 變成了一個空目錄，這意味著重新掛載生效了。我們可以用
mount -l 檢查：

```
$ mount -l | grep tmpfs
none on /tmp type tmpfs (rw,relatime)
```

可以看到，容器裡的 /tmp 目錄是以 tmpfs 方式單獨掛載的。

更重要的是，因為我們建立的新行程啟用了 Mount Namespace，所以這次重
新掛載的操作只在容器行程的 Mount Namespace 中有效。如果在宿主機上用
mount -l 來檢查該掛載，就會發現它是不存在的：

```
# 在宿主機上
$ mount -l | grep tmpfs
```

這就是 Mount Namespace 跟其他 Namespace 的使用略有不同的地方：它對
容器行程檢視的改變一定要伴隨著掛載操作才能生效。

可是，作為普通使用者，我們希望每當建立一個新容器時，容器行程「看到」的檔案系統就是一個獨立的隔離環境，而不是繼承自宿主機的檔案系統。這要如何實現呢？

不難想到，我們可以在容器行程啟動之前重新掛載它的整個根目錄「/」。而由於 Mount Namespace 的存在，這個掛載對宿主機不可見，因此容器行程可以在裡面隨便折騰。

在 Linux 作業系統裡，有一個名為 chroot 的指令可以幫你在 shell 中方便地完成這項工作。顧名思義，它的作用就是幫你「change root file system」，即改變行程的根目錄到指定位置。

它的用法也非常簡單。假設有一個 $HOME/test 目錄，你想把它作為一個 /bin/bash 行程的根目錄。

首先，建立一個 test 目錄和幾個 lib 資料夾：

```
$ mkdir -p $HOME/test
$ mkdir -p $HOME/test/{bin,lib64,lib}
$ cd $T
```

然後，把 bash 指令複製到 test 目錄對應的 bin 路徑下：

```
$ cp -v /bin/{bash,ls} $HOME/test/bin
```

接下來，把 bash 指令需要的所有 so 檔也複製到 test 目錄對應的 lib 路徑下。so 檔可以用 ldd 指令找到：

```
$ T=$HOME/test
$ list="$(ldd /bin/ls | egrep -o '/lib.*\.[0-9]')"
$ for i in $list; do cp -v "$i" "${T}${i}"; done
```

最後，執行 chroot 指令，告訴作業系統我們將使用 $HOME/test 目錄作為 /bin/bash 行程的根目錄：

```
$ chroot $HOME/test /bin/bash
```

此時，如果執行 ls ／，就會看到它返回的都是 $HOME/test 目錄下的內容，而不是宿主機的內容。更重要的是，被 chroot 的行程並不會感受到自己的根目錄已經被「修改」成了 $HOME/test。

這種檢視被修改的原理，是否跟之前介紹的 Linux Namespace 很類似呢？

沒錯！實際上，Mount Namespace 正是基於對 chroot 的不斷改良才被發明出來的，它也是 Linux 作業系統裡第一個 Namespace。

當然，為了能讓容器的這個根目錄看起來更「真實」，我們一般會在這個容器的根目錄下掛載一個完整作業系統的檔案系統，例如 Ubuntu 16.04 的 ISO。這樣，在容器啟動之後，我們在容器裡透過執行 ls ／ 查看根目錄下的內容，就是 Ubuntu 16.04 的所有目錄和檔案。

這個掛載在容器根目錄上，用來為容器行程提供隔離後執行環境的檔案系統，即所謂的「容器鏡像」，還有一個更專業的名字：rootfs（根檔案系統）。

所以，一個最常見的 rootfs，或者說容器鏡像，會包括如下所示的一些目錄和檔案，例如 /bin、/etc、/proc 等：

```
$ ls /
bin dev etc home lib lib64 mnt opt proc root run sbin sys tmp usr var
```

而你進入容器之後執行的 /bin/bash，就是 /bin 目錄下的可執行檔，與宿主機的 /bin/bash 完全不同。

現在，你應該可以理解，Docker 最核心的原理，實際上就是為待建立的使用者行程：

- 啟用 Linux Namespace 配置；
- 設定指定的 Cgroups 參數；
- 切換行程的根目錄（change root）。

這樣，一個完整的容器就誕生了。

不過，Docker 在最後一步的切換上，會優先使用 pivot_root 系統呼叫；如果系統不支援，才會使用 chroot。這兩個系統呼叫雖然功能類似，但也有細微區別，這部分知識就由你自行探索了。

另外，需要明確的是，rootfs 只是一個作業系統所包含的檔案、配置和目錄，並不包括作業系統核心。在 Linux 作業系統中，這兩部分是分開存放的，作業系統只有在開機啟動時才會載入指定版本的核心鏡像。所以，rootfs 只包括作業系統的「軀殼」，並不包括作業系統的「靈魂」。

那麼，對於容器來說，這個作業系統的「靈魂」在哪裡呢？實際上，同一台機器上的所有容器，都共享宿主機作業系統的核心。這就意味著，如果你的應用程式需要配置核心參數、載入額外的核心模組，以及跟核心進行直接互動，就需要注意了：這些操作和依賴的物件都是宿主機作業系統的核心，它對於該機器上的所有容器來說是一個「全域變數」，牽一髮而動全身。

這也是容器相比於虛擬機的主要缺陷之一：畢竟後者不僅有模擬出來的硬體機器充當沙盒，而且每個沙盒裡還執行著一個完整的客戶作業系統供應用程式隨便折騰。

不過，正是由於 rootfs 的存在，容器才有了一個被反覆強調至今的重要特性 —— 一致性。

什麼是容器的「一致性」呢？第 1 章曾提到：由於雲端與本機伺服器環境不同，因此應用程式的打包過程一直是使用 PaaS 時最麻煩的一個步驟。而有了容器之後，確切地說，有了容器鏡像（rootfs）之後，這個問題就被非常優雅地解決了。由於 rootfs 裡打包的不只是應用程式，而是整個作業系統的檔案和目錄，這就意味著，應用程式以及它執行所需要的所有依賴都被封裝在了一起。

事實上，對於大多數開發者而言，他們對應用程式依賴的理解一直局限在程式語言層面，例如 Golang 的 Godeps.json。但實際上，一個一直以來容易被忽視的事實是，對於一個應用程式來說，作業系統本身才是它執行所需之最完整的「相依函式庫」。

有了容器鏡像「打包作業系統」的能力，這個最基礎的依賴環境終於變成了應用程式沙盒的一部分。這就賦予了容器所謂的一致性：無論在本機、雲端，還是在任何地方的一台機器上，使用者只需解壓打包好的容器鏡像，這個應用程式執行所需的完整的執行環境就能重現。這種下沉到作業系統級別的執行環境一致性，填平了應用程式，在本機開發和遠端執行環境之間難以逾越的鴻溝。

不過，這時你可能已經發現了另一個非常棘手的問題：難道每開發一個應用程式或者升級現有應用程式，都要重複製作一次 rootfs 嗎？例如，用 Ubuntu 作業系統的 ISO 做了一個 rootfs，並安裝了 Java 環境，用來部署我的 Java 應用程式，那麼，我的同事在發布他的 Java 應用程式時，顯然希望能夠直接使用我安裝過 Java 環境的 rootfs，而不是重複這個流程。

一種比較直觀的解決辦法是，我在製作 rootfs 時，每做一步「有意義」的操作，就儲存一個 rootfs，這樣我的同事就可以依據需求使用 rootfs 了。但是，這個解決辦法不具推廣性。因為一旦你的同事修改了這個 rootfs，新舊兩個 rootfs 之間就沒有任何關係了。這會導致極度的碎片化。

那麼，既然這些修改都基於一個舊的 rootfs，我們能否以增量的方式去做這些修改呢？這樣，所有人都只需要維護相對於 base rootfs 修改的增量內容，而不是每次修改都製造一個「fork」。

當然可以。這也正是為何 Docker 公司在實現 Docker 鏡像時並沒有沿用以前製作 rootfs 的流程，而是做了一點小小的創新：Docker 在鏡像的設計中引入了層（layer）的概念。也就是說，使用者製作鏡像的每一步操作都會生成一個層，也就是一個增量 rootfs。

當然，這個想法不是憑空臆造出來的，而是用到了一種叫作 UnionFS（union file system，聯合檔案系統）的能力。它最主要的功能是將不同位置的目錄**聯合掛載**（union mount）到同一個目錄下。例如，有兩個目錄 A 和 B，它們分別有兩個檔案：

```
$ tree
.
├── A
│   ├── a
│   └── x
└── B
    ├── b
    └── x
```

透過聯合掛載的方式將這兩個目錄掛載到一個公共的目錄 C 上：

```
$ mkdir C
$ mount -t aufs -o dirs=./A:../B none ./C
```

此時查看目錄 C 的內容，就能看到目錄 A 和目錄 B 下的檔案被合併到了一起：

```
$ tree ./C
./C
├── a
├── b
└── x
```

可以看到，在這個合併後的目錄 C 裡，有 a、b、x 這三個檔案，並且 x 檔案只有一份。這就是「合併」的含義。此外，如果你在目錄 C 裡對 a、b、x 檔案做修改，這些修改也會在對應的目錄 A、B 中生效。

那麼，在 Docker 中是如何使用這種 UnionFS 的呢？我的環境是 Ubuntu 16.04 和 Docker CE 18.05，這對組合預設使用 AuFS 這個 UnionFS 的實現。你可以透過 `docker info` 指令查看這項訊息。

AuFS 的全稱是 Another UnionFS，後更名為 Alternative UnionFS，再後來乾脆改名為 Advance UnionFS，從這些名字中你應該能看出這樣兩個事實：

- 它是對 Linux 原生 UnionFS 的重寫和改進；
- 它的作者似乎怨氣不小。我猜是 Linus Torvalds（Linux 之父）一直不讓 AuFS 進入 Linux 核心主幹的緣故，所以我們只能在 Ubuntu 和 Debian 這些發行版上使用它。

對於 AuFS 來說，它最關鍵的目錄結構是在 /var/lib/docker 路徑下的 diff 目錄：

```
/var/lib/docker/aufs/diff/<layer_id>
```

下面舉例說明這個目錄的作用。

我們啟動一個容器：

```
$ docker run -d ubuntu:latest sleep 3600
```

此時，Docker 就會從 Docker Hub 上拉取一個 Ubuntu 鏡像到本機。

這個所謂的「鏡像」，實際上就是一個 Ubuntu 作業系統的 rootfs，它的內容是 Ubuntu 作業系統的所有檔案和目錄。不過，與之前介紹的 rootfs 稍微不同的是，Docker 鏡像使用的 rootfs 往往由多個「層」組成：

```
$ docker image inspect ubuntu:latest
...
    "RootFS": {
    "Type": "layers",
    "Layers": [
      "sha256:f49017d4d5ce9c0f544c...",
      "sha256:8f2b771487e9d6354080...",
      "sha256:ccd4d61916aaa2159429...",
      "sha256:c01d74f99de40e097c73...",
      "sha256:268a067217b5fe78e000..."
    ]
    }
```

可以看到，這個 Ubuntu 鏡像實際上由五個層組成。這五個層就是 5 個增量 rootfs，每一層都是 Ubuntu 作業系統檔案與目錄的一部分；而在使用鏡像時，Docker 會把這些增量聯合掛載在一個統一的掛載點上（等價於前面例子中的「/C」目錄）。

這個掛載點就是 /var/lib/docker/aufs/mnt/<ID>，例如：

```
/var/lib/docker/aufs/mnt/6e3be5d2ecccae7cc0fcfa2a2f5c89dc21ee30e166be823ceaeba15dce645b3e
```

意料之中，這個目錄裡正是一個完整的 Ubuntu 作業系統：

```
$ ls
/var/lib/docker/aufs/mnt/6e3be5d2ecccae7cc0fcfa2a2f5c89dc21ee30e166be823ceaeba15dce645b3e
bin boot dev etc home lib lib64 media mnt opt proc root run sbin srv sys tmp usr var
```

那麼，前面提到的 5 個鏡像層是如何被聯合掛載成這樣一個完整的 Ubuntu
檔案系統的呢？

這些訊息記錄在 AuFS 的系統目錄 /sys/fs/aufs 下面。

首先，透過查看 AuFS 的掛載訊息可以找到這個目錄對應的 AuFS 的內部 ID
（si）：

```
$ cat /proc/mounts| grep aufs
none /var/lib/docker/aufs/mnt/6e3be5d2ecccae7cc0fc... aufs
rw,relatime,si=972c6d361e6b32ba,dio,dirperm1 0 0
```

即 si=972c6d361e6b32ba。

然後，使用這個 ID 就可以在 /sys/fs/aufs 下查看被聯合掛載在一起的各個層
的訊息：

```
$ cat /sys/fs/aufs/si_972c6d361e6b32ba/br[0-9]*
/var/lib/docker/aufs/diff/6e3be5d2ecccae7cc...=rw
/var/lib/docker/aufs/diff/6e3be5d2ecccae7cc...-init=ro+wh
/var/lib/docker/aufs/diff/32e8e20064858c0f2...=ro+wh
/var/lib/docker/aufs/diff/2b8858809bce62e62...=ro+wh
/var/lib/docker/aufs/diff/20707dce8efc0d267...=ro+wh
/var/lib/docker/aufs/diff/72b0744e06247c7d0...=ro+wh
/var/lib/docker/aufs/diff/a524a729adadedb90...=ro+wh
```

從這些訊息中可以看到，鏡像的層都放置在 /var/lib/docker/aufs/diff 目錄下，
然後被聯合掛載在 /var/lib/docker/aufs/mnt 中。

而且，從這個結構可以看出，這個容器的 rootfs 由如圖 2-3 所示的 3 部分
組成。

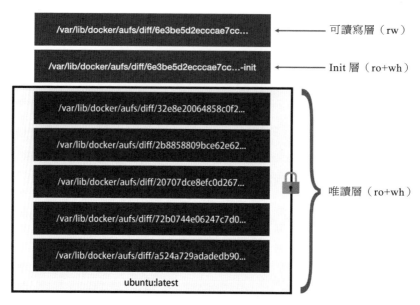

圖 2-3　rootfs 構成示意圖

1. 唯讀層

唯讀層是這個容器的 rootfs 最下面的 5 層，對應的正是 ubuntu:latest 鏡像的 5 層。可以看到，它們的掛載方式都是唯讀的（ro+wh，即 readonly+whiteout，至於什麼是 whiteout，稍後會介紹）。

可以分別查看這些層的內容：

```
$ ls /var/lib/docker/aufs/diff/72b0744e06247c7d0...
etc sbin usr var
$ ls /var/lib/docker/aufs/diff/32e8e20064858c0f2...
run
$ ls /var/lib/docker/aufs/diff/a524a729adadedb900...
bin boot dev etc home lib lib64 media mnt opt proc root run sbin srv sys tmp usr var
```

可以看到，這些層都以增量的方式分別包含了 Ubuntu 作業系統的一部分。

2. 可讀寫層

可讀寫層是這個容器的 rootfs 最上面的一層（`6e3be5d2ecccae7cc`），它的掛載方式為 rw，即 read write。在寫入檔案之前，這個目錄是空的。而一旦在容器裡進行了寫操作，你修改產生的內容就會以增量的方式出現在該層中。

可是，你有沒有想到這樣一個問題：如果我現在要做的是刪除唯讀層裡的一個檔案呢？為了實現這樣的刪除操作，AuFS 會在可讀寫層建立一個 whiteout 檔案，把唯讀層裡的檔案「遮擋」起來。

例如，你要刪除唯讀層裡一個名為 foo 的檔案，那麼這個刪除操作實際上是在可讀寫層建立了一個名為 .wh.foo 的檔案。這樣，當這兩個層被聯合掛載之後，foo 檔案就會被 .wh.foo 檔案「遮擋」，從而「消失」。這個功能就是 ro+wh 的掛載方式，即唯讀 +whiteout。我們一般把 whiteout 形象地翻譯為「白障」。

所以，最上面這個可讀寫層，就是專門用來存放你修改 rootfs 後產生的增量的，無論是增、刪、改，都發生在這裡。而當我們使用完了這個修改過的容器之後，還可以使用 `docker commit` 和 push 指令儲存這個修改過的可讀寫層，並上傳到 Docker Hub 上供他人使用；與此同時，原先的唯讀層裡的內容不會有任何變化。這就是增量 rootfs 的好處。

3. Init 層

Init 層是一個以 `-init` 結尾的層，夾在唯讀層和可讀寫層之間。Init 層是 Docker 單獨生成的一個內部層，專門用來存放 /etc/hosts、/etc/resolv.conf 等訊息。

需要這樣一層的原因是，這些檔案本來屬於唯讀的 Ubuntu 鏡像的一部分，但是使用者往往需要在啟動容器時寫入一些指定的值（例如 `hostname`），所以需要在可讀寫層修改它們。可是，這些修改往往只對目前的容器有效，我們並不希望執行 `docker commit` 時把這些訊息連同可讀寫層一起提交。所以，Docker 做法是在修改了這些檔案之後以一個單獨的層掛載出來。而使用者執行 `docker commit` 只會提交可讀寫層，因此不包含這些內容。

最終，這七個層都被聯合掛載到 /var/lib/docker/aufs/mnt 目錄下，表現為一個完整的 Ubuntu 作業系統供容器使用。

小結

本節重點介紹了 Linux 容器檔案系統的實現方式。這種機制正是我們經常提到的容器鏡像，也稱 rootfs。它只是一個作業系統的所有檔案和目錄，並不包含核心，最多幾百兆位元組。相比之下，傳統虛擬機的鏡像大多是一個磁碟的「快照」，磁碟有多大，鏡像就至少有多大。

結合使用 Mount Namespace 和 rootfs，容器就能為行程構建出一個完善的檔案系統隔離環境。當然，這個功能的實現還必須感謝 chroot 和 pivot_root 這兩個系統呼叫切換行程根目錄的能力。

在 rootfs 的基礎上，Docker 公司創新性地提出，使用多個增量 rootfs 聯合掛載一個完整 rootfs 的方案，這就是容器鏡像中「層」的概念。

通過「分層鏡像」的設計，以 Docker 鏡像為核心，來自不同公司、不同團隊的技術人員被緊密地聯繫在了一起。而且，由於容器鏡像的操作是增量式的，這樣每次鏡像拉取、推送的內容，比原本多個完整的作業系統要小得多；而共享層的存在，使得所有這些容器鏡像需要的總空間也比每個鏡像的總和要小。這樣就使得基於容器鏡像的團隊協作，要比基於動輒幾 GB 的虛擬機磁碟鏡像的協作要敏捷得多。

更重要的是，這個鏡像一經發布，那麼你在任何地方下載這個鏡像，都會得到完全一致的內容，可以完全重現這個鏡像製作者當初的完整環境。這就是容器技術「強一致性」的重要體現。

這種價值正是支撐 Docker 公司在 2014 ～ 2016 年迅猛發展的核心動力。容器鏡像的發明，不僅打通了「開發 - 測試 - 部署」流程的每一個環節，更重要的是，容器鏡像將會成為未來軟體的主流發布方式。

思考題

既然容器的 rootfs（例如 Ubuntu 鏡像）是以唯讀方式掛載的，那麼如何在容器裡修改 Ubuntu 鏡像的內容呢？（提示：Copy-on-Write）

2.4 ▶ 重新認識 Linux 容器

前面幾節分別從 Linux Namespace 的隔離能力、Linux Cgroups 的限制能力，以及基於 rootfs 的檔案系統這三個角度，詳細剖析了 Linux 容器的核心實現原理。

> 📖 **Note**
>
> 之所以要強調 Linux 容器，是因為 Docker on Mac 以及 Windows Docker（Hyper-V 實現）等實際上是基於虛擬化技術實現的，跟本書主要介紹的 Linux 容器完全不同。

本節將透過一個實際案例對前面的容器技術基礎做深入總結和擴展，幫助你更透澈地理解 Linux 容器的本質。

在開始實踐之前，希望你能準備一台 Linux 機器並安裝 Docker。具體流程不再贅述。

這一次要用 Docker 部署一個用 Python 編寫的 Web 應用程式。該應用程式的程式碼部分（app.py）非常簡單：

```
from flask import Flask
import socket
import os


app = Flask(__name__)


@app.route('/')
def hello():
    html = "<h3>Hello {name}!</h3>" \
```

```
        "<b>Hostname:</b> {hostname}<br/>"
    return html.format(name=os.getenv("NAME", "world"), hostname=socket.gethostname())

if __name__ == "__main__":
    app.run(host='0.0.0.0', port=80)
```

在這段程式碼中,我們使用 Flask 框架啟動了一個 Web 伺服器,它唯一的功能是:如果目前環境中有 NAME 這個環境變數,就把它列印在「Hello」後,否則列印「Hello world」,最後列印出目前環境的 hostname。

該應用程式的相依函式庫,則被定義在了同目錄下的 requirements.txt 裡,內容如下所示:

```
$ cat requirements.txt
Flask
```

將這樣一個應用程式容器化的第一步,是製作容器鏡像。

不過,相較於之前介紹的製作 rootfs 的過程,Docker 提供了一種更便捷的方式:Dockerfile。

```
# 使用官方提供的 Python 開發鏡像作為基礎鏡像
FROM python:2.7-slim

# 將工作目錄切換為 /app
WORKDIR /app

# 將目前目錄下的所有內容複製到 /app 下
ADD . /app

# 使用 pip 指令安裝這個應用程式所需要的相依函式庫
RUN pip install --trusted-host pypi.python.org -r requirements.txt

# 允許外界訪問容器的 80 埠
EXPOSE 80

# 設定環境變數
ENV NAME World
```

```
# 設定容器行程為：python app.py，即這個 Python 應用程式的啟動指令
CMD ["python", "app.py"]
```

從這個檔案的內容中可以看到，Dockerfile 的設計理念是使用一些標準的原語（大寫、突顯的詞語）描述所要構建的 Docker 鏡像，並且這些原語都是按順序處理的。

例如，FROM 原語指定了「python:2.7-slim」這個官方維護的基礎鏡像，從而免去了安裝 Python 等語言環境的操作。否則，這一段就得寫成：

```
FROM ubuntu:latest
RUN apt-get update -yRUN apt-get install -y python-pip python-dev build-essential
...
```

RUN 原語表示在容器裡執行 shell 指令。WORKDIR 的意思是在這一句之後，Dockerfile 後面的操作都以這一句指定的 /app 目錄作為目前目錄。

最後的 CMD 的意思是 Dockerfile 指定 python app.py 為該容器的行程。這裡 app.py 的實際路徑是 /app/app.py，所以，CMD ["python", "app.py"] 等價於 docker run <image> python app.py。

另外，在使用 Dockerfile 時，你可能還會看到一個叫作 ENTRYPOINT 的原語。實際上，它和 CMD 都是 Docker 容器行程啟動所必需的參數，完整的執行格式是：ENTRYPOINT CMD。

但是，Docker 預設提供一個隱含的 ENTRYPOINT，即 /bin/sh -c。所以，在不指定 ENTRYPOINT 時，例如在這個例子中，實際上在容器裡執行的完整行程是 /bin/sh -c "python app.py"，即 CMD 的內容就是 ENTRYPOINT 的參數。

基於以上原因，後文會統一稱 Docker 容器的啟動行程為 ENTRYPOINT，而不是 CMD。

需要注意的是，Dockerfile 裡的原語並不都是指對容器內部的操作。例如 ADD 指的是把目前目錄（Dockerfile 所在的目錄）裡的檔案複製到指定容器內的目錄中。

讀懂這個 Dockerfile 後，再把上述內容儲存到目前目錄裡名為「Dockerfile」的檔案中：

```
$ ls
Dockerfile        app.py              requirements.txt
```

接下來，就可以讓 Docker 製作這個鏡像了。在目前目錄執行：

```
$ docker build -t helloworld .
```

其中，-t 的作用是給該鏡像加一個 Tag，即取一個好聽的名字。docker build 會自動載入目前目錄下的 Dockerfile，然後依次執行檔案中的原語。此過程實際上等同於 Docker 使用基礎鏡像啟動了一個容器，然後在容器中依次執行 Dockerfile 中的原語。

需要注意的是，Dockerfile 中的每個原語執行後，都會生成一個對應的鏡像層。即使原語本身並沒有明顯修改檔案的操作（例如 ENV 原語），它對應的層也會存在。只不過在外界看來，該層是空的。

docker build 操作完成後，可以透過 docker images 指令查看結果：

```
$ docker image ls

REPOSITORY          TAG                 IMAGE ID
helloworld          latest              653287cdf998
```

透過這個鏡像 ID，你就可以使用上一節講過的方法查看這些新增的層在 AuFS 路徑下對應的檔案和目錄了。

接下來，使用這個鏡像透過 docker run 指令啟動容器：

```
$ docker run -p 4000:80 helloworld
```

在這一句指令中，鏡像名 helloworld 後面什麼都不用寫，因為在 Dockerfile 中已經指定了 CMD；否則，就得在後面加上行程的啟動指令：

```
$ docker run -p 4000:80 helloworld python app.py
```

容器啟動之後，可以使用 docker ps 指令查看：

```
$ docker ps
CONTAINER ID        IMAGE               COMMAND             CREATED
4ddf4638572d        helloworld          "python app.py"     10 seconds ago
```

同時，我已經透過 -p 4000:80 告訴了 Docker，請把容器內的 80 埠映射在宿主機的 4000 埠上。

這樣做的目的是，只要訪問宿主機的 4000 埠，就能看到容器裡應用程式返回的結果：

```
$ curl http://localhost:4000
<h3>Hello World!</h3><b>Hostname:</b> 4ddf4638572d<br/>
```

否則，就得先用 docker inspect 指令查看容器的 IP 位址，然後訪問 http://< 容器 IP 位址 >:80 才可以看到容器內應用程式的返回。

至此，我已經使用容器完成了一個應用程式的開發與測試。如果現在想把該容器的鏡像上傳到 DockerHub 上分享，要怎麼做呢？

為了能夠上傳鏡像，首先需要註冊一個 Docker Hub 帳號，然後使用 docker login 指令登入。

接下來，用 docker tag 指令給容器鏡像取一個完整的名字：

```
$ docker tag helloworld geektime/helloworld:v1
```

其中，geektime 是我在 Docker Hub 上的使用者名稱，它的「學名」叫**鏡像倉庫**（image repository），/ 後面的 helloworld 是這個鏡像的名字，而 v1 是我給這個鏡像分配的版本號。

注意，你在做實驗時，請將「geektime」取代成自己的 Docker Hub 帳戶名稱，例如 zhangsan/helloworld:v1。

然後，執行 docker push：

```
$ docker push geektime/helloworld:v1
```

這樣，就可以把該鏡像上傳到 Docker Hub 上了。

此外，還可以使用 docker commit 指令把一個正在執行的容器直接提交為一個鏡像。一般說來，需要這麼操作的原因是：該容器執行起來後，我又在裡面執行了一些操作，並且要把操作結果儲存到鏡像裡。例如：

```
$ docker exec -it 4ddf4638572d /bin/sh
# 在容器內部建立了一個檔案
root@4ddf4638572d:/app# touch test.txt
root@4ddf4638572d:/app# exit

# 將這個建立的檔案提交到鏡像中儲存
$ docker commit 4ddf4638572d geektime/helloworld:v2
```

這裡，我使用了 docker exec 指令進入容器。在了解 Linux Namespace 的隔離機制後，自然會引出一個問題：docker exec 是如何做到進入容器的呢？

實際上，Linux Namespace 建立的隔離空間雖然看不見，摸不著，但一個行程的 Namespace 訊息在宿主機上是確實存在的，並且以檔案的形式存在。

例如，透過以下指令可以看到目前正在執行的 Docker 容器的 PID 是25686：

```
$ docker inspect --format '{{ .State.Pid }}'  4ddf4638572d
25686
```

此時，可以透過查看宿主機的 proc 檔，看到這個 25686 行程的所有 Namespace 對應的檔案：

```
$ ls -l /proc/25686/ns
total 0
```

```
lrwxrwxrwx 1 root root 0 Aug 13 14:05 cgroup -> cgroup:[4026531835]
lrwxrwxrwx 1 root root 0 Aug 13 14:05 ipc -> ipc:[4026532278]
lrwxrwxrwx 1 root root 0 Aug 13 14:05 mnt -> mnt:[4026532276]
lrwxrwxrwx 1 root root 0 Aug 13 14:05 net -> net:[4026532281]
lrwxrwxrwx 1 root root 0 Aug 13 14:05 pid -> pid:[4026532279]
lrwxrwxrwx 1 root root 0 Aug 13 14:05 pid_for_children -> pid:[4026532279]
lrwxrwxrwx 1 root root 0 Aug 13 14:05 user -> user:[4026531837]
lrwxrwxrwx 1 root root 0 Aug 13 14:05 uts -> uts:[4026532277]
```

可以看到，一個行程的每種 Linux Namespace 都在它對應的 /proc/[行程號]/ns
下有一個對應的虛擬檔案，並且連結到一個真實的 Namespace 檔案上。

有了這樣一個可以「hold」所有 Linux Namespace 的檔案，我們就可以對
Namespace 做一些有意義的事情了，例如加入一個已經存在的 Namespace
當中。

這就意味著，一個行程可以選擇加入行程已有的某個 Namespace 當中，從而
「進入」該行程所在容器，這正是 docker exec 的實現原理。

而該操作所依賴的是一個名為 setns() 的 Linux 系統呼叫。它的呼叫方法可
以用底下這段程式來說明：

```c
#define _GNU_SOURCE
#include <fcntl.h>
#include <sched.h>
#include <unistd.h>
#include <stdlib.h>
#include <stdio.h>

#define errExit(msg) do { perror(msg); exit(EXIT_FAILURE);} while (0)

int main(int argc, char *argv[]) {
    int fd;

    fd = open(argv[1], O_RDONLY);
    if (setns(fd, 0) == -1) {
        errExit("setns");
    }
    execvp(argv[2], &argv[2]);
```

```
    errExit("execvp");
}
```

這段程式碼的功能非常簡單：它一共接收兩個參數，第一個參數是 `argv[1]`，即目前行程要加入的 Namespace 檔案的路徑，例如 `/proc/25686/ns/net`；第二個參數則是你要在該 Namespace 裡執行的行程，例如 `/bin/bash`。

這段程式碼的核心操作是透過 `open()` 系統呼叫打開指定的 Namespace 檔案，並把該檔案的描述符 `fd` 交給 `setns()` 使用。在 `setns()` 執行後，目前行程就加入這個檔案對應的 Linux Namespace 當中了。

下面編譯執行該程式，加入容器行程（PID=25686）的 Network Namespace 中：

```
$ gcc -o set_ns set_ns.c
$ ./set_ns /proc/25686/ns/net /bin/bash
$ ifconfig
eth0      Link encap:Ethernet  HWaddr 02:42:ac:11:00:02
          inet addr:172.17.0.2  Bcast:0.0.0.0  Mask:255.255.0.0
          inet6 addr: fe80::42:acff:fe11:2/64 Scope:Link
          UP BROADCAST RUNNING MULTICAST  MTU:1500  Metric:1
          RX packets:12 errors:0 dropped:0 overruns:0 frame:0
          TX packets:10 errors:0 dropped:0 overruns:0 carrier:0
          collisions:0 txqueuelen:0
          RX bytes:976 (976.0 B)  TX bytes:796 (796.0 B)

lo        Link encap:Local Loopback
          inet addr:127.0.0.1  Mask:255.0.0.0
          inet6 addr: ::1/128 Scope:Host
          UP LOOPBACK RUNNING  MTU:65536  Metric:1
          RX packets:0 errors:0 dropped:0 overruns:0 frame:0
          TX packets:0 errors:0 dropped:0 overruns:0 carrier:0
          collisions:0 txqueuelen:1000
          RX bytes:0 (0.0 B)  TX bytes:0 (0.0 B)
```

如上所示，當我們執行 `ifconfig` 指令查看網路裝置時，會發現能看到的網卡「變少」了：只有兩個，而我的宿主機至少有 4 個網卡。這是怎麼回事？

實際上，在 setns() 之後我看到的這兩個網卡，正是前面啟動的 Docker 容器裡的網卡。也就是說，新建立的這個 /bin/bash 行程，由於加入了該容器行程（PID=25686）的 Network Namepace 中，因此它看到的網路裝置與該容器裡是一樣的，即 /bin/bash 行程的網路裝置檢視也被修改了。

一旦一個行程加入另一個 Namespace 當中，在宿主機的 Namespace 檔案上也會有所體現。

在宿主機上，可以用 ps 指令找到這個 set_ns 程式執行的 /bin/bash 行程，其真實的 PID 是 28499：

```
# 在宿主機上
ps aux | grep /bin/bash
root      28499  0.0  0.0  19944  3612 pts/0    S     14:15    0:00 /bin/bash
```

這時，如果按照前面介紹的方法查看這個 PID=28499 的行程的 Namespace，就會發現這樣一個事實：

```
$ ls -l /proc/28499/ns/net
lrwxrwxrwx 1 root root 0 Aug 13 14:18 /proc/28499/ns/net -> net:[4026532281]

$ ls -l  /proc/25686/ns/net
lrwxrwxrwx 1 root root 0 Aug 13 14:05 /proc/25686/ns/net -> net:[4026532281]
```

在 /proc/[PID]/ns/net 目錄下，這個 PID=28499 的行程與前面的 Docker 容器行程（PID=25686）指向的 Network Namespace 檔案完全相同。這說明這兩個行程共享了這個名為 net:[4026532281] 的 Network Namespace。

此外，Docker 還專門提供了一個參數 -net，可以讓你啟動一個容器並「加入」另一個容器的 Network Namespace 中，例如：

```
$ docker run -it --net container:4ddf4638572d busybox ifconfig
```

這樣，我們新啟動的這個容器就會直接加入 ID=4ddf4638572d 的容器，即前面建立的 Python 應用程式容器（PID=25686）的 Network Namespace 中。所以，這裡 ifconfig 返回的網卡訊息跟前面那個小程式返回的結果一模一樣，你可以嘗試一下。

而如果指定 --net=host，就意味著該容器不會為行程啟用 Network Namespace。即該容器拆除了 Network Namespace 的「隔離牆」，所以，它會和宿主機上的其他普通行程一樣，直接共享宿主機的網路堆疊。這就為容器直接操作和使用宿主機網路提供了一個渠道。

轉了一大圈，終於詳細解讀了 docker exec 這個操作背後 Linux Namespace 更具體的工作原理。這種透過作業系統行程相關知識，逐步剖析 Docker 容器的方法，是理解容器的一個關鍵思路，請務必掌握。

接著，讓我們回到前面提交鏡像的操作 docker commit。

docker commit 實際上就是在容器執行起來後，把最上層的可讀寫層加上原先容器鏡像的唯讀層，打包成了一個新鏡像。當然，下面這些唯讀層在宿主機上是共享的，不會占用額外的空間。

由於使用了 UnionFS，因此你在容器裡對鏡像 rootfs 所做的任何修改，都會被作業系統先複製到這個可讀寫層，然後再修改。這就是所謂的 Copy-on-Write。

如前所述，Init 層的存在就是為了避免你執行 docker commit 時，把 Docker 自己對 /etc/hosts 等檔案做的修改也一起提交。

有了新鏡像，我們就可以把它推送到 Docker Hub 上了：

```
$ docker push geektime/helloworld:v2
```

你可能還會有這樣的疑問：我在企業內部能否也搭建一個跟 Docker Hub 類似的鏡像上傳系統呢？

當然可以，這個統一存放鏡像的系統就叫作 Docker Registry。若有興趣，可以查看 Docker 的官方文件以及 VMware 的 Harbor 專案。

最後，講解 Docker 的另一個重要內容：Volume（資料卷）。

前面介紹過，容器技術使用了 rootfs 機制和 Mount Namespace，構建出了和宿主機完全隔離的檔案系統環境。這時就需要考慮兩個問題。

■ 宿主機如何取得容器裡行程建立的檔案？

■ 容器裡的行程怎麼才能訪問到宿主機上的檔案和目錄？

這正是 Docker Volume 要解決的問題。Volume 機制允許你將宿主機上指定的目錄或者檔案掛載到容器中進行讀取和修改。

Docker 支援兩種 Volume 宣告方式，可以把宿主機目錄掛載進容器的 /test 目錄：

```
$ docker run -v /test ...
$ docker run -v /home:/test ...
```

這兩種宣告方式的本質相同：都是把一個宿主機的目錄掛載進容器的 /test 目錄。

只不過，在第一種情況下，由於你沒有顯式宣告宿主機目錄，因此 Docker 預設在宿主機上建立一個暫存資料夾 /var/lib/docker/volumes/[VOLUME_ID]/_data，然後把它掛載到容器的 /test 目錄上。而在第二種情況下，Docker 直接把宿主機的 /home 目錄掛載到了容器的 /test 目錄上。

那麼，Docker 是如何做到把一個宿主機上的目錄，或者檔案掛載到容器中去的呢？難道又是 Mount Namespace 的「黑科技」嗎？

實際上不需要這麼麻煩。上一節介紹過，當容器行程被建立之後，儘管開啟了 Mount Namespace，但是在它執行 chroot（或者 pivot_root）之前，容器行程一直可以「看到」宿主機上的整個檔案系統。

宿主機上的檔案系統自然也包括我們要使用的容器鏡像。這個鏡像的各個層儲存在 /var/lib/docker/aufs/diff 目錄下，在容器行程啟動後，它們會被聯合掛載在 /var/lib/docker/aufs/mnt/ 目錄中，這樣容器所需的 rootfs 就準備好了。

所以，我們只需要在 rootfs 準備好之後，在執行 chroot 之前，把 Volume 指定的宿主機目錄（例如 /home 目錄）掛載到指定的容器目錄（例如 /test 目錄）在宿主機上對應的目錄（/var/lib/docker/aufs/mnt/[可讀寫層 ID]/test）上，這個 Volume 的掛載工作就完成了。

更重要的是，由於執行這個掛載操作時「容器行程」已經建立了，也就意味著此時 Mount Namespace 已經開啟了，因此這個掛載事件只在該容器裡可見。在宿主機上看不到容器內部的這個掛載點，這就避免了 Volume 打破容器的隔離性。

注意，這裡提到的「容器行程」是 Docker 建立的一個容器初始化行程（dockerinit），而不是應用程式行程（ENTRYPOINT+CMD）。dockerinit 會負責完成根目錄的準備、掛載裝置和目錄、配置 hostname 等一系列需要在容器內進行的初始化操作。最後，它透過 execv() 系統呼叫讓應用程式行程取代自己成為容器裡 PID=1 的行程。

這裡要用到的掛載技術就是 Linux 的**綁定掛載**（bind mount）機制。它的主要作用是，允許你將一個目錄或者檔案而不是整個裝置掛載到指定目錄上。並且，這時你在該掛載點上進行的任何操作，只是發生在被掛載的目錄或者檔案上，而原掛載點的內容會被隱藏起來且不受影響。

其實，如果你了解 Linux 核心，就會明白，綁定掛載實際上是一個 inode 取代的過程。在 Linux 作業系統中，可以把 inode 理解為存放檔案內容的「物件」，而 dentry（目錄項）就是訪問這個 inode 所使用的「指標」，見圖 2-4。

圖 2-4   綁定掛載示意圖

如圖 2-4 所示，mount --bind /home /test 會將 /home 掛載到 /test 上。這其實相當於將 /test 的 dentry 重定向到了 /home 的 inode。這樣當我們修改 /test 目錄時，實際上修改的是 /home 目錄的 inode。因此，一旦執行 umount 指令，/test 目錄原先的內容就會復原，因為修改實際發生在 /home 目錄裡。

所以，在一個正確的時機進行一次綁定掛載，Docker 就可以成功地將宿主機上的目錄或檔案不動聲色地掛載到容器中。

這樣，行程在容器裡對這個 /test 目錄進行的所有操作，都實際發生在宿主機的對應目錄（例如 /home，或者 /var/lib/docker/volumes/[VOLUME_ID]/_data）裡，而不會影響容器鏡像的內容。

那麼，既然這個 /test 目錄裡的內容掛載在容器 rootfs 的可讀寫層，那它會不會被 docker commit 提交呢？

不會的。其實前面提到過原因。容器的鏡像操作，例如 docker commit，都發生在宿主機空間。而由於 Mount Namespace 的隔離作用，宿主機並不知道該綁定掛載的存在。所以，在宿主機看來，容器中可讀寫層的 /test 目錄（/var/lib/docker/aufs/mnt/[可讀寫層 ID]/test）始終為空。

不過，由於 Docker 一開始還是要建立 /test 這個目錄作為掛載點，因此執行了 docker commit 之後，你會發現新產生的鏡像裡會多出一個空的 /test 目錄。畢竟，建立目錄操作不是掛載操作，Mount Namespace 對它起不了「障眼法」的作用。

結合以上講解，下面驗證一下。

首先，啟動一個 helloworld 容器，給它宣告一個 Volume，掛載在容器裡的 /test 目錄上：

```
$ docker run -d -v /test helloworld
cf53b766fa6f
```

容器啟動後，查看這個 Volume 的 ID：

```
$ docker volume ls
DRIVER              VOLUME NAME
local               cb1c2f7221fa9b0971cc35f68aa1034824755ac44a034c0c0a1dd318838d3a6d
```

然後，使用此 ID 可以找到它在 Docker 工作目錄下的 volumes 路徑：

```
$ ls /var/lib/docker/volumes/cb1c2f7221fa/_data/
```

這個 _data 資料夾就是容器的 Volume 在宿主機上對應的暫存資料夾。

接下來在容器的 Volume 裡新增一個檔案 text.txt：

```
$ docker exec -it cf53b766fa6f /bin/sh
cd test/
touch text.txt
```

這時再回到宿主機，就會發現 text.txt 已經出現在了宿主機上對應的暫存資料夾裡：

```
$ ls /var/lib/docker/volumes/cb1c2f7221fa/_data/
text.txt
```

可是，如果在宿主機上查看該容器的可讀寫層，雖然可以看到這個 /test 目錄，但是內容是空的（前面介紹過如何找到這個 AuFS 檔案系統的路徑）：

```
$ ls /var/lib/docker/aufs/mnt/6780d0778b8a/test
```

由此可以確認，容器 Volume 裡的訊息並不會被 `docker commit` 提交，但這個掛載點目錄 /test 會出現在新的鏡像當中。

以上就是 Docker Volume 的核心原理。

小結

本節以一個非常經典的 Python 應用程式作為案例，講解了 Docke 容器的主要使用場景。熟悉了這些操作，你就基本上掌握了 Docker 容器的核心功能。

更重要的是，本節運用 Linux Namespace、Cgroups 以及 rootfs 的知識，對容器進行了一次庖丁解牛式的解讀。最後的 Docker 容器實際上如圖 2-5 所示。

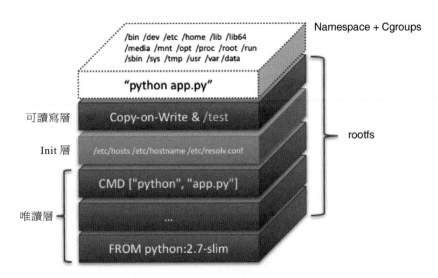

圖 2-5　Docker 容器示意圖

這個容器行程「python app.py」在由 Linux Namespace 和 Cgroups 構成的隔離環境中執行；而它執行所需要的各種檔案，例如 python、app.py 以及整個作業系統檔案，由多個聯合掛載在一起的 rootfs 層提供。

這些 rootfs 層的最下層是來自 Docker 鏡像的唯讀層。在唯讀層之上是 Docker 自己新增的 Init 層，用來存放被臨時修改過的 /etc/hosts 等檔案。rootfs 的最上層是一個可讀寫層，它以 Copy-on-Write 的方式存放任何對唯讀層的修改，容器宣告的 Volume 的掛載點也出現在該層。

透過以上剖析，對於曾經「神祕莫測」的容器技術，你是否感覺清晰很多了呢？

Kubernetes 設計與架構

3.1 ▶ Kubernetes 核心設計與架構

前面以 Docker 為例,剖析了 Linux 容器的具體實現方式。透過這些講解,你應該能夠明白:容器實際上是由 Linux Namespace、Linux Cgroups 和 rootfs 這三種技術構建出來的行程的隔離環境。

不難看出,一個正在執行的 Linux 容器,其實可以被「一分為二」地看待:

(1) 一組聯合掛載在 /var/lib/docker/aufs/mnt 上的 rootfs,這一部分稱為**容器鏡像**(container image),是容器的靜態檢視;

(2) 一個由 Namespace+Cgroups 構成的隔離環境,這一部分稱為**容器執行時**(container runtime),是容器的動態檢視。

作為開發者,我並不關心容器執行時的差異。因為在整個「開發—測試—發布」的流程中,真正承載容器訊息進行傳遞的,是容器鏡像,而非容器執行時。

這個重要假設，正是容器技術圈在 Docker 成功後不久，就迅速走向容器編排這個「上層建築」的主要原因：作為一家雲服務提供商或者基礎設施提供商，我只要能夠將使用者提交的 Docker 鏡像以容器的方式執行起來，就能成為這張非常熱鬧的容器生態圖上的一個承載點，從而將整個容器技術堆疊上的價值沉澱在我的節點上。

更重要的是，只要從我的承載點向 Docker 鏡像製作者和使用者方向回溯，整條路徑上的各個服務節點，例如 CI/CD、監控、安全、網路、儲存等，都有可以發揮和盈利的空間。這正是所有雲端運算提供商，如此熱衷於容器技術的重要原因：透過容器鏡像，他們可以和潛在使用者（開發者）直接關聯起來。

從一位開發者和單一的容器鏡像，到無數開發者和龐大的容器叢集，容器技術實現了從「容器」到「容器雲」的飛躍，標誌著它真正得到了市場和生態的認可。

容器從開發者手裡的一個小工具，一躍成為了雲端運算領域的絕對主角；而能夠定義容器組織和管理規範的容器編排技術，則當仁不讓地坐上了容器技術領域的「第一把交椅」。其中最具代表性的容器編排工具，當屬 Docker 公司的 Compose+Swarm 組合，以及 Google 公司共同主導的 Kubernetes。

第 1 章介紹容器技術發展歷史時，對這兩個開源專案做了詳細的剖析和評述。本節就專注於本書的主角 Kubernetes，談一談它的核心設計與架構。

跟很多基礎設施領域先有工程實踐、後有方法論的發展路線不同，Kubernetes 的理論基礎要比工程實踐走得靠前得多，這當然要歸功於 Google 公司在 2015 年 4 月發布的 Borg 論文。

Borg 系統一直以來都被譽為 Google 公司內部最強大的「祕密武器」。雖然略顯誇張，但這個說法倒不算是吹牛。這是因為相比於 Spanner、BigTable 等相對上層的專案，Borg 的責任是承載 Google 公司整個基礎設施的核心依賴。在 Google 公司已經公開發表的基礎設施體系論文中，Borg 當仁不讓地位居整個基礎設施技術堆疊的最底層（見圖 3-1）。

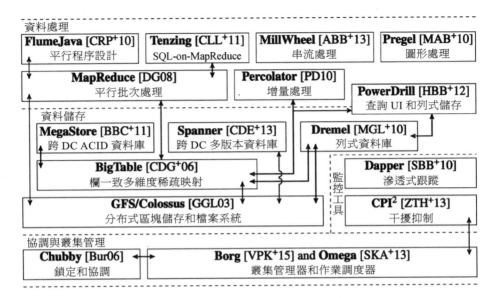

資料處理

| **FlumeJava [CRP+10]** | **Tenzing [CLL+11]** | **MillWheel [ABB+13]** | **Pregel [MAB+10]** |
| 平行程序設計 | SQL-on-MapReduce | 串流處理 | 圖形處理 |

圖 3-1　Google 的基礎設施堆疊

圖 3-1 來自 GoogleOmega 論文第一作者的博士畢業論文（Malte Schwarzkopf. Operating system support for warehouse-scale computing, 2015）。它描繪了當時 Google 已經公開發表的整個基礎設施堆疊。在這張圖中，你既能看到 MapReduce、BigTable 等知名專案，也能看到 Borg 和它的繼任者 Omega 位於整個技術堆疊的最底層。

正是由於這樣的定位，Borg 可以說是 Google 最不可能開源的一個專案。而得益於 Docker 和容器技術的風靡，它最終以另一種方式與開源社群見面，這種方式就是 Kubernetes。所以，相比於「小打小鬧」的 Docker 公司和「舊瓶裝新酒」的 Mesos 社群，Kubernetes 從一開始就比較幸運地站在了他人難以企及的高度：在它的成長階段，這個專案每一個核心特性的提出，幾乎都脫離 Borg/Omega 系統的設計與經驗。

更重要的是，這些特性在開源社群落地的過程中，又在整個社群的合力之下得到了極大的改進，修復了遺留在 Borg 體系中的很多缺陷和問題。因此，儘管在發布之初被批評是「曲高和寡」，但 Kubernetes 在 Borg 體系的指導下，逐步展現出了其獨有的先進性與完備性，而這些特質才是一個基礎設施領域開源專案賴以生存的核心價值。

為了能夠更深入地理解這兩種特質，不妨從 Kubernetes 的設計與架構說起。

首先，請思考這個問題：Kubernetes 主要解決的問題是什麼？編排？調度？容器雲？還是叢集管理？

實際上，這個問題你可能很難立即給出答案。但至少作為使用者來說，我們希望 Kubernetes 帶來的體驗是確定的：現在我有了應用程式的容器鏡像，請幫我在一個給定的叢集上執行這個應用程式。我還希望 Kubernetes 能給我提供路由網關、水平擴展、監控、備份、災難復原等一系列運維能力。

等等，這些功能聽起來好像有些耳熟，這不正是經典 PaaS（例如 Cloud Foundry）的能力嗎？而且，有了 Docker 後，我根本不需要什麼 Kubernetes、PaaS，只要使用 Docker 公司的 Compose+Swarm，就完全可以很方便地自己做出這些功能！所以，如果 Kubernetes 只是停留在拉取使用者鏡像、執行容器，以及提供應用程式運維功能的話，那麼別說跟「原生」的 Docker Swarm 競爭了，哪怕跟經典的 PaaS 相比，也難有優勢可言。

實際上，在定義核心功能的過程中，Kubernetes 正是依託 Borg 的理論優勢，才在短短幾個月內迅速站穩腳跟，進而確定了一個如圖 3-2 所示的全域架構。

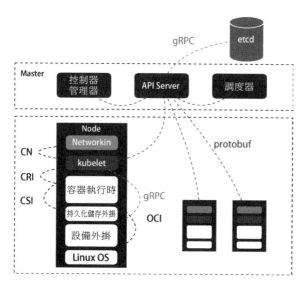

圖 3-2　Kubernetes 的全域架構

從這個架構中我們可以看到，Kubernetes 的架構跟它的原型 Borg 非常類似，都由 Master 和 Node 兩種節點組成，而這兩種角色分別對應控制節點和計算節點。其中，控制節點，即 Master 節點，由三個緊密協作的獨立元件組合而成，分別是負責 API 服務的 kube-apiserver、負責調度的 kube-scheduler，以及負責容器編排的 kube-controller-manager。整個叢集的持久化資料，則由 kube-apiserver 處理後儲存在 etcd 中。

計算節點上最核心的部分，是一個名為 kubelet 的元件。在 Kubernetes 中，kubelet 主要負責同容器執行時（例如 Docker）互動。而這種互動所依賴的是一個稱作 CRI（container runtime interface）的遠端呼叫介面，該介面定義了容器執行時的各項核心操作，例如啟動一個容器需要的所有參數。

這也是為何 Kubernetes 並不關心你部署的是什麼容器執行時、使用了什麼技術實現，只要你的容器執行時能夠執行標準的容器鏡像，它就可以透過實現 CRI 接入 Kubernetes。而具體的容器執行時，例如 Docker，則一般透過 OCI 這個容器執行時規範同底層的 Linux 作業系統進行互動，即把 CRI 請求翻譯成對 Linux 作業系統的呼叫（操作 Linux Namespace 和 Cgroups 等）。

此外，kubelet 還透過 gRPC 協定同一個叫作 Device Plugin 的外掛程式進行互動。這個外掛程式，是 Kubernetes 用來管理 GPU 等宿主機物理裝置的主要群元件，也是基於 Kubernetes 進行機器學習訓練、高性能作業支援等工作必須關注的功能。

kubelet 的另一個重要功能，是呼叫網路外掛程式和儲存外掛程式，為容器配置網路和持久化儲存。這兩個外掛程式與 kubelet 進行互動的介面，分別是 CNI（container networking interface）和 CSI（container storage interface）。

實際上，kubelet 這個奇怪的名字來自 Borg 專案中的同源元件 Borglet。不過，如果你看過 Borg 論文，就會發現這個命名方式可能是 kubelet 元件與 Borglet 元件的唯一相似之處。這是因為 Borg 並不支援這裡所講的容器技術，而只是簡單地使用了 Linux Cgroups 對行程進行限制。這就意味著，像 Docker 這樣的「容器鏡像」在 Borg 中是不存在的，Borglet 元件自然不需要像 kubelet 這樣考慮如何同 Docker 進行互動、如何管理容器鏡像的問題，也不需要支援 CRI、CNI、CSI 等諸多容器技術介面。

可以說，kubelet 完全就是為了實現 Kubernetes 對容器的管理能力而重新實現的一個元件，與 Borg 之間並沒有直接的傳承關係。

 Tip

雖然不使用 Docker，但 Google 內部確實在使用一個叫作 MPM（Midas Package Manager）的管理工具，它可以部分取代 Docker 鏡像的角色。

那麼，Borg 對於 Kubernetes 的指導作用又體現在哪裡呢？

答案是 —— Master 節點。雖然在 Master 節點的實現細節上，Borg 與 Kubernetes 不盡相同，但它們的出發點高度一致，即如何編排、管理、調度使用者提交的作業。所以，Borg 完全可以把 Docker 鏡像看作一種新的應用程式打包方式。這樣，Borg 團隊過去在大規模作業管理與編排上的經驗，就可以直接「套用」在 Kubernetes 上了。

這些經驗最主要的表現就是，從一開始，Kubernetes 就沒有像同時期的各種容器雲專案那樣，直接把 Docker 作為整個架構的核心來實現一個 PaaS，而是僅僅把 Docker 作為最底層的一種容器執行時實現。

Kubernetes 要著重解決的問題，則來自 Borg 的研究人員在論文中提到的一個非常重要的觀點：

在大規模叢集中的各種任務之間執行，實際上存在各式各樣的關係。
這些關係的處理才是作業編排和管理系統最困難的地方。

這個觀點，正是 Kubernetes 的核心能力和定位的關鍵所在，下一節會詳細介紹。

3.2 ▶ **Kubernetes 核心能力與定位**

上一節講解了 Kubernetes 的設計與架構，並以此為基礎引出了 Kubernetes 的核心能力是要解決一個比 PaaS 更加基礎的問題：

> 在大規模叢集中的各種任務之間執行，實際上存在各式各樣的關係。
> 處理這些關係才是作業編排和管理系統最困難的地方。

其實，這種任務與任務之間的關係，在日常的各種技術場景中隨處可見。例如，一個 Web 應用程式與資料庫之間的訪問關係，一個負載平衡器和它的後端服務之間的代理關係，一個門戶應用程式與授權元件之間的呼叫關係。此外，同屬於一個服務單位的不同功能之間，也完全可能存在這樣的關係。例如，一個 Web 應用程式與日誌搜集元件之間的檔案交換關係。

在容器技術普及之前，傳統虛擬機環境處理這種關係的方法都是比較「粗粒度」的。你經常會發現很多功能不相關的應用程式，被一股腦兒地部署在同一台虛擬機中，只是因為它們之間偶爾會互相發起幾個 HTTP 請求。更常見的情況是，一個應用程式被部署在虛擬機裡之後，你還得手動維護很多跟它協作的**守護行程**（Daemon），用來處理它的日誌搜集、災難復原、資料備份等輔助工作。

但容器技術出現以後，就不難發現，在「功能單位」的劃分上，容器有著獨一無二的「細粒度」優勢，畢竟容器本質上只是一個行程而已。也就是說，只要你願意，那些原先擠在同一台虛擬機裡的各個應用程式、元件、守護行程，都可以被分別做成鏡像，然後在一個個專屬的容器中執行。它們之間互不干涉，擁有各自的資源配額，可以被調度在整個叢集裡的任何一台機器上。而這正是 PaaS 系統最理想的工作狀態，也是所謂的「微服務」概念得以落地的先決條件。

當然，如果只做到「封裝微服務，調度單容器」這一層次，Docker Swarm 已經綽綽有餘了。如果再加上 Compose，你甚至還具備了處理一些簡單依賴關係的能力，例如一個 Web 容器和它要訪問的資料庫 DB 容器。

在 Compose 中，你可以為這樣的兩個容器定義一個「link」，而 Docker 會負責維護這個「link」關係。具體做法是：Docker 會在 Web 容器中將 DB 容器的 IP 位址、埠等訊息以環境變數的方式注入，供應用程式行程使用，例如：

```
DB_NAME=/web/db
DB_PORT=tcp://172.17.0.5:5432
DB_PORT_5432_TCP=tcp://172.17.0.5:5432
DB_PORT_5432_TCP_PROTO=tcp
DB_PORT_5432_TCP_PORT=5432
DB_PORT_5432_TCP_ADDR=172.17.0.5
```

當 DB 容器發生變化時（例如鏡像更新、遷移到其他宿主機上等），這些環境變數的值會由 Docker 自動更新。這就是平台自動處理容器間關係的典型例子。

可是，如果我們現在的需求是，希望這個解決方案能夠處理前面提到的所有類型的關係，甚至還要能夠支援未來可能出現的更多種類的關係呢？這時，「link」這種針對單個案例設計的解決方案就太過簡單了。如果你做過架構方面的工作，就會深有感觸：一旦要追求普適性，就一定要從頂層開始做好設計。

Kubernetes 最主要的設計理念就是，以統一的方式抽象底層基礎設施能力（例如計算、儲存、網路），定義任務編排的各種關係（例如親密關係、訪問關係、代理關係），將這些抽象以宣告式 API 的方式對外暴露，從而允許平台構建者基於這些抽象，進一步構建自己的 PaaS 乃至任何上層平台。

所以，Kubernetes 的本質是「平台的平台」，即一個用來幫助使用者構建上層平台的基礎平台。Kubernetes 中的所有抽象和設計，都是為了要實現這個「使能平台構建者」的目標。對於底層基礎設施能力的抽象，想必已經不用多解釋了。這裡單獨解釋 Kubernetes 是如何定義任務編排的各種關係的。

首先，Kubernetes 對容器間的訪問進行了抽象和分類，它總結出了一類常見的緊密互動的關係，即這些任務之間需要非常頻繁地互動和訪問，或者它們會直接透過本機檔案交換訊息。

在一般環境中，這些應用程式往往會被直接部署在同一台機器上，透過 localhost 進行通訊，透過本機磁碟目錄交換檔案。而在 Kubernetes 中，這些容器會被劃分為一個 Pod，Pod 裡的容器共享同一個 Network Namespace、同一組 Volume，從而實現高效交換訊息。

Pod 是 Kubernetes 中最基礎的一個物件，源自於 GoogleBorg 論文中一個名叫 Alloc 的設計。之後會進一步闡述 Pod。

對於其他更常見的需求，例如 Web 應用程式與資料庫之間的訪問關係，Kubernetes 提供了一種叫作「Service」的服務。像這樣的兩個應用程式，往往故意不部署在同一台機器上，這樣即使 Web 應用程式所在的機器當機了，資料庫也完全不受影響。可是，我們知道，對於一個容器來說，它的 IP 位址等訊息不是固定的，那麼 Web 應用程式如何找到資料庫容器的 Pod 呢？

Kubernetes 的做法是給 Pod 綁定一個 Service 服務，而 Service 服務宣告的 IP 位址等訊息是固定不變的。這個 Service 服務的主要作用就是作為 Pod 的代理入口（Portal），從而代替 Pod 對外暴露一個固定的網路位址。這樣，對於 Web 應用程式的 Pod 來說，它需要關心的就是資料庫 Pod 的 Service 訊息。不難想像，Service 後端真正代理的 Pod 的 IP 位址、埠等訊息的自動更新、維護，則是 Kubernetes 的職責。

像這樣，圍繞容器和 Pod 不斷向真實的技術場景擴展，就能繪製出一幅如圖 3-3 所示的 Kubernetes 核心功能的「全景圖」。

按照圖 3-3 中的線索，我們從容器這個最基礎的概念出發，首先遇到了容器間緊密協作關係的難題，於是擴展到了 Pod；有了 Pod 之後，我們希望能一次啟動多個應用程式的實例，這樣就需要 Deployment 這個 Pod 的多實例管理器；而有了這樣一組相同的 Pod 後，我們又需要透過固定的 IP 位址和埠，以負載平衡的方式訪問它，於是就有了 Service。

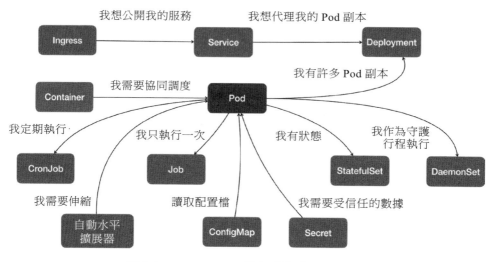

圖 3-3　Kubernetes 核心功能「全景圖」

可是，如果現在兩個不同 Pod 之間不僅有訪問關係，還要求在發起時加上授權訊息，最典型的例子就是 Web 應用程式訪問資料庫時需要 Credential（資料庫的使用者名稱和密碼）訊息，那麼在 Kubernetes 中如何處理這樣的關係呢？

Kubernetes 提供了一種叫作 Secret 的物件，它其實是儲存在 etcd 裡的鍵值對資料。這樣，你把 Credential 訊息以 Secret 的方式存在 etcd 裡，Kubernetes 就會在你指定的 Pod（例如 Web 應用程式的 Pod）啟動時，自動把 Secret 裡的資料以 Volume 的方式掛載到容器裡。這樣這個 Web 應用程式就可以訪問資料庫了。

除了應用程式與應用程式之間的關係，應用程式執行的型態，是影響「如何容器化這個應用程式」的第二個重要因素。

為此，Kubernetes 定義了新的、基於 Pod 改進後的物件。例如 Job，用來描述一次性執行的 Pod（例如大數據任務）；再例如 DaemonSet，用來描述每個宿主機上，必須且只能執行一個副本的守護行程服務；又例如 CronJob，用來描述定時任務等。如此種種，正是 Kubernetes 定義容器間關係和型態的主要方法。

可以看到，Kubernetes 並沒有像其他產品那樣，為每一個管理功能建立一條指令，然後在其中實現其中的邏輯。這種做法的確可以解決目前的問題，但是在更多的問題出現之後，往往會力不從心。

相比之下，在 Kubernetes 中，我們推崇的使用方法是：

- 首先，透過一個任務編排物件，例如 Pod、Job、CronJob 等，描述你試圖管理的應用程式；
- 然後，為它定義一些運維能力物件，例如 Service、Ingress、Horizontal Pod Autoscaler（自動水平擴展器）等，這些物件會負責具體的運維能力側功能。

這種使用方法就是所謂的「宣告式 API」。這種 API 對應的編排物件和服務物件，都是 Kubernetes 中的 **API 物件**。

宣告式 API 是 Kubernetes 最核心的設計理念，正因為有了它，我們基於 Kubernetes 構建的上層平台，才有了一致的程式範式和互動編程介面，才使得今天整個雲原生生態有如此多的 Kubernetes 外掛程式能力和擴展。關於宣告式 API，建議在閱讀後面的內容時，關注它的使用方法（YAML 檔裡頭的內容），暫時不深究這個設計背後的技術細節。本書結尾會深入講解宣告式 API 背後的設計及其本質。

最後，我來回答一個更直接的問題：Kubernetes 如何啟動一個容器化任務？

例如，我現在已經製作好了一個 Nginx 容器鏡像，希望平台幫我啟動該鏡像。並且要求平台幫我執行兩個完全相同的 Nginx 副本，以負載平衡的方式共同對外提供服務。

如果是自己動手做的話，可能需要啟動兩台虛擬機，分別安裝兩個 Nginx，然後使用 keepalived 為這兩台虛擬機做一個虛擬 IP。而如果使用 Kubernetes 呢？你需要做的是編寫如下所示的 YAML 檔（例如名叫 nginx-deployment.yaml）：

```
apiVersion: apps/v1
kind: Deployment
metadata:
  name: nginx-deployment
  labels:
    app: nginx
spec:
  replicas: 2
  selector:
    matchLabels:
      app: nginx
  template:
    metadata:
      labels:
        app: nginx
    spec:
      containers:
      - name: nginx
        image: nginx:1.7.9
        ports:
        - containerPort: 80
```

在上面 YAML 檔中，我們定義了一個 Deployment 物件，它的主體部分
（spec.template 部分）是一個使用 Nginx 鏡像的 Pod，而這個 Pod 的副本數
是 2（replicas=2）。

然後執行：

```
$ kubectl create -f nginx-deployment.yaml
```

這樣兩個完全相同的 Nginx 容器副本就啟動了。

不過，這麼看來，做同樣一件事情，Kubernetes 使用者要做的工作也不少嘛。

別急，在後續的講解中，我會陸續介紹 Kubernetes 這種宣告式 API 的種種好
處，以及基於它實現的強大的編排能力。敬請拭目以待。

小結

本章首先回顧了容器的核心知識，說明了容器其實可以分為兩個部分：容器執行時和容器鏡像。然後介紹了 Kubernetes 的架構，詳細講解了它如何使用宣告式 API 來描述容器化業務和容器間關係的設計理念，以及基於這個設計所提供的核心功能。

實際上，過去很多叢集管理工具（例如 Yarn、Mesos 以及 Swarm）所擅長的，是把一個容器按照某種規則放置在某個最佳節點上執行。這種功能稱為「調度」。而 Kubernetes 所擅長的，是按照使用者的意願和整個系統的規則，完全自動化地處理好容器之間的各種關係。這種功能，就是我們經常聽到的一個概念：編排。

更重要的是，Kubernetes 不只是提供編排能力，它的本質是一系列具有普遍意義的、以宣告式 API 驅動的容器化作業編排思想和最佳實踐。正是這樣一個非常基礎的設計與定位，讓它逐步發展成了今天這樣一個廣受歡迎的、用來構建各種上層平台的「平台之母」。

關於這一點，相信透過後續的介紹，你會有更深的體會。

Kubernetes 叢集搭建 與配置

4.1 ▶ Kubernetes 部署利器：kubeadm

前面的章節闡述了這樣一個思想：要想真正發揮容器技術的實力，就不能局限於對 Linux 容器本身的鑽研和使用。這些知識更適合作為技術儲備，以便在需要時幫你更快地定位並解決問題。而更深入地學習容器技術的關鍵在於，如何使用這些技術來「容器化」你的應用程式。

例如，我們的應用程式既可能是 Java Web 和 MySQL 這樣的組合，也可能是 Cassandra 這樣的分布式系統。而要使用容器把後者執行起來，單單透過 Docker 執行一個 Cassandra 鏡像是遠遠不夠的。

把 Cassandra 應用程式容器化的關鍵，在於如何處理好這些 Cassandra 容器之間的編排關係。例如，哪些 Cassandra 容器是主，哪些是從？主從容器如何區分？它們之間如何進行自動發現和通訊？ Cassandra 容器的持久化資料又如何保持等。

這也是本書反覆強調 Kubernetes 的主要原因：Kubernetes 的容器化表達能力具有獨有的先進性和完備性。這使得它不僅能執行 Java Web 與 MySQL 這樣的一般組合，還能夠處理 Cassandra 容器叢集等複雜編排問題。所以，對這種編排能力的剖析、解讀和最佳實踐，將是本書最重要的一部分內容。

不過，萬事起頭難。作為一個典型的分布式項目，Kubernetes 的部署一直是擋在初學者面前的一頭「攔路虎」。尤其是在 Kubernetes 發布初期，它的部署完全要依靠一堆由社群維護的腳本。

其實，Kubernetes 作為一個 Golang 所開發的系統，已經免去了很多類似於 Python 專案要安裝許多相依函式庫的麻煩。但是，除了將各個元件編譯成二進位制檔案，使用者還要負責為這些二進位制檔案編寫對應的配置檔、配置自啟動腳本，以及為 kube-apiserver 配置授權檔等諸多運維工作。

目前，各大雲端服務廠商最常用的部署方法，是使用 SaltStack、Ansible 等運維工具自動化地執行這些步驟。但即使這樣，這個部署過程依然非常煩瑣。這是因為 SaltStack 這類專業運維工具本身的學習成本，可能比 Kubernetes 的還要高。

難道 Kubernetes 就沒有簡單的部署方法了嗎？這個問題在 Kubernetes 社群一直沒有得到重視。直到 2017 年，在志願者的推動下，一個獨立的部署工具才終於誕生，名叫 kubeadm。這個工具的目標就是要讓使用者能夠透過如下兩條指令部署一個 Kubernetes 叢集：

```
# 建立一個 Master 節點
$ kubeadm init

# 將一個 Node 節點加入目前叢集
$ kubeadm join <Master 節點的 IP 和埠>
```

是不是非常方便！不過，你可能也會有所顧慮：Kubernetes 的功能那麼多，這樣一鍵部署出來的叢集，能用於生產環境嗎？為了回答這個問題，請容我先介紹 kubeadm 的工作原理。

4.1.1　kubeadm 的工作原理

第 3 章詳細介紹了 Kubernetes 的架構及其元件。在部署時，它的每個元件都是一個需要被執行的、單獨的二進位制檔案。所以不難想像，SaltStack 這樣的運維工具或者由社群維護的腳本功能，就是要把這些二進位制檔案傳輸到指定機器中，然後編寫控制腳本來啟停這些元件。

不過，在理解了容器技術之後，你可能萌生出了這樣一個想法：為什麼不用容器部署 Kubernetes 呢？這樣，只要給每個 Kubernetes 元件做一個容器鏡像，然後在每台宿主機上用 docker run 指令啟動這些元件容器，部署不就完成了嗎？

事實上，在 Kubernetes 早期的部署腳本裡，確實有一個腳本就是用 Docker 部署 Kubernetes 的。這個腳本相比於 SaltStack 等的部署方式，也的確簡單了不少。但是，這樣做會帶來一個很麻煩的問題 —— 如何容器化 kubelet。

前面提到 kubelet 是 Kubernetes 用來操作 Docker 等容器執行時的核心元件。可是，除了跟容器執行時打交道，kubelet 在配置容器網路、管理容器 Volume 時，都需要直接操作宿主機。而如果現在 kubelet 本身就在一個容器裡執行，那麼直接操作宿主機就會變得很麻煩。對於網路配置來說還好，kubelet 容器可以透過不開啟 Network Namespace（Docker 的 host network 模式）的方式，直接共享宿主機的網路堆疊。可是，要讓 kubelet 隔著容器的 Mount Namespace 和檔案系統操作宿主機的檔案系統，就有點困難了。

舉個例子，如果使用者想使用 NFS 做容器的 PV（Persistent Volume，持久化資料卷），那麼 kubelet 就需要在容器進行綁定掛載前，在宿主機的指定目錄上先掛載 NFS 的遠端目錄。此時問題就出現了。由於現在 kubelet 是在容器裡執行的，這就意味著它要執行的這個 mount -F nfs 指令，被隔離在了一個單獨的 Mount Namespace 中。也就是說，kubelet 進行的掛載操作不能被「傳播」到宿主機上。

對於這個問題，有人說可以使用 setns() 系統呼叫，在宿主機的 Mount Namespace 中執行這些掛載操作；也有人說應該讓 Docker 支援一個 --mnt=host 的參數。到目前為止，在容器裡執行 kubelet 依然沒有非常穩

妥的解決辦法。當然，在測試環境中或者 CI/CD 流程中，全部用容器執行 Kubernetes 倒也問題不大，可以使用社群中的 KIND（Kubernetes IN Docker）來實現。但在生產環境中，考慮到前面提到的容器環境與 kubelet 的協作，以及運維難度和穩定性的問題，不推薦用容器部署 kubelet。

因此，kubeadm 選擇了一種妥協方案：直接在宿主機上執行 kubelet，然後使用容器部署其他 Kubernetes 元件。

所以，使用 kubeadm 的第一步，是在機器上手動安裝 kubeadm、kubelet 和 kubectl 這三個二進位制檔案。當然，kubeadm 的作者已經為各個發行版的 Linux 準備好了安裝包，所以只需要執行以下指令即可：

```
$ apt-get install kubeadm
```

接下來，就可以使用 kubeadm init 部署 Master 節點了。

4.1.2　kubeadm init 的工作流程

在執行 kubeadm init 指令後，kubeadm 首先要做一系列檢查工作，以確定這台機器可以用來部署 Kubernetes。這一步檢查稱為 Preflight Checks，它可以為你省掉很多後續的麻煩。

其實，Preflight Checks 包括了很多方面，例如：

- Linux 核心的版本是否必須是 3.10 以上？
- Linux Cgroups 模組是否可用？
- 機器的 hostname 是否標準？在 Kubernetes 裡，機器的名字以及一切儲存在 etcd 中的 API 物件，都必須使用標準的 DNS 命名（RFC 1123）。
- 使用者安裝的 kubeadm 和 kubelet 的版本是否匹配？
- 機器上是否已經安裝了 Kubernetes 的二進位制檔案？
- Kubernetes 的工作埠 10250/10251/10252 是否已被占用？
- ip、mount 等 Linux 指令是否存在？
- Docker 是否已經安裝？
  ......

在透過了 Preflight Checks 之後，kubeadm 就會生成 Kubernetes 對外提供服務所需的各種憑證和對應目錄。

Kubernetes 對外提供服務時，除非專門開啟「非安全模式」，否則都要透過 HTTPS 才能訪問 kube-apiserver。這就需要為 Kubernetes 叢集配置好憑證。kubeadm 為 Kubernetes 生成的憑證都放在 Master 節點的 /etc/kubernetes/pki 目錄下。在該目錄下，最主要的憑證是 ca.crt 和對應的私鑰 ca.key。

此外，使用者使用 `kubectl` 取得容器日誌等 streaming 操作時，需要透過 kube-apiserver 向 kubelet 發起請求，這個連接也必須是安全的。kubeadm 為這一步生成的是 apiserver-kubelet-client.crt 檔，對應的私鑰是 apiserver-kubelet-client.key。

除此之外，Kubernetes 叢集中還有 Aggregate API Server 等特性，也需要用到專門的憑證，這裡就不一一列舉了。需要指出的是，可以選擇不讓 kubeadm 為你生成這些憑證，而是將現有憑證複製到如下憑證的目錄裡：

```
/etc/kubernetes/pki/ca.{crt,key}
```

這樣，kubeadm 就會跳過憑證生成的步驟，把它完全交給使用者處理。

憑證生成後，kubeadm 接下來會為其他元件生成訪問 kube-apiserver 所需的配置檔。這些檔案的路徑是：/etc/kubernetes/xxx.conf。

```
ls /etc/kubernetes/
admin.conf  controller-manager.conf  kubelet.conf  scheduler.conf
```

這些檔案裡記錄的是目前這個 Master 節點的伺服器位址、監聽埠、憑證目錄等訊息。這樣，對應的用戶端（例如 scheduler、kubelet 等）可以直接載入相應的檔案，使用其中的訊息與 kube-apiserver 建立安全連接。

接下來，kubeadm 會為 Master 元件生成 Pod 配置檔。前面介紹過 Kubernetes 有三個 Master 元件：kube-apiserver、kube-controller-manager 和 kube-scheduler，而它們都會透過 Pod 的方式被部署。

你可能會有疑問：此時 Kubernetes 叢集尚不存在，難道 kubeadm 會直接執行 `docker run` 來啟動這些容器嗎？

當然不是。Kubernetes 中有一種特殊的容器啟動方法，叫作「Static Pod」。它允許你把要部署的 Pod 的 YAML 檔，放在一個指定的目錄中。這樣，當這台機器上的 kubelet 啟動時，它會自動檢查該目錄，載入所有 Pod YAML 檔並在這台機器上啟動它們。從這一點也可以看出，kubelet 在 Kubernetes 中的地位非常高，在設計上它就是一個完全獨立的元件，而其他 Master 元件更像是輔助性的系統容器。

在 kubeadm 中，Master 元件的 YAML 檔會被生成在 /etc/kubernetes/manifests 路徑下。例如，kube-apiserver.yaml：

```
apiVersion: v1
kind: Pod
metadata:
  annotations:
    scheduler.alpha.kubernetes.io/critical-pod: ""
  creationTimestamp: null
  labels:
    component: kube-apiserver
    tier: control-plane
  name: kube-apiserver
  namespace: kube-system
spec:
  containers:
  - command:
    - kube-apiserver
    - --authorization-mode=Node,RBAC
    - --runtime-config=api/all=true
    - --advertise-address=10.168.0.2
    ...
    - --tls-cert-file=/etc/kubernetes/pki/apiserver.crt
    - --tls-private-key-file=/etc/kubernetes/pki/apiserver.key
    image: k8s.gcr.io/kube-apiserver-amd64:v1.18.8
    imagePullPolicy: IfNotPresent
    livenessProbe:
      ...
    name: kube-apiserver
```

```
  resources:
    requests:
      cpu: 250m
  volumeMounts:
  - mountPath: /usr/share/ca-certificates
    name: usr-share-ca-certificates
    readOnly: true
    ...
hostNetwork: true
priorityClassName: system-cluster-critical
volumes:
- hostPath:
    path: /etc/ca-certificates
    type: DirectoryOrCreate
  name: etc-ca-certificates
...
```

關於 Pod 的 YAML 檔怎麼寫、裡面的欄位如何解讀，後面會專門介紹。這裡只需關注以下幾項訊息。

(1) 這個 Pod 裡只定義了一個容器，它使用的鏡像是：k8s.gcr.io/kube-apiserver-amd64:v1.18.8。這是由 Kubernetes 官方維護的一個元件鏡像。

(2) 這個容器的啟動指令是 kube-apiserver --authorization-mode=Node, RBAC ...，一句非常長的指令。其實，它就是容器裡 kube-apiserver 這個二進位制檔案再加上指定的配置參數而已。

(3) 如果要修改一個已有叢集的 kube-apiserver 的配置，需要修改這個 YAML 檔。

(4) 這些元件的參數也可以在部署時指定，稍後介紹。

完成這一步後，kubeadm 還會生成一個 etcd 的 Pod YAML 檔，用來透過同樣的 Static Pod 的方式啟動 etcd。所以，最後 Master 元件的 Pod YAML 檔如下所示：

```
$ ls /etc/kubernetes/manifests/
etcd.yaml  kube-apiserver.yaml  kube-controller-manager.yaml  kube-scheduler.yaml
```

一旦這些 YAML 檔出現在被 kubelet 監視的 /etc/kubernetes/manifests 目錄下，kubelet 就會自動建立這些 YAML 檔中定義的 Pod，即 Master 元件的容器。Master 容器啟動後，kubeadm 會通過檢查 localhost:6443/healthz 這個 Master 元件的健康來檢查 URL，等待 Master 元件完全執行起來。

然後，kubeadm 就會為叢集生成一個 bootstrap token。之後只要持有這個 token，任何安裝了 kubelet 和 kubadm 的節點都可以透過 kubeadm join 加入這個叢集。這個 token 的值和使用方法，會在 kubeadm init 執行結束後被列印出來。

在 token 生成之後，kubeadm 會將 ca.crt 等 Master 節點的重要訊息，透過 ConfigMap 的方式儲存在 etcd 當中，供後續部署 Node 節點使用。這個 ConfigMap 的名字是 cluster-info。

kubeadm init 的最後一步是安裝預設外掛程式。Kubernetes 預設必須安裝 kube-proxy 和 DNS 這兩個外掛程式。它們分別用來提供整個叢集的服務發現和 DNS 功能。其實，這兩個外掛程式也只是兩個容器鏡像而已，所以 kubeadm 只要用 Kubernetes 用戶端建立兩個 Pod 就可以了。

4.1.3　kubeadm join 的工作流程

這個流程其實非常簡單，kubeadm init 生成 bootstrap token 之後，就可以在任意一台安裝了 kubelet 和 kubeadm 的機器上執行 kubeadm join 了。

可是，為什麼執行 kubeadm join 需要這樣一個 token 呢？這是因為任何一台機器想要成為 Kubernetes 叢集中的一個節點，就必須在叢集的 kube-apiserver 上註冊。可是，要想跟 apiserver 打交道，這台機器就必須取得相應的憑證（CA 檔）。可是，為了能夠一鍵安裝，自然不能讓使用者去 Master 節點上手動複製這些檔案。所以，kubeadm 至少需要發起一次「非安全模式」的訪問到 kube-apiserver，從而拿到儲存在 ConfigMap 中的 cluster-info（它儲存了 API Server 的授權訊息）。而在此過程中，bootstrap token 扮演了安全驗證的角色。

只要有了 cluster-info 中的 kube-apiserver 的位址、埠、憑證，kubelet 就能以「安全模式」連接到 apiserver 上，這樣一個新節點就部署完成了。接下來，只要在其他節點上重複執行這條指令就可以了。

4.1.4　配置 kubeadm 的部署參數

前面講解了 kubeadm 部署 Kubernetes 叢集最關鍵的兩個步驟：kubeadm init 和 kubeadm join。相信你會有這樣的疑問：kubeadm 確實簡單易用，可是如何自訂叢集元件參數呢？例如，要指定 kube-apiserver 的啟動參數，該怎麼辦？

當你在使用 kubeadm init 部署 Master 節點時，強烈推薦使用下面這條指令：

```
$ kubeadm init --config kubeadm.yaml
```

這樣，你就可以給 kubeadm 提供一個 YAML 檔（例如 kubeadm.yaml），它的內容如下所示（僅列舉了主要部分）：

```
apiVersion: kubeadm.k8s.io/v1beta2
kind: InitConfiguration
localAPIEndpoint:
  advertiseAddress: "192.168.0.102"
  bindPort: 6443
...
---
apiVersion: kubeadm.k8s.io/v1beta2
kind: ClusterConfiguration
kubernetesVersion: "v1.18.8"
clusterName: "example-cluster"
certificatesDir: "/etc/kubernetes/pki"
etcd:
  local:
    imageRepository: "k8s.gcr.io"
    imageTag: "3.4.3"
    dataDir: "/var/lib/etcd"
...
networking:
  serviceSubnet: "10.96.0.0/12"
  podSubnet: "10.244.0.0/16"
```

```
  dnsDomain: "cluster.local"
---
apiVersion: kubelet.config.k8s.io/v1beta1
kind: KubeletConfiguration
# kubelet 的具體選項
---
apiVersion: kubeproxy.config.k8s.io/v1alpha1
kind: KubeProxyConfiguration
# kube-proxy 的具體選項
```

透過制定這樣一個部署參數配置檔，就可以很方便地在這個檔案裡填寫各種自訂的部署參數了。例如，要指定 kube-apiserver 的參數，只需要在這個檔案裡加上這樣一段訊息：

```
apiVersion: kubeadm.k8s.io/v1beta2
kind: ClusterConfiguration
kubernetesVersion: v1.18.8
apiServer:
  extraArgs:
    advertise-address: 192.168.0.103
    anonymous-auth: "false"
    enable-admission-plugins: AlwaysPullImages,DefaultStorageClass
    audit-log-path: /home/johndoe/audit.log
```

然後，kubeadm 就會使用上面這些訊息取代 /etc/kubernetes/manifests/kube-apiserver.yaml 裡 command 欄位裡的參數。

這個 YAML 檔提供的可配置項遠不止這些。例如，你還可以修改 kubelet 和 kube-proxy 的配置，修改 Kubernetes 使用的基礎鏡像的 URL，指定自己的憑證，指定特殊的容器執行時等。這些配置項，就留給你在後續實踐中自行探索了。

小結

本節重點介紹了 kubeadm 這個部署工具的工作原理和使用方法。下一節會使用它一步步地部署一個完整的 Kubernetes 叢集。

如前所述，kubeadm 的設計非常簡潔，而且它在實現每一步部署功能時，都在最大程度地復用 Kubernetes 的已有功能，因此我們在使用 kubeadm 部署 Kubernetes 時，非常有「原生」的感覺，一點都不會感到突兀。而 kubeadm 的原始碼，直接就在 kubernetes/cmd/kubeadm 目錄下，是 Kubernetes 的一部分。其中，app/phases 資料夾下的程式碼，對應的就是本節詳細介紹的每一個具體步驟。

看到這裡，你可能會猜想，kubeadm 的作者一定是 Google 公司的某位高手吧。實際上，kubeadm 幾乎完全是一位高中生的作品。他叫 Lucas Käldström，芬蘭人。kubeadm 是他 17 歲時用業餘時間完成的一個社群專案。

開源社群的魅力也在於此：一個成功的開源專案，總能夠吸引全世界的頂尖貢獻者參與其中。儘管參與者的總體水準參差不齊，而且頻繁的開源活動顯得雜亂無章、難以管控，但一個有足夠熱度的社群最終的收斂方向，一定是程式碼越來越完善、bug 越來越少、功能越來越強大。

最後，我回答一下本節開頭提到的問題：kubeadm 能夠用於生產環境嗎？

答案是可以的。在 Kubernetes v1.14 發布後，kubeadm 已經正式宣布 GA（general availability，生產可用）了。

本書之後的講解都會基於 kubeadm 展開，原因如下。

- 一方面，作為 Kubernetes 的原生部署工具，kubeadm 對 Kubernetes 特性的使用和整合，確實比其他工具「技高一籌」，非常值得我們學習和借鑑。

- 另一方面，kubeadm 的部署方法不會涉及太多運維工作，也不需要我們額外學習複雜的部署工具。而它部署的 Kubernetes 叢集，跟完全使用二進位制檔案搭建起來的叢集幾乎沒有任何區別。

因此，使用 kubeadm 去部署一個 Kubernetes 叢集，對於你理解 Kubernetes 元件的工作方式和架構，再好不過了。

4.2 ▶ 從 0 到 1：搭建一個完整的 Kubernetes 叢集

上一節介紹了 kubeadm 這個 Kubernetes 半官方管理工具的工作原理。既然 kubeadm 的初衷是讓 Kubernetes 叢集的部署不再棘手，那麼接下來我們就使用它部署一個完整的 Kubernetes 叢集吧。

 Tip

這裡所說的「完整」，指的是這個叢集具備 Kubernetes 在 GitHub 上已經發布的所有功能，並能夠模擬生產環境的所有使用需求。但並不代表這個叢集是生產級別可用的，類似於高可用性、授權、多租戶、災難備份等生產級別叢集的功能暫不在本節的討論範圍內。

目前，kubeadm 的高可用性部署已經有了第一個發布。但是，這個特性還沒有 GA，所以包括了大量手動工作，跟我們所期待的一鍵部署還有一定距離。

這次部署不會依賴任何公有雲或私有雲，而會完全在 Bare-metal 環境中完成。這樣的部署經驗更具普適性。在後續的講解中，如非特別強調，都會以本節搭建的這個叢集為基礎。

首先來做準備工作。準備機器最直接的辦法，自然是到公有雲上申請幾台虛擬機。當然，如果條件允許，用幾台本機物理伺服器來組建叢集再好不過了。這些機器只要滿足以下條件即可：

(1) 滿足安裝 Docker 所需的要求，例如 64 位的 Linux 作業系統、3.10 及以上的核心版本；

(2) x86 或者 ARM 架構均可；

(3) 機器之間網路互通，這是將來容器之間網路互通的前提；

(4) 有外網訪問權限，因為需要拉取鏡像；

(5) 能夠訪問 gcr.io、quay.io 這兩個 docker registry，因為有小部分鏡像需要從這裡拉取；

(6) 單機可用資源建議 2 核 CPU、8 GB 記憶體或以上，再小的話問題也不大，但是能調度的 Pod 數量就比較有限了；

(7) 30 GB 或以上的可用磁碟空間，這主要是留給 Docker 鏡像和日誌檔案用的。

在本次部署中，我準備的機器配置如下：

(1) 2 核 CPU、7.5 GB 記憶體；

(2) 30 GB 磁碟；

(3) Ubuntu 16.04；

(4) 內網互通；

(5) 外網訪問權限不受限制。

在開始部署前，不妨先花幾分鐘時間回憶一下 Kubernetes 的架構。

我們的實踐目標如下：

(1) 在所有節點上安裝 Docker 和 kubeadm；

(2) 部署 Kubernetes Master；

(3) 部署容器網路外掛程式；

(4) 部署 Kubernetes Worker；

(5) 部署 Dashboard 可視化外掛程式；

(6) 部署容器儲存外掛程式。

好了，就此開始這次叢集部署之旅吧！

1. 第一步：安裝 kubeadm 和 Docker

上一節介紹過 kubeadm 的基礎用法。它的一鍵安裝非常方便，我們只需要新增 kubeadm 的源，然後直接使用 `apt-get` 安裝即可，具體流程如下所示：

 Tip

為了方便講解，我後續都會直接在 root 使用者下進行操作。

```
$ curl -s https://packages.cloud.google.com/apt/doc/apt-key.gpg | apt-key add -
$ cat <<EOF > /etc/apt/sources.list.d/kubernetes.list
deb http://apt.kubernetes.io/ kubernetes-xenial main
EOF
$ apt-get update
$ apt-get install -y docker.io kubeadm
```

在上述安裝 kubeadm 的過程中，會自動安裝 kubeadm、kubelet、kubectl 和 kubernetes-cni 這幾個二進位制檔案。

另外，這裡直接使用 Ubuntu 的 docker.io 的安裝源，因為 Docker 公司每次發布的最新 Docker CE（社群版）產品往往沒有經過 Kubernetes 的驗證，所以相容性方面可能會有問題。

2. 第二步：部署 Kubernetes 的 Master 節點

上一節介紹過 kubeadm 可以一鍵部署 Master 節點。不過，這裡既然要部署一個「完整」的 Kubernetes 叢集，不妨增加一點難度：透過配置檔來開啟一些實驗性功能。所以，這裡編寫了一個給 kubeadm 用的 YAML 檔（名叫 kubeadm.yaml）：

```yaml
apiVersion: kubeadm.k8s.io/v1beta2
kind: InitConfiguration
nodeRegistration:
  kubeletExtraArgs:
    cgroup-driver: "systemd"
---
apiVersion: kubeadm.k8s.io/v1beta2
kind: ClusterConfiguration
kubernetesVersion: "v1.18.8"
clusterName: "example-cluster"
controllerManager:
  extraArgs:
    horizontal-pod-autoscaler-sync-period: "10s"
    node-monitor-grace-period: "10s"
apiServer:
 extraArgs:
   runtime-config: "api/all=true"
```

在這個配置中，我給 kube-controller-manager 設定了：

```
horizontal-pod-autoscaler-use-rest-clients: "true"
```

這意味著，將來部署的 kube-controller-manager 能夠使用 Custom Metrics（自訂監控指標）進行自動水平擴展。這會是後面的重點內容。

其中 stable-1.18 就是 kubeadm 幫我們部署的 Kubernetes 版本號，即 Kubernetes release 1.18 最新的穩定版。在我的環境中，它是 v1.18.8。你也可以直接指定這個版本，例如 kubernetesVersion: "v1.18.8"。

然後，只需要執行一條指令：

```
$ kubeadm init --config kubeadm.yaml
```

就可以完成 Kubernetes Master 的部署了，這個過程只需要幾分鐘。部署完成後，kubeadm 會生成一行指令：

```
kubeadm join 10.168.0.2:6443 --token 00bwbx.uvnaa2ewjflwu1ry
--discovery-token-ca-cert-hash
sha256:00eb62a2a6020f94132e3fe1ab721349bbcd3e9b94da9654cfe15f2985ebd711
```

這個 kubeadm join 指令，就是用來給這個 Master 節點新增更多 Worker 節點（工作節點）的。稍後部署 Worker 節點時會用到它，所以應當記下這條指令。

此外，kubeadm 還會提示在第一次使用 Kubernetes 叢集時所需要的配置指令：

```
mkdir -p $HOME/.kube
sudo cp -i /etc/kubernetes/admin.conf $HOME/.kube/config
sudo chown $(id -u):$(id -g) $HOME/.kube/config
```

需要這些配置指令的原因是，Kubernetes 叢集預設需要以加密方式訪問。所以，這幾條指令就是將剛剛部署生成的 Kubernetes 叢集的安全配置檔，儲存到目前使用者的 .kube 目錄下，kubectl 預設會使用這個目錄下的授權訊息訪問 Kubernetes 叢集。

否則，每次都需要透過 export　KUBECONFIG 環境變數告訴 kubectl 這個安全配置檔的位置。

現在，就可以使用 kubectl get 指令來查看目前唯一節點的狀態了：

```
$ kubectl get nodes

NAME     STATUS     ROLES    AGE     VERSION
master   NotReady   master   118s    v1.18.8
```

可以看到，在這個 get 指令輸出的結果裡，Master 節點的狀態是 NotReady，這是為什麼呢？

在除錯 Kubernetes 叢集時，最重要的手段就是用 kubectl　describe 來查看該節點物件的詳細訊息、狀態和事件，下面來試一下：

```
$ kubectl describe node master

...
Conditions:
...

Ready    False ... KubeletNotReady  runtime network not ready: NetworkReady=false
reason:NetworkPluginNotReady message:docker: network plugin is not ready: cni config
uninitialized
```

kubectl　describe 指令的輸出顯示，出現 NodeNotReady 的原因是我們尚未部署任何網路外掛程式。

另外，我們還可以透過 kubectl 檢查該節點上各個系統 Pod 的狀態，其中 kube-system 是 Kubernetes 預留的系統 Pod 的工作空間（Namespace，注意，它不是 Linux Namespace，而是 Kubernetes 劃分不同工作空間的單位）：

```
$ kubectl get pods -n kube-system

NAME                        READY   STATUS    RESTARTS   AGE
coredns-66bff467f8-d4j47    0/1     Pending   0          3m51s
coredns-66bff467f8-ntcb4    0/1     Pending   0          3m51s
```

```
etcd-master                      1/1    Running  0        3m53s
kube-apiserver-master            1/1    Running  0        3m53s
kube-controller-manager-master   1/1    Running  0        3m53s
kube-proxy-68cm6                 1/1    Running  0        3m51s
kube-scheduler-master            1/1    Running  0        3m53s
```

可以看到，CoreDNS、kube-controller-manager 等依賴網路的 Pod 都處於 Pending 狀態，即調度失敗。這是符合預期的，因為這個 Master 節點的網路尚未就緒。

3. 第三步：部署網路外掛程式

在 Kubernetes「一切皆容器」設計理念的指導下，部署網路外掛程式非常簡單，只需要執行一條 kubectl apply 指令。以 Weave 為例：

```
$ kubectl apply -f "https://cloud.weave.works/k8s/net?k8s-version=$(kubectl version |
base64 | tr -d '\n')"
```

部署完成後，可以透過 kubectl get 重新檢查 Pod 的狀態：

```
$ kubectl get pods -n kube-system

NAME                             READY   STATUS   RESTARTS  AGE
coredns-66bff467f8-d4j47         1/1     Running  0         39m
coredns-66bff467f8-ntcb4         1/1     Running  0         39m
etcd-master                      1/1     Running  0         39m
kube-apiserver-master            1/1     Running  0         39m
kube-controller-manager-master   1/1     Running  0         39m
kube-proxy-68cm6                 1/1     Running  0         39m
kube-scheduler-master            1/1     Running  0         39m
weave-net-5fm6g                  2/2     Running  0         65s
```

可以看到，所有的系統 Pod 都成功啟動了，而剛剛部署的 Weave 網路外掛程式在 kube-system 下面建立了一個名叫 weave-net-5fm6g 的 Pod。一般來說，這些 Pod，就是容器網路外掛程式在每個節點上的控制元件。

Kubernetes 支援容器網路外掛程式，使用的是一個名叫 CNI 的通用介面，它也是目前容器網路的事實標準，市面上所有的容器網路開源專案都可以透過 CNI 接入 Kubernetes，例如 Flannel、Calico、Canal、Romana 等，它們的部署方式也都是類似的「一鍵部署」。關於這些開源專案的實現細節和差異，後續的網路部分會詳細介紹。

至此，Kubernetes 的 Master 節點就部署完成了。如果你只需要一個單節點的 Kubernetes，現在就可以使用了。不過，在預設情況下，Kubernetes 的 Master 節點是不能執行使用者 Pod 的，所以還需要額外進行一個小操作，稍後會介紹。

4. 第四步：部署 Kubernetes 的 Worker 節點

Kubernetes 的 Worker 節點跟 Master 節點幾乎相同，它們都執行一個 kubelet 元件。唯一的區別是，在 kubeadm init 的過程中，當 kubelet 啟動後，Master 節點上還會自動執行 kube-apiserver、kube-scheduler、kube-controller-manger 這三個系統 Pod。

所以，相比之下，部署 Worker 節點反而是最簡單的，僅需以下兩步。

(1) 在所有 Worker 節點上執行「安裝 kubeadm 和 Docker」的所有步驟。

(2) 執行部署 Master 節點時生成的 kubeadm join 指令：

```
$ kubeadm join 10.168.0.2:6443 --token 00bwbx.uvnaa2ewjflwu1ry
--discovery-token-ca-cert-hash
sha256:00eb62a2a6020f94132e3fe1ab721349bbcd3e9b94da9654cfe15f2985ebd711
```

5. 第五步：透過 Taint/Toleration 調整 Master 執行 Pod 的策略

如之前所述，預設情況下 Master 節點是不允許執行使用者 Pod 的。而 Kubernetes 做到了這一點，依靠的是它的 Taint/Toleration 機制。

原理非常簡單：一旦某個節點被加上了一個 Taint，即「染上汙點」，那麼所有 Pod 都不能在該節點上執行，因為 Kubernetes 的 Pod 都有「潔癖」。除非有個別 Pod 宣告自己能「容忍」這個「汙點」，即宣告了 Toleration，它才可以在該節點上執行。其中，為節點加上「汙點」的指令是：

```
$ kubectl taint nodes node1 foo=bar:NoSchedule
```

這 時， 該 node1 節 點 上 就 會 增 加 一 個 鍵 值 對 格 式 的 Taint， 即
foo=bar:NoSchedule。其中值裡面的 NoSchedule 意味著這個 Taint 只會在
調度新 Pod 時產生作用，而不會影響 node1 上已經在執行的 Pod，哪怕它們
沒有宣告 Toleration。

那麼 Pod 如何宣告 Toleration 呢？只要在 Pod 的 .YAML 檔中的 spec 部分加
入 tolerations 欄位即可：

```
apiVersion: v1
kind: Pod
...
spec:
  tolerations:
  - key: "foo"
    operator: "Equal"
    value: "bar"
    effect: "NoSchedule"
```

Toleration 的 含 義 是， 該 Pod 能「 容 忍 」所 有 鍵 值 對 為 foo=bar 的 Taint
（operator: "Equal"，「等於」操作）。

回到已經搭建的叢集上。這時，如果透過 kubectl describe 檢查 Master 節
點的 Taint 欄位：

```
$ kubectl describe node master

Name:           master
Roles:          master
Taints:         node-role.kubernetes.io/master:NoSchedule
```

就可以看到，Master 節點預設被加上了 node-role.kubernetes.io/master:
NoSchedule 這樣一個「汙點」，其中「鍵」是 node-role.kubernetes.io/
master，而沒有提供「值」。

此時，就需要像下面這樣用 Exists 操作符（operator: "Exists"，「存在」即可）來說明，該 Pod 能夠容忍所有以 foo 為鍵的 Taint，才能在該 Master 節點上執行這個 Pod：

```
apiVersion: v1
kind: Pod
...
spec:
  tolerations:
  - key: "foo"
    operator: "Exists"
    effect: "NoSchedule"
```

當然，如果就是想要一個單節點的 Kubernetes，刪除這個 Taint 才是正確的選擇：

```
$ kubectl taint nodes --all node-role.kubernetes.io/master-
```

如上所示，我們在 node-role.kubernetes.io/master 這個鍵後面加上了一個短橫線 -，這個格式意味著移除所有以 node-role.kubernetes.io/master 為鍵的 Taint。

至此，一個基本完整的 Kubernetes 叢集就部署完畢了。是不是很簡單呢？

有了 kubeadm 這樣的原生管理工具，Kubernetes 的部署就大大簡化了。更重要的是，像憑證、授權、各個元件的配置等部署中最麻煩的操作，kubeadm 都已經幫你完成了。

接下來，我們在 Kubernetes 叢集上安裝其他一些輔助外掛程式，例如 Dashboard 和儲存外掛程式。

6. 部署 Dashboard 視覺化外掛程式

Kubernetes 社群中有一個很受歡迎的工具叫 Dashboard，它可以提供使用者一個視覺化的 Web 介面，來查看目前叢集的各種訊息。毫不意外，它的部署也相當簡單：

```
$ kubectl apply -f
https://raw.githubusercontent.com/kubernetes/dashboard/v2.0.4/aio/deploy/recommended.yaml
```

部署完成之後，我們就可以查看 Dashboard 對應的 Pod 的狀態了：

```
$ kubectl get pods -n kubernetes-dashboard


NAME                                        READY   STATUS    RESTARTS   AGE
dashboard-metrics-scraper-6b4884c9d5-rdv6n   1/1    Running   0          16s
kubernetes-dashboard-7d8574ffd9-rcxs7        1/1    Running   0          16s
```

需要注意的是，Dashboard 是一個 Web Server，很多人經常無意間在自己的公有雲上暴露 Dashboard 的埠，從而造成安全隱患。所以，1.7 版本之後的 Dashboard 部署完成後，預設只能透過 Proxy 的方式在本機訪問（具體操作可以查看 Dashboard 的官方文件）。

如果你想從叢集外訪問這個 Dashboard 的話，就需要用到 Ingress，之後會專門介紹這部分內容。

7. 部署容器儲存外掛程式

接下來，我們將完成 Kubernetes 叢集的最後一塊拼圖：容器持久化儲存。

前面介紹容器原理時已經提到，很多時候我們需要用 Volume 把外面宿主機上的目錄或檔案，掛載到容器的 Mount Namespace 中，從而實現容器和宿主機共享這些目錄或檔案。容器裡的應用程式也就可以在這些 Volume 中建立和寫入檔案。

可是，如果你在某台機器上啟動了一個容器，顯然無法看到其他機器上的容器在它們的 Volume 裡寫入的檔案。這是容器最典型的特徵之一：無狀態。

而容器的持久化儲存，就是儲存容器儲存狀態的重要手段。儲存外掛程式，會在容器裡掛載一個基於網路或者其他機制的遠端 Volume，這使得在容器裡建立的檔案，實際上儲存在遠端儲存伺服器上，或者以分布式的方式儲存

在多個節點上，而與目前宿主機沒有任何綁定關係。這樣，無論你在其他哪台宿主機上啟動新的容器，都可以請求掛載指定的持久化儲存卷，從而訪問 Volume 裡儲存的內容。這就是「持久化」的含義。

由於 Kubernetes 本身的鬆耦合設計，絕大多數儲存環境，例如 Ceph、GlusterFS、NFS 等，都可以為 Kubernetes 提供持久化儲存能力。在這次的部署實戰中，我選擇部署一個很重要的 Kubernetes 儲存外掛程式：Rook。

Rook 是一個基於 Ceph 的 Kubernetes 儲存外掛程式（它後期增加了對更多儲存實現的支援）。不過，不同於對 Ceph 的簡單封裝，Rook 在實現中加入了水平擴展、遷移、災難備份、監控等大量的企業級功能，讓它變成了一個完整的、生產級別可用的容器儲存外掛程式。

得益於容器化技術，僅用三條指令，Rook 即可完成複雜的 Ceph 儲存後端部署：

```
$ kubectl apply -f
https://raw.githubusercontent.com/rook/rook/master/cluster/examples/kubernetes/
ceph/common.yaml

$ kubectl apply -f
https://raw.githubusercontent.com/rook/rook/master/cluster/examples/kubernetes/ceph/
operator.yaml

$ kubectl apply -f
https://raw.githubusercontent.com/rook/rook/master/cluster/examples/kubernetes/ceph/
cluster.yaml
```

在部署完成後，可以看到 Rook 會將自己的 Pod，放置在由它自己管理的 Namespace 當中：

```
$ kubectl get pods -n rook-ceph

NAME                          READY   STATUS    RESTARTS   AGE
csi-cephfsplugin-gcv4s        3/3     Running   0          10m
csi-cephfsplugin-j5vgk        3/3     Running   0          10m
```

```
csi-cephfsplugin-provisioner-598854d87f-5md42      6/6    Running     0    10m
csi-cephfsplugin-provisioner-598854d87f-cwqf7      6/6    Running     0    10m
csi-cephfsplugin-spbzj                             3/3    Running     0    25m
csi-rbdplugin-4tfg2                                3/3    Running     0    10m
csi-rbdplugin-hf6d6                                3/3    Running     0    10m
csi-rbdplugin-provisioner-dbc67ffdc-kxkjm          6/6    Running     0    10m
csi-rbdplugin-provisioner-dbc67ffdc-vjd8c          6/6    Running     0    10m
csi-rbdplugin-sxv7s                                3/3    Running     0    25m
rook-ceph-crashcollector-node-1-59b6474f78-g2z8p   1/1    Running     0    2m33s
rook-ceph-crashcollector-node-2-64bd459f97-jlmqw   1/1    Running     0    2m6s
rook-ceph-crashcollector-node-3-656994b5cd-88dw4   1/1    Running     0    102s
rook-ceph-mgr-a-bd5c4f5b9-hv48j                    1/1    Running     0    102s
rook-ceph-mon-a-689b8697f5-rx5f5                   1/1    Running     0    2m15s
rook-ceph-mon-b-558b99f4db-268hq                   1/1    Running     0    2m6s
rook-ceph-mon-c-6dfdbdc777-49blv                   1/1    Running     0    115s
rook-ceph-operator-db86d47f5-2hq94                 1/1    Running     0    10m
rook-ceph-osd-prepare-node-1-sb8mt                 0/1    Completed   0    101s
rook-ceph-osd-prepare-node-2-sgrw5                 0/1    Completed   0    101s
rook-ceph-osd-prepare-node-3-k8z7b                 0/1    Completed   0    101s
rook-discover-nmrpl                                1/1    Running     0    10m
rook-discover-p8g7c                                1/1    Running     0    10m
rook-discover-t9d7t                                1/1    Running     0    25m
```

這樣，一個基於 Rook 的持久化儲存叢集，就以容器的方式執行起來了，而接下來在 Kubernetes 上建立的所有 Pod 就能夠透過 PV（Persistent Volume）和 PVC（Persistent Volume Claim）的方式，在容器裡掛載由 Ceph 提供的 Volume 了。而 Rook 會負責這些 Volume 的生命週期管理、災難備份等運維工作。關於這些容器持久化儲存的知識，之後會專門講解。

這時候，你可能會有疑問：為何要選擇 Rook？

原因是 Rook 很有前途。如果你研究 Rook 的實現，就會發現它巧妙地借助了 Kubernetes 提供的編排能力，合理地使用了很多諸如 Operator、CRD 等重要的擴展特性（之後會逐一講解這些特性），因此 Rook 成功地成為目前社群中基於 Kubernetes API，構建的最完善也最成熟的容器儲存外掛程式。這樣的發展路線，很快就會得到整個社群的推崇。

Tip

其實，在很多時候，所謂「雲原生」就是「Kubernetes 原生」的意思。而像 Rook、Istio，都是貫徹這種思維的典範。在後續講解了宣告式 API 之後，相信你會對這些產品的設計理念有更深刻的體會。

小結

本節完全從零開始，在 Bare-metal 環境中使用 kubeadm 工具部署了一個完整的 Kubernetes 叢集。這個叢集有一個 Master 節點和多個 Worker 節點；使用 Weave 作為容器網路外掛程式；使用 Rook 作為容器持久化儲存外掛程式；使用 Dashboard 外掛程式提供了可視化的 Web 介面。

這個叢集將會是後續講解所依賴的叢集環境，並且之後會給它安裝更多外掛程式，新增更多新能力。

另外，這個叢集的部署過程並不像傳說中那麼煩瑣，這主要得益於：

(1) kubeadm 大大簡化了部署 Kubernetes 的準備工作，尤其是配置檔、憑證、二進位制檔案的準備和製作，以及叢集版本管理等操作，都被 kubeadm 接管了；

(2) Kubernetes 本身「一切皆容器」的設計理念，加上良好的可擴展機制，使得外掛程式的部署非常簡便。

上述思想也是開發和使用 Kubernetes 的重要指導思想，即基於 Kubernetes 開展工作時，一定要優先考慮以下兩個問題：

(1) 我的工作是不是可以容器化？

(2) 我的工作是不是可以借助 Kubernetes API 和可擴展機制來完成？

而一旦這項工作能夠基於 Kubernetes 實現容器化，就很有可能像上面的部署過程一樣，大幅簡化原本複雜的運維工作。對於時間寶貴的技術人員來說，這個變化的重要性不言而喻。

4.3 ▶ 第一個 Kubernetes 應用程式

上一節部署了一個完整的 Kubernetes 叢集。這個叢集雖然離生產環境的要求還有一定差距（例如沒有一鍵高可用性部署），但也可以當作一個準生產級別的 Kubernetes 叢集了。

本節從一位開發人員的角色出發，使用這個 Kubernetes 叢集發布第一個雲原生應用程式。希望你能夠對 Kubernetes 的使用方法產生感性的認識。

在開始實踐前，需要先了解 Kubernetes 中與開發人員關係最為密切的幾個概念。

首先，雲原生化應用程式的基礎是「容器化」。這是解耦應用程式執行時與執行環境的重要手段。因此作為應用程式開發人員，你首先要做的是製作容器的鏡像（見第 2 章）。

然後，有了容器鏡像之後，就相當於擁有了雲原生時代的「軟體部署包」。接下來，需要把這個部署包以 Kubernetes 能夠「認識」的方式「安裝」上去。

那麼，什麼才是 Kubernetes 能夠「認識」的方式呢？這就是使用 Kubernetes 的必備技能：編寫應用程式配置檔。這些配置檔可以是 YAML 或者 JSON 格式的。為方便閱讀和理解，後面的講解會統一使用 YAML 檔來指代它們。

Kubernetes 跟 Docker 最大的不同是，它不推薦你使用命令列的方式直接執行容器（雖然 Kubernetes 也支援這種方式，例如 kubectl run），而是希望你用 YAML 檔的方式，即把容器的定義、參數、配置統統記錄在一個 YAML 檔中，然後用這樣一句指令把它執行起來：

```
$ kubectl create -f _我的配置檔_
```

這麼做最直接的好處就是，會有一個檔案記錄 Kubernetes 到底執行了什麼。範例如下：

```
apiVersion: apps/v1
kind: Deployment
metadata:
```

```
   name: nginx-deployment
spec:
  selector:
    matchLabels:
        app: nginx
  replicas: 2
  template:
    metadata:
      labels:
          app: nginx
    spec:
      containers:
      - name: nginx
        image: nginx:1.7.9
        ports:
        - containerPort: 80
```

像這樣的一個 YAML 檔，對應到 Kubernetes 中就是一個 API 物件。當你為這個物件的各個欄位填好值並提交給 Kubernetes 之後，Kubernetes 就會建立出這些物件所定義的容器或者其他類型的 API 資源。

可以看到，這個 YAML 檔中的 kind 欄位指定了這個 API 物件的類型，是一個 Deployment。

所謂 Deployment，是一個定義多副本應用程式（多個副本 Pod）的物件，第 3 章簡單提到過它的用法。此外，Deployment 還負責在 Pod 定義發生變化時，對每個副本進行滾動更新。在上面這個 YAML 檔中，我給它定義的 Pod 副本個數（spec.replicas）是 2。

那這些 Pod 具體的樣子是什麼呢？為此，我們定義了一個 Pod 模版（spec.template），這個模版描述了我想要建立的 Pod 的細節。在上面的例子裡，這個 Pod 裡只有一個容器，容器的鏡像（spec.containers.image）是 nginx:1.7.9，容器的監聽埠（containerPort）是 80。

關於 Pod 的設計和用法，3.2 節已簡單介紹過。這裡只需要記住這樣一句話：

> Pod 就是 Kubernetes 世界裡的「應用程式執行單元」，而一個應用程式執行單元可以由多個容器組成。

需要注意的是，像這樣使用一種 API 物件（Deployment）管理另一種 API 物件（Pod）的方法，在 Kubernetes 中叫作「控制器模式」（controller pattern）。在我們的例子中，Deployment 扮演的正是 Pod 的控制器的角色。關於 Pod 和控制器模式的更多細節，第 5 章會進一步講解。

你可能還注意到了，這樣的每一個 API 物件都有一個叫作 Metadata 的欄位，這個欄位就是 API 物件的「標識」，即中繼資料，它也是我們從 Kubernetes 裡找到這個物件的主要依據。其中用到的最主要的欄位是 Labels。

顧名思義，Labels 就是一組鍵值對格式的標籤。而像 Deployment 這樣的控制器物件，就可以透過這個 Labels 欄位從 Kubernetes 中過濾出它所關心的被控制物件。

例如，在上面的 YAML 檔中，Deployment 會把所有正在執行的、攜帶 `app: nginx` 標籤的 Pod 識別為被管理的物件，並確保這些 Pod 的總數嚴格等於 2。而這個過濾規則的定義，是在 Deployment 的 `spec.selector.matchLabels` 欄位。我們一般稱之為 Label Selector。

另外，在 Metadata 中，還有一個與 Labels 格式、層級完全相同的欄位，叫作 Annotations，它專門用來攜帶鍵值對格式的內部訊息。所謂內部訊息，指的是對這些訊息感興趣的是 Kubernetes 元件，而不是使用者。所以大多數 Annotations 是在 Kubernetes 執行過程中，被自動加在這個 API 物件上的。

一個 Kubernetes 的 API 物件的定義，大多可以分為 Metadata 和 Spec 兩個部分。前者存放的是這個物件的中繼資料，對所有 API 物件來說，這部分的欄位和格式基本相同；而後者存放的是屬於這個物件獨有的定義，用來描述它所要表達的功能。

在了解了上述 Kubernetes 配置檔的基本知識之後，現在就可以把 YAML 檔描述的軟體執行起來。如前所述，可以使用 `kubectl create` 指令完成這個操作：

```
$ kubectl create -f nginx-deployment.yaml
```

然後，透過 kubectl get 指令檢查 YAML 執行起來的狀態是否與我們預期的一致：

```
$ kubectl get pods -l app=nginx
NAME                                  READY    STATUS     RESTARTS    AGE
nginx-deployment-67594d6bf6-9gdvr     1/1      Running    0           10m
nginx-deployment-67594d6bf6-v6j7w     1/1      Running    0           10m
```

kubectl get 指令的作用就是從 Kubernetes 中取得指定的 API 物件。可以看到，這裡還加上了一個 -l 參數，即取得所有匹配 app=nginx 標籤的 Pod。需要注意的是，在命令列中，所有鍵值對格式的參數都使用「=」而非「:」表示。

這條指令的返回結果顯示，現在有兩個 Pod 處於 Running 狀態，也就意味著這個 Deployment 所管理的 Pod 都處於預期的狀態。

此外，還可以使用 kubectl describe 指令查看一個 API 物件的細節，例如：

```
$ kubectl describe pod nginx-deployment-67594d6bf6-9gdvr
Name:               nginx-deployment-67594d6bf6-9gdvr
Namespace:          default
Priority:           0
PriorityClassName:  <none>
Node:               node-1/10.168.0.3
Start Time:         Sun, 13 Sep 2020 18:48:42 +0000
Labels:             app=nginx
                    pod-template-hash=2315082692
Annotations:        <none>
Status:             Running
IP:                 10.32.0.23
Controlled By:      ReplicaSet/nginx-deployment-67594d6bf6
...
Events:

  Type     Reason      Age       From             Message

  ----     ------      ----      ----             -------

  Normal   Scheduled   1m        default-scheduler  Successfully assigned default/
nginx-deployment-67594d6bf6-9gdvr to node-1
```

```
   Normal    Pulling     25s      kubelet, node-1    pulling image "nginx:1.7.9"
   Normal    Pulled      17s      kubelet, node-1    Successfully pulled image
"nginx:1.7.9"
   Normal    Created     17s      kubelet, node-1    Created container
   Normal    Started     17s      kubelet, node-1    Started container
```

在 kubectl describe 指令返回的結果中，可以清楚地看到這個 Pod 的詳細訊息，例如它的 IP 位址等。其中有一個部分值得特別關注，它就是 Events。

在 Kubernetes 執行的過程中，對 API 物件的所有重要操作都會被記錄在這個物件的 Events 裡，並且顯示在 kubectl describe 指令返回的結果中。例如，對於這個 Pod，我們可以看到它被建立之後，被調度器調度（Successfully assigned）到了 node-1，拉取了指定的鏡像（pulling image），然後啟動了 Pod 裡定義的容器（Started container）。所以，這個部分正是將來進行除錯的重要依據。如果出現異常，一定要第一時間查看這些 Events，往往可以看到非常詳細的錯誤訊息。

接下來，如果要升級 Nginx 服務，把它的鏡像版本從 1.7.9 升級到 1.8，要怎麼做呢？很簡單，只要修改 YAML 檔即可：

```
...
   spec:
     containers:
     - name: nginx
       image: nginx:1.8 # 這裡從 1.7.9 修改為 1.8
       ports:
       - containerPort: 80
```

可是，這個修改目前只發生在本機，如何讓這個更新在 Kubernetes 裡也生效呢？可以使用 kubectl replace 指令來完成這個更新：

```
$ kubectl replace -f nginx-deployment.yaml
```

不過從本節開始，乃至在全書中，都推薦你使用 kubectl apply 指令來統一進行 Kubernetes 物件的建立和更新操作，具體做法如下所示：

```
$ kubectl apply -f nginx-deployment.yaml

# 修改 nginx-deployment.yaml 的內容

$ kubectl apply -f nginx-deployment.yaml
```

這樣的操作方法是 Kubernetes 宣告式 API 所推薦的用法。也就是說，作為使用者，你不必關心目前的操作是建立還是更新，你執行的指令始終是 kubectl apply，YAML 檔描述的就是你這個應用程式的期望狀態，或者說終態（最終狀態）。而當這個檔案發生變化後，Kubernetes 會根據具體的變化內容自動進行處理，將整個系統的狀態向你所定義的終態「逐步逼近」，最終重新「達成一致」。

這個流程的好處是，有助於開發人員和運維人員，圍繞可以版本化管理的 YAML 檔，而不是「行蹤不定」的命令列進行協作，從而大大降低溝通成本。這種分布式系統設計原則，就被稱為「宣告式 API」。

舉個例子，一位開發人員開發了一個應用程式，製作好容器鏡像。那麼他就可以在應用程式的發布目錄裡附帶一個 Deployment 的 YAML 檔。而運維人員拿到這個應用程式的發布目錄後，就可以直接用 YAML 檔執行 kubectl apply 操作把它執行起來。

這時候，如果開發人員修改了應用程式，生成了新的發布內容，那麼 YAML 檔也需要修改，並且成為這次變更的一部分。接下來，運維人員可以使用 git diff 指令查看 YAML 檔本身的變化，然後繼續用 kubectl apply 指令更新這個應用程式。

所以，如果透過容器鏡像，能夠保證應用程式本身，在開發環境與部署環境中的一致性的話，那麼，現在 Kubernetes 透過 YAML 檔，就可以保證應用程式的「部署配置」在開發環境與部署環境中的一致性。而當應用程式本身發生變化時，開發人員和運維人員可以依靠容器鏡像來進行同步；當應用程式部署參數發生變化時，這些 YAML 檔就是他們相互溝通和信任的媒介。

以上就是 Kubernetes 建立應用程式的最基本操作。接下來，我們再在這個 Deployment 中嘗試宣告一個 Volume。

在 Kubernetes 中，Volume 屬於 Pod 物件的一部分。所以，我們需要修改 YAML 檔裡的 `template.spec` 欄位，如下所示：

```yaml
apiVersion: apps/v1
kind: Deployment
metadata:
  name: nginx-deployment
spec:
  selector:
    matchLabels:
      app: nginx
  replicas: 2
  template:
    metadata:
      labels:
        app: nginx
    spec:
      containers:
      - name: nginx
        image: nginx:1.8
        ports:
        - containerPort: 80
        volumeMounts:
        - mountPath: "/usr/share/nginx/html"
          name: nginx-vol
      volumes:
      - name: nginx-vol
        emptyDir: {}
```

可以看到，我們在 Deployment 的 Pod 模板部分新增一個 `volumes` 欄位，定義了這個 Pod 宣告的所有 Volume。它的名字叫作 `nginx-vol`，類型是 `emptyDir`。

那什麼是 `emptyDir` 類型呢？它其實等同於之前講過的 Docker 的隱式 Volume 參數，即不顯式宣告宿主機目錄的 Volume。所以，Kubernetes 也會在宿主機上建立一個暫存資料夾，這個目錄將來會被綁定掛載到容器所宣告的 Volume 目錄上。

Tip

不難看出，Kubernetes 的 emptyDir 類型只是把 Kubernetes 建立的暫存資料夾作為 Volume 的宿主機目錄，交給了 Docker。這麼做的原因是，Kubernetes 不想依賴 Docker 自己建立的 _data 目錄。

Pod 中的容器使用 volumeMounts 欄位來宣告自己要掛載哪個 Volume，並透過 mountPath 欄位來定義容器內的 Volume 目錄，例如 /usr/share/nginx/html。

當然，Kubernetes 也提供了顯式的 Volume 定義，它叫作 hostPath。例如下面的這個 YAML 檔：

```
...
  volumes:
    - name: nginx-vol
      hostPath:
        path: /var/data
```

這樣，容器 Volume 掛載的宿主機目錄就變成了 /var/data。

在完成上述修改後，我們還是使用 kubectl apply 指令更新 Deployment：

```
$ kubectl apply -f nginx-deployment.yaml
```

接下來，可以透過 kubectl get 指令查看兩個 Pod 被逐一更新的過程：

```
$ kubectl get pods
NAME                                   READY   STATUS              RESTARTS   AGE
nginx-deployment-5c678cfb6d-v5dlh      0/1     ContainerCreating   0          4s
nginx-deployment-67594d6bf6-9gdvr      1/1     Running             0          10m
nginx-deployment-67594d6bf6-v6j7w      1/1     Running             0          10m
$ kubectl get pods
NAME                                   READY   STATUS   RESTARTS   AGE
nginx-deployment-5c678cfb6d-lg9lw      1/1     Running  0          8s
nginx-deployment-5c678cfb6d-v5dlh      1/1     Running  0          19s
```

返回結果顯示，新舊兩個 Pod 被交替建立、刪除，最後剩下的就是新版本的 Pod。之後會詳細講解這個滾動更新過程。

然後，可以使用 kubectl describe 查看最新的 Pod，就會發現 Volume 的訊息已經出現在 Container 描述部分了：

```
...
Containers:
  nginx:
    Container ID:
docker://07b4f89248791c2aa47787e3da3cc94b48576cd173018356a6ec8db2b6041343
    Image:          nginx:1.8
    ...
    Environment:    <none>
    Mounts:
      /usr/share/nginx/html from nginx-vol (rw)
...
Volumes:
  nginx-vol:
    Type:    EmptyDir (a temporary directory that shares a pod's lifetime)
```

> 💡 **Tip**
>
> 作為一個完整的容器化平台，Kubernetes 提供的 Volume 類型不止這些，第 6 章將詳細介紹。

最後，還可以使用 kubectl exec 指令進入 Pod 當中（容器的 Namespace 中）查看 Volume 目錄：

```
$ kubectl exec -it nginx-deployment-5c678cfb6d-lg9lw -- /bin/bash
# ls /usr/share/nginx/html
```

此外，若要從 Kubernetes 叢集中刪除 Nginx Deployment，直接執行以下指令即可：

```
$ kubectl delete -f nginx-deployment.yaml
```

小結

本節透過一個案例帶你近距離體驗了 Kubernetes 的基礎方法。

可以看到，Kubernetes 推薦的使用方式是用一個 YAML 檔來描述你要部署的 API 物件；然後統一使用 kubectl apply 指令完成對這個物件的建立和更新操作。

Kubernetes 裡「最小」的 API 物件是 Pod。Pod 可以等價為一個應用程式，所以 Pod 可以由多個緊密協作的容器組成。

在 Kubernetes 中，透過一種 API 物件來管理另一種 API 物件很常見，例如 Deployment 之於 Pod；而因為 Pod 是「最小」的物件，所以它往往是被其他物件控制的。這種組合方式正是 Kubernetes 進行容器編排的重要模式。

像這樣的 Kubernetes API 物件，往往由 Metadata 和 Spec 兩部分組成，其中 Metadata 裡的 Labels 欄位是 Kubernetes 過濾物件的主要手段。在這些欄位中，容器想要使用的 Volume 正是 Pod 的 Spec 欄位的一部分。而 Pod 裡的每個容器，則需要顯式宣告自己要掛載哪個 Volume。

上面這些基於 YAML 檔的容器管理方式，跟 Docker、Mesos 的使用習慣都不同，而從 docker run 這樣的命令列操作，向 kubectl apply YAML 檔這樣的宣告式 API 的轉變，是每一位雲原生技術學習者必須跨過的第一道門檻。

所以，如果你想要快速熟悉 Kubernetes，請按照下面的流程進行練習：

- 首先，在本機透過 Docker 測試程式碼，製作鏡像；
- 然後，選擇合適的 Kubernetes API 物件，編寫對應 YAML 檔（例如 Pod、Deployment）；
- 最後，在 Kubernetes 上部署 YAML 檔。

更重要的是，在把應用程式部署到 Kubernetes 之後，接下來的所有操作，如果不是透過 kubectl 來執行，就是透過修改 YAML 檔來實現，儘量不要再碰 Docker 命令列了。

Kubernetes 編排原理

5.1 ▶ 為什麼我們需要 Pod

上一章詳細介紹了在 Kubernetes 中部署一個應用程式的過程，提到了這樣一個知識點：Pod 是 Kubernetes 中最小的 API 物件。更專業的表述是：Pod 是 Kubernetes 的原子調度單位。

不過，相信你在學習和使用 Kubernetes 的過程中，一定不止一次想要問：為什麼我們需要 Pod ？

是啊，前面花了很多篇幅解讀 Linux 容器的原理、分析 Docker 容器的本質，終於，「Namespace 做隔離，Cgroups 做限制，rootfs 做檔案系統」這樣的「三句箴言」可以朗朗上口了，為什麼 Kubernetes 又突然搞出一個 Pod 來呢？

要回答這個問題，先回憶一下本書反覆強調過的問題：容器的本質是什麼？

現在你應該可以不假思索地回答出來：容器的本質是行程。

沒錯。容器就是未來雲端運算系統中的行程，容器鏡像就是這個系統裡的 .exe 安裝包。那麼 Kubernetes 呢？

你應該也能立刻回答上來：Kubernetes 就是作業系統！

非常正確。

現在，我們登入一台 Linux 機器並執行如下指令：

```
$ pstree -g
```

這條指令的作用是展示目前系統中正在執行的行程的樹狀結構。它的返回結果如下所示：

```
systemd(1)-+-accounts-daemon(1984)-+-{gdbus}(1984)
           |                        `-{gmain}(1984)
           |-acpid(2044)
           ...
           |-lxcfs(1936)-+-{lxcfs}(1936)
           |             `-{lxcfs}(1936)
           |-mdadm(2135)
           |-ntpd(2358)
           |-polkitd(2128)-+-{gdbus}(2128)
           |               `-{gmain}(2128)
           |-rsyslogd(1632)-+-{in:imklog}(1632)
           |                |-{in:imuxsock) S 1(1632)
           |                `-{rs:main Q:Reg}(1632)
           |-snapd(1942)-+-{snapd}(1942)
           |             |-{snapd}(1942)
           |             |-{snapd}(1942)
           |             |-{snapd}(1942)
           |             |-{snapd}(1942)
```

不難發現，在一個真正的作業系統裡，行程並不是「孤苦伶仃」地執行的，而是以行程組的方式「有原則」地組織在一起。例如，這裡有一個叫作 rsyslogd 的程式，它負責的是 Linux 作業系統中的日誌處理。可以看到，rsyslogd 的主程式 main，和它要用到的核心日誌模組 imklog 等，同屬於 1632 行程組。這些行程相互協作，共同履行 rsyslogd 程式的職責。

Tip

注意，這裡提到的「行程」，例如 rsyslogd 對應的 imklog、imuxsock 和 main，從嚴格意義上來說其實是 Linux 作業系統語境下的「執行緒」。這些執行緒，或者說輕量級行程之間，可以共享檔案、訊號、資料記憶體甚至部分程式碼，從而緊密協作共同履行一個程式的職責。同理，這裡提到的「行程組」對應的是 Linux 作業系統語境下的「執行緒組」。這種命名關係與實際情況的不一致，是 Linux 發展歷史中的一個遺留問題。如果對這個話題感興趣，可以閱讀楊沙洲寫的技術文章《Linux 執行緒實現機制分析》。接下來，我繼續使用「行程」和「行程組」來進行講解。

Kubernetes 所做的，其實就是將「行程組」的概念映射到容器技術中，並使其成為這個雲端運算「作業系統」裡的「一等公民」。

前面介紹 Kubernetes 和 Borg 的關係時曾提到過這麼做的原因：在 Borg 的開發和實踐過程中，Google 公司的工程師發現，他們部署的應用程式往往存在著類似於「行程和行程組」的關係。更具體地說，就是這些應用程式之間有著密切的協作關係，它們必須部署在同一台機器上。而如果事先沒有「組」的概念，這樣的運維關係就會很難處理。

還是以前面的 rsyslogd 為例。已知 rsyslogd 由三個行程組成：一個 imklog 模組、一個 imuxsock 模組、一個 rsyslogd 自己的 main 函數主行程。這三個行程一定要在同一台機器上執行，否則它們之間基於 Socket 的通訊和檔案交換都會出問題。

現在，我要把 rsyslogd 這個應用程式容器化。由於受限於容器的「單行程模型」，因此這三個模組必須分別製作成 3 個容器。而在這三個容器執行的時候，它們設置的記憶體配額都是 1 GB。

再次強調：容器的「單行程模型」並不是指容器裡只能執行「一個」行程，而是指容器無法管理多個行程。這是因為容器裡 PID=1 的行程就是應用程式本身，其他行程都是這個 PID=1 行程的子行程。可是，使用者編寫的應用程式，並不像正常作業系統裡的 init 行程或者 systemd，擁有行程管理的功能。例如，你的應用程式是一個 Java Web 程式（PID=1），然後你執行 docker exec 在後台啟動了一個 Nginx 行程（PID=3）。可是，當 Nginx 行程異常退出時，你該怎麼知道呢？行程退出後的垃圾收集工作又該由誰去做呢？

假設我們的 Kubernetes 叢集上有兩個節點：node-1 上有 3 GB 可用記憶體，node-2 上有 2.5 GB 可用記憶體。

這時，假設我要用 Docker Swarm 來執行這個 rsyslogd 程式。為了讓這三個容器在同一台機器上執行，就必須在另外兩個容器上設定一個 affinity=main（與 main 容器有親密性）的約束，即它們必須和 main 容器在同一台機器上執行。

然後，按順序執行：docker run main、docker run imklog 和 docker run imuxsock，建立這三個容器。

這樣，這三個容器都會進入 Swarm 的待調度佇列。然後，main 容器和 imklog 容器先後出隊並被調度到了 node-2 上（這種情況是完全有可能的）。

可是，當 imuxsock 容器出隊開始被調度時，Swarm 就有點「懵」了：node-2 上的可用資源只有 0.5 GB 了，不足以執行 imuxsock 容器；可是，根據 affinity=main 的約束，imuxsock 容器又只能在 node-2 上執行。

這就是一個典型的成組調度（gang scheduling）沒有被妥善處理的例子。

在工業界和學術界，關於這個問題的討論可謂曠日持久，也產生了很多可選的解決方案。

例如，Mesos 中就有一個**資源囤積**（resource hoarding）的機制，在所有設定了 Affinity 約束的任務都到達時，才開始對它們統一進行調度。而 GoogleOmega 論文則提出了使用樂觀調度處理衝突的方法：先不管這些衝突，而是透過精心設計的回滾機制，在衝突發生之後解決問題。

可是這些方法都談不上完美。資源囤積帶來了不可避免的調度效率損失和死鎖的可能性；而樂觀調度的複雜程度，也不是一般技術團隊所能駕馭的。

但是，在 Kubernetes 中，這樣的問題就迎刃而解了：Pod 是 Kubernetes 裡的原子調度單位。這就意味著，Kubernetes 的調度器是統一按照 Pod 而非容器的資源需求進行計算的。

所以，像 imklog、imuxsock 和 main 函數主行程這樣的 3 個容器，正是一個典型的由 3 個容器組成的 Pod。Kubernetes 在調度時，自然會選擇可用記憶體等於 3 GB 的 node-1 進行綁定，而根本不會考慮 node-2。

可以把容器間的這種緊密協作稱為「超親密關係」。這些具有「超親密關係」的容器的典型特徵包括但不限於：互相之間會發生直接的檔案交換、使用 localhost 或者 Socket 檔案進行本機通訊、會發生非常頻繁的遠端呼叫、需要共享某些 Linux Namespace（例如一個容器要加入另一個容器的 Network Namespace）等。

這也就意味著，並不是所有「有關係」的容器都屬於同一個 Pod。例如，PHP 應用程式容器和 MySQL 雖然會發生訪問關係，但並沒有必要，也不應該部署在同一台機器上，它們更適合做成兩個 Pod。

不過，此時你可能會有第二個問題。

對於初學者來說，一般是先學會了用 Docker 這種單容器的工具，然後才會開始接觸 Pod。如果 Pod 的設計只是出於調度上的考慮，那麼 Kubernetes 似乎完全沒有必要把 Pod 作為「一等公民」，這不是故意抬高使用者的學習門檻嗎？

沒錯，如果只是處理「超親密關係」這樣的調度問題，有 Borg 和 Omega 論文在前，Kubernetes 肯定可以在調度器層面將其解決。

不過，Pod 在 Kubernetes 裡還有更重要的意義，那就是**容器設計模式**。

為了讓你理解這一層含義，要先介紹 Pod 的實現原理。

關於 Pod 最重要的一個事實是：它只是一個邏輯概念。也就是說，Kubernetes 真正處理的，還是宿主機作業系統上 Linux 容器的 Namespace 和 Cgroups，並不存在所謂的 Pod 的邊界或者隔離環境。

那麼，Pod 又是怎麼被「建立」出來的呢？

答案是：Pod 其實是一組共享了某些資源的容器。

具體地說，Pod 裡的所有容器都共享一個 Network Namespace，並且可以宣告共享同一個 Volume。

如此看來，一個有 A、B 兩個容器的 Pod，不就等同於一個容器（容器 A）
共享另外一個容器（容器 B）的網路和 Volume 的做法嗎？

這好像透過 `docker run --net --volumes-from` 這樣的指令就能實現，
例如：

```
$ docker run --net=B --volumes-from=B --name=A image-A ...
```

但是，你是否考慮過，如果真這樣做的話，容器 B 就必須比容器 A 先啟動，
這樣一個 Pod 裡的多個容器就不是對等關係，而是拓撲關係了。

所以，在 Kubernetes 裡，Pod 的實現需要使用一個中間容器，這個容器叫作
Infra 容器。在 Pod 中，Infra 容器永遠是第一個被建立的容器，使用者定義
的其他容器，則透過 Join Network Namespace 的方式與 Infra 容器關聯在一
起。圖 5-1 展示了這樣的組織關係。

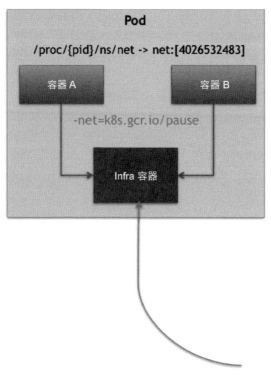

圖 5-1　組織關係示意圖

如圖 5-1 所示，Pod 裡有兩個使用者容器 A 和容器 B，還有一個 Infra 容器。很容易理解，在 Kubernetes 裡，Infra 容器一定要占用極少的資源，所以它使用的是一個非常特殊的鏡像，叫作 k8s.gcr.io/pause。這個鏡像是一個用組合語言編寫的、永遠處於「暫停」狀態的容器，解壓後的大小也只有 100 ～ 200 KB。

在 Infra 容器「hold」Network Namespace 後，使用者容器就可以加入 Infra 容器的 Network Namespace 中了。所以，如果你查看這些容器在宿主機上的 Namespace 檔（前面介紹過 Namespace 檔的路徑），它們指向的值一定是完全一樣的。

這也意味著，對於 Pod 裡的容器 A 和容器 B 來說：

- 它們可以直接使用 localhost 進行通訊；
- 它們「看到」的網路裝置跟 Infra 容器「看到」的完全一樣；
- 一個 Pod 只有一個 IP 位址，也就是 Pod 的 Network Namespace 對應的 IP 位址；
- 當然，其他所有網路資源都是一個 Pod 一份，並且被該 Pod 中的所有容器共享；
- Pod 的生命週期只跟 Infra 容器一致，而與容器 A 和容器 B 無關。

而對於同一個 Pod 裡的所有使用者容器來說，它們的進出流量也可以認為都是透過 Infra 容器完成的。這一點很重要，因為將來如果你要為 Kubernetes 開發一個網路外掛程式，應該重點考慮如何配置 Pod 的 Network Namespace，而不是每一個使用者容器如何使用你的網路配置，這是沒有意義的。

這就意味著，如果你的網路外掛程式需要在容器裡安裝某些包或者配置才能完成，是不可取的：Infra 容器鏡像的 rootfs 裡幾乎什麼都沒有，無法隨意發揮。當然，這也意味著你的網路外掛程式完全不必關心使用者容器的啟動與否，而只需要關注如何配置 Pod，也就是 Infra 容器的 Network Namespace 即可。

有了這個設計之後，共享 Volume 就簡單多了：Kubernetes 只要把所有 Volume 的定義都設計在 Pod 層級即可。

這樣，一個 Volume 對應的宿主機目錄對於 Pod 來說就只有一個，Pod 裡的容器只要宣告掛載這個 Volume，就一定可以共享這個 Volume 對應的宿主機目錄。範例如下：

```
apiVersion: v1
kind: Pod
metadata:
  name: two-containers
spec:
  restartPolicy: Never
  volumes:
  - name: shared-data
    hostPath:
      path: /data
  containers:
  - name: nginx-container
    image: nginx
    volumeMounts:
    - name: shared-data
      mountPath: /usr/share/nginx/html
  - name: debian-container
    image: debian
    volumeMounts:
    - name: shared-data
      mountPath: /pod-data
    command: ["/bin/sh"]
    args: ["-c", "echo Hello from the debian container > /pod-data/index.html"]
```

在這個例子中，debian-container 和 nginx-container 都宣告掛載了 shared-data 這個 Volume。而 shared-data 是 hostPath 類型，所以它在宿主機上的對應目錄就是 /data。而這個目錄其實被同時綁定掛載進了上述兩個容器中。

這就是 nginx-container 可以從它的 /usr/share/nginx/html 目錄中讀取到 debian-container 生成的 index.html 的原因。

理解了 Pod 的實現原理後，再來討論「容器設計模式」就容易多了。

Pod 這種「超親密關係」容器的設計理念,實際上就是希望,當使用者想在一個容器裡執行多個功能無關的應用程式時,應該優先考慮它們是否更應該被描述成一個 Pod 裡的多個容器。

為了能夠掌握這種思考方式,你應該儘量嘗試使用它來描述一些用單個容器難以解決的問題。例如,最典型的例子就是 WAR 包與 Web 伺服器,以及容器的日誌收集。

1. WAR 包與 Web 伺服器

現在有一個 Java Web 應用程式的 WAR 包,它需要放在 Tomcat 的 webapps 目錄下執行。假如只能用 Docker 來做這件事,那該如何處理這個組合關係呢?

■ 一種方法是,把 WAR 包直接放在 Tomcat 鏡像的 webapps 目錄下,做成一個新的鏡像執行起來。可是,這時如果要更新 WAR 包的內容,或者要升級 Tomcat 鏡像,就需要重新製作一個新的發布鏡像,非常麻煩。

■ 另一種方法是,根本不管 WAR 包,永遠只發布一個 Tomcat 容器。不過,這個容器的 webapps 目錄必須宣告一個 hostPath 類型的 Volume,從而把宿主機上的 WAR 包掛載進 Tomcat 容器中執行起來。不過,這樣你就必須解決一個問題 —— 如何讓每台宿主機都預先準備好這個儲存有 WAR 包的目錄呢?這樣看來,你只能獨立維護一個分布式儲存系統了。

實際上,有了 Pod 之後,這樣的問題很容易解決。我們可以把 WAR 包和 Tomcat 分別做成鏡像,然後把它們作為一個 Pod 裡的兩個容器「組合」在一起。這個 Pod 的配置檔如下所示:

```
apiVersion: v1
kind: Pod
metadata:
  name: javaweb-2
spec:
  initContainers:
  - image: geektime/sample:v2
    name: war
    command: ["cp", "/sample.war", "/app"]
```

```
      volumeMounts:
      - mountPath: /app
        name: app-volume
    containers:
    - image: geektime/tomcat:7.0
      name: tomcat
      command: ["sh","-c","/root/apache-tomcat-7.0.42-v2/bin/start.sh"]
      volumeMounts:
      - mountPath: /root/apache-tomcat-7.0.42-v2/webapps
        name: app-volume
      ports:
      - containerPort: 8080
        hostPort: 8001
    volumes:
    - name: app-volume
      emptyDir: {}
```

在這個 Pod 中我們定義了兩個容器，第一個容器使用的鏡像是 geektime/sample:v2，這個鏡像裡只有一個 WAR 包（sample.war），放在根目錄下；第二個容器使用的則是一個標準的 Tomcat 鏡像。

不過，你可能已經注意到了，WAR 包容器的類型不再是一個普通容器，而是一個 Init Container 類型的容器。

在 Pod 中，所有 Init Container 定義的容器，都會比 spec.containers 定義的使用者容器先啟動。並且，Init Container 容器會按順序逐一啟動，而直到它們都啟動並且退出了，使用者容器才會啟動。

所以，在 Init Container 類型的 WAR 包容器啟動後，執行了 `cp /sample.war /app`，把應用程式的 WAR 包複製到 /app 目錄下，然後退出。

然後，/app 目錄就掛載了一個名叫 `app-volume` 的 Volume。

接下來就很關鍵了。Tomcat 容器同樣宣告了掛載 `app-volume` 到自己的 webapps 目錄下。

所以，等 Tomcat 容器啟動時，它的 webapps 目錄下就一定會存在 sample. war 檔：這個檔案正是 WAR 包容器啟動時複製到這個 Volume 裡面的，而這個 Volume 是被這兩個容器共享的。

這樣我們就用一種「組合」的方式解決了 WAR 包與 Tomcat 容器之間耦合關係的問題。

實際上，這個所謂的「組合」操作，正是容器設計模式裡最常用的一種模式，稱為 sidecar。顧名思義，sidecar 指的是我們可以在一個 Pod 中啟動一個輔助容器，來完成一些獨立於主行程（主容器）的工作。

例如，在這個應用程式 Pod 中，Tomcat 容器是我們要使用的主容器，而 WAR 包容器的存在只是為了給它提供一個 WAR 包而已。所以，我們用 Init Container 的方式優先執行 WAR 包容器，扮演了一個 sidecar 的角色。

2. 容器的日誌收集

現在有一個應用程式，需要不斷地把日誌檔案輸出到容器的 /var/log 目錄中。這時，我就可以把一個 Pod 裡的 Volume 掛載到應用程式容器的 /var/log 目錄上。然後，在 Pod 裡同時執行一個 sidecar 容器，它也宣告掛載同一個 Volume 到自己的 /var/log 目錄上。

這樣，接下來 sidecar 容器就只需要做一件事，那就是不斷地從自己的 /var/ log 目錄裡讀取日誌檔案，轉發到 MongoDB 或者 Elasticsearch 中儲存起來。這樣，一個最基本的日誌收集工作就完成了。

跟第一個例子一樣，這個例子中 sidecar 的主要工作也是使用共享的 Volume 來操作檔案。

但不要忘記，Pod 的另一個重要特性是，它的所有容器都共享同一個 Network Namespace。因此，很多與 Pod 網路相關的配置和管理都可以交給 sidecar 完成，完全無須干涉使用者容器。這裡最典型的例子莫過於 Istio 這個微服務管理專案了。Istio 使用 sidecar 容器完成微服務管理的原理，之後的章節會介紹。

> 📖 **延伸閱讀**
>
> Kubernetes 社群把「容器設計模式」這個理論整理成了一篇論文
> 「*Design Patterns for Container-based Distributed Systems*」（Burns B,
> Oppenheimer D），可供參考。

小結

本節重點介紹了 Kubernetes 中 Pod 的實現原理。

Pod 是 Kubernetes 與其他單容器產品最大的不同點，也是容器技術初學者需要面對的第一個與一般認知不一致的知識點。

事實上，直到現在，仍有很多人把容器跟虛擬機相提並論，他們把容器當作性能更好的虛擬機，喜歡討論如何把應用程式從虛擬機無縫遷移到容器中。

但實際上，無論是具體的實現原理，還是使用方法、特性、功能等方面，容器與虛擬機幾乎沒有任何相似之處；也不存在一種普遍的方法，能夠把虛擬機裡的應用程式無縫遷移到容器中。這是因為容器的效能優勢必然伴隨著相應缺陷：它不能像虛擬機那樣，完全模擬本機物理機環境中的部署方法。

所以，這個「上雲」工作的完成，最終還是要靠深入理解容器的本質 —— 行程。

實際上，一個在虛擬機裡執行的應用程式，即使再簡單，也是在 systemd 或者 supervisord 管理之下的**一組行程，而不是一個行程**。這跟本機物理機上應用程式的執行方式其實是一樣的。這也是為什麼從物理機到虛擬機之間的應用程式遷移往往不難。

可是對於容器來說，一個容器永遠只能管理一個行程。更確切地說，一個容器就是一個行程。這是容器技術的「天性」，不可能被修改。所以，將一個原本在虛擬機裡執行的應用程式「無縫遷移」到容器中的想法，實際上跟容器的本質是相悖的。

這也是當初 Swarm 無法成長起來的重要原因之一：一旦到了真正的生產環境中，Swarm 這種單容器的工作方式，就難以描述現實世界裡複雜的應用程式架構了。

所以，可以這麼理解 Pod 的本質：

> Pod 實際上是在扮演傳統基礎設施裡「虛擬機」的角色，容器則是這個虛擬機裡執行的使用者程式。

所以，下一次當你需要把一個在虛擬機裡執行的應用程式，遷移到 Docker 容器中時，一定要仔細分析到底有哪些行程（元件）在這個虛擬機裡執行。

然後，你就可以把整台虛擬機想像成一個 Pod，把這些行程分別做成容器鏡像，把有順序關係的容器定義為 Init Container。這才是更加合理的、鬆耦合的容器編排訣竅，也是從傳統應用程式架構到微服務架構最自然的過渡方式。

> **📖 Note**
>
> Pod 提供的是一種編排理念，而不是具體的技術方案。所以，如果願意的話，你完全可以使用虛擬機作為 Pod 的實現，然後在這個虛擬機裡執行所有的使用者容器。例如，Mirantis 公司的 virtlet 就在做這件事情。你甚至可以製作一個帶有 Init 行程的容器，來模擬傳統應用程式的執行方式。在 Kubernetes 中這些工作都是非常輕鬆的，後面講解 CRI 時會提到這些內容。

相反，如果強行把整個應用程式塞到一個容器裡，甚至不惜使用 Docker In Docker 這種在生產環境中後患無窮的解決方案，恐怕最後會得不償失。

5.2 ▶ 深入解析 Pod 物件

上一節詳細介紹了 Kubernetes 中最重要的概念 Pod，本節介紹 Pod 物件的更多細節。

現在，你已經非常清楚：Kubernetes 中的最小編排單位是 Pod，而非容器。將這個設計落實到 API 物件上，Container 就成了 Pod 屬性裡的一個普通欄

位。那麼，一個很自然的問題就是：到底哪些屬性屬於 Pod 物件，哪些屬性屬於 Container 呢？

要徹底理解這個問題，就要牢記上一節給出的一個結論：Pod 扮演的是傳統部署環境中「虛擬機」的角色。這樣的設計是為了讓使用者從傳統環境（虛擬機環境）向 Kubernetes（容器環境）的遷移更加平滑。

如果把 Pod 看作傳統環境中的「機器」，把容器看作在這個「機器」裡執行的「使用者程式」，那麼很多關於 Pod 物件的設計就非常容易理解了。例如，凡是調度、網路、儲存，以及安全相關的屬性，基本上是 Pod 級別的。

這些屬性的共同特徵是，它們描述的是「機器」這個整體，而不是裡面執行的「程式」。例如，配置這台「機器」的網卡（Pod 的網路定義），配置這台「機器」的磁碟（Pod 的儲存定義），配置這台「機器」的防火牆（Pod 的安全定義），更不用說這台「機器」在哪個伺服器之上執行（Pod 的調度）。

下面先介紹 Pod 中幾個重要欄位的含義和用法。

NodeSelector。一個供使用者將 Pod 與 Node 進行綁定的欄位，用法如下所示：

```
apiVersion: v1
kind: Pod
...
spec:
nodeSelector:
disktype: ssd
```

這樣的配置意味著 Pod 永遠只能在攜帶了 `disktype: ssd` 標籤的節點上執行，否則它將調度失敗。

NodeName。一旦 Pod 的這個欄位被賦值，Kubernetes 就會認為 Pod 已調度，調度的結果就是賦值的節點名稱。所以，這個欄位一般由調度器負責設定，但使用者也可以設定它來「騙過」調度器。當然，這種做法一般在測試或者除錯時才會用到。

HostAliases。定義了 Pod 的 hosts 檔（例如 /etc/hosts）裡的內容，用法如下：

```
apiVersion: v1
kind: Pod
...
spec:
hostAliases:
- ip: "10.1.2.3"
hostnames:
- "foo.remote"
- "bar.remote"
...
```

在 Pod 的 YAML 檔中，我設定了一組 IP 和 hostname 的資料。這樣，當 Pod 啟動後，/etc/hosts 的內容將如下所示：

```
cat    /etc/hosts
# Kubernetes 管理的 hosts 檔
127.0.0.1    localhost
...
10.244.135.10    hostaliases-pod
10.1.2.3    foo.remote
10.1.2.3    bar.remote
```

最下面兩行記錄就是我透過 HostAliases 欄位為 Pod 設置的。需要指出的是，在 Kubernetes 中，如果要設定 hosts 裡的內容，一定要透過這種方法；而如果直接修改了 hosts 檔，在 Pod 被刪除重建之後，kubelet 會自動覆蓋被修改的內容。

除了上述跟「機器」相關的配置，你可能已經發現：凡是跟容器的 Linux Namespace 相關的屬性，一定是 Pod 級別的。原因也很容易理解：Pod 的設計就是要讓其中的容器儘可能地共享 Linux Namespace，僅保留必要的隔離和限制能力。這樣，Pod 模擬出的效果就跟虛擬機裡程式間的關係非常類似了。

例如，在下面這個 Pod 的 YAML 檔中，我定義了
shareProcessNamespace=true：

```
apiVersion: v1
kind: Pod
metadata:
  name: nginx
spec:
  shareProcessNamespace: true
  containers:
  - name: nginx
    image: nginx
  - name: shell
    image: busybox
    stdin: true
    tty: true
```

這就意味著 Pod 裡的容器要共享 PID Namespace。

在 YAML 檔中，我還定義了兩個容器：一個是 Nginx 容器，另一個是開啟了 tty 和 stdin 的 shell 容器。

前面介紹容器基礎時，講解過什麼是 tty 和 stdin。而在 Pod 的 YAML 檔裡宣告開啟它倆，其實等同於設定了 docker run 裡的 -it（-i 即 stdin，-t 即 tty）參數。

如果還是不太理解它們的作用的話，可以簡單地把 tty 看作 Linux 給使用者提供的一個常駐小程式，用於接收使用者的標準輸入，返回作業系統的標準輸出。當然，為了能夠在 tty 中輸入訊息，你還需要同時開啟 stdin（標準輸入流）。

於是，Pod 被建立後，就可以使用 shell 容器的 tty 和這個容器進行互動了。下面實踐一下：

```
$ kubectl create -f nginx.yaml
```

接下來，使用 kubectl attach 指令，連接到 shell 容器的 tty 上：

```
$ kubectl attach -it nginx -c shell
```

這樣，就可以在 shell 容器裡執行 ps 指令，查看所有正在執行的行程：

```
$ kubectl attach -it nginx -c shell
/ # ps ax
PID   USER     TIME  COMMAND
    1 root     0:00 /pause
    8 root     0:00 nginx: master process nginx -g daemon off;
   14 101      0:00 nginx: worker process
   15 root     0:00 sh
   21 root     0:00 ps ax
```

如上所示，在這個容器裡，不僅可以看到它本身的 ps ax 指令，還可以看到
Nginx 容器的行程，以及 Infra 容器的 /pause 行程。這就意味著，整個 Pod
裡的每個容器的行程，對於所有容器來說都是可見的：它們共享了同一個
PID Namespace。

類似地，凡是 Pod 中的容器要共享宿主機的 Namespace，也一定是 Pod 級別
的定義，例如：

```
apiVersion: v1
kind: Pod
metadata:
  name: nginx
spec:
  hostNetwork: true
  hostIPC: true
  hostPID: true
  containers:
  - name: nginx
    image: nginx
  - name: shell
    image: busybox
    stdin: true
    tty: true
```

在這個 Pod 中，我定義了共享宿主機的 Network、IPC 和 PID Namespace。
這就意味著，Pod 裡的所有容器會直接使用宿主機的網路，直接與宿主機進
行 IPC 通訊，「看到」宿主機裡正在執行的所有行程。

當然，除了這些屬性，Pod 裡最重要的欄位當屬 `Containers`。上一節還介紹過 `Init Containers`。其實，這兩個欄位都屬於 Pod 對容器的定義，內容也完全相同，只是 `Init Containers` 的生命週期會先於所有 `Containers`，並且嚴格按照定義的順序執行。

Kubernetes 中對 Container 的定義，和 Docker 相比並沒有太大區別。前面介紹容器技術基本概念時談到的 Image、Command、workingDir、Ports 以及 volumeMounts（容器要掛載的 Volume）都是構成 Kubernetes 中 Container 的主要欄位。不過，這裡還有幾個屬性值得額外關注。

首先是 `ImagePullPolicy` 欄位。它定義了鏡像拉取的策略。它之所以是 Container 級別的屬性，是因為容器鏡像本來就是 Container 定義中的一部分。

`ImagePullPolicy` 的預設值是 Always，即每次建立 Pod 都重新拉取一次鏡像。另外，當容器的鏡像是類似於 nginx 或者 nginx:latest 這樣的名字時，`ImagePullPolicy` 也會被認為 Always。

如果它的值被定義為 Never 或者 IfNotPresent，則意味著 Pod 永遠不會主動拉取這個鏡像，或者只在宿主機上不存在這個鏡像時才拉取。

其次是 `Lifecycle` 欄位。它定義的是 Container Lifecycle Hooks。顧名思義，Container Lifecycle Hooks 的作用是在容器狀態發生變化時觸發一系列「鉤子」。舉個例子：

```yaml
apiVersion: v1
kind: Pod
metadata:
  name: lifecycle-demo
spec:
  containers:
  - name: lifecycle-demo-container
    image: nginx
    lifecycle:
      postStart:
        exec:
          command: ["/bin/sh", "-c", "echo Hello from the postStart handler >
/usr/share/message"]
```

```
preStop:
  exec:
    command: ["/usr/sbin/nginx","-s","quit"]
```

這是一個來自 Kubernetes 官方文件的 Pod 的 YAML 檔。它其實非常簡單，只是定義了一個 Nginx 鏡像的容器。不過，在 YAML 檔的容器（Containers）部分，可以看到這個容器分別設定了一個 postStart 參數和一個 preStop 參數。這是什麼意思呢？

先解釋 postStart。它指的是在容器啟動後立刻執行一個指定操作。需要明確的是，postStart 定義的操作雖然是在 Docker 容器 ENTRYPOINT 執行之後，但它並不嚴格保證順序。也就是說，在 postStart 啟動時，ENTRYPOINT 有可能尚未結束。

當然，如果 postStart 執行超時或者出錯，Kubernetes 會在該 Pod 的 Events 中報出該容器啟動失敗的錯誤訊息，導致 Pod 也處於失敗狀態。

類似地，preStop 發生的時機則是容器被結束之前（例如收到了 SIGKILL 訊號）。需要明確的是，preStop 操作的執行是同步的。所以，它會阻塞目前的容器結束流程，直到這個 Hook 定義操作完成之後，才允許容器被結束，這跟 postStart 不同。

所以，在上述的例子中，在容器成功啟動之後，我們在 /usr/share/message 裡寫入了一句「歡迎訊息」（postStart 定義的操作）。而在這個容器被刪除之前，我們先呼叫了 Nginx 的退出指令（preStop 定義的操作），從而實現了容器的「優雅退出」。

在熟悉了 Pod 及其 Container 部分的主要欄位之後，下面講解這樣一個 Pod 物件在 Kubernetes 中的生命週期。

Pod 生命週期的變化主要體現在 Pod API 物件的 Status 部分，這是它除 Metadata 和 Spec 外的第三個重要欄位。其中，pod.status.phase 就是 Pod 的目前狀態，它有如下幾種可能的情況。

(1) Pending。這個狀態意指 Pod 的 YAML 檔已經提交給 Kubernetes，API 物件已經被建立並儲存到 etcd 當中。但是，Pod 裡有些容器因為某種原因不能被順利建立。例如，調度不成功。

(2) Running。這個狀態下，Pod 已經調度成功，跟一個具體的節點綁定。它包含的容器都已經建立成功，並且至少有一個正在執行。

(3) Succeeded。這個狀態意味著，Pod 裡的所有容器都正常執行完畢，並且已經退出了。這種情況在執行一次性任務時最為常見。

(4) Failed。這個狀態下，Pod 裡至少有一個容器以不正常的狀態（非 0 的返回碼）退出。出現這個狀態意味著需要想辦法除錯這個容器的應用程式，例如查看 Pod 的 Events 和日誌。

(5) Unknown。這是一個異常狀態，意指 Pod 的狀態不能持續地被 kubelet 匯報給 kube-apiserver，這很有可能是主從節點（Master 和 kubelet）間的通訊出現了問題。

更進一步地，Pod 物件的 Status 欄位還可以細分出一組 Conditions。這些細分狀態的值包括：PodScheduled、Ready、Initialized 以及 Unschedulable。它們主要用於描述造成目前 Status 的具體原因是什麼。

例如，Pod 目前的 Status 是 Pending，對應的 Condition 是 Unschedulable，這就代表它的調度出現了問題。

其中 Ready 這個細分狀態非常值得關注。它意味著 Pod 不僅已經正常啟動（Running 狀態），而且可以對外提供服務了。這兩者（Running 和 Ready）之間是有區別的，不妨仔細思考。

Pod 的這些狀態訊息是我們判斷應用程式執行狀況的重要標準，尤其是在 Pod 進入非「Running」狀態後，一定要能迅速做出反應，根據它所代表的異常情況開始跟蹤和定位，而不是手忙腳亂地查閱文件。

小結

本節詳細講解了 Pod API 物件，介紹了 Pod 的核心使用方法，並分析了 Pod 和 Container 在欄位上的異同。希望這些講解，能夠幫你更加理解和記憶 Pod YAML 中的核心欄位及其準確含義。

實際上，Pod API 物件是整個 Kubernetes 體系中最核心的一個概念，也是後面講解各種控制器時都要用到的。

學完本節內容後，希望你能仔細閱讀 $GOPATH/src/k8s.io/kubernetes/vendor/k8s.io/api/core/v1/types.go 檔案裡，`type Pod struct` 尤其是 `PodSpec` 部分的內容。努力做到下次看到一個 Pod 的 YAML 檔時不再需要查閱文件，便能對常用欄位及其作用信手拈來。

下一節會進行實戰，鞏固和進階關於 Pod API 物件核心欄位的使用方法。

5.3 ▶ Pod 物件使用進階

上一節深入解析了 Pod 的 API 物件，講解了 Pod 和 Container 之間的關係。

作為 Kubernetes 裡最核心的編排物件，Pod 攜帶的訊息非常豐富。其中，關於資源定義（例如 CPU、記憶體等）和調度相關的欄位，後面專門講解調度器時會再做深入分析。本節將從一種特殊的 Volume 開始，帶你更加深入地理解 Pod 物件各個重要欄位的含義。

這種特殊的 Volume 叫作 Projected Volume（投射資料卷，這是 Kubernetes v1.11 之後的新特性）。這是什麼意思呢？

在 Kubernetes 中有幾種特殊的 Volume，它們存在的意義不是為了存放容器裡的資料，也不是用於容器和宿主機之間的資料交換，而是為容器提供預先定義好的資料。所以，從容器的角度來看，這些 Volume 裡的訊息就彷彿是被 Kubernetes「投射」進入容器中的，這正是 Projected Volume 的含義。

到目前為止，Kubernetes 支援的常用 Projected Volume 共有以下四種：

(1) Secret

(2) ConfigMap

(3) Downward API

(4) ServiceAccountToken

1. Secret

Secret 的作用是把 Pod 想要訪問的加密資料存放到 etcd 中，你就可以透過在 Pod 的容器裡掛載 Volume 的方式，訪問這些 Secret 裡儲存的訊息了。

Secret 最典型的使用場景莫過於存放資料庫的 Credential 訊息了，範例如下：

```
apiVersion: v1
kind: Pod
metadata:
  name: test-projected-volume
spec:
  containers:
  - name: test-secret-volume
    image: busybox
    args:
    - sleep
    - "86400"
    volumeMounts:
    - name: mysql-cred
      mountPath: "/projected-volume"
      readOnly: true
  volumes:
  - name: mysql-cred
    projected:
      sources:
      - secret:
          name: user
      - secret:
          name: pass
```

在這個 Pod 中，我定義了一個簡單的容器。它宣告掛載的 Volume 並不是常見的 emptyDir 或者 hostPath 類型，而是 projected 類型。這個 Volume 的資料來源（sources），則是名為 user 和 pass 的 Secret 物件，分別對應資料庫的使用者名稱和密碼。

這裡用到的資料庫的使用者名稱和密碼，正是以 Secret 物件的方式交給 Kubernetes 儲存的。完成這個操作的指令如下所示：

```
$ cat ./username.txt
admin
$ cat ./password.txt
c1oudc0w!

$ kubectl create secret generic user --from-file=./username.txt
$ kubectl create secret generic pass --from-file=./password.txt
```

username.txt 和 password.txt 裡存放的就是使用者名稱和密碼，user 和 pass 則是我為 Secret 物件指定的名字。而想要查看這些 Secret 物件的話，只要執行 `kubectl get` 指令即可：

```
$ kubectl get secrets
NAME            TYPE                        DATA      AGE
user            Opaque                      1         51s
pass            Opaque                      1         51s
```

當然，除了使用 `kubectl create secret` 指令，也可以直接透過編寫 YAML 檔來建立這個 Secret 物件，例如：

```
apiVersion: v1
kind: Secret
metadata:
  name: mysecret
type: Opaque
data:
  user: YWRtaW4=
  pass: MWYyZDFlMmU2N2Rm
```

可以看到，透過編寫 YAML 檔建立出來的 Secret 物件只有一個，但它的 `data` 欄位以 key-value 的格式儲存了兩份 Secret 資料。其中，`user` 就是第一份資料的 key，`pass` 是第二份資料的 key。

需要注意的是，Secret 物件要求這些資料必須是經過 Base64 轉檔的，以免出現明文密碼的安全隱患。這個轉檔操作也很簡單：

```
$ echo -n 'admin' | base64
YWRtaW4=
$ echo -n '1f2d1e2e67df' | base64
MWYyZDFlMmU2N2Rm
```

這裡需要注意的是，像這樣建立出的 Secret 物件，其中的內容僅僅經過了轉檔，並沒有被加密。在真正的生產環境中，需要在 Kubernetes 中開啟 Secret 的加密外掛程式，增強資料的安全性。關於開啟 Secret 加密外掛程式的內容，後續專門講解 Secret 時會進一步 YAML 檔。

接下來，嘗試建立這個 Pod：

```
$ kubectl create -f test-projected-volume.yaml
```

當 Pod 變成 Running 狀態之後，我們再驗證一下這些 Secret 物件是否已經在容器裡了：

```
$ kubectl exec -it test-projected-volume -- /bin/sh
$ ls /projected-volume/
user
pass
$ cat /projected-volume/user
root
$ cat /projected-volume/pass
1f2d1e2e67df
```

返回結果顯示，儲存在 etcd 裡的使用者名稱和密碼訊息，已經以檔案的形式出現在容器的 Volume 目錄裡了。這個檔案的名稱就是 kubectl create secret 指定的 key，或者說是 Secret 物件的 data 欄位指定的 key。

更重要的是，像這樣透過掛載方式進入容器裡的 Secret，一旦其對應的 etcd 裡的資料更新，這些 Volume 裡的檔案內容也會更新。其實，這是 kubelet 元件在定時維護這些 Volume。

需要注意的是，這個更新可能會有一定的延時。所以在編寫應用程式時，在發起資料庫連接的程式碼處寫好重試和超時的邏輯，絕對是個好習慣。

2. ConfigMap

ConfigMap 與 Secret 類似，區別在於 ConfigMap 儲存的是無須加密的、應用程式所需的配置訊息。除此之外，ConfigMap 的用法幾乎與 Secret 完全相同：你可以使用 `kubectl create configmap` 從檔案或者目錄建立 ConfigMap，也可以直接編寫 ConfigMap 物件的 YAML 檔。

例如，一個 Java 應用程式所需的配置檔（.properties 檔），就可以透過以下方式儲存在 ConfigMap 裡：

```
# .properties 檔的內容
$ cat example/ui.properties
color.good=purple
color.bad=yellow
allow.textmode=true
how.nice.to.look=fairlyNice

# 從 .properties 檔建立 ConfigMap
$ kubectl create configmap ui-config --from-file=example/ui.properties

# 查看這個 ConfigMap 裡儲存的訊息（data）
$ kubectl get configmaps ui-config -o yaml
apiVersion: v1
data:
  ui.properties: |
    color.good=purple
    color.bad=yellow
    allow.textmode=true
    how.nice.to.look=fairlyNice
kind: ConfigMap
metadata:
  name: ui-config
  ...
```

注意，`kubectl get -o yaml` 這樣的參數會將指定的 Pod API 物件以 YAML 的方式展示出來。

3. Downward API

Downward API 的作用，是讓 Pod 裡的容器能夠直接取得 Pod API 物件本身的訊息。

舉個例子：

```yaml
apiVersion: v1
kind: Pod
metadata:
  name: test-downwardapi-volume
  labels:
    zone: us-est-coast
    cluster: test-cluster1
    rack: rack-22
spec:
  containers:
    - name: client-container
      image: k8s.gcr.io/busybox
      command: ["sh", "-c"]
      args:
      - while true; do
          if [[ -e /etc/podinfo/labels ]]; then
            echo -en '\n\n'; cat /etc/podinfo/labels; fi;
          sleep 5;
        done;
      volumeMounts:
        - name: podinfo
          mountPath: /etc/podinfo
          readOnly: false
  volumes:
    - name: podinfo
      projected:
        sources:
        - downwardAPI:
            items:
              - path: "labels"
                fieldRef:
                  fieldPath: metadata.labels
```

這個 Pod 的 YAML 檔中,我定義了一個簡單的容器,宣告了一個 `projected` 類型的 Volume。只不過這次 Volume 的資料來源變成了 Downward API,而 Downward API Volume 宣告了要暴露 Pod 的 `metadata.labels` 訊息給容器。

透過這樣的宣告方式,目前 Pod 的 Labels 欄位的值,就會被 Kubernetes 自動掛載成為容器裡的 /etc/podinfo/labels 檔。

而容器的啟動指令是不斷列印 /etc/podinfo/labels 裡的內容。所以,當建立了 Pod 之後,就可以透過 `kubectl logs` 指令查看這些 Labels 欄位的列印,如下所示:

```
$ kubectl create -f dapi-volume.yaml
$ kubectl logs test-downwardapi-volume
cluster="test-cluster1"
rack="rack-22"
zone="us-est-coast"
```

目前,Downward API 支援的欄位已經非常豐富了,範例如下。

(1) 使用 `fieldRef` 可以宣告使用:

- `metadata.name` —— Pod 的名字;
- `metadata.namespace` —— Pod 的 Namespace;
- `metadata.uid` —— Pod 的 UID;
- `metadata.labels['<KEY>']` —— 指定 <KEY> 的 Label 值;
- `metadata.annotations['<KEY>']` —— 指定 <KEY> 的 Annotation 值;
- `metadata.labels` —— Pod 的所有 Label;
- `metadata.annotations` —— Pod 的所有 Annotation。

(2) 使用 `resourceFieldRef` 可以宣告使用:

- 容器的 CPU limit;
- 容器的 CPU request;
- 容器的 memory limit;
- 容器的 memory request;

- 容器的 ephemeral-storage limit；
- 容器的 ephemeral-storage request。

(3) 透過環境變數宣告使用：

- status.podIP —— Pod 的 IP；
- spec.serviceAccountName —— Pod 的 ServiceAccount 名字；
- spec.nodeName —— Node 的名字；
- status.hostIP —— Node 的 IP。

上面這個列表的內容會隨著 Kubernetes 的發展而不斷增加。所以這裡列出的訊息僅供參考，在使用 Downward API 時，一定要記得查閱官方文件。

不過，需要注意的是，Downward API 能夠取得的訊息一定是 Pod 裡的容器行程啟動之前就能確定下來的訊息。如果你想要取得 Pod 容器執行後才會出現的訊息，例如容器行程的 PID，就肯定不能使用 Downward API 了，而應該考慮在 Pod 裡定義一個 sidecar 容器。

其實，Secret、ConfigMap 以及 Downward API 這三種 Projected Volume 定義的訊息，大多還可以透過環境變數的方式出現在容器裡。但是，透過環境變數取得這些訊息的方式，不具備自動更新的能力。所以，一般情況下，建議使用 Volume 檔的方式取得這些訊息。

4. ServiceAccountToken

明白了 Secret 之後，下面講解 Pod 中一個與它密切相關的概念：Service Account。

相信你有過這樣的想法：當我有了一個 Pod，我能不能在這個 Pod 裡安裝一個 Kubernetes 的 Client，從而可以從容器裡直接訪問並且操作這個 Kubernetes 的 API 呢？

當然可以。不過，首先要解決 API Server 的授權問題。

Service Account 物件的作用就是 Kubernetes 系統內建的一種「服務帳戶」，它是 Kubernetes 進行權限分配的物件。例如，Service Account A 可以只被允

許對 Kubernetes API 進行 GET 操作，而 Service Account B 可以有 Kubernetes API 的所有操作的權限。

像這樣的 Service Account 的授權訊息和檔案，實際上儲存在它所綁定的一個特殊的 Secret 物件裡。這個特殊的 Secret 物件叫作 ServiceAccountToken。任何在 Kubernetes 叢集上執行的應用程式，都必須使用 ServiceAccountToken 裡儲存的授權訊息（也就是 Token），才可以合法地訪問 API Server。

所以，Kubernetes 的 Projected Volume 其實只有三種，因為第四種 ServiceAccountToken 只是一種特殊的 Secret 而已。

另外，為了方便使用，Kubernetes 已經提供了一個預設的「服務帳戶」（Service Account）。並且，任何一個在 Kubernetes 裡執行的 Pod 都可以直接使用它，而無須顯式宣告掛載它。

這是如何做到的呢？當然還是靠 Projected Volume 機制。

如果查看任意一個在 Kubernetes 叢集裡執行的 Pod，就會發現每一個 Pod 都已經自動宣告了一個類型是 Secret、名為 default-token-xxxx 的 Volume，然後自動掛載在每個容器的一個固定目錄上。例如：

```
$ kubectl describe pod nginx-deployment-5c678cfb6d-lg9lw
Containers:
...
    Mounts:
      /var/run/secrets/kubernetes.io/serviceaccount from default-token-s8rbq (ro)
Volumes:
    default-token-s8rbq:
    Type:        Secret (a volume populated by a Secret)
    SecretName:  default-token-s8rbq
    Optional:    false
```

這個 Secret 類型的 Volume，正是預設 Service Account 對應的 ServiceAccountToken。所以，在每個 Pod 建立的時候，Kubernetes 其實自動在它的 spec.volumes 部分新增了預設 ServiceAccountToken 的定義，然後自動給每個容器加上了對應的 volumeMounts 欄位。這個過程對使用者完全透明。

這樣，一旦 Pod 建立完成，容器裡的應用程式就可以直接從預設
ServiceAccountToken 的掛載目錄裡訪問授權訊息和檔案。這個容器內的路
徑在 Kubernetes 裡是固定的：/var/run/secrets/kubernetes.io/serviceaccount。
而 Secret 類型的 Volume 的內容如下所示：

```
$ ls /var/run/secrets/kubernetes.io/serviceaccount
ca.crt    namespace  token
```

所以，你的應用程式只要直接載入這些授權檔，就可以訪問並操作 Kubernetes
API 了。而，如果你使用的是 Kubernetes 官方的 Client 包（k8s.io/client-go）
的話，它還可以自動載入這個目錄下的檔案，你不需要做任何配置或者編碼
操作。

這種把 Kubernetes 用戶端以容器的方式在叢集裡執行，然後使用預設
Service Account 自動授權的方式，稱為「InClusterConfig」，也是我最推薦
的進行 Kubernetes API 編程的授權方式。

當然，考慮到自動掛載預設 ServiceAccountToken 的潛在風險，Kubernetes
允許設定預設不為 Pod 裡的容器自動掛載 Volume。

除了這個預設的 Service Account，很多時候還需要建立一些自訂的 Service
Account，來對應不同的權限設定。這樣，我們 Pod 裡的容器就可以透過掛
載這些 Service Account 對應的 ServiceAccountToken，來使用這些自訂的授
權訊息。後面講解為 Kubernetes 開發外掛程式時會實踐這個操作。

接下來介紹 Pod 的另一個重要的配置：容器健康檢查和復原機制。

在 Kubernetes 中，可以為 Pod 裡的容器定義一個健康檢查「探針」（Probe）。
這樣，kubelet 就會根據 Probe 的返回值決定這個容器的狀態，而不是直接以
容器是否執行（來自 Docker 返回的訊息）作為依據。這種機制是生產環境
中保證應用程式健康的重要手段。

下面看 Kubernetes 文件中的一個例子。

```
apiVersion: v1
kind: Pod
metadata:
  labels:
    test: liveness
  name: test-liveness-exec
spec:
  containers:
  - name: liveness
    image: busybox
    args:
    - /bin/sh
    - -c
    - touch /tmp/healthy; sleep 30; rm -rf /tmp/healthy; sleep 600
    livenessProbe:
      exec:
        command:
        - cat
        - /tmp/healthy
      initialDelaySeconds: 5
      periodSeconds: 5
```

在 Pod 中,我們定義了一個有趣的容器。它在啟動之後做的第一件事是在 /
tmp 目錄下建立了一個 healthy 檔,以此作為自己已經正常執行的標誌。而
在 30 秒過後,它會將這個檔案刪除。

與此同時,我們定義了一個這樣的 livenessProbe (健康檢查)。它的類型
是 exec,這意味著當容器啟動後它會在容器中執行一句我們指定的指令,
例如 cat /tmp/healthy。這時,如果這個檔案存在,這條指令的返回值就
是 0,Pod 就會認為這個容器不僅已經啟動,而且是健康的。這個健康檢查
在容器啟動 5 秒後開始執行 (initialDelaySeconds: 5),每 5 秒執行一次
(periodSeconds: 5)。

現在,實作一下這個過程。

首先,建立 Pod:

```
$ kubectl create -f test-liveness-exec.yaml
```

然後，查看 Pod 的狀態：

```
$ kubectl get pod
NAME                 READY        STATUS       RESTARTS     AGE
test-liveness-exec   1/1          Running      0            10s
```

可以看到，由於已經通過了健康檢查，因此 Pod 進入了 Running 狀態。

30 秒之後再查看一下 Pod 的 Events：

```
$ kubectl describe pod test-liveness-exec
```

就會發現 Pod 在 Events 報告了一個異常：

```
FirstSeen LastSeen   Count  From            SubobjectPath           Type       Reason       Message
--------- --------   -----  ----            -------------           --------   ------       -------
2s        2s         1      {kubelet worker0}  spec.containers{liveness}  Warning   Unhealthy    Liveness
probe failed: cat: can't open '/tmp/healthy': No such file or directory
```

顯然，這個健康檢查探查到 /tmp/healthy 已經不存在了，所以它回報容器是不健康的。那麼接下來會發生什麼事呢？

不妨再次查看一下 Pod 的狀態：

```
$ kubectl get pod test-liveness-exec
NAME             READY        STATUS       RESTARTS     AGE
liveness-exec    1/1          Running      1            1m
```

這時我們發現，Pod 並沒有進入 Failed 狀態，而是保持 Running 狀態。這是為什麼呢？

其實，如果你注意到 RESTARTS 欄位從 0 到 1 的變化，就明白原因了：這個異常的容器已經被 Kubernetes 重啟了。在此過程中，Pod 保持 Running 狀態不變。

需要注意的是，Kubernetes 中並沒有 Docker 的 Stop 語義。所以雖說是 Restart（重啟），實際上卻是重新建立了容器。

這個功能就是 Kubernetes 裡的 Pod 復原機制，也叫 restartPolicy。它是 Pod 的 Spec 部分的一個標準欄位（`pod.spec.restartPolicy`），預設值是 Always，即無論這個容器何時發生異常，它一定會被重新建立。

一定要強調的是，Pod 的復原過程永遠發生在目前節點上，而不會跑到別的節點上。事實上，一旦一個 Pod 與一個節點綁定，除非這個綁定發生了變化（`pod.spec.node` 欄位被修改），否則它永遠不會離開這個節點。這也就意味著，如果這個宿主機當機了，Pod 也不會主動遷移到其他節點上去。

如果你想讓 Pod 出現在其他的可用節點上，就必須使用 Deployment 這樣的「控制器」來管理 Pod，哪怕你只需要一個 Pod 副本。

作為使用者，你還可以透過設定 restartPolicy 改變 Pod 的復原策略。除了 Always，它還有 OnFailure 和 Never 兩種情況。

- Always：在任何情況下，只要容器不在執行狀態，就自動重啟容器。
- OnFailure：只在容器異常時才自動重啟容器。
- Never：從不重啟容器。

在實際使用時，我們需要根據應用程式執行的特性，合理地設定這三種復原策略。

例如，一個 Pod 只計算 1+1=2，計算完成輸出結果後退出，變成 Succeeded 狀態。這時，如果再用 `restartPolicy=Always` 強制重啟這個 Pod 的容器，就沒有任何意義。

如果你要關心這個容器退出後的上下文環境，例如容器退出後的日誌、檔案和目錄，就需要將 restartPolicy 設定為 Never。這是因為一旦容器被自動重新建立，這些內容就有可能遺失（被垃圾回收了）。

值得一提的是，Kubernetes 官方文件的「Pod Lifecycle」部分，對 restartPolicy 和 Pod 裡容器的狀態以及 Pod 狀態的對應關係，總結了非常複雜的一大堆情況。實際上，根本不需要死記硬背這些對應關係，只要記住如下兩個基本的設計原理即可。

(1) 只要 Pod 的 restartPolicy 指定的策略允許重啟異常的容器（例如 Always），那麼 Pod 就會保持 Running 狀態並重啟容器，否則 Pod 會進入 Failed 狀態。

(2) 對於包含多個容器的 Pod，只有其中所有容器都進入異常狀態後，Pod 才會進入 Failed 狀態。在此之前，Pod 都是 Running 狀態。此時，Pod 的 READY 欄位會顯示正常容器的個數，例如：

```
$ kubectl get pod test-liveness-exec
NAME            READY     STATUS    RESTARTS    AGE
liveness-exec   0/1       Running   1           1m
```

所以，假如一個 Pod 裡只有一個容器，且這個容器異常退出了，那麼只有當 restartPolicy=Never 時，Pod 才會進入 Failed 狀態。而在其他情況下，因為 Kubernetes 可以重啟這個容器，所以 Pod 的狀態保持 Running 不變。

如果 Pod 有多個容器，僅有一個容器異常退出，它就會始終保持 Running 狀態，即 restartPolicy=Never。只有當所有容器都異常退出之後，Pod 才會進入 Failed 狀態。其他情況以此類推。

回到前面提到的 livenessProbe 上來。除了在容器中執行指令，livenessProbe 也可以定義為發起 HTTP 或者 TCP 請求的方式，定義格式如下：

```
...
livenessProbe:
  httpGet:
    path: /healthz
    port: 8080
    httpHeaders:
    - name: X-Custom-Header
      value: Awesome
  initialDelaySeconds: 3
  periodSeconds: 3
...
livenessProbe:
  tcpSocket:
    port: 8080
  initialDelaySeconds: 15
  periodSeconds: 20
```

所以，你的 Pod 其實可以暴露一個健康檢查 URL（例如 /healthz），或者直接讓健康檢查去檢測應用程式的監聽埠。這兩種配置方法在 Web 服務類的應用程式中很常用。

在 Kubernetes 的 Pod 中，還有一個名叫 readinessProbe 的欄位。雖然它的用法與 livenessProbe 類似，作用卻大不相同。readinessProbe 檢查結果決定了這個 Pod 能否透過 Service 的方式訪問，而不影響 Pod 的生命週期。這部分內容留待講解 Service 時再重點介紹。

在講解了這麼多欄位之後，想必你對 Pod 物件的語義和描述能力已經有了初步的認識。這時，你是否產生了這樣一個想法：Pod 的欄位這麼多，很難全記住，Kubernetes 能否自動給 Pod 填充某些欄位呢？

這個需求非常實際。例如，開發人員只需提交一個基本的、非常簡單的 Pod YAML，Kubernetes 就可以自動給對應的 Pod 物件加上其他必要訊息，例如 labels、annotations、volumes 等。運維人員可以事先定義好這些訊息。這樣一來，開發人員編寫 Pod YAML 的門檻就大大降低了。

這個叫作 PodPreset（Pod 預設定）的功能在 Kubernetes v1.11 中就已經有了。

舉個例子，開發人員編寫了如下一個 pod.YAML 檔：

```yaml
apiVersion: v1
kind: Pod
metadata:
  name: website
  labels:
    app: website
    role: frontend
spec:
  containers:
    - name: website
      image: nginx
      ports:
        - containerPort: 80
```

作為 Kubernetes 初學者，你肯定眼睛一亮：這不正是我最擅長編寫的、最簡單的 Pod 嘛。沒錯，這個 YAML 檔裡的欄位，想必你現在閉著眼睛也能寫出來。

可是，如果運維人員看到了這個 Pod，他一定會連連搖頭：這種 Pod 在生產環境中根本不能用！

所以，這時運維人員就可以定義一個 PodPreset 物件。在這個物件中，凡是他想在開發人員編寫的 Pod 裡追加的欄位，都可以預先定義好。例如下面這個 preset.yaml：

```yaml
apiVersion: settings.k8s.io/v1alpha1
kind: PodPreset
metadata:
  name: allow-database
spec:
  selector:
    matchLabels:
      role: frontend
  env:
    - name: DB_PORT
      value: "6379"
  volumeMounts:
    - mountPath: /cache
      name: cache-volume
  volumes:
    - name: cache-volume
      emptyDir: {}
```

在 PodPreset 的定義中，首先是一個 selector。這就意味著後面這些追加的定義只會作用於 selector 所定義的、帶有 role: frontend 標籤的 Pod 物件，這樣就可以防止「誤傷」。

然後，我們定義了一組 Pod 的 Spec 裡的標準欄位以及對應值。例如，env 裡定義了 DB_PORT 這個環境變數，volumeMounts 定義了容器 Volume 的掛載目錄，volumes 定義了一個 emptyDir 的 Volume。

接著，我們假定運維人員先建立了 PodPreset，然後開發人員才建立 Pod：

```
$ kubectl create -f preset.yaml
$ kubectl create -f pod.yaml
```

這時，Pod 執行起來之後，我們查看一下這個 Pod 的 API 物件：

```
$ kubectl get pod website -o yaml
apiVersion: v1
kind: Pod
metadata:
  name: website
  labels:
    app: website
    role: frontend
  annotations:
    podpreset.admission.kubernetes.io/podpreset-allow-database: "resource version"
spec:
  containers:
    - name: website
      image: nginx
      volumeMounts:
        - mountPath: /cache
          name: cache-volume
      ports:
        - containerPort: 80
      env:
        - name: DB_PORT
          value: "6379"
  volumes:
    - name: cache-volume
      emptyDir: {}
```

顯然，此時 Pod 裡多了新增的 labels、env、volumes 和 volumeMount 的定義，它們的配置跟 PodPreset 的內容相同。此外，Pod 還被自動加上了一個 annotation，表示 Pod 物件被 PodPreset 改動過。

Tip

PodPreset 裡定義的內容，只會在 Pod API 物件被建立之前追加在這個物件身上，而不會影響任何 Pod 的控制器的定義。例如，現在提交的是一個 nginx-deployment，那麼 Deployment 物件永遠不會被 PodPreset 改變，被修改的只是 Deployment 建立出來的所有 Pod。請務必區分清楚這一點。

這裡有一個問題：如果你定義了同時作用於一個 Pod 物件的多個 PodPreset，會發生什麼事呢？

實際上，Kubernetes 會幫你**合併**（merge）這兩個 PodPreset 要做的修改。而如果它們要做的修改有衝突的話，這些衝突欄位就不會被修改。

小結

本節詳細介紹了 Pod 物件更多進階的用法，希望透過這些實例的講解，你可以更深入地理解 Pod API 物件的各個欄位。

在學習這些欄位的同時，你還應該認真體會 Kubernetes「一切皆物件」的設計理念：例如應用程式是 Pod 物件，應用程式的配置是 ConfigMap 物件，應用程式要訪問的密碼是 Secret 物件。

所以，也就自然而然地有了 PodPreset 這樣專門用來對 Pod 進行批次化、自動化修改的工具物件。後文會講解更多的這種物件，還會介紹 Kubernetes 如何圍繞這些物件進行容器編排。

在本書中，Pod 物件相關的知識點非常重要，它是接下來 Kubernetes 能夠描述和編排各種複雜應用程式的基石，希望你能夠繼續多實踐，多體會。

5.4 ▶ 編排確實很簡單：談談「控制器」思想

上一節詳細介紹了 Pod 的用法，講解了 Pod 這個 API 物件的各個欄位。本節介紹「編排」這個 Kubernetes 最核心的功能。

實際上，你可能已經有所感悟：Pod 這個 API 物件看似複雜，實際上就是對容器的進一步抽象和封裝而已。

說得更形象些，「容器」鏡像雖然好用，但是容器這樣一個「沙盒」的概念，對於描述應用程式來說還是太過簡單了。這就好比，貨櫃固然好用，但是如果它各面都光禿禿的，吊車該怎麼把它吊起來擺放好呢？

所以，Pod 物件其實就是容器的升級版。它對容器進行了組合，新增了更多屬性和欄位。這就好比在貨櫃上安裝了吊環，Kubernetes 這台「吊車」就可以更輕鬆地操作它。

而 Kubernetes 操作這些「貨櫃」的邏輯都是由**控制器**（controller）完成的。前面使用過 Deployment 這個最基本的控制器物件。

下面回顧一下 nginx-deployment 這個例子：

```
apiVersion: apps/v1
kind: Deployment
metadata:
  name: nginx-deployment
spec:
  selector:
    matchLabels:
      app: nginx
  replicas: 2
  template:
    metadata:
      labels:
        app: nginx
    spec:
      containers:
      - name: nginx
        image: nginx:1.7.9
        ports:
        - containerPort: 80
```

這個 Deployment 定義的編排動作非常簡單：請確保攜帶了 `app: nginx` 標籤的 Pod 的個數永遠等於 spec.replicas 指定的個數 —— 2。

這就意味著，如果在這個叢集中，攜帶 `app: nginx` 標籤的 Pod 的個數大於 2，就會有舊的 Pod 被刪除；反之，就會有新的 Pod 被建立。

這時，你也許會好奇：究竟是 Kubernetes 中的哪個元件在執行這些操作呢？

前面介紹 Kubernetes 架構時，曾提到一個叫作 kube-controller-manager 的元件。實際上，這個元件就是一系列控制器的集合。下面查看一下 Kubernetes 的 pkg/controller 目錄：

```
$ cd kubernetes/pkg/controller/
$ ls -d */
deployment/          job/                 podautoscaler/
cloud/               disruption/          namespace/
replicaset/          serviceaccount/      volume/
cronjob/             garbagecollector/    nodelifecycle/       replication/
statefulset/         daemon/
...
```

這個目錄下面的每一個控制器都以獨有的方式負責某種編排功能。Deployment 正是這些控制器中的一種。

實際上，這些控制器之所以被統一放在 pkg/controller 目錄下，就是因為它們都遵循 Kubernetes 中的一個通用編排模式 —— 控制循環（control loop）。

例如，現在有一種待編排的物件 X，它有一個對應的控制器。那麼，我就可以用一段 Go 語言風格的虛擬碼來描述這個控制循環：

```
for {
  實際狀態 := 取得叢集中物件 X 的實際狀態（Actual State）
  期望狀態 := 取得叢集中物件 X 的期望狀態（Desired State）
  if 實際狀態 == 期望狀態 {
    什麼都不做
  } else {
    執行編排動作，將實際狀態調整為期望狀態
  }
}
```

在具體實現中，實際狀態往往來自 Kubernetes 叢集本身。例如，kubelet 透過心跳匯報的容器狀態和節點狀態，或者監控系統中儲存的應用程式監控資料，又或者控制器主動收集的它自己感興趣的訊息，這些都是常見的實際狀態的來源。

期望狀態一般來自使用者提交的 YAML 檔。例如，Deployment 物件中 Replicas 欄位的值。顯然，這些訊息往往儲存在 etcd 中。

接下來以 Deployment 為例，簡單介紹它對控制器模型的實現。

(1) Deployment 控制器從 etcd 中取得所有攜帶了 `app: nginx` 標籤的 Pod，然後統計它們的數量，這就是實際狀態。

(2) Deployment 物件的 `Replicas` 欄位的值就是期望狀態。

(3) Deployment 控制器比較兩個狀態，然後根據結果確定是建立 Pod，還是刪除已有的 Pod（具體如何操作 Pod 物件，下一節會詳細介紹）。

可以看到，一個 Kubernetes 物件的主要編排邏輯，實際上是在第三步的「對比」階段完成的。這個操作通常稱作**調諧**（reconcile）。調諧的過程則稱作**調諧循環**（reconcile loop）或者**同步循環**（sync loop）。所以，以後在文件或者社群中看到這些詞時不必感到迷惑，它們其實指的是同一個概念：控制循環。

調諧的最終結果，往往是對被控制物件的某種寫操作。例如，增加 Pod、刪除已有的 Pod，或者更新 Pod 的某個欄位。這也是 Kubernetes「API 物件編程導向」的一個直觀體現。

其實，像 Deployment 這種控制器的設計原理，就是前面提到的「用一種物件管理另一種物件」的「藝術」。其中，這個控制器物件本身負責定義被管理物件的期望狀態，例如 Deployment 裡的 `replicas=2` 這個欄位。被控制物件的定義則來自一個「模板」，例如 Deployment 裡的 `template` 欄位。

可以看到，Deployment 這個 `template` 欄位裡的內容，跟一個標準的 Pod 物件的 API 定義絲毫不差。而所有被這個 Deployment 管理的 Pod 實例，其實都是根據這個 template 欄位的內容建立出來的。

像 Deployment 定義的 `template` 欄位，在 Kubernetes 中有一個專屬的名字，叫作 PodTemplate（Pod 模板）。這個概念非常重要，因為後文講到的大多數控制器會使用 PodTemplate 來統一定義它要管理的 Pod。更有意思的是，還有其他類型的物件模板，例如 Volume 的模板。

至此，就可以對 Deployment 以及其他類似的控制器做一個簡單總結了，見圖 5-2。

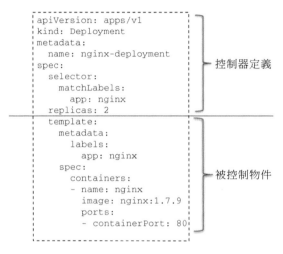

圖 5-2　控制器的構成

如圖 5-2 所示，類似於 Deployment 這樣的控制器，實際上都是由上半部分的控制器定義（包括期望狀態）和下半部分的被控制物件的模板組成的。這就是為什麼在所有 API 物件的 Metadata 裡，都有一個名為 `ownerReference` 的欄位，用於儲存目前這個 API 物件的擁有者（owner）的訊息。

那麼，對於 nginx-deployment 來說，它建立出來的 Pod 的 `ownerReference` 就是 nginx-deployment 嗎？或者說，nginx-deployment 所直接控制的就是 Pod 物件嗎？

關於這個問題，下一節再做詳細解釋。

小結

本節以 Deployment 為例詳細講解了 Kubernetes 如何透過一種名為「控制器模式」的設計理念，來統一編排各種物件或者資源。

後文還會講到不同類型的容器編排功能，例如 StatefulSet、DaemonSet 等，它們無一例外地都有這樣的一個甚至多個控制器，遵循控制循環的流程，完成各自的編排邏輯。

實際上，跟 Deployment 相似，這些控制循環最後的執行結果，如果不是建立、更新一些 Pod（或者其他 API 物件、資源），就是刪除一些已經存在的 Pod（或者其他 API 物件、資源）。

正是在這個統一的編排框架下，不同的控制器可以在具體的執行過程中設計不同的業務邏輯，從而實現不同的編排效果。

這個實現思路正是 Kubernetes 進行容器編排的核心原理。後續講解 Kubernetes 編排功能時，都會遵循這個邏輯，並且帶你逐步領悟控制器模式在不同的容器化作業中的實現方式。

5.5 ▶ 經典 PaaS 的記憶：作業副本與水平擴展

上一節詳細講解了 Kubernetes 中第一個重要的設計理念：控制器模式。本節講解 Kubernetes 中第一個控制器模式的完整實現：Deployment。Deployment 看似簡單，但實際上它實現了 Kubernetes 中一個非常重要的功能：Pod 的「水平擴展 / 收縮」（horizontal scaling out/in）。從 PaaS 時代開始，這個功能就是平台級產品必須具備的編排能力。

舉個例子，如果你更新了 Deployment 的 Pod 模板（例如修改了容器的鏡像），那麼 Deployment 就需要遵循一種叫作滾動更新（rolling update）的方式，來升級現有容器。而這個能力的實現依賴 Kubernetes 中一個非常重要的概念（API 物件）：ReplicaSet。

ReplicaSet 的結構非常簡單，請看下面這個 YAML 檔：

```yaml
apiVersion: apps/v1
kind: ReplicaSet
metadata:
  name: nginx-set
  labels:
    app: nginx
spec:
  replicas: 3
  selector:
    matchLabels:
      app: nginx
  template:
    metadata:
      labels:
        app: nginx
    spec:
      containers:
      - name: nginx
        image: nginx:1.7.9
```

從 YAML 檔中可以看出，一個 ReplicaSet 物件其實是由副本數目的定義和一個 Pod 模板組成的。不難發現，它的定義其實是 Deployment 的一個子集。更重要的是，Deployment 控制器實際操縱的是這樣的 ReplicaSet 物件，而不是 Pod 物件。

前面講「控制器」模型時提過一個問題：對於一個 Deployment 所管理的 Pod，它的 ownerReference 是誰？現在你知道了，答案就是：ReplicaSet。

明白了這個原理後，分析如下所示的 Deployment：

```yaml
apiVersion: apps/v1
kind: Deployment
metadata:
  name: nginx-deployment
  labels:
    app: nginx
spec:
  replicas: 3
```

```
selector:
  matchLabels:
    app: nginx
template:
  metadata:
    labels:
      app: nginx
  spec:
    containers:
    - name: nginx
      image: nginx:1.7.9
      ports:
      - containerPort: 80
```

可以看到，這就是一個常用的 nginx-deployment，它定義的 Pod 副本個數是 3（`spec.replicas=3`）。那麼，在具體的實現上，這個 Deployment 與 ReplicaSet 以及 Pod 的關係是怎樣的呢？

如圖 5-3 所示，一個定義了 `replicas=3` 的 Deployment，與它的 ReplicaSet 以及 Pod 之間實際上是一種「層層控制」的關係。

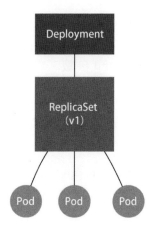

圖 5-3　Deployment 與 ReplicaSet 以及 Pod 的關係

ReplicaSet 負責透過控制器模式，保證系統中 Pod 的個數永遠等於指定個數（例如 3）。這也正是 Deployment 只允許容器的 `restartPolicy=Always`

的主要原因：只有在容器保證自己始終處於 Running 狀態的前提下，ReplicaSet 調整 Pod 的個數才有意義。

在此基礎上，Deployment 同樣透過控制器模式來操作 ReplicaSet 的個數和屬性，進而實現水平擴展 / 收縮和滾動更新這兩個編排動作。其中，水平擴展 / 收縮非常容易實現，Deployment Controller 只需要修改它所控制的 ReplicaSet 的 Pod 副本個數就可以了。例如，把這個值從 3 改成 4，那麼 Deployment 所對應的 ReplicaSet 就會根據修改後的值自動建立一個新 Pod。這就是水平擴展，而水平收縮反之。

使用者想要執行這個操作的指令也非常簡單，就是 `kubectl scale`，例如：

```
$ kubectl scale deployment nginx-deployment --replicas=4
deployment.apps/nginx-deployment scaled
```

那麼「滾動更新」又是什麼意思，是如何實現的呢？

還是以 Deployment 為例來講解滾動更新的過程。首先，建立 nginx-deployment：

```
$ kubectl create -f nginx-deployment.yaml --record
```

注意，這裡額外加了一個 `--record` 參數。它的作用是記錄你每次操作所執行的指令，以方便之後查看。

然後，檢查一下 nginx-deployment 建立後的狀態訊息：

```
$ kubectl get deployments
NAME               DESIRED   CURRENT   UP-TO-DATE   AVAILABLE   AGE
nginx-deployment   3         0         0            0           1s
```

返回結果包含四個狀態欄位，它們的含義如下所示。

(1) `DESIRED`：使用者期望的 Pod 副本個數（spec.replicas 的值）。

(2) `CURRENT`：目前處於 Running 狀態的 Pod 的個數。

(3) **UP-TO-DATE**：目前處於最新版本的 Pod 的個數。所謂最新版本，指的是 Pod 的 Spec 部分與 Deployment 裡 Pod 模板裡定義的完全一致。

(4) **AVAILABLE**：目前已經可用的 Pod 的個數，即既是 Running 狀態，又是最新版本，並且已處於 Ready（健康檢查顯示正常）狀態的 Pod 的個數。

可以看到，只有這個 **AVAILABLE** 欄位描述的才是使用者所期望的最終狀態。

Kubernetes 還提供了一條指令，讓我們可以即時查看 Deployment 物件的狀態變化。這條指令就是 `kubectl rollout status`：

```
$ kubectl rollout status deployment/nginx-deployment
Waiting for rollout to finish: 2 out of 3 new replicas have been updated...
deployment.apps/nginx-deployment successfully rolled out
```

在這個返回結果中，`2 out of 3 new replicas have been updated` 意味著已有兩個 Pod 進入 **UP-TO-DATE** 狀態了。

繼續等待一會，就能看到 Deployment 的 3 個 Pod 進入了 **AVAILABLE** 狀態：

```
NAME               DESIRED   CURRENT   UP-TO-DATE   AVAILABLE   AGE
nginx-deployment   3         3         3            3           20s
```

此時，可以嘗試查看 Deployment 所控制的 ReplicaSet：

```
$ kubectl get rs
NAME                          DESIRED   CURRENT   READY   AGE
nginx-deployment-3167673210   3         3         3       20s
```

如上所示，在使用者提交了一個 Deployment 物件後，Deployment Controller 會立即建立一個 Pod 副本個數為 3 的 ReplicaSet。這個 ReplicaSet 的名字由 Deployment 的名字和一個隨機字串共同組成。這個隨機字串叫作 pod-template-hash，在我們這個例子裡就是：3167673210。ReplicaSet 會把這個隨機字串加在它所控制的所有 Pod 的標籤裡，從而避免這些 Pod 與叢集裡的其他 Pod 混淆。

ReplicaSet 的 DESIRED、CURRENT 和 READY 欄位的含義，和 Deployment 中是一致的。所以，相比之下，Deployment 只是在 ReplicaSet 的基礎上新增了 UP-TO-DATE 這個跟版本有關的狀態欄位。

此時，如果修改了 Deployment 的 Pod 模板，「滾動更新」就會被自動觸發。

修改 Deployment 有很多方法。例如，可以直接使用 kubectl edit 指令編輯 etcd 裡的 API 物件。

```
$ kubectl edit deployment/nginx-deployment
...
    spec:
      containers:
      - name: nginx
        image: nginx:1.9.1 # 1.7.9 -> 1.9.1
        ports:
        - containerPort: 80
...
deployment.extensions/nginx-deployment edited
```

這個 kubectl edit 指令會幫你直接打開 nginx-deployment 的 API 物件。然後，你就可以修改這裡的 Pod 模板部分了。例如，這裡我將 Nginx 鏡像的版本升級到了 1.9.1。

 Tip

kubectl edit 並不神祕，它不過是把 API 物件的內容下載到了本機檔案，讓你修改完成後再提交上去。

kubectl edit 指令編輯完成後，儲存並退出，Kubernetes 就會立刻觸發「滾動更新」過程。你還可以透過 kubectl rollout status 指令查看 nginx-deployment 的狀態變化：

```
$ kubectl rollout status deployment/nginx-deployment
Waiting for rollout to finish: 2 out of 3 new replicas have been updated...
deployment.extensions/nginx-deployment successfully rolled out
```

這時，透過查看 Deployment 的 Events 可以看到這個「滾動更新」過程：

```
$ kubectl describe deployment nginx-deployment
...
Events:
  Type    Reason            Age   From                  Message
  ----    ------            ----  ----                  -------
...
  Normal  ScalingReplicaSet  24s   deployment-controller  Scaled up replica set
nginx-deployment-1764197365 to 1
  Normal  ScalingReplicaSet  22s   deployment-controller  Scaled down replica set
nginx-deployment-3167673210 to 2
  Normal  ScalingReplicaSet  22s   deployment-controller  Scaled up replica set
nginx-deployment-1764197365 to 2
  Normal  ScalingReplicaSet  19s   deployment-controller  Scaled down replica set
nginx-deployment-3167673210 to 1
  Normal  ScalingReplicaSet  19s   deployment-controller  Scaled up replica set
nginx-deployment-1764197365 to 3
  Normal  ScalingReplicaSet  14s   deployment-controller  Scaled down replica set
nginx-deployment-3167673210 to 0
```

可以看到，當你修改 Deployment 裡的 Pod 定義之後，Deployment Controller 會使用修改後的 Pod 模板建立一個新的 ReplicaSet（hash=1764197365），新的 ReplicaSet 的初始 Pod 副本數為 0。

然後，在 Age=24 s 的位置，Deployment Controller 開始將新的 ReplicaSet 所控制的 Pod 副本數從 0 變成 1，即水平擴展出一個副本。緊接著在 Age=22 s 的位置，Deployment Controller 又將舊的 ReplicaSet（hash=3167673210）所控制的舊 Pod 副本數減少一個，即水平收縮成兩個副本。

如此交替進行，新 ReplicaSet 管理的 Pod 副本數從 0 變成 1，再變成 2，最後變成 3。而舊的 ReplicaSet 管理的 Pod 副本數從 3 變成 2，再變成 1，最後變成 0。這樣就完成了這一組 Pod 的版本升級過程。

像這樣，將一個叢集中正在執行的多個 Pod 版本交替地逐一升級的過程，就是滾動更新。

在滾動更新完成之後，可以查看一下新舊兩個 ReplicaSet 的最終狀態：

```
$ kubectl get rs
NAME                          DESIRED   CURRENT   READY   AGE
nginx-deployment-1764197365   3         3         3       6s
nginx-deployment-3167673210   0         0         0       30s
```

其中，舊 ReplicaSet（hash=3167673210）已被水平收縮成了 0 個副本。

這種滾動更新的好處是顯而易見的。例如，在升級剛開始時，叢集裡只有 1 個新版本的 Pod。如果此時新版本 Pod 因問題無法啟動，滾動更新就會停止，從而允許開發人員和運維人員介入。而在此過程中，由於應用程式本身還有兩個舊版本的 Pod 線上，因此服務不會受到太大影響。

當然，這也就要求你一定要使用 Pod 的健康檢查機制，檢查應用程式的執行狀態，而不是簡單地依賴容器的 Running 狀態。不然，雖然容器已經變成 Running 了，但服務很有可能尚未啟動，滾動更新的效果也就達不到了。

為了進一步保證服務的連續性，Deployment Controller 還會確保在任何時間視窗內，只有指定比例的 Pod 處於離線狀態。同時，它也會確保在任何時間視窗內，只有指定比例的新 Pod 被建立出來。這兩個比例的值都是可配置的，預設都是 DESIRED 值的 25%。

所以，在上述 Deployment 的例子中，它有 3 個 Pod 副本，那麼控制器在滾動更新過程中永遠會確保至少有 2 個 Pod 處於可用狀態，至多只有 4 個 Pod 同時存在於叢集中。這個策略是 Deployment 物件的一個欄位，名叫 RollingUpdateStrategy，如下所示：

```
apiVersion: apps/v1
kind: Deployment
metadata:
  name: nginx-deployment
  labels:
    app: nginx
spec:
...
  strategy:
    type: RollingUpdate
```

```
rollingUpdate:
  maxSurge: 1
  maxUnavailable: 1
```

在 RollingUpdateStrategy 的配置中，`maxSurge` 指定的是除 DESIRED 數量外，在一次滾動更新中 Deployment 控制器還可以建立多少新 Pod；而 `maxUnavailable` 指的是在一次滾動更新中 Deployment 控制器可以刪除多少舊 Pod。這兩個配置還可以用前面介紹的百分比形式來表示，例如 `maxUnavailable=50%` 指的是一次最多可以刪除「50%*DESIRED 數量」個 Pod。

結合以上講述，下面圖 5-4 為擴展 Deployment、ReplicaSet 和 Pod 的關係圖。

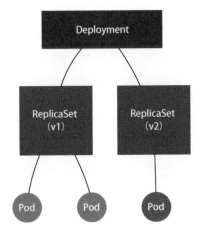

圖 5-4　Deployment、ReplicaSet 和 Pod 的關係圖

如圖 5-4 所示，Deployment 的控制器實際上控制的是 ReplicaSet 的數目，以及每個 ReplicaSet 的屬性。而一個應用程式的版本對應的正是一個 ReplicaSet，這個版本應用程式的 Pod 數量則由 ReplicaSet 透過它自己的控制器（ReplicaSet Controller）來保證。透過這樣的多個 ReplicaSet 物件，Kubernetes 就實現了對多個應用程式版本的描述。

明白了「應用程式版本和 ReplicaSet 一一對應」的設計理念之後，下面講解 Deployment 對應用程式進行版本控制的具體原理。

這一次，我會使用一個叫 kubectl set image 的指令，直接修改 nginx-deployment 所使用的鏡像。這個指令的好處就是，不用像 kubectl edit 需要打開編輯器。不過這一次，我把這個鏡像名字改為了一個錯誤的名字，例如 nginx:1.91。這樣，Deployment 就會出現一個升級失敗的版本。

下面實踐一下：

```
$ kubectl set image deployment/nginx-deployment nginx=nginx:1.91
deployment.extensions/nginx-deployment image updated
```

由於這個 nginx:1.91 鏡像在 Docker Hub 中並不存在，因此 Deployment 的滾動更新被觸發後會立刻會報錯誤並停止。

這時檢查一下 ReplicaSet 的狀態，如下所示：

```
$ kubectl get rs
NAME                          DESIRED   CURRENT   READY   AGE
nginx-deployment-1764197365   2         2         2       24s
nginx-deployment-3167673210   0         0         0       35s
nginx-deployment-2156724341   2         2         0       7s
```

返回結果顯示，新版本的 ReplicaSet（hash=2156724341）的水準擴展已經停止。而且，此時它已經建立了兩個 Pod，但是它們都沒有進入 READY 狀態。這當然是因為這兩個 Pod 都拉取不到有效的鏡像。與此同時，舊版本的 ReplicaSet（hash=1764197365）的水準收縮也自動停止了。此時，已經有一個舊 Pod 被刪除，還剩下兩個舊 Pod。

那麼問題來了，如何讓 Deployment 的 3 個 Pod 都回滾到舊版本呢？只需要執行一條 kubectl rollout undo 指令，就能把整個 Deployment 回滾到上一個版本：

```
$ kubectl rollout undo deployment/nginx-deployment
deployment.extensions/nginx-deployment
```

實際操作時，Deployment 的控制器其實就是讓舊的 ReplicaSet（hash=1764197365）再次擴展成 3 個 Pod，並讓新的 ReplicaSet（hash=2156724341）

重新收縮到 0 個 Pod。更進一步地，如果想回滾到更早之前的版本，要怎麼做呢？

首先，需要使用 `kubectl rollout history` 指令查看每次 Deployment 變更對應的版本。而由於我們在建立 Deployment 時指定了 `--record` 參數，因此建立這些版本時執行的 `kubectl` 指令都會被記錄下來。這個操作的輸出如下所示：

```
$ kubectl rollout history deployment/nginx-deployment
deployments "nginx-deployment"
REVISION    CHANGE-CAUSE
1           kubectl create -f nginx-deployment.yaml --record
2           kubectl edit deployment/nginx-deployment
3           kubectl set image deployment/nginx-deployment nginx=nginx:1.91
```

可以看到，前面執行的建立和更新操作分別對應了版本 1 和版本 2，而那次失敗的更新操作對應的是版本 3。

當然，你還可以透過 `kubectl rollout history` 指令，查看每個版本對應的 Deployment 的 API 物件的細節，具體指令如下所示：

```
$ kubectl rollout history deployment/nginx-deployment --revision=2
```

然後，就可以在 `kubectl rollout undo` 命令列最後加上目標版本號，來回滾到指定版本了。這個指令的用法如下：

```
$ kubectl rollout undo deployment/nginx-deployment --to-revision=2
deployment.extensions/nginx-deployment
```

這樣，Deployment Controller 還會按照滾動更新的方式完成對 Deployment 的降級操作。

不過，你可能已經想到了一個問題：我們對 Deployment 進行的每一次更新操作都會生成一個新的 ReplicaSet 物件，這是否有些多餘，甚至浪費資源呢？沒錯。所以，Kubernetes 還提供了一個指令，能讓我們對 Deployment 的多次更新操作最後只生成一個 ReplicaSet。

具體做法是，在更新 Deployment 前先執行一條 kubectl rollout pause 指令。它的用法如下所示：

```
$ kubectl rollout pause deployment/nginx-deployment
deployment.extensions/nginx-deployment paused
```

這個 kubectl rollout pause 的作用是讓 Deployment 進入暫停狀態。接下來，你就可以隨意使用 kubectl edit 或者 kubectl set image 指令來修改 Deployment 的內容了。

由於此時 Deployment 正處於暫停狀態，因此我們對 Deployment 的所有修改都不會觸發新的滾動更新，也不會建立新的 ReplicaSet。而等到對 Deployment 的修改操作都完成之後，只需要再執行一條 kubectl rollout resume 指令，就可以把 Deployment「復原」，如下所示：

```
$ kubectl rollout resume deploy/nginx-deployment
deployment.extensions/nginx-deployment resumed
```

而在 kubectl rollout resume 指令執行之前，在 kubectl rollout pause 指令執行之後的這段時間裡，我們對 Deployment 進行的所有修改最後都只會觸發一次滾動更新。

當然，我們可以通過檢查 ReplicaSet 狀態的變化來驗證 kubectl rollout pause 和 kubectl rollout resume 指令的執行效果，如下所示：

```
$ kubectl get rs
NAME                DESIRED   CURRENT   READY    AGE
nginx-1764197365    0         0         0        2m
nginx-3196763511    3         3         3        28s
```

返回結果顯示，只有一個 hash=3196763511 的 ReplicaSet 被建立。

不過，即使你像上面這樣小心翼翼地控制了 ReplicaSet 的生成數量，隨著應用程式版本的不斷升級，Kubernetes 中還是會為同一個 Deployment 儲存很多不同的 ReplicaSet。那麼，又該如何控制這些「歷史」ReplicaSet 的數量呢？

很簡單，Deployment 物件有一個 `spec.revisionHistoryLimit` 欄位，就是 Kubernetes 為 Deployment 保留的「歷史版本」個數。所以，如果把它設定為 0，就再也不能進行回滾操作了。

小結

本節詳細講解了 Deployment 這個 Kubernetes 中最基本的編排控制器的實現原理和使用方法。透過這些講解，你應該了解到：Deployment 實際上是一個**兩層控制器**：它透過 ReplicaSet 的個數來描述應用程式的版本，透過 ReplicaSet 的屬性（例如 replicas 的值）來保證 Pod 的副本數量。

 Tip

Deployment 控制 ReplicaSet（版本），ReplicaSet 控制 Pod（副本數）。這個兩層控制關係一定要牢記。

不過，相信你也能夠感受到，Kubernetes 對 Deployment 的設計實際上代替我們完成了對應用程式的抽象，讓我們可以使用這個 Deployment 物件來描述應用程式，使用 kubectl rollout 指令控制應用程式的版本。

可是，在實際使用場景中，應用程式的發布流程往往千差萬別，也可能有很多訂製化需求。例如，我的應用程式可能有工作階段黏連（session sticky），這就意味著滾動更新時，哪個 Pod 能下線是不能隨便選擇的。這種場景光靠 Deployment 自己就很難應對了。對於這種需求，後文重點介紹的「自訂控制器」可以幫我們實現功能更加強大的 Deployment Controller。

當然，Kubernetes 本身也提供了另外一種抽象方式，幫我們應對其他一些用 Deployment 無法處理的應用程式編排場景。這個設計就是對有狀態應用程式的管理，也是接下來要講的重點內容。

5.6 ▶ 深入理解 StatefulSet（一）：拓撲狀態

上一節末討論了 Deployment 實際上不足以覆蓋所有應用程式編排問題。這個問題的根源，在於 Deployment 對應用程式做了一個簡單化假設。它認為，一個應用程式的所有 Pod 是完全一樣的，所以它們之間沒有順序，也無所謂在哪台宿主機上執行。需要時 Deployment 就可以透過 Pod 模板建立新的 Pod；不需要時，Deployment 就可以結束任意一個 Pod。

但在實際場景中，並非所有應用程式都滿足這樣的要求。尤其是分布式應用程式，它的多個實例之間往往有依賴關係，例如主從關係、主備關係；還有資料儲存類應用程式，它的多個實例往往會在本機磁碟上儲存一份資料，而這些實例一旦被結束，即便重建出來，實例與資料之間的對應關係也已經遺失，從而導致應用程式失敗。

所以，這種實例之間有不對等關係，以及實例對外部資料有依賴關係的應用程式，就稱為有**狀態應用程式**（stateful application）。

容器技術普及後，大家很快發現它很適合封裝**無狀態應用程式**（stateless application），尤其是 Web 服務。但是，一旦你想用容器執行有狀態應用程式，困難程度就會直線上升。而且，單靠容器技術無法解決這個問題，這也導致了在很長一段時間內，有狀態應用程式幾乎成了容器技術圈的「忌諱」，大家一聽到這個詞就紛紛搖頭。

不過，Kubernetes 還是成為了先驅。得益於控制器模式的設計理念，Kubernetes 很早就在 Deployment 的基礎上，擴展出了對有狀態應用程式的初步支援。這個編排功能就是 StatefulSet。

StatefulSet 的設計其實非常容易理解，它把現實世界裡的應用程式狀態抽象為兩種情況。

(1) **拓撲狀態**。應用程式的多個實例之間不是完全對等的。這些應用程式實例必須按照某種順序啟動，例如應用程式的主節點 A 要先於從節點 B 啟動。而如果刪除 A 和 B 兩個 Pod，它們再次被建立出來時也必須嚴格按照這個順序執行。並且，新建立出來的 Pod 必須和原來 Pod 的

網路標識一樣,這樣原先的訪問者,才能使用同樣的方法訪問到這個新 Pod。

(2) **儲存狀態**。應用程式的多個實例分別綁定了不同的儲存資料。對於這些應用程式實例來說,Pod A 第一次讀取到的資料,和隔了 10 分鐘之後再次讀取到的資料應該是同一份,哪怕在此期間 Pod A 被重新建立過。這種情況最典型的例子是一個資料庫應用程式的多個儲存實例。

所以,StatefulSet 的核心功能,就是透過某種方式記錄這些狀態,然後在 Pod 被重新建立時,能夠為新 Pod 復原這些狀態。

在開始講解 StatefulSet 的工作原理之前,首先要介紹 Kubernetes 中一個非常實用的概念:Headless Service。

前面討論 Kubernetes 架構時曾介紹過,Service 是 Kubernetes 中用來將一組 Pod 暴露給外界訪問的一種機制。例如,一個 Deployment 有 3 個 Pod,那麼就可以定義一個 Service。這樣,使用者只要能訪問到這個 Service,就能訪問到某個具體的 Pod。

那麼,這個 Service 又是如何被訪問的呢?

- 第一種是以 Service 的 VIP(virtual IP,虛擬 IP)方式。例如,當我訪問 10.0.23.1 這個 Service 的 IP 位址時,10.0.23.1 其實就是一個 VIP,它會把請求轉發到該 Service 所代理的某一個 Pod 上。具體原理之後會詳細介紹。

- 第二種是以 Service 的 DNS 方式。例如,此時我只要訪問「my-svc.my-namespace.svc.cluster.local」這條 DNS 記錄,就可以訪問到名叫 my-svc 的 Service 所代理的某一個 Pod。

在第二種 Service DNS 的方式下,具體又可以分為兩種處理方法。

- 第一種處理方法是 Normal Service。在這種情況下,你訪問「my-svc.my-namespace.svc.cluster.local」解析到的,正是 my-svc 這個 Service 的 VIP,後面的流程就跟 VIP 方式一致了。

- 第二種處理方法是 Headless Service。在這種情況下,你訪問「my-svc.my-namespace.svc.cluster.local」解析到的,直接就是 my-svc 代理的某一

個 Pod 的 IP 位址。這裡的區別在於，Headless Service 不需要分配一個 VIP，而是可以直接以 DNS 記錄的方式解析出被代理 Pod 的 IP 位址。

那麼，這樣的設計有什麼作用呢？這就要從 Headless Service 的定義方式說起了。

下面是一個標準的 Headless Service 對應的 YAML 檔：

```
apiVersion: v1
kind: Service
metadata:
  name: nginx
  labels:
    app: nginx
spec:
  ports:
  - port: 80
    name: web
  clusterIP: None
  selector:
    app: nginx
```

可以看到，所謂的 Headless Service，其實仍是一個標準 Service 的 YAML 檔。只不過，它的 clusterIP 欄位的值是 None，即 Service 沒有一個 VIP 作為「頭」。這就是 Headless 的含義。所以，Service 被建立後並不會被分配一個 VIP，而是會以 DNS 記錄的方式暴露出它所代理的 Pod。而它所代理的 Pod，依然是透過 4.3 節提到的 Label Selector 機制選出的，即所有攜帶了 app: nginx 標籤的 Pod 都會被這個 Service 代理。

關鍵點來了。當你按照這樣的方式建立了一個 Headless Service 之後，它所代理的所有 Pod 的 IP 位址都會被綁定一個如下格式的 DNS 記錄：

```
<pod-name>.<svc-name>.<namespace>.svc.cluster.local
```

這個 DNS 記錄，正是 Kubernetes 為 Pod 分配的唯一**可解析身分**（resolvable identity）。有了這個可解析身份，只要知道了一個 Pod 的名字及其對應的 Service 的名字，就可以非常確定地透過這條 DNS 記錄訪問到 Pod 的 IP 位址。

那麼，StatefulSet 又是如何使用 DNS 記錄來維持 Pod 的拓撲狀態的呢？為了回答這個問題，下面就來編寫一個 StatefulSet 的 YAML 檔，如下所示：

```yaml
apiVersion: apps/v1
kind: StatefulSet
metadata:
  name: web
spec:
  serviceName: "nginx"
  replicas: 2
  selector:
    matchLabels:
      app: nginx
  template:
    metadata:
      labels:
        app: nginx
    spec:
      containers:
      - name: nginx
        image: nginx:1.9.1
        ports:
        - containerPort: 80
          name: web
```

這個 YAML 檔和前面用到的 nginx-deployment 的唯一區別，就是多了一個 serviceName=nginx 欄位。這個欄位的作用就是告訴 StatefulSet 控制器，在執行控制循環時請使用 Nginx 這個 Headless Service 來保證 Pod 可解析。

所以，當你透過 kubectl create 建立了上面這個 Service 和 StatefulSet 之後，就會看到如下兩個物件：

```
$ kubectl create -f svc.yaml
$ kubectl get service nginx
NAME      TYPE        CLUSTER-IP    EXTERNAL-IP   PORT(S)   AGE
nginx     ClusterIP   None          <none>        80/TCP    10s

$ kubectl create -f statefulset.yaml
$ kubectl get statefulset web
NAME     DESIRED   CURRENT   AGE
web      2         1         19s
```

此時，如果手比較快的話，還可以透過 kubectl 的 -w 參數，即 Watch 功能，即時查看 StatefulSet 建立兩個有狀態實例的過程。如果手不夠快的話，Pod 很快就建立完了。不過，依然可以透過 StatefulSet 的 Events 看到這些訊息。

```
$ kubectl get pods -w -l app=nginx
NAME      READY    STATUS             RESTARTS    AGE
web-0     0/1      Pending            0           0s
web-0     0/1      Pending            0           0s
web-0     0/1      ContainerCreating  0              0s
web-0     1/1      Running            0           19s
web-1     0/1      Pending            0           0s
web-1     0/1      Pending            0           0s
web-1     0/1      ContainerCreating  0              0s
web-1     1/1      Running            0           20s
```

從上面 Pod 的建立過程不難看出，StatefulSet 給它所管理的所有 Pod 的名字進行了編號，編號規則是：-。而且這些編號都是從 0 開始累加的，與 StatefulSet 的每個 Pod 實例一一對應，絕不重複。

更重要的是，這些 Pod 的建立也是嚴格按照編號順序進行的。例如，在 web-0 進入 Running 狀態，並且細分狀態（Conditions）變為 Ready 之前，web-1 會一直處於 Pending 狀態。

> **Tip**
>
> Ready 狀 態 再 一 次 提 醒 我 們 為 Pod 設 定 livenessProbe 和 readinessProbe 的重要性。

當這兩個 Pod 都進入 Running 狀態之後，就可以查看到它們各自唯一的「網路身份」了。

我們使用 kubectl exec 指令進入容器中查看它們的 hostname：

```
$ kubectl exec web-0 -- sh -c 'hostname'
web-0
$ kubectl exec web-1 -- sh -c 'hostname'
web-1
```

可以看到，這兩個 Pod 的 hostname 與 Pod 名字是一致的，都被分配了對應的編號。接下來，我們再試著以 DNS 的方式訪問 Headless Service：

```
$ kubectl run -i --tty --image busybox dns-test --restart=Never --rm /bin/sh
```

以上指令啟動了一個一次性的 Pod，因為 --rm 意味著 Pod 退出後就會被刪除。然後，在 Pod 的容器裡面，我們嘗試用 nslookup 指令解析 Pod 對應的 Headless Service：

```
$ kubectl run -i --tty --image busybox dns-test --restart=Never --rm /bin/sh
$ nslookup web-0.nginx
Server:    10.0.0.10
Address 1: 10.0.0.10 kube-dns.kube-system.svc.cluster.local

Name:      web-0.nginx
Address 1: 10.244.1.7

$ nslookup web-1.nginx
Server:    10.0.0.10
Address 1: 10.0.0.10 kube-dns.kube-system.svc.cluster.local

Name:      web-1.nginx
Address 1: 10.244.2.7
```

nslookup 指令的輸出結果顯示，在訪問 web-0.nginx 時，最後解析到的正是 web-0 這個 Pod 的 IP 位址；而當訪問 web-1.nginx 時，解析到的是 web-1 的 IP 位址。

此時，如果在另外一個 Terminal 把這兩個有狀態應用程式的 Pod 刪掉：

```
$ kubectl delete pod -l app=nginx
pod "web-0" deleted
pod "web-1" deleted
```

然後，再在目前 Terminal 裡 Watch 這兩個 Pod 的狀態變化，就會發現一個有趣的現象：

```
$ kubectl get pod -w -l app=nginx
NAME       READY      STATUS                     RESTARTS   AGE
web-0      0/1        ContainerCreating          0          0s
NAME       READY      STATUS          RESTARTS   AGE
web-0      1/1        Running         0          2s
web-1      0/1        Pending         0          0s
web-1      0/1        ContainerCreating  0       0s
web-1      1/1        Running         0          32s
```

可以看到，當我們把這兩個 Pod 刪除後，Kubernetes 會按照原先編號的順序重新建立出兩個 Pod。並且，Kubernetes 為它們分配了與原來相同的「網路身份」：web-0.nginx 和 web-1.nginx。

透過這種嚴格的對應規則，StatefulSet 就保證了 Pod 網路標識的穩定性。例如，如果 web-0 是一個需要先啟動的主節點，web-1 是一個後啟動的從節點，那麼只要這個 StatefulSet 不被刪除，你訪問 web-0.nginx 時始終會落在主節點上；訪問 web-1.nginx 時，則始終會落在從節點上，這個關係絕對不會發生任何變化。

所以，如果我們再用 nslookup 指令查看這個新 Pod 對應的 Headless Service：

```
$ kubectl run -i --tty --image busybox dns-test --restart=Never --rm /bin/sh
$ nslookup web-0.nginx
Server:    10.0.0.10
Address 1: 10.0.0.10 kube-dns.kube-system.svc.cluster.local

Name:      web-0.nginx
Address 1: 10.244.1.8

$ nslookup web-1.nginx
Server:    10.0.0.10
Address 1: 10.0.0.10 kube-dns.kube-system.svc.cluster.local

Name:      web-1.nginx
Address 1: 10.244.2.8
```

就會看到，在這個 StatefulSet 中，這兩個新 Pod 的「網路標識」（例如 web-0.nginx 和 web-1.nginx）再次解析到了正確的 IP 位址（例如 web-0 Pod 的 IP 位址 10.244.1.8）。

透過這種方法，Kubernetes 就成功地將 Pod 的拓撲狀態（例如哪個節點先啟動，哪個節點後啟動），按照 Pod 的「名字＋編號」的方式固定下來。此外，Kubernetes 還為每一個 Pod 提供了一個固定且唯一的訪問入口，即 Pod 對應的 DNS 記錄。這些狀態在 StatefulSet 的整個生命週期裡都會保持不變，絕不會因為對應 Pod 的刪除或者重新建立而失效。

不過，相信你已經注意到了，儘管 `web-0.nginx` 這筆紀錄本身不會變，但它解析到的 Pod 的 IP 位址並不固定。這就意味著，對於有狀態應用程式實例的訪問，必須使用 DNS 記錄或者 hostname 的方式，而絕不應該直接訪問這些 Pod 的 IP 位址。

小結

本節首先介紹了 StatefulSet 的基本概念，解釋什麼是應用程式的「狀態」，然後分析 StatefulSet 如何保證應用程式實例之間「拓撲狀態」的穩定性。

這個過程可以總結如下。

> StatefulSet 這個控制器的主要作用之一，就是使用 Pod 模板建立 Pod 時對它們進行編號，並且按照編號順序逐一完成建立工作。而當 StatefulSet 的「控制循環」發現 Pod 的實際狀態與期望狀態不一致，需要建立或者刪除 Pod 以進行「調諧」時，它會嚴格按照這些 Pod 編號的順序逐一完成這些操作。

所以，其實可以把 StatefulSet 看作對 Deployment 的改良。

與此同時，透過 Headless Service 的方式，StatefulSet 為每個 Pod 建立了一個固定並且穩定的 DNS 記錄，來作為它的訪問入口。

實際上，在部署「有狀態應用程式」時，應用程式的每個實例擁有唯一併且穩定的「網路標識」，是一個非常重要的假設。

下一節會繼續剖析 StatefulSet 如何是處理儲存狀態的。

5.7 ▶ 深入理解 StatefulSet（二）：儲存狀態

上一節講解了 StatefulSet 如何保證應用程式實例的拓撲狀態，在 Pod 刪除和重建過程中保持穩定。本節繼續講解 StatefulSet 對儲存狀態的管理機制，該機制主要使用一個叫作 PVC 的功能。

前面介紹 Pod 時曾提到，要在一個 Pod 裡宣告 Volume，只需在 Pod 裡加上 `spec.volumes` 欄位即可。然後，就可以在該欄位裡定義一個具體類型的 Volume 了，例如 `hostPath`。

可是，你是否想過這樣一種場景：如果不知道有哪些 Volume 類型可用，要怎麼辦呢？更具體地說，作為應用程式開發者，我可能對持久化儲存環境（例如 Ceph、GlusterFS 等）一竅不通，也不知道公司的 Kubernetes 叢集是如何搭建的，自然也不會編寫它們對應的 Volume 定義檔。

所謂「術業有專攻」，這些關於 Volume 的管理和遠端持久化儲存的知識，不僅超出了開發者的知識儲備，還有暴露公司基礎設施秘密的風險。

例如，下列的例子就是一個宣告了 Ceph RBD 類型 Volume 的 Pod：

```yaml
apiVersion: v1
kind: Pod
metadata:
  name: rbd
spec:
  containers:
    - image: kubernetes/pause
      name: rbd-rw
      volumeMounts:
      - name: rbdpd
        mountPath: /mnt/rbd
  volumes:
    - name: rbdpd
      rbd:
        monitors:
        - '10.16.154.78:6789'
        - '10.16.154.82:6789'
        - '10.16.154.83:6789'
        pool: kube
```

```
        image: foo
        fsType: ext4
        readOnly: true
        user: admin
        keyring: /etc/ceph/keyring
        imageformat: "2"
        imagefeatures: "layering"
```

其一，如果不懂 Ceph RBD 的使用方法，那麼 Pod 裡的 Volumes 欄位，你十有八九完全看不懂。其二，Ceph RBD 對應的儲存伺服器的位址、使用者名稱、授權檔的位置，也都被輕易地暴露給了全公司的所有開發人員，這是一個典型的訊息被「過度暴露」的例子。

這也是為什麼在後來的演化中，Kubernetes 引入了一組叫作 PVC 和 PV 的 API 物件，大大降低了使用者宣告和使用 PV 的門檻。

舉個例子，有了 PVC 之後，開發人員想使用一個 Volume，只需要簡單的兩步即可。

第一步：定義一個 PVC，宣告想要的 Volume 的屬性。

```
kind: PersistentVolumeClaim
apiVersion: v1
metadata:
  name: pv-claim
spec:
  accessModes:
  - ReadWriteOnce
  resources:
    requests:
      storage: 1Gi
```

可以看到，在這個 PVC 物件裡，不需要任何關於 Volume 細節的欄位，只有描述性的屬性和定義。例如，`storage: 1Gi` 表示 Volume 大小至少需要 1 GiB；`accessModes: ReadWriteOnce` 表示 Volume 的掛載方式是可讀寫，並且只能被掛載在一個節點上而非被多個節點共享。

關於哪種 Volume 支援哪種 AccessMode，可以查看 Kubernetes
官方文件中的詳細列表。

第二步：在應用程式的 Pod 中宣告使用 PVC。

```yaml
apiVersion: v1
kind: Pod
metadata:
  name: pv-pod
spec:
  containers:
    - name: pv-container
      image: nginx
      ports:
        - containerPort: 80
          name: "http-server"
      volumeMounts:
        - mountPath: "/usr/share/nginx/html"
          name: pv-storage
  volumes:
    - name: pv-storage
      persistentVolumeClaim:
        claimName: pv-claim
```

可以看到，在上面 Pod 的 Volumes 定義中，只需要宣告它的類型是
persistentVolumeClaim，然後指定 PVC 的名字，完全不必關心 Volume 本
身的定義。

此時，只要我們建立 PVC 物件，Kubernetes 就會自動為它綁定一個符合條
件的 Volume。可是，這些符合條件的 Volume 從何而來？答案是，它們來自
由運維人員維護的 PV 物件。

接下來看一個常見的 PV 物件的 YAML 檔：

```yaml
kind: PersistentVolume
apiVersion: v1
```

```
metadata:
  name: pv-volume
  labels:
    type: local
spec:
  capacity:
    storage: 10Gi
  rbd:
    monitors:
    - '10.16.154.78:6789'
    - '10.16.154.82:6789'
    - '10.16.154.83:6789'
    pool: kube
    image: foo
    fsType: ext4
    readOnly: true
    user: admin
    keyring: /etc/ceph/keyring
    imageformat: "2"
    imagefeatures: "layering"
```

可以看到，PV 物件的 `spec.rbd` 欄位，正是前面介紹過的 Ceph RBD Volume 的詳細定義。而且，它還宣告了 PV 的容量是 10 GiB。這樣，Kubernetes 就會為我們剛剛建立的 PVC 物件綁定這個 PV。

所以，Kubernetes 中 PVC 和 PV 的設計，實際上類似於「介面」和「實現」的思想。開發者只要知道並會使用「介面」，即 PVC；而運維人員負責給「介面」綁定具體的實現，即 PV。這種解耦就避免了因為向開發人員暴露過多儲存系統細節而帶來的隱患。此外，這種職責分離往往也意味著發生事故時更容易定位問題和明確責任，從而避免出現「扯皮」現象。

PVC、PV 的設計也使得 StatefulSet 對儲存狀態的管理成為了可能。還是以上一節用到的 StatefulSet 為例：

```
apiVersion: apps/v1
kind: StatefulSet
metadata:
  name: web
spec:
```

```
serviceName: "nginx"
replicas: 2
selector:
  matchLabels:
      app: nginx
template:
  metadata:
    labels:
      app: nginx
  spec:
    containers:
    - name: nginx
      image: nginx:1.9.1
      ports:
      - containerPort: 80
        name: web
      volumeMounts:
      - name: www
        mountPath: /usr/share/nginx/html
volumeClaimTemplates:
- metadata:
    name: www
  spec:
    accessModes:
    - ReadWriteOnce
    resources:
      requests:
        storage: 1Gi
```

這次，我們為 StatefulSet 額外新增了一個 `volumeClaimTemplates` 欄位。如名所示，它跟 Deployment 裡 Pod 模板的作用類似。也就是說，凡是被這個 StatefulSet 管理的 Pod，都會宣告一個對應的 PVC；而這個 PVC 的定義，就來自 `volumeClaimTemplates` 這個模板欄位。更重要的是，這個 PVC 的名字會被分配一個與這個 Pod 完全一致的編號。這個自動建立的 PVC 與 PV 綁定成功後就會進入 Bound 狀態，這就意味著這個 Pod 可以掛載並使用這個 PV 了。

如果還是不太理解 PVC 的話，可以先記住一個結論：PVC 其實就是一種特殊的 Volume。只不過一個 PVC 具體是什麼類型的 Volume，要跟某個 PV 綁

定之後才知道。關於 PV、PVC 的更多知識，我會在容器儲存部分進行詳細
介紹。

當然，PVC 與 PV 的綁定得以實現的前提是，運維人員已經在系統裡建立好
了符合條件的 PV（例如前面用到的 pv-volume）；或者，你的 Kubernetes 叢
集在公有雲上執行，這樣 Kubernetes 就會透過 Dynamic Provisioning 的方式
自動為你建立與 PVC 匹配的 PV。

所以，在使用 `kubectl create` 建立了 StatefulSet 之後，就會看到 Kubernetes
叢集裡出現了兩個 PVC：

```
$ kubectl create -f statefulset.yaml
$ kubectl get pvc -l app=nginx
NAME         STATUS  VOLUME                                   CAPACITY  ACCESSMODES  AGE
www-web-0    Bound   pvc-15c268c7-b507-11e6-932f-42010a800002 1Gi       RWO          48s
www-web-1    Bound   pvc-15c79307-b507-11e6-932f-42010a800002 1Gi       RWO          48s
```

可以看到，這些 PVC 都以 `<PVC 名字 >-<StatefulSet 名字 >-< 編號 >` 這樣
的方式命名，並且處於 Bound 狀態。

如前所述，StatefulSet 建立出來的所有 Pod 都會宣告使用編號的 PVC。例
如，在名叫 `web-0` 的 Pod 的 `volumes` 欄位，它會宣告使用名叫 `www-web-0`
的 PVC，從而掛載到這個 PVC 所綁定的 PV。

所以，我們可以使用如下指令，在 Pod 的 Volume 目錄裡寫入一個檔案，來
驗證上述 Volume 的分配情況：

```
$ for i in 0 1; do kubectl exec web-$i -- sh -c 'echo hello $(hostname) > /usr/share/
nginx/html/index.html'; done
```

如上所示，透過 `kubectl exec` 指令，我們在每個 Pod 的 Volume 目錄裡寫
入了一個 index.html 檔。這個檔案的內容正是 Pod 的 `hostname`。例如，我
們在 `web-0` 的 index.html 裡寫入的內容就是 `hello web-0`。

此時，如果你在 Pod 容器裡訪問 http://localhost，實際訪問到的就是 Pod 裡
的 Nginx 伺服器行程，而它會為你返回 /usr/share/nginx/html/index.html 裡的
內容。該操作的執行方法如下所示：

```
$ for i in 0 1; do kubectl exec -it web-$i -- curl localhost; done
hello web-0
hello web-1
```

現在，關鍵點來了。如果你使用 `kubectl delete` 指令刪除這兩個 Pod，這些 Volume 裡的檔案會不會遺失呢？

```
$ kubectl delete pod -l app=nginx
pod "web-0" deleted
pod "web-1" deleted
```

可以看到，在被刪除之後，這兩個 Pod 會被按照編號的順序被重新建立出來。而此時如果你在新建立的容器裡透過訪問 http://localhost 的方式去訪問 `web-0` 裡的 Nginx 服務，就會發現這個請求依然會返回 `hello web-0`：

```
# 在被重新建立出來的 Pod 容器裡訪問 http://localhost
$ kubectl exec -it web-0 -- curl localhost
hello web-0
```

也就是說，原先與名叫 `web-0` 的 Pod 綁定的 PV，在這個 Pod 被重新建立之後，依然同新的名叫 `web-0` 的 Pod 綁定在了一起。對於 Pod `web-1` 來說，情況也完全相同。這是怎麼做到的呢？

其實，分析一下 StatefulSet 控制器復原這個 Pod 的過程，就容易理解了。

當你把一個 Pod（例如 `web-0`）刪除之後，這個 Pod 對應的 PVC 和 PV 並不會被刪除，而這個 Volume 裡已經寫入的資料也依然會儲存在遠端儲存服務裡（例如這個例子裡用到的 Ceph 伺服器）。此時，StatefulSet 控制器發現，一個名叫 `web-0` 的 Pod 消失了。所以，控制器會重新建立一個新的、名字還是 `web-0` 的 Pod，來「糾正」這種不一致的情況。

需要注意的是，在新的 Pod 物件的定義裡，它宣告使用的 PVC 的名字還是 `www-web-0`。這個 PVC 的定義仍然來自 PVC 模板（volumeClaimTemplates），這是 StatefulSet 建立 Pod 的標準流程。所以，在新的 `web-0` Pod 被建立出來之後，Kubernetes 為它尋找名叫 `www-web-0` 的 PVC 時，就會直接找到舊

Pod 遺留下來的同名 PVC，進而找到跟這個 PVC 綁定的 PV。這樣，新的 Pod 就可以掛載到舊 Pod 對應的那個 Volume，並且取得儲存在 Volume 裡的 資料了。透過這種方式，Kubernetes 的 StatefulSet 就實現了對應用程式儲存 狀態的管理。

至此，你是否已經大致理解了 StatefulSet 的工作原理呢？接著再詳細梳理 一下。

首先，StatefulSet 的控制器直接管理的是 Pod。這是因為 StatefulSet 裡 的不同 Pod 實例不再像 ReplicaSet 中那樣都是完全一樣的，而是有了細微 區別。例如，每個 Pod 的 hostname、名字等都不同，都攜帶了編號。而 StatefulSet 透過在 Pod 的名字裡，加上事先約定好的編號來區分這些實例。

其次，Kubernetes 透過 Headless Service 為這些有編號的 Pod，在 DNS 伺服器中生成帶有相同編號的 DNS 記錄。只要 StatefulSet 能夠保證這 些 Pod 名字裡的編號不變，那麼 Service 裡類似於 web-0.nginx.default.svc. cluster.local 這樣的 DNS 記錄就不會變，而這筆紀錄解析出來的 Pod 的 IP 位 址，會隨著後端 Pod 的刪除和重建而自動更新。這當然是 Service 機制本身 的能力，不需要 StatefulSet 操心。

最後，StatefulSet 還為每一個 Pod 分配並建立一個相同編號的 PVC。這 樣，Kubernetes 就可以透過 Persistent Volume 機制為這個 PVC 綁定對應的 PV，從而保證了每個 Pod 都擁有一個獨立的 Volume。

在這種情況下，即使 Pod 被刪除，它所對應的 PVC 和 PV 依然會保留下來。 所以當這個 Pod 被重新建立出來之後，Kubernetes 會為它找到編號相同的 PVC，掛載這個 PVC 對應的 Volume，從而取得以前儲存在 Volume 裡的資料。

這樣一來，原本非常複雜的 StatefulSet，是不是也很容易理解了呢？

小結

本節詳細講解了 StatefulSet 處理儲存狀態的方法，並在此基礎上梳理了 StatefulSet 控制器的工作原理。

我們從中不難看出 StatefulSet 的設計理念：StatefulSet 其實就是一種特殊的 Deployment，而其獨特之處在於，它的每個 Pod 都被編號了。而且，這個編號會體現在 Pod 的名字和 hostname 等標識訊息上，這不僅代表了 Pod 的建立順序，也是 Pod 的重要網路標識（在整個叢集裡唯一的、可被訪問的身份）。有了這個編號後，StatefulSet 就使用 Kubernetes 裡的兩個標準功能：Headless Service 和 PV/PVC，實現了對 Pod 的拓撲狀態和儲存狀態的維護。

實際上，在下一節的「有狀態應用程式實踐」環節以及後續講解中，你會逐漸意識到，StatefulSet 可謂 Kubernetes 中作業編排的「集大成者」。這是因為 Kubernetes 的每一種編排功能，幾乎都可以在編寫 StatefulSet 的 YAML 檔時被用到。

5.8 ▶ 深入理解 StatefulSet（三）：有狀態應用程式實踐

前兩節詳細講解了 StatefulSet 的工作原理，以及處理拓撲狀態和儲存狀態的方法。本節將透過實例深入講解部署一個 StatefulSet 的完整流程。

這裡選擇的實例是部署一個 MySQL 叢集，這也是 Kubernetes 官方文件裡的一個經典案例。但是，很多工程師曾向我吐槽說這個例子「完全看不懂」。

其實，這樣的吐槽也可以理解：相比 etcd、Cassandra 等「原生地」考慮了分布式需求的產品，MySQL 以及其他很多資料庫系統，在分布式叢集的搭建上並不友善，甚至有點「原始」。所以，這次我直接選擇了這個具有挑戰性的例子，示範如何使用 StatefulSet 將它的叢集搭建過程「容器化」。

 Tip
在開始實踐之前，請先確定之前部署的那個 Kubernetes 叢集還是可用的，且網路外掛程式和儲存外掛程式都能正常執行。

第一步，用自然語言描述我們想要部署的「有狀態應用程式」。

(1) 一個「主從複製」（Maser-Slave Replication）的 MySQL 叢集；

(2) 有一個**主節點**（Master）；

(3) 有多個**從節點**（Slave）；

(4) 從節點需要能水平擴展；

(5) 所有寫操作只能在主節點上執行；

(6) 讀操作可以在所有節點上執行。

這是一個非常典型的主從模式的 MySQL 叢集。上述「有狀態應用程式」的
需求可以用圖 5-5 來表示。

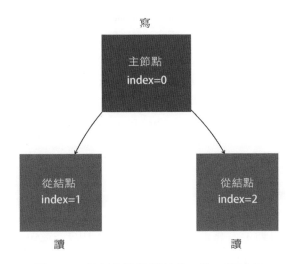

圖 5-5　「有狀態應用程式」的一般需求

在一般環境中，部署這樣一個主從模式的 MySQL 叢集的主要難點在於，如
何讓從節點能夠擁有主節點的資料，即如何配置主從節點間的複製與同步。
所以，在安裝好 MySQL 的主節點之後，第一步就是透過 XtraBackup（業界
主流的開源 MySQL 備份和復原工具）將主節點的資料備份到指定目錄。

這一步會自動在目標目錄裡生成一個備份訊息檔：xtrabackup_binlog_info。
這個檔案一般包含如下兩項訊息：

```
$ cat xtrabackup_binlog_info
TheMaster-bin.000001    481
```

這兩項訊息會在接下來配置從節點時用到。

第二步，配置從節點。從節點在第一次啟動前，需要先把主節點的備份資料連同備份訊息檔，一起複製到自己的資料目錄（/var/lib/mysql）下。然後，執行這樣一句 SQL：

```
TheSlave|mysql> CHANGE MASTER TO
                MASTER_HOST='$masterip',
                MASTER_USER='xxx',
                MASTER_PASSWORD='xxx',
                MASTER_LOG_FILE='TheMaster-bin.000001',
                MASTER_LOG_POS=481;
```

MASTER_LOG_FILE 和 MASTER_LOG_POS 就是該備份對應的二進位制日誌（binary log）檔的名稱和開始的位置（偏移量），也正是 xtrabackup_binlog_info 檔裡的那兩部分內容（TheMaster-bin.000001 和 481）。

第三步，啟動從節點。執行如下 SQL 即可完成：

```
TheSlave|mysql> START SLAVE;
```

這樣，從節點就啟動了。它會使用備份訊息檔中的二進位制日誌檔案和偏移量，來與主節點進行資料同步。

第四步，在這個叢集中新增更多從節點。

需要注意的是，新增的從節點的備份資料，來自已經存在的從節點。

所以，這一步需要將從節點的資料備份到指定目錄。而這個備份操作會自動生成另一種備份訊息檔：xtrabackup_slave_info。同樣，這個檔案也包含了 MASTER_LOG_FILE 和 MASTER_LOG_POS 這兩個欄位。然後，就可以執行跟前面一樣的 CHANGE MASTER TO 和 START SLAVE 指令，來初始化並啟動新的從節點了。

從前面的敘述中不難看處，將部署 MySQL 叢集的流程遷移到 Kubernetes 上，需要能夠「容器化」地翻越「三座大山」：

(1) 主節點和從節點需要有不同的配置檔（不同的 my.cnf）；

(2) 主節點和從節點需要能夠傳輸備份訊息檔；

(3) 在從節點第一次啟動之前，需要執行一些初始化 SQL 操作。

由於 MySQL 本身同時擁有拓撲狀態（主從節點的區別）和儲存狀態（MySQL 儲存在本機的資料），我們自然要透過 StatefulSet 來翻越這「三座大山」。

1.「第一座大山」：主節點和從節點需要有不同的配置檔

這很容易解決：只需要給主從節點準備兩份不同的 MySQL 配置檔，然後根據 Pod 的序號（index）掛載進去即可。

如前所述，這樣的配置檔訊息，應該儲存在 ConfigMap 裡供 Pod 使用。它的定義如下所示：

```
apiVersion: v1
kind: ConfigMap
metadata:
  name: mysql
  labels:
    app: mysql
data:
  master.cnf: |
    # 主節點 MySQL 的配置檔
    [mysqld]
    log-bin
  slave.cnf: |
    # 從節點 MySQL 的配置檔
    [mysqld]
    super-read-only
```

這裡定義了 master.cnf 和 slave.cnf 兩個 MySQL 的配置檔。

■ master.cnf 開啟了 `log-bin`，即使用二進位制日誌檔案的方式進行主從複製，這是一個標準的設定。

■ slave.cnf 的開啟了 `super-read-only`，表示從節點會拒絕除主節點的資料同步操作外的所有寫入操作，即它對使用者是唯讀的。

上述 ConfigMap 定義裡的 `data` 部分是 key-value 格式的。例如，master.cnf 就是這份配置資料的 key，而 | 後面的內容就是這份配置資料的 value。這份資料將來掛載進主節點對應的 Pod 後，就會在 Volume 目錄裡生成一個名為 master.cnf 的檔案。

>
>
> ConfigMap 跟 Secret，無論是使用方法還是實現原理，幾乎都相同。

接下來，需要建立兩個 Service 來供 StatefulSet 與使用者使用。這兩個 Service 的定義如下所示：

```yaml
apiVersion: v1
kind: Service
metadata:
  name: mysql
  labels:
    app: mysql
spec:
  ports:
  - name: mysql
    port: 3306
  clusterIP: None
  selector:
    app: mysql
---
apiVersion: v1
kind: Service
metadata:
  name: mysql-read
  labels:
    app: mysql
spec:
  ports:
  - name: mysql
```

```
    port: 3306
  selector:
    app: mysql
```

可以看到，這兩個 Service 都代理了所有攜帶 `app: mysql` 標籤的 Pod，即所有的 MySQL Pod。埠映射都是用 Service 的 3306 埠對應 Pod 的 3306 埠。

不同的是，第一個名叫「mysql」的 Service 是一個 Headless Service（`clusterIP: None`）。所以它的作用是透過為 Pod 分配 DNS 記錄來固定其拓撲狀態，例如「mysql-0.mysql」和「mysql-1.mysql」這樣的 DNS 名字。其中，編號為 0 的節點就是主節點。

第二個名叫「mysql-read」的 Service 則是一個一般的 Service。我們規定，所有使用者的讀取請求，都必須訪問第二個 Service 被自動分配的 DNS 記錄，即「mysql-read」（當然，也可以訪問這個 Service 的 VIP）。這樣，讀取請求就可以轉發到任意一個 MySQL 的主節點或者從節點上。

 Tip

Kubernetes 中的所有 Service、Pod 物件，都會被自動分配同名的 DNS 記錄。具體細節，之後在 Service 的部分會重點講解。

而所有使用者的寫入請求必須直接以 DNS 記錄的方式訪問到 MySQL 的主節點，即「mysql-0.mysql」這筆 DNS 記錄。

2. 「第二座大山」： 主節點和從節點需要能夠傳輸備份檔的問題

關於翻越這座「大山」，比較推薦的做法是：先搭建框架，再完善細節。其中，Pod 部分如何定義是完善細節時的重點。

首先為 StatefulSet 物件規劃一個大致的框架，如圖 5-6 所示。

```yaml
apiVersion: apps/v1
kind: StatefulSet
metadata:
  name: mysql
spec:
  selector:
    matchLabels:
      app: mysql
  serviceName: mysql
  replicas: 3
  template:
    metadata:
      labels:
        app: mysql
    spec:
      initContainers:
      - name: init-mysql ⋯
      - name: clone-mysql ⋯
      containers:
      - name: mysql ⋯
      - name: xtrabackup ⋯
      volumes:
      - name: conf
        emptyDir: {}
      - name: config-map
        configMap:
          name: mysql
  volumeClaimTemplates:
  - metadata:
      name: data
    spec:
      accessModes: ["ReadWriteOnce"]
      resources:
        requests:
          storage: 10Gi
```

圖 5-6　StatefulSet 物件的大致框架

在這一步，我們可以先為 StatefulSet 定義一些通用的欄位。例如，selector 表示這個 StatefulSet 要管理的 Pod 必須攜帶 app: mysql 標籤；它宣告要使用的 Headless Service 的名字是：mysql。這個 StatefulSet 的 replicas 值是 3，表示它定義的 MySQL 叢集有 3 個節點：一個主節點，兩個從節點。

可以看到，StatefulSet 管理的「有狀態應用程式」的多個實例，也都是透過同一個 Pod 模板建立出來的，使用的是同一個 Docker 鏡像。這也就意味著：如果你的應用程式要求不同節點的鏡像不同，就不能再使用 StatefulSet 了。對於這種情況，應該考慮後面會講解到的 Operator。

除了這些基本的欄位，作為一個有儲存狀態的 MySQL 叢集，StatefulSet 還需要管理儲存狀態。所以，我們需要透過 volumeClaimTemplate（PVC 模板）來為每個 Pod 定義 PVC。例如，這個 PVC 模板的 resources.requests.strorage 指定了儲存的大小為 10 GiB；ReadWriteOnce 指定了該儲存的屬性為可讀寫，並且一個 PV 只允許掛載在一個宿主機上。將來，這個 PV 對應的 Volume 就會充當 MySQL Pod 的儲存資料目錄。

然後，重點設計這個 StatefulSet 的 Pod 模板，也就是 template 欄位。由於 StatefulSet 管理的 Pod 都來自同一個鏡像，這就要求我們在編寫 Pod 時一定要保持頭腦清醒，用「人格分裂」的方式進行思考：

(1) 如果這個 Pod 是主節點，要怎麼做；

(2) 如果這個 Pod 是從節點，要怎麼做。

想清楚這兩個問題後，我們就可以按照 Pod 的啟動過程來一步步地定義它們了。

第一步：從 ConfigMap 中取得 MySQL 的 Pod 對應的配置檔。

為此，我們需要進行一個初始化操作，根據節點的主從角色來為 Pod 分配對應的配置檔。此外，MySQL 還要求叢集裡的每個節點都有唯一的 ID 檔，名叫 server-id.cnf。而根據我們已經掌握的 Pod 知識，這些初始化操作顯然適合透過 InitContainer 來完成。所以，首先定義一個 InitContainer，如下所示：

```
...
# template.spec
initContainers:
- name: init-mysql
  image: mysql:5.7
  command:
  - bash
  - "-c"
  - |
    set -ex
    # 從 Pod 的序號生成 server-id
    [[ `hostname` =~ -([0-9]+)$ ]] || exit 1
    ordinal=${BASH_REMATCH[1]}
```

```
    echo [mysqld] > /mnt/conf.d/server-id.cnf
    # 由於 server-id=0 有特殊含義，因此給 ID 加一個 100 來避開它
    echo server-id=$((100 + $ordinal)) >> /mnt/conf.d/server-id.cnf
    # 如果 Pod 序號是 0，說明它是主節點，從 ConfigMap 裡把主節點的配置檔複製到 /mnt/conf.d/ 目錄
    # 否則，複製從節點的配置檔
    if [[ $ordinal -eq 0 ]]; then
      cp /mnt/config-map/master.cnf /mnt/conf.d/
    else
      cp /mnt/config-map/slave.cnf /mnt/conf.d/
    fi
  volumeMounts:
  - name: conf
    mountPath: /mnt/conf.d
  - name: config-map
    mountPath: /mnt/config-map
```

在這個名叫 init-mysql 的 InitContainer 的配置中，它從 Pod 的 hostname 裡讀取了 Pod 的序號，以此作為 MySQL 節點的 server-id。

然後，init-mysql 透過這個序號判斷目前 Pod 是主節點（序號為 0）還是從節點（序號不為 0），從而把對應的配置檔從 /mnt/config-map 目錄複製到 /mnt/conf.d/ 目錄下。

其中，檔案複製的來源目錄 /mnt/config-map 正是 ConfigMap 在 Pod 的 Volume，如下所示：

```
...
# template.spec
volumes:
- name: conf
  emptyDir: {}
- name: config-map
  configMap:
    name: mysql
```

透過此定義，init-mysql 在宣告了掛載 config-map 這個 Volume 之後，ConfigMap 裡儲存的內容就會以檔案的方式出現在它的 /mnt/config-map 目錄當中。

檔案複製的目標目錄，即容器裡的 /mnt/conf.d/ 目錄，對應的是一個名叫 conf 的、emptyDir 類型的 Volume。根據 Pod Volume 共享的原理，當 InitContainer 複製完配置檔退出後，後面啟動的 MySQL 容器只需要直接宣告掛載名叫 conf 的 Volume，它所需要的 .cnf 配置檔就已經出現在裡面了。這跟之前介紹的 Tomcat 和 WAR 包的處理方法是完全一樣的。

第二步：在從節點 Pod 啟動前，從主節點或者其他從節點 Pod 裡複製資料庫資料到自己的目錄下。

為了實現該操作，需要定義第二個 InitContainer，如下所示：

```
...
# template.spec.initContainers
- name: clone-mysql
  image: gcr.io/google-samples/xtrabackup:1.0
  command:
  - bash
  - "-c"
  - |
    set -ex
    # 複製操作只需要在第一次啟動時進行，所以如果資料已經存在則跳過
    [[ -d /var/lib/mysql/mysql ]] && exit 0
    # 主節點（序號為 0）不需要進行該操作
    [[ `hostname` =~ -([0-9]+)$ ]] || exit 1
    ordinal=${BASH_REMATCH[1]}
    [[ $ordinal -eq 0 ]] && exit 0
    # 使用 ncat 指令，遠端地從前一個節點複製資料到本機
    ncat --recv-only mysql-$(($ordinal-1)).mysql 3307 | xbstream -x -C /var/lib/mysql
    # 執行 --prepare，這樣複製的資料就可以用於復原了
    xtrabackup --prepare --target-dir=/var/lib/mysql
  volumeMounts:
  - name: data
    mountPath: /var/lib/mysql
    subPath: mysql
  - name: conf
    mountPath: /etc/mysql/conf.d
```

> 💡 **Tip**
>
> 3307 是一個特殊埠，執行著一個專門負責備份 MySQL 資料的輔助行程。稍後會講到它。

在名叫 `clone-mysql` 的 `InitContainer` 裡，我們使用的是 xtrabackup 鏡像（其中安裝了 xtrabackup 工具）。

在它的啟動指令裡，我們首先做了一個判斷，即當初始化所需的資料（/var/lib/mysql/mysql 目錄）已經存在，或者目前 Pod 是主節點時，不需要進行複製操作。

接下來，`clone-mysql` 會使用 Linux 內建的 `ncat` 指令，向 DNS 記錄為 `mysql-<` 目前序號減一 `>.mysql` 的 Pod，即目前 Pod 的前一個 Pod，發起資料傳輸請求，並且直接用 `xbstream` 指令將收到的備份資料儲存在 /var/lib/mysql 目錄下。當然，在這一步你可以選用任意方法來傳輸資料。例如，用 `scp` 或者 `rsync`。

你可能已經注意到了，容器裡的 /var/lib/mysql 目錄實際上是一個名為 `data` 的 PVC，即前面宣告的持久化儲存。這就可以保證，即使宿主機當機，資料庫的資料也不會遺失。更重要的是，由於 Pod Volume 是被 Pod 裡的容器共享的，因此後面啟動的 MySQL 容器就可以把這個 Volume 掛載到自己的 /var/lib/mysql 目錄下，直接使用其中的備份資料進行復原操作。

不過，`clone-mysql` 容器還要對 /var/lib/mysql 目錄執行 `xtrabackup --prepare` 操作，旨在使複製來的資料達到一致性，這樣，這些資料才能用於資料復原。

至此，我們就透過 `InitContainer` 完成了對「主從節點間備份檔案傳輸」操作的處理，即翻越了「第二座大山」。

3.「第三座大山」：定義 MySQL 容器，啟動 MySQL 服務

由於 StatefulSet 裡的所有 Pod 都來自同一個 Pod 模板，因此我們還要「人格分裂」地去思考：這個 MySQL 容器的啟動指令，在主節點和從節點這兩種情況下有何不同。

有了 Docker 鏡像，在 Pod 裡宣告一個主節點角色的 MySQL 容器毫不困難：直接執行 MySQL 啟動指令即可。但是，如果這個 Pod 是一個第一次啟動的從節點，在執行 MySQL 啟動指令之前，就需要使用前面 InitContainer 複製來的備份資料對其進行初始化。

可是，別忘了，容器是單行程模型。所以，一個從節點角色的 MySQL 容器啟動之前，誰負責給它執行初始化的 SQL 語句呢？

這就是我們要翻越的「第三座大山」，即如何在從節點角色的 MySQL 容器第一次啟動之前執行初始化 SQL。

你可能已經想到了，我們可以為 MySQL 容器額外定義一個 sidecar 容器，來完成這個操作。它的定義如下所示：

```
...
# template.spec.containers
- name: xtrabackup
  image: gcr.io/google-samples/xtrabackup:1.0
  ports:
  - name: xtrabackup
    containerPort: 3307
  command:
  - bash
  - "-c"
  - |
    set -ex
    cd /var/lib/mysql

    # 從備份訊息檔裡讀取 MASTER_LOG_FILEM 和 MASTER_LOG_POS 這兩個欄位的值
    # 用來拼裝叢集初始化 SQL
    if [[ -f xtrabackup_slave_info ]]; then
      # 如果 xtrabackup_slave_info 檔存在，說明這個備份資料來自另一個從節點
      # 在這種情況下，XtraBackup 工具在備份時，就已經在這個檔案裡自動生成了 CHANGE MASTER TO SQL
      # 語句。所以，只需要把這個檔案重新命名為 change_master_to.sql.in，後面直接使用即可
      mv xtrabackup_slave_info change_master_to.sql.in
      # 所以，也就用不著 xtrabackup_binlog_info 了
      rm -f xtrabackup_binlog_info
    elif [[ -f xtrabackup_binlog_info ]]; then
      # 如果只存在 xtrabackup_binlog_info 檔，說明備份來自主節點
      # 我們就需要解析這個備份訊息檔，讀取所需的兩個欄位的值
```

```
    [[ `cat xtrabackup_binlog_info` =~ ^(.*?)[[:space:]]+(.*?)$ ]] || exit 1
    rm xtrabackup_binlog_info
    # 把兩個欄位的值拼裝成 SQL，寫入 change_master_to.sql.in 檔
    echo "CHANGE MASTER TO MASTER_LOG_FILE='${BASH_REMATCH[1]}',\
        MASTER_LOG_POS=${BASH_REMATCH[2]}" > change_master_to.sql.in
  fi


  # 如果 change_master_to.sql.in 檔存在，就意味著需要做叢集初始化工作
  if [[ -f change_master_to.sql.in ]]; then
    # 但一定要先等 MySQL 容器啟動之後才能進行下一步連接 MySQL 的操作
    echo "Waiting for mysqld to be ready (accepting connections)"
    until mysql -h 127.0.0.1 -e "SELECT 1"; do sleep 1; done

    echo "Initializing replication from clone position"
    # 將 change_master_to.sql.in 重新命名，以免這個 Container 重啟的時候
    # 因為又找到了 change_master_to.sql.in 而重複執行初始化流程
    mv change_master_to.sql.in change_master_to.sql.orig
    # 使用 change_master_to.sql.orig 的內容，也是就是前面拼裝的 SQL
    # 組成一個完整的初始化和啟動從節點的 SQL 語句
    mysql -h 127.0.0.1 <<EOF
$(<change_master_to.sql.orig),
    MASTER_HOST='mysql-0.mysql',
    MASTER_USER='root',
    MASTER_PASSWORD='',
    MASTER_CONNECT_RETRY=10;
START SLAVE;
EOF
  fi


  # 使用 ncat 監聽 3307 埠。它的作用是在收到傳輸請求時直接執行 xtrabackup --backup 指令
  # 備份 MySQL 的資料並發送給請求者
  exec ncat --listen --keep-open --send-only --max-conns=1 3307 -c \
    "xtrabackup --backup --slave-info --stream=xbstream --host=127.0.0.1 --user=root"
volumeMounts:
- name: data
  mountPath: /var/lib/mysql
  subPath: mysql
- name: conf
  mountPath: /etc/mysql/conf.d
```

可以看到，在名叫 xtrabackup 的 sidecar 容器的啟動指令裡，其實完成了兩部分工作。

第一部分工作，當然是 MySQL 節點的初始化工作。這個初始化需要使用的 SQL 是 sidecar 容器拼裝出來、儲存在一個名為 change_master_to.sql.in 的檔案裡，具體過程解釋如下。

sidecar 容器首先會判斷目前 Pod 的 /var/lib/mysql 目錄下，是否有 xtrabackup_slave_info 這個備份訊息檔。

- 如果有，則說明該目錄下的備份資料是由一個從節點生成的。在這種情況下，XtraBackup 工具在備份時，就已經在這個檔案裡自動生成了 CHANGE MASTER TO SQL 語句。所以，我們只需要把這個檔案重新命名為 change_master_to.sql.in，後面直接使用即可。

- 如果沒有 xtrabackup_slave_info 檔、但是存在 xtrabackup_binlog_info 檔，就說明備份資料來自主節點。在這種情況下，sidecar 容器就需要解析這個備份訊息檔，讀取 MASTER_LOG_FILE 和 MASTER_LOG_POS 這兩個欄位的值，用它們拼裝出初始化 SQL 語句，然後把這句 SQL 寫入 change_master_to.sql.in 中。

接下來，sidecar 容器就可以執行初始化了。如前所述，只要 change_master_to.sql.in 這個檔案存在，就表示接下來需要進行叢集初始化操作。

所以，此時 sidecar 容器只需要讀取並執行 change_master_to.sql.in 裡面的 CHANGE MASTER TO 指令，再執行一句 START SLAVE 指令，一個從節點就成功啟動了。

需要注意的是，Pod 裡的容器並沒有先後順序，所以在執行初始化 SQL 之前，必須先執行一句 SQL（select 1）來檢查 MySQL 服務是否已經可用。

當然，上述初始化操作完成後，我們還要刪除前面用到的這些備份訊息檔。否則，下次這個容器重啟時，就會發現這些檔案存在，所以又會重新執行一次資料復原和叢集初始化操作，這顯然不對。

同理，change_master_to.sql.in 在使用後也需要重新命名，以免容器重啟時因為發現這個檔案存在又執行一遍初始化。

接下來是第二部分工作，這個 sidecar 容器需要啟動一個資料傳輸服務。

具體做法是，sidecar 容器會使用 ncat 指令啟動一個在 3307 埠上工作的網路發送服務。一旦收到資料傳輸請求，sidecar 容器就會呼叫 xtrabackup --backup 指令備份目前 MySQL 的資料，然後把這些備份資料返回給請求者。這就是為什麼我們在 InitContainer 裡定義資料複製時，訪問的是「上一個 MySQL 節點」的 3307 埠。

值得一提的是，由於 sidecar 容器和 MySQL 容器同處於一個 Pod 裡，因此它是直接透過 Localhost 來訪問和備份 MySQL 容器裡的資料的，非常方便。

同樣，這裡只是提供一種備份方法而已，你也可以選擇其他方案。例如，你可以使用 innobackupex 指令進行資料備份和準備，它的使用方法和本文的備份方法幾乎一樣。

至此，我們翻越了「第三座大山」，完成了從節點第一次啟動前的初始化工作。

翻越了「三座大山」後，我們終於可以定義 Pod 裡的主角 —— MySQL 容器了。有了前面這些定義和初始化工作，MySQL 容器本身的定義就非常簡單，如下所示：

```
...
# template.spec
containers:
- name: mysql
  image: mysql:5.7
  env:
  - name: MYSQL_ALLOW_EMPTY_PASSWORD
    value: "1"
  ports:
  - name: mysql
    containerPort: 3306
  volumeMounts:
  - name: data
```

```
    mountPath: /var/lib/mysql
    subPath: mysql
  - name: conf
    mountPath: /etc/mysql/conf.d
  resources:
    requests:
      cpu: 500m
      memory: 1Gi
  livenessProbe:
    exec:
      command: ["mysqladmin", "ping"]
    initialDelaySeconds: 30
    periodSeconds: 10
    timeoutSeconds: 5
  readinessProbe:
    exec:
      # 透過 TCP 連接的方式進行健康檢查
      command: ["mysql", "-h", "127.0.0.1", "-e", "SELECT 1"]
    initialDelaySeconds: 5
    periodSeconds: 2
    timeoutSeconds: 1
```

這個容器的定義裡使用了一個標準的 MySQL 5.7 的官方鏡像。它的資料目錄是 /var/lib/mysql，配置檔目錄是 /etc/mysql/conf.d。

此時，你應該能夠明白，如果 MySQL 容器是從節點，其資料目錄裡的資料就來自 InitContainer 從其他節點複製而來的備份。它的配置檔目錄 /etc/mysql/conf.d 裡的內容，則來自 ConfigMap 對應的 Volume。而它的初始化工作，是由同一個 Pod 裡的 sidecar 容器完成的。這些操作正是前面講述的大部分內容。

另外，我們為它定義了一個 livenessProbe，透過 mysqladmin ping 指令來檢查它是否健康；也定義了一個 readinessProbe，透過查詢 SQL（select 1）來檢查 MySQL 服務是否可用。當然，凡是 readinessProbe 檢查失敗的 MySQL Pod，都會從 Service 裡移除。

至此，一個完整的主從複製模式的 MySQL 叢集就定義完成了。

現在，我們就可以使用 kubectl 指令，嘗試執行 StatefulSet 了。

首先，我們需要在 Kubernetes 叢集裡建立滿足條件的 PV。如果你使用的是 4.2 節部署的 Kubernetes 叢集，可以按照如下方式使用儲存外掛程式 Rook：

```
$ kubectl create -f rook-storage.yaml
$ cat rook-storage.yaml
apiVersion: ceph.rook.io/v1
kind: Pool
metadata:
  name: replicapool
  namespace: rook-ceph
spec:
  replicated:
    size: 3
---
apiVersion: storage.k8s.io/v1
kind: StorageClass
metadata:
    name: rook-ceph-block
provisioner: ceph.rook.io/block
parameters:
  pool: replicapool
  clusterNamespace: rook-ceph
```

在這裡，我用 `StorageClass` 完成了這個操作。它的作用是自動為叢集裡的每一個 PVC 呼叫儲存外掛程式（Rook）建立對應的 PV，從而省去了手動建立 PV 的麻煩。後面講解容器儲存時會詳細介紹該機制。

Tip
在使用 Rook 時，mysql-statefulset.yaml 裡的 `volumeClaimTemplates` 欄位需要加上宣告 `storageClassName=rook-ceph-block`，才能使用 Rook 提供的持久化儲存。

然後，就可以建立 StatefulSet 了，如下所示：

```
$ kubectl create -f mysql-statefulset.yaml
$ kubectl get pod -l app=mysql
```

```
NAME      READY    STATUS     RESTARTS    AGE
mysql-0   2/2      Running    0           2m
mysql-1   2/2      Running    0           1m
mysql-2   2/2      Running    0           1m
```

可以看到，StatefulSet 啟動成功後，會有 3 個 Pod 執行。

接下來，可以嘗試向 MySQL 叢集發起請求，執行一些 SQL 操作來驗證它是否正常：

```
$ kubectl run mysql-client --image=mysql:5.7 -i --rm --restart=Never --\
  mysql -h mysql-0.mysql <<EOF
CREATE DATABASE test;
CREATE TABLE test.messages (message VARCHAR(250));
INSERT INTO test.messages VALUES ('hello');
EOF
```

如上所示，我們透過啟動一個容器，使用 MySQL client 執行了建立資料庫和表，以及插入資料的操作。需要注意的是，我們連接的 MySQL 的位址必須是 `mysql-0.mysql`（主節點的 DNS 記錄）。這是因為只有主節點才能處理寫操作。

透過連接 `mysql-read` 這個 Service，就可以用 SQL 進行讀操作了，如下所示：

```
$ kubectl run mysql-client --image=mysql:5.7 -i -t --rm --restart=Never --\
  mysql -h mysql-read -e "SELECT * FROM test.messages"
Waiting for pod default/mysql-client to be running, status is Pending, pod ready: false
+---------+
| message |
+---------+
| hello   |
+---------+
pod "mysql-client" deleted
```

有了 StatefulSet 以後，就可以像 Deployment 那樣非常方便地擴展 MySQL 叢集了，例如：

```
$ kubectl scale statefulset mysql  --replicas=5
```

此時你會發現新的從節點 Pod mysql-3 和 mysql-4 被自動建立了出來。

如果直接連接 `mysql-3.mysql`，即 mysql-3 這個 Pod 的 DNS 名字，來進行查詢操作：

```
$ kubectl run mysql-client --image=mysql:5.7 -i -t --rm --restart=Never --\
  mysql -h mysql-3.mysql -e "SELECT * FROM test.messages"
Waiting for pod default/mysql-client to be running, status is Pending, pod ready: false
+---------+
| message |
+---------+
| hello   |
+---------+
pod "mysql-client" deleted
```

就會看到，在從 StatefulSet 為我們新建立的 mysql-3 上，同樣可以讀取到之前插入的紀錄。也就是說，我們的資料備份和復原都是有效的。

小結

本節以 MySQL 叢集為例詳細講解了一個實際的 StatefulSet 的編寫過程，希望你能多花一些時間將其消化。

在此過程中，有以下幾個關鍵點（或者說「坑」）值得特別注意。

(1) 「人格分裂」：在解決需求時，一定要思考該 Pod 在扮演不同角色時的不同操作。

(2) 「用後即焚」：很多「有狀態應用程式」的節點只是在第一次啟動時才需要做額外處理。所以，在編寫 YAML 檔時，一定要考慮「容器重啟」的情況，不要讓這一次的操作干擾下一次的容器啟動。

(3) 「容器之間平等無序」：除非是 InitContainer，否則一個 Pod 裡的多個容器之間是完全平等的。所以，你精心設計的 sidecar 絕不能對容器的順序做出假設，否則需要進行前置檢查。

最後，相信你已經理解，StatefulSet 其實是一種特殊的 Deployment，只不過「Deployment」的每個 Pod 實例的名字裡都攜帶了唯一且固定的編號。這個

編號的順序固定了 Pod 的拓撲關係，這個編號對應的 DNS 記錄固定了 Pod 的訪問方式，這個編號對應的 PV 綁定了 Pod 與持久化儲存的關係。所以，當 Pod 被刪除並重建時，這些「狀態」都會保持不變。

一旦你的應用程式無法透過上述方式進行狀態管理，就表示 StatefulSet 已經不能解決它的部署問題了。此時，後面將要講解的 Operator 可能是更好的選擇。

5.9 ▶ 容器化守護行程：DaemonSet

上一節詳細介紹了使用 StatefulSet 編排「有狀態應用程式」的過程。從中不難看出，StatefulSet 其實是對現有典型運維業務的容器化抽象。也就是說，你一定有方法在不使用 Kubernetes，甚至不使用容器的情況下，自己設計出一個類似的方案。但是，一旦涉及升級、版本管理等更為工程化的能力，Kubernetes 的優勢會更加凸顯。

例如，如何對 StatefulSet 進行「滾動更新」呢？很簡單。只要修改 StatefulSet 的 Pod 模板，即可自動觸發「滾動更新」：

```
$ kubectl patch statefulset mysql --type='json' -p='[{"op": "replace", "path":
"/spec/template/spec/containers/0/image", "value":"mysql:5.7.23"}]'
statefulset.apps/mysql patched
```

這裡使用了 `kubectl patch` 指令。它表示以「補丁」的方式（JSON 格式的）修改一個 API 物件的指定欄位，也就是後面指定的 spec/template/spec/containers/0/image。

這樣，StatefulSet Controller 就會按照與 Pod 編號相反的順序，從最後一個 Pod 開始，逐一更新這個 StatefulSet 管理的每個 Pod。而如果更新出錯，這次「滾動更新」就會停止。此外，StatefulSet 的「滾動更新」還允許我們進行更精細的控制，例如金絲雀發布或者灰度發布，這意味著應用程式的多個實例中被指定的部分不會更新到最新版本。

這個欄位正是 StatefulSet 的 spec.updateStrategy.rollingUpdate 的 partition 欄位。

例如，現在將前面這個 StatefulSet 的 partition 欄位設定為 2：

```
$ kubectl patch statefulset mysql -p
'{"spec":{"updateStrategy":{"type":"RollingUpdate","rollingUpdate":{"partition":2}}}}'
statefulset.apps/mysql patched
```

其中，kubectl patch 指令後面的參數（JSON 格式的），就是 partition 欄位在 API 物件裡的路徑。所以，上述操作等同於直接使用 kubectl edit 指令打開這個物件，把 partition 欄位修改為 2。

這樣，我就指定了當 Pod 模板發生變化時，例如 MySQL 鏡像更新到 5.7.23 版本，那麼只有序號大於或者等於 2 的 Pod 會更新到這個版本。並且，如果你刪除或者重啟了序號小於 2 的 Pod，等它再次啟動後，也會保持原先的 5.7.2 版本，絕不會升級到 5.7.23 版本。

StatefulSet 可謂 Kubernetes 中最複雜的編排物件，希望你能認真消化，並動手實踐這個例子。

本節接下來會重點講解一個相對簡單的知識點：DaemonSet。

顧名思義，DaemonSet 的主要作用是讓你在 Kubernetes 叢集裡執行一個 Daemon Pod。這個 Pod 有以下三個特徵。

(1) 這個 Pod 在 Kubernetes 叢集裡的每一個節點上執行。

(2) 每個節點上只有一個這樣的 Pod 實例。

(3) 當有新節點加入 Kubernetes 叢集後，該 Pod 會自動地在新節點上被建立出來；而當舊節點被刪除後，它上面的 Pod 也會相應地被回收。

這個機制聽起來很簡單，但 Daemon Pod 的意義確實非常重要。我隨便舉幾個例子。

(1) 各種網路外掛程式的 Agent 元件都必須在每一個節點上執行，用來處理這個節點上的容器網路。

(2) 各種儲存外掛程式的 Agent 元件都必須在每一個節點上執行，用來在這個節點上掛載遠端儲存目錄，操作容器的 Volume 目錄。

(3) 各種監控元件和日誌元件都必須在每一個節點上執行，負責這個節點上的監控訊息和日誌搜集。

更重要的是，跟其他編排物件不同，DaemonSet 開始執行的時機很多時候比整個 Kubernetes 叢集出現的時機要早。乍一聽這可能有點奇怪。但其實想一下：如果這個 DaemonSet 正是一個網路外掛程式的 Agent 元件呢？

此時，整個 Kubernetes 叢集裡還沒有可用的容器網路，所有 Worker 節點的狀態都是 NotReady（`NetworkReady=false`）。在這種情況下，普通的 Pod 肯定不能在這個叢集上執行。這也就意味著 DaemonSet 的設計必須要有某種「過人之處」。

為了弄清楚 DaemonSet 的工作原理，一如既往，從它的 API 物件的定義說起。

```yaml
apiVersion: apps/v1
kind: DaemonSet
metadata:
  name: fluentd-elasticsearch
  namespace: kube-system
  labels:
    k8s-app: fluentd-logging
spec:
  selector:
    matchLabels:
      name: fluentd-elasticsearch
  template:
    metadata:
      labels:
        name: fluentd-elasticsearch
    spec:
      tolerations:
      - key: node-role.kubernetes.io/master
        effect: NoSchedule
      containers:
      - name: fluentd-elasticsearch
        image: quay.io/fluentd_elasticsearch/fluentd:v3.0.0
        resources:
          limits:
            memory: 200Mi
```

```
        requests:
          cpu: 100m
          memory: 200Mi
      volumeMounts:
      - name: varlog
        mountPath: /var/log
      - name: varlibdockercontainers
        mountPath: /var/lib/docker/containers
        readOnly: true
    terminationGracePeriodSeconds: 30
    volumes:
    - name: varlog
      hostPath:
        path: /var/log
    - name: varlibdockercontainers
      hostPath:
        path: /var/lib/docker/containers
```

這個 DaemonSet 管理的是一個 fluentd-elasticsearch 鏡像的 Pod。這個鏡像的功能非常實用：透過 fluentd 將 Docker 容器裡的日誌轉發到 Elasticsearch 中。

可以看到，DaemonSet 跟 Deployment 非常相似，只不過沒有 `replicas` 欄位；它也使用 `selector` 選擇管理所有攜帶了 `name: fluentd-elasticsearch` 標籤的 Pod。而這些 Pod 的模板也是用 `template` 欄位定義的。在該欄位中，我們定義了一個使用 fluentd-elasticsearch:1.20 鏡像的容器，而且該容器掛載了兩個 `hostPath` 類型的 Volume，分別對應宿主機的 /var/log 目錄和 /var/lib/docker/containers 目錄。顯然，fluentd 啟動之後，它會從這兩個目錄裡搜集日誌訊息，並轉發給 Elasticsearch 儲存。這樣，我們就可以透過 Elasticsearch 很方便地檢索這些日誌了。

需要注意的是，Docker 容器裡應用程式的日誌預設儲存在宿主機的 /var/lib/docker/containers/{{. 容器 ID}}/{{. 容器 ID}}-json.log 檔裡，所以該目錄正是 fluentd 的搜集目標。

那麼，DaemonSet 又是如何保證每個節點上有且只有一個被管理的 Pod 呢？顯然，這是「控制器模型」能夠處理的一個典型問題。

DaemonSet Controller 首先從 etcd 裡取得所有的節點列表，然後遍歷所有節點。這時，它就可以很容易地去檢查，目前這個節點是否有一個攜帶了 `name: fluentd-elasticsearch` 標籤的 Pod 在執行。

檢查的結果可能有以下三種情況。

(1) 沒有這種 Pod，這就意味著要在該節點上建立這樣一個 Pod。

(2) 有這種 Pod，但是數量大於 1，說明要刪除該節點上多餘的 Pod。

(3) 正好只有一個這種 Pod，說明該節點是正常的。

其中，刪除節點上多餘的 Pod 非常簡單，直接呼叫 Kubernetes API 即可實現。

但是，如何在指定的節點上建立 Pod 呢？如果你熟悉 Pod API 物件，想必可以立刻說出答案：用 `nodeSelector` 選擇節點的名字即可。

```
nodeSelector:
    name: <Node 名字 >
```

沒錯。不過，在 Kubernetes 裡，`nodeSelector` 其實已經是一個將要被廢棄的欄位了。這是因為現在有一個新的、功能更完善的欄位可以代替它 —— `nodeAffinity`。舉個例子：

```
apiVersion: v1
kind: Pod
metadata:
  name: with-node-affinity
spec:
  affinity:
    nodeAffinity:
      requiredDuringSchedulingIgnoredDuringExecution:
        nodeSelectorTerms:
        - matchExpressions:
          - key: metadata.name
            operator: In
            values:
            - node-ituring
```

在這個 Pod 裡，我宣告一個 `spec.affinity` 欄位，然後定義一個 `nodeAffinity`。其中，`spec.affinity` 欄位是 Pod 裡跟調度相關的一個欄位。關於它的完整內容，後文講解調度策略時會詳細闡述。

這裡，我定義的 `nodeAffinity` 的含義如下。

(1) `requiredDuringSchedulingIgnoredDuringExecution`：它 的 意 思 是，這個 `nodeAffinity` 必須在每次調度時予以考慮。同時，這也意味著你可以設定在某些情況下不考慮這個 `nodeAffinity`。

(2) 這個 Pod 將來只允許在 `metadata.name` 是 `node-ituring` 的節點上執行。

在這裡，你應該注意到 `nodeAffinity` 的定義可以支援更豐富的語法，例如 `operator: In`（部分匹配；如果定義 `operator: Equal`，就是完全匹配），這也正是 `nodeAffinity` 會取代 `nodeSelector` 的原因之一。

 Tip

其實在大多數時候，這些 Operator 語義沒什麼用處。所以，在學習開源專案時，一定要學會抓住「主線」，不要顧此失彼。

所以，我們的 DaemonSet Controller 會在建立 Pod 時，自動在這個 Pod 的 API 對象裡加上這樣一個 `nodeAffinity` 定義。其中，需要綁定的節點名字正是目前正在遍歷的這個節點。

當然，DaemonSet 並不需要修改使用者提交的 YAML 檔裡的 Pod 模板，而是在向 Kubernetes 發起請求之前，直接修改根據模板生成的 Pod 物件。前面講解 Pod 物件時介紹過這個思路。

此外，DaemonSet 還會給這個 Pod 自動加上另外一個與調度相關的欄位：`tolerations`。該欄位意味著這個 Pod 會「容忍」（Toleration）某些節點的「汙點」（Taint）。

DaemonSet 自動加上的 `tolerations` 欄位格式如下所示：

```
apiVersion: v1
kind: Pod
```

```
metadata:
  name: with-toleration
spec:
  tolerations:
  - key: node.kubernetes.io/unschedulable
    operator: Exists
    effect: NoSchedule
```

這個 Toleration 的含義是：「容忍」所有被標記為 unschedulable「汙點」的節點，「容忍」的效果是允許調度。

> **Tip**
>
> 關於如何給節點加上「汙點」及其具體的語法定義，後續介紹調度器時會詳細介紹。這裡可以簡單地把「汙點」理解為一種特殊的標籤。

在正常情況下，被加上 unschedulable「汙點」的節點是不會有任何 Pod 被調度上去的（effect: NoSchedule）。可是，DaemonSet 自動地給被管理的 Pod 加上了這個特殊的 Toleration，就使得這些 Pod 可以忽略這項限制，繼而保證每個節點上都會被調度一個 Pod。當然，如果這個節點有故障的話，這個 Pod 可能會啟動失敗，而 DaemonSet 會繼續嘗試，直到 Pod 啟動成功。

這時，你應該可以猜到，前面介紹到的 DaemonSet 的「過人之處」其實就是依靠 Toleration 實現的。

假如目前 DaemonSet 管理的是一個網路外掛程式的 Agent Pod，那麼你就必須在這個 DaemonSet 的 YAML 檔裡給它的 Pod 模板加上一個能夠「容忍」node.kubernetes.io/network-unavailable「汙點」的 Toleration。範例如下：

```
...
template:
    metadata:
        labels:
          name: network-plugin-agent
```

```
spec:
  tolerations:
  - key: node.kubernetes.io/network-unavailable
    operator: Exists
    effect: NoSchedule
```

在 Kubernetes 中，當一個節點的網路外掛程式尚未安裝時，該節點就會被自動加上名為 node.kubernetes.io/network-unavailable 的「汙點」。而透過這樣一個 Toleration，調度器在調度這個 Pod 時就會忽略目前節點上的「汙點」，從而成功地將網路外掛程式的 Agent 元件，調度到這台機器上啟動起來。

這種機制正是我們在部署 Kubernetes 叢集時，能夠先部署 Kubernetes 再部署網路外掛程式的根本原因：因為當時建立的 Weave 的 YAML 實際上就是一個 DaemonSet。

至此，透過以上講解你應該能夠明白，DaemonSet 其實是一個非常簡單的控制器。在它的控制循環中，只需要遍歷所有節點，然後根據節點上是否有被管理 Pod 的情況，來決定是否建立或者刪除一個 Pod。

只不過，在建立每個 Pod 時，DaemonSet 會自動給這個 Pod 加上一個 nodeAffinity，從而保證這個 Pod 只會在指定節點上啟動。同時，它還會自動給這個 Pod 加上一個 Toleration，從而忽略節點的 unschedulable「汙點」。

當然，你也可以在 Pod 模板裡加上更多種類的 Toleration，從而利用 DaemonSet 實現自己的目的。例如，在這個 fluentd-elasticsearch DaemonSet 裡，我給它加上了這樣的 Toleration：

```
tolerations:
- key: node-role.kubernetes.io/master
  effect: NoSchedule
```

在預設情況下，Kubernetes 叢集不允許使用者在主節點部署 Pod。這是因為主節點預設攜帶了一個叫作 node-role.kubernetes.io/master 的「汙點」。所以，為了能在主節點上部署 DaemonSet 的 Pod，就必須讓這個 Pod「容忍」這個「汙點」。

在理解了 DaemonSet 的工作原理之後,接下來透過具體實踐,來更深入地講解 DaemonSet 的使用方法。

 Tip
需要注意的是,在 Kubernetes v1.11 之前,由於調度器尚不完善,DaemonSet 是由 DaemonSet Controller 自行調度的,即它會直接設定 Pod 的 spec.nodename 欄位,這樣就可以跳過調度器了。但是,這種做法很快會被廢除,所以這裡不建議你花時間學習這個流程。

首先,建立 DaemonSet 物件:

```
$ kubectl create -f fluentd-elasticsearch.yaml
```

需要注意的是,在 DaemonSet 上一般應該加上 resources 欄位,來限制它的 CPU 和記憶體使用,防止它占用過多宿主機資源。

建立成功後就能看到,如果有 N 個節點,就會有 N 個 fluentd-elasticsearch Pod 在執行。例如在這個例子中會有兩個 Pod,如下所示:

```
$ kubectl get pod -n kube-system -l name=fluentd-elasticsearch
NAME                         READY    STATUS    RESTARTS   AGE
fluentd-elasticsearch-dqfv9  1/1      Running   0          53m
fluentd-elasticsearch-pf9z5  1/1      Running   0          53m
```

如果此時你透過 kubectl get 查看 Kubernetes 叢集裡的 DaemonSet 物件:

```
$ kubectl get ds -n kube-system fluentd-elasticsearch
NAME                   DESIRED CURRENT READY UP-TO-DATE AVAILABLE NODE SELECTOR AGE
fluentd-elasticsearch  2       2       2     2          2         <none>        1h
```

 Tip
Kubernetes 裡比較長的 API 物件都有短名字,例如 DaemonSet 對應的是 ds,Deployment 對應的是 deploy。

就會發現 DaemonSet 和 Deployment 一樣，也有 DESIRED、CURRENT 等多個
狀態欄位。這也就意味著，DaemonSet 可以像 Deployment 那樣進行版本管
理。可以使用 kubectl rollout history 查看版本訊息：

```
$ kubectl rollout history daemonset fluentd-elasticsearch -n kube-system
daemonsets "fluentd-elasticsearch"
REVISION  CHANGE-CAUSE
1         <none>
```

接下來，把 DaemonSet 的容器鏡像版本升級到 v3.0.4：

```
$ kubectl set image ds/fluentd-elasticsearch
fluentd-elasticsearch=quay.io/fluentd_elasticsearch/fluentd:v3.0.4 --record -n=kube-system
```

在 kubectl set image 指令裡，第一個 fluentd-elasticsearch 是 DaemonSet
的名字，第二個 fluentd-elasticsearch 是容器的名字。

此時可以使用 kubectl rollout status 指令查看這個「滾動更新」過程，
如下所示：

```
$ kubectl rollout status ds/fluentd-elasticsearch -n kube-system
Waiting for daemon set "fluentd-elasticsearch" rollout to finish: 0 out of 2 new pods
have been updated...
Waiting for daemon set "fluentd-elasticsearch" rollout to finish: 0 out of 2 new pods
have been updated...
Waiting for daemon set "fluentd-elasticsearch" rollout to finish: 1 of 2 updated pods
are available...
daemon set "fluentd-elasticsearch" successfully rolled out
```

注意，這一次我在升級指令後面加上了 --record 參數，所以這次升級使用
的指令就會自動出現在 DaemonSet 的 rollout history 中，如下所示：

```
$ kubectl rollout history daemonset fluentd-elasticsearch -n kube-system
daemonsets "fluentd-elasticsearch"
REVISION  CHANGE-CAUSE
1         <none>
2         kubectl set image ds/fluentd-elasticsearch
fluentd-elasticsearch=quay.io/fluentd_elasticsearch/fluentd:v3.0.4
--namespace=kube-system --record=true
```

有了版本號後，就可以像 Deployment 一樣將 DaemonSet 回滾到指定的歷史版本了。

前文在講解 Deployment 物件時曾提到，Deployment 管理這些版本靠的是「一個版本對應一個 ReplicaSet 物件」。可是，DaemonSet 控制器操作的直接就是 Pod，不可能有 ReplicaSet 這樣的物件參與其中。那麼，它的這些版本是如何維護的呢？

所謂一切皆物件，在 Kubernetes 中，任何你覺得需要記錄下來的狀態，都可以用 API 物件的方式實現，「版本」自然也不例外。

Kubernetes v1.7 之後新增了一個 API 物件：ControllerRevision，專門用來記錄某種 Controller 物件的版本。例如，可以透過如下指令查看 fluentd-elasticsearch 對應的 ControllerRevision：

```
$ kubectl get controllerrevision -n kube-system -l name=fluentd-elasticsearch
NAME                             CONTROLLER                               REVISION   AGE
fluentd-elasticsearch-64dc6799c9   daemonset.apps/fluentd-elasticsearch   2          1h
```

如果使用 `kubectl describe` 查看這個 ControllerRevision 物件：

```
$ kubectl describe controllerrevision fluentd-elasticsearch-64dc6799c9 -n kube-system
Name:           fluentd-elasticsearch-64dc6799c9
Namespace:      kube-system
Labels:         controller-revision-hash=2087235575
                name=fluentd-elasticsearch
Annotations:    deprecated.daemonset.template.generation=2
                kubernetes.io/change-cause=kubectl set image ds/fluentd-elasticsearch
fluentd-elasticsearch=quay.io/fluentd_elasticsearch/fluentd:v3.0.4 --record=true
--namespace=kube-system
API Version:    apps/v1
Data:
  Spec:
    Template:
      $ Patch:  replace
      Metadata:
        Creation Timestamp:  <nil>
        Labels:
          Name:  fluentd-elasticsearch
        Spec:
```

```
       Containers:
          Image:                quay.io/fluentd_elasticsearch/fluentd:v3.0.4
          Image Pull Policy:    IfNotPresent
          Name:                 fluentd-elasticsearch
   ...
   Revision:                    2
   Events:                      <none>
```

就會看到，這個 ControllerRevision 物件實際上是在 `Data` 欄位儲存了該版本對應的完整的 DaemonSet 的 API 物件，並且在 `Annotation` 欄位儲存了建立這個物件所使用的 `kubectl` 指令。

接下來，可以嘗試將 DaemonSet 回滾到 Revision=1 時的狀態：

```
$ kubectl rollout undo daemonset fluentd-elasticsearch --to-revision=1 -n kube-system
daemonset.extensions/fluentd-elasticsearch rolled back
```

這個 `kubectl rollout undo` 操作，實際上相當於讀取了 Revision=1 的 ControllerRevision 物件儲存的 `Data` 欄位。而 `Data` 欄位裡儲存的訊息，就是 Revision=1 時這個 DaemonSet 的完整 API 物件。

所以，現在 DaemonSet Controller 就可以使用這個歷史 API 物件，對現有 DaemonSet 做一次 PATCH 操作（等價於執行一次 `kubectl apply -f` " 舊的 `DaemonSet` 物件 "），從而把 DaemonSet「更新」到一個舊版本。

這也是為什麼在執行完這次回滾後，DaemonSet 的 Revision 並不會從 Revision=2 退回到 1，而是會增加成 Revision=3。這是因為一個新的 ControllerRevision 被建立了出來。

小結

本節首先簡單介紹了 StatefulSet 的「滾動更新」，然後重點講解了本書的第 3 個重要編排物件：DaemonSet。

相比 Deployment，DaemonSet 只管理 Pod 物件，然後透過 nodeAffinity 和 Toleration 這兩個調度器的小功能，保證了每個節點上有且只有一個 Pod。這個控制器的實現原理簡單易懂，希望你能夠快速掌握。

與此同時，DaemonSet 使用 ControllerRevision 來儲存和管理自己對應的「版本」。這種針對 API 物件的設計思維，大大簡化了控制器本身的邏輯，這也正是 Kubernetes 宣告式 API 的優勢所在。

而且，相信你已經想到了，StatefulSet 也是直接控制 Pod 物件的，那麼它是否也在使用 ControllerRevision 進行版本管理呢？

沒錯。在 Kubernetes 裡，ControllerRevision 其實是通用的版本管理物件。這樣，Kubernetes 就巧妙地避免了每種控制器都要維護一套冗餘的程式碼和邏輯的問題。

5.10 ▶ 撬動離線業務：Job 與 CronJob

前面詳細介紹了 Deployment、StatefulSet 以及 DaemonSet 這三個編排概念。你有沒有發現它們的共同之處呢？

實際上，它們的主要編排物件都是「線上業務」，即長作業（long running task）。例如，前面舉例時常用的 Nginx、Tomcat 以及 MySQL 等皆是如此。這些應用程式一旦執行起來，除非出錯或者停止，它的容器行程會一直保持 Running 狀態。

但是，有一類作業顯然不滿足這樣的條件，這就是「離線業務」，也稱 Batch Job（計算業務）。這種業務在計算完成後就直接退出了，而此時如果你依然用 Deployment 來管理這種業務，就會發現 Pod 會在計算結束後退出，然後被 Deployment Controller 不斷地重啟；而像「滾動更新」這樣的編排功能，更無從談起了。

所以，在發展 Borg 時，Google 就對作業進行了分類處理，提出了 LRS（long running service）和 Batch Job 兩種作業型態，對它們進行「分別管理」和「混合調度」。不過，在 2015 年 Borg 論文剛發布時，Kubernetes 還未支援

Batch Job 的管理。直到 v1.4 之後，社群才逐步設計出了一個用來描述離線業務的 API 物件 —— Job。

Job API 物件的定義非常簡單，範例如下：

```yaml
apiVersion: batch/v1
kind: Job
metadata:
  name: pi
spec:
  template:
    spec:
      containers:
      - name: pi
        image: resouer/ubuntu-bc
        command: ["sh", "-c", "echo 'scale=10000; 4*a(1)' | bc -l "]
      restartPolicy: Never
  backoffLimit: 4
```

相信此時你已經對 Kubernetes 的 API 物件不陌生了。在這個 Job 的 YAML 檔裡，你肯定一眼就會看到一位「老朋友」：Pod 模板，即 spec.template 欄位。

在此 Pod 模板中，我定義了一個 Ubuntu 鏡像的容器（準確地說，是一個安裝了 bc 指令的 Ubuntu 鏡像），它執行的程式是：

```
echo "scale=10000; 4*a(1)" | bc -l
```

其中，bc 指令是 Linux 裡的「計算器」，-l 表示我現在要使用標準數學函式庫，而 a(1) 是呼叫數學函式庫中的 arctangent 函數，計算 atan(1)。這是什麼意思呢？

中學知識告訴我們：tan(π/4) = 1。所以，4*atan(1) 正好就是 π，也就是 3.1415926...。

所以，這其實是一個計算 π 值的容器。透過 scale=10000，我指定了輸出的小數點後的位數是 10 000。在我的電腦上，這個計算大概用時 1 分 54 秒。

但是，跟其他控制器不同，Job 物件並不要求你定義一個 `spec.selector` 來描述要控制哪些 Pod。具體原因稍後解釋。

現在，就可以建立這個 Job 了：

```
$ kubectl create -f job.yaml
```

建立成功後，查看一下這個 Job 物件，如下所示：

```
$ kubectl describe jobs/pi
Name:           pi
Namespace:      default
Selector:       controller-uid=c2db599a-2c9d-11e6-b324-0209dc45a495
Labels:         controller-uid=c2db599a-2c9d-11e6-b324-0209dc45a495
                job-name=pi
Annotations:    <none>
Parallelism:    1
Completions:    1
...
Pods Statuses:  0 Running / 1 Succeeded / 0 Failed
Pod Template:
  Labels:       controller-uid=c2db599a-2c9d-11e6-b324-0209dc45a495
                job-name=pi
  Containers:
  ...
  Volumes:              <none>
Events:
  FirstSeen LastSeen Count From              SubobjectPath Type    Reason          Message
  --------- -------- ----- ----              ------------- ----    ------          -------
  1m        1m       1     {job-controller }               Normal  SuccessfulCreate Created pod: pi-rq5rl
```

可以看到，在這個 Job 物件建立後，它的 Pod 模板被自動加上了一個 `controller-uid=<` 一個隨機字串 `>` 這樣的 Label。而這個 Job 物件本身被自動加上了這個 Label 對應的 Selector，從而保證了 Job 與它所管理的 Pod 之間的匹配關係。

Job Controller 之所以要使用這種攜帶了 UID 的 Label，旨在避免不同 Job 物件所管理的 Pod 發生重合。需要注意的是，這種自動生成的 Label 對使用者來說並不友好，所以不太適合推廣到 Deployment 等長作業編排物件上。

接下來，可以看到這個 Job 建立的 Pod 進入了 Running 狀態，這意味著它正在計算 π 的值。

```
$ kubectl get pods
NAME                         READY    STATUS     RESTARTS   AGE
pi-rq5rl                     1/1      Running    0          10s
```

幾分鐘後計算結束，這個 Pod 就會進入 Completed 狀態：

```
$ kubectl get pods
NAME                         READY    STATUS       RESTARTS   AGE
pi-rq5rl                     0/1      Completed    0          4m
```

這也是需要在 Pod 模板中定義 restartPolicy=Never 的原因：離線計算的 Pod 永遠不應該被重啟，否則它們會再重新計算一遍。

> **Tip**
>
> 事實上，restartPolicy 在 Job 物件裡只允許設定為 Never 和 OnFailure；而在 Deployment 物件裡，restartPolicy 只允許設定為 Always。

此時，我們透過 kubectl logs 查看這個 Pod 的日誌，就可以看到計算得到的 π 值已經被列印出來了：

```
$ kubectl logs pi-rq5rl
3.14159265358979323846264643383279...
```

此時，你一定會想到一個問題：如果這個離線作業失敗了該怎麼辦？

例如，我們在這個例子中定義了 restartPolicy=Never，那麼離線作業失敗後 Job Controller 就會不斷嘗試建立一個新 Pod，如下所示：

```
$ kubectl get pods
NAME                         READY    STATUS              RESTARTS   AGE
pi-55h89                     0/1      ContainerCreating   0          2s
pi-tqbcz                     0/1      Error               0          5s
```

可以看到，此時會不斷有新 Pod 被建立出來。

當然，這個嘗試肯定不能無限進行下去。所以，我們就在 Job 物件的 `spec.backoffLimit` 欄位裡定義了重試次數為 4（`backoffLimit=4`），而這個欄位的預設值是 6。

需要注意的是，Job Controller 重新建立 Pod 的間隔是呈指數級增加的，即下一次重新建立 Pod 的動作會分別發生在 10s、20s、40s⋯⋯後。而如果你定義 `restartPolicy=OnFailure`，那麼離線作業失敗後，Job Controller 就不會嘗試建立新的 Pod，而會不斷嘗試重啟 Pod 裡的容器。這也正好對應了 `restartPolicy` 的含義。

如前所述，當一個 Job 的 Pod 執行結束後，它會進入 Completed 狀態。但是，如果這個 Pod 因為某種原因一直不肯結束呢？

在 Job 的 API 物件裡，有一個 `spec.activeDeadlineSeconds` 欄位可以限制執行時長，例如：

```
spec:
  backoffLimit: 5
  activeDeadlineSeconds: 100
```

一旦執行超過 100 s，這個 Job 的所有 Pod 都會被終止。並且，你可以在 Pod 的狀態裡看到終止的原因：`reason: DeadlineExceeded`。

以上就是一個 Job API 物件最主要的概念和用法了。不過，離線業務之所以被稱為 Batch Job，當然是因為它們可以以「Batch」也就是並行的方式執行。

接下來就來講解 Job Controller 對並行作業的控制方法。

在 Job 物件中，負責並行控制的參數有兩個。

(1) `spec.parallelism`，定義的是一個 Job 在任意時間最多可以啟動多少個 Pod 同時執行。

(2) `spec.completions`，定義的是 Job 至少要完成的 Pod 數目，即 Job 的最小完成數。

這兩個參數聽起來有點抽象，下面舉例說明。

現在，我在之前計算 π 值的 Job 裡新增這兩個參數：

```yaml
apiVersion: batch/v1
kind: Job
metadata:
  name: pi
spec:
  parallelism: 2
  completions: 4
  template:
    spec:
      containers:
      - name: pi
        image: resouer/ubuntu-bc
        command: ["sh", "-c", "echo 'scale=5000; 4*a(1)' | bc -l "]
      restartPolicy: Never
  backoffLimit: 4
```

這樣就指定了這個 Job 的最大並行數是 2，而最小完成數是 4。

接下來建立 Job 物件：

```
$ kubectl create -f job.yaml
```

可以看到，Job 其實也維護了兩個狀態欄位：DESIRED 和 SUCCESSFUL，如下所示：

```
$ kubectl get job
NAME      DESIRED   SUCCESSFUL   AGE
pi        4         0            3s
```

其中，DESIRED 的值正是 completions 定義的最小完成數。

然後，可以看到，這個 Job 首先建立了兩個並行執行的 Pod 來計算 π 值：

```
$ kubectl get pods
NAME          READY     STATUS     RESTARTS    AGE
```

```
pi-5mt88    1/1       Running   0           6s
pi-gmcq5    1/1       Running   0           6s
```

在 40 s 後，這兩個 Pod 相繼完成了計算。這時可以看到，每當有一個 Pod 完成計算進入 Completed 狀態，就會有一個新的 Pod 被自動建立出來，並且快速地從 Pending 狀態進入 ContainerCreating 狀態：

```
$ kubectl get pods
NAME        READY     STATUS            RESTARTS    AGE
pi-gmcq5    0/1       Completed         0           40s
pi-84ww8    0/1       Pending           0           0s
pi-5mt88    0/1       Completed         0           41s
pi-62rbt    0/1       Pending           0           0s

$ kubectl get pods
NAME        READY     STATUS            RESTARTS    AGE
pi-gmcq5    0/1       Completed         0           40s
pi-84ww8    0/1       ContainerCreating 0           0s
pi-5mt88    0/1       Completed         0           41s
pi-62rbt    0/1       ContainerCreating 0           0s
```

緊接著，Job Controller 第二次建立出來的兩個並行的 Pod 也進入了 Running 狀態：

```
$ kubectl get pods
NAME        READY     STATUS            RESTARTS    AGE
pi-5mt88    0/1       Completed         0           54s
pi-62rbt    1/1       Running           0           13s
pi-84ww8    1/1       Running           0           14s
pi-gmcq5    0/1       Completed         0           54s
```

最終，後面建立的這兩個 Pod 也完成了計算，進入了 Completed 狀態。

這時，由於所有 Pod 均已經成功退出，這個 Job 也就執行完了，因此你會看到它的 SUCCESSFUL 欄位的值變成了 4：

```
$ kubectl get pods
NAME         READY     STATUS       RESTARTS    AGE
pi-5mt88     0/1       Completed    0           5m
pi-62rbt     0/1       Completed    0           4m
pi-84ww8     0/1       Completed    0           4m
pi-gmcq5     0/1       Completed    0           5m

$ kubectl get job
NAME      DESIRED    SUCCESSFUL    AGE
pi        4          4             5m
```

透過上述 Job 的 DESIRED 和 SUCCESSFUL 欄位的關係，就很容易理解 Job Controller 的工作原理了。

首先，Job Controller 控制的物件直接就是 Pod。

其次，Job Controller 在控制循環中進行的調諧操作，是根據實際在 Running 狀態 Pod 的數目、已經成功退出的 Pod 的數目，以及 parallelism、completions 參數的值，共同計算出在這個週期裡應該建立或刪除的 Pod 數目，然後呼叫 Kubernetes API 來執行這個操作。

以建立 Pod 為例。在上面計算 π 值的例子中，當 Job 一開始建立出來時，實際處於 Running 狀態的 Pod 數目為 0，已經成功退出的 Pod 數目為 0，而使用者定義的 completions，也就是最終使用者需要的 Pod 數目為 4。

所以，此時需要建立的 Pod 數目 = 最終需要的 Pod 數目　實際在 Running 狀態 Pod 數目　已經成功退出的 Pod 數目 = 4　0　0 = 4。也就是說，Job Controller 需要建立 4 個 Pod 來糾正這個不一致狀態。

可是，我們又定義了這個 Job 的 parallelism=2。也就是說，我們規定了每次並發建立的 Pod 個數不能超過 2。所以，Job Controller 會修正前面的計算結果，修正後的期望建立的 Pod 數目應該是 2。此時，Job Controller 就會並發地向 kube-apiserver 發起兩個建立 Pod 的請求。

類似地，如果在這次調諧週期裡，Job Controller 發現實際在 Running 狀態的 Pod 數目比 parallelism 大，它就會刪除一些 Pod 來使兩者相等。

綜上所述，Job Controller 實際上控制了作業執行的並行度（`parallelism`），以及總共需要完成的任務數（`completions`）這兩個重要參數。而在實際使用時，你需要根據作業的特性來決定並行度和任務數的合理取值。

接下來解釋三種常用的 Job 物件的使用方法。

第一種用法，也是最簡單粗暴的用法：外部管理器 +Job 模板。

這種模式的特定用法是：把 Job 的 YAML 檔定義為一個「模板」，然後用一個外部工具控制這些「模板」來生成 Job。這時，Job 的定義方式如下所示：

```yaml
apiVersion: batch/v1
kind: Job
metadata:
  name: process-item-$ITEM
  labels:
    jobgroup: jobexample
spec:
  template:
    metadata:
      name: jobexample
      labels:
        jobgroup: jobexample
    spec:
      containers:
      - name: c
        image: busybox
        command: ["sh", "-c", "echo Processing item $ITEM && sleep 5"]
      restartPolicy: Never
```

可以看到，我們在這個 Job 的 YAML 裡定義了 $ITEM 這樣的「變數」。

所以，在控制這種 Job 時，只要注意如下兩個方面即可。

(1) 建立 Job 時，取代 $ITEM 這樣的變數。

(2) 所有來自同一個模板的 Job，都有一個 `jobgroup: jobexample` 標籤，也就是說，這一組 Job 使用這樣一個相同的標識。

實現方式非常簡單。例如，可以透過這樣一句 shell 取代 $ITEM：

```
$ mkdir ./jobs
$ for i in apple banana cherry
do
  cat job-tmpl.yaml | sed "s/\$ITEM/$i/" > ./jobs/job-$i.yaml
done
```

這樣，一組來自同一個模板的不同 Job 的 YAML 就生成了。接下來，就可以透過一句 kubectl create 指令建立這些 Job 了：

```
$ kubectl create -f ./jobs
$ kubectl get pods -l jobgroup=jobexample
NAME                        READY   STATUS      RESTARTS   AGE
process-item-apple-kixwv    0/1     Completed   0          4m
process-item-banana-wrsf7   0/1     Completed   0          4m
process-item-cherry-dnfu9   0/1     Completed   0          4m
```

這個模式看起來雖然很「笨拙」，卻是 Kubernetes 社群裡使用 Job 的一個普遍模式。

原因很簡單：大多數使用者在需要管理 Batch Job 時，都已經有了一套自己的方案，需要做的往往就是整合工作。此時，Kubernetes 對這些方案來說最有價值的就是 Job 這個 API 物件。所以，只需要編寫一個外部工具（等同於我們這裡的 for 循環）來管理這些 Job 即可。

這種模式最典型的應用程式，就是 TensorFlow 社群的 KubeFlow。很容易理解，在這種模式下使用 Job 物件，completions 和 parallelism 這兩個欄位都應該使用預設值 1，而不應該由我們自行設定。而作業 Pod 的並行控制應該完全交由外部工具來進行管理（例如 KubeFlow）。

第二種用法：擁有固定任務數目的並行 Job。

在這種模式下，我只關心最後是否有指定數目（spec.completions）的任務成功退出，而不關心執行時的並行度。

例如，前面這個計算 π 值的例子就是這樣一個典型的、擁有固定任務數目（completions=4）的應用程式場景。它的 parallelism 值是 2；或者，你可以乾脆不指定 parallelism，直接使用預設的並行度（1）。

此外，還可以使用一個工作佇列（work queue）進行任務分發。這時，Job 的 YAML 檔定義如下所示：

```yaml
apiVersion: batch/v1
kind: Job
metadata:
  name: job-wq-1
spec:
  completions: 8
  parallelism: 2
  template:
    metadata:
      name: job-wq-1
    spec:
      containers:
      - name: c
        image: myrepo/job-wq-1
        env:
        - name: BROKER_URL
          value: amqp://guest:guest@rabbitmq-service:5672
        - name: QUEUE
          value: job1
      restartPolicy: OnFailure
```

可以看到，它的 completions 的值是 8，這意味著我們總共要處理的任務數目是 8。換言之，總共有 8 個任務會被逐一放入工作佇列裡（你可以執行一個外部小程式，作為生產者來提交任務）。

在這個實例中，我選擇充當工作佇列的是一個在 Kubernetes 裡執行的 RabbitMQ。所以，我們需要在 Pod 模板裡定義 BROKER_URL 來作為消費者。

一旦你用 kubectl create 建立了這個 Job，它就會以並發度為 2 的方式，每兩個 Pod 一組建立出 8 個 Pod。每個 Pod 都會去連接 BROKER_URL，從 RabbitMQ 裡讀取任務，然後各自進行處理。這個 Pod 裡的執行邏輯可以用這樣一段虛擬碼來表示：

```
/* job-wq-1 的虛擬碼 */
queue := newQueue($BROKER_URL, $QUEUE)
task := queue.Pop()
process(task)
exit
```

可以看到,每個 Pod 只需要讀取任務訊息,處理完成,然後退出即可。而作為使用者,我只關心最終一共有 8 個計算任務啟動並且退出,只要這個目標實現,我就認為整個 Job 處理完成了。所以,這種用法對應的是「任務總數固定」的場景。

第三種也是很常見的一個用法:指定並行度,但不設定固定的 completions 的值。

此時,你必須自己決定何時啟動新 Pod,何時 Job 才算執行完成。在這種情況下,任務的總數是未知的,所以你不僅需要一個工作佇列來負責任務分發,還需要能夠判斷工作佇列已經為空(所有工作已經結束)。

此時,Job 的定義基本上沒變,只不過不再需要定義 completions 的值了:

```yaml
apiVersion: batch/v1
kind: Job
metadata:
  name: job-wq-2
spec:
  parallelism: 2
  template:
    metadata:
      name: job-wq-2
    spec:
      containers:
      - name: c
        image: gcr.io/myproject/job-wq-2
        env:
        - name: BROKER_URL
          value: amqp://guest:guest@rabbitmq-service:5672
        - name: QUEUE
          value: job2
      restartPolicy: OnFailure
```

而對應的 Pod 的邏輯會稍微複雜一些，可以用如下一段虛擬碼來描述：

```
/* job-wq-2 的虛擬碼 */
for !queue.IsEmpty($BROKER_URL, $QUEUE) {
  task := queue.Pop()
  process(task)
}
print("Queue empty, exiting")
exit
```

由於任務總數不固定，因此每一個 Pod 必須能夠知道自己何時可以退出。例如，在這個例子中，我簡單地以「佇列為空」作為任務全部完成的標誌。因此這種用法對應的是「任務總數不固定」的場景。

不過，在實際的應用程式中，你需要處理的條件往往會非常複雜。例如，任務完成後的輸出、每個任務 Pod 之間是否有資源的競爭和協同等。

所以，本節不再深入探究 Job 的用法。這是因為在實際場景裡，如果不是用第一種用法來自己管理作業，那就是這些任務 Pod 之間的關係並不那麼「單純」，甚至還是「有狀態應用程式」（例如任務的輸入 / 輸出是在 PV 裡）。在這種情況下，後文重點講解的 Operator，加上 Job 物件，可能才能更加滿足實際離線任務的編排需求。

最後，介紹一個非常有用的 Job 物件：CronJob。

顧名思義，CronJob 描述的是定時任務。它的 API 物件如下所示：

```
apiVersion: batch/v1beta1
kind: CronJob
metadata:
  name: hello
spec:
  schedule: "*/1 * * * *"
  jobTemplate:
    spec:
      template:
        spec:
          containers:
          - name: hello
```

```
            image: busybox
            args:
            - /bin/sh
            - -c
            - date; echo Hello from the Kubernetes cluster
          restartPolicy: OnFailure
```

在這個 YAML 檔中，最重要的關鍵字就是 `jobTemplate`。看到它，你一定會恍然大悟，原來 CronJob 是一個 Job 物件的控制器！

沒錯，CronJob 與 Job 的關係正如同 Deployment 與 Pod 的關係一樣。CronJob 是一個專門用來管理 Job 物件的控制器。只不過，它建立和刪除 Job 的依據是 `schedule` 欄位定義的、一個標準的 Unix Cron 格式的表達式。

例如，`"*/1 * * * *"`。這個 Cron 表達式裡 `*/1` 中的 `*` 表示從 0 開始，`/` 表示「每」，`1` 表示偏移量。所以，它的意思就是：從 0 開始，每 1 個時間單位執行一次。

那麼，時間單位又是什麼？Cron 表達式中的 5 個部分分別代表：分鐘、小時、日、月、星期。所以，上面這句 Cron 表達式的意思是：從目前開始，每分鐘執行一次。

而這裡要執行的內容就是 `jobTemplate` 定義的 Job。所以，這個 CronJob 物件在建立 1 分鐘後，就會有一個 Job 產生，如下所示：

```
$ kubectl create -f ./cronjob.yaml
cronjob "hello" created

# 1 分鐘後
$ kubectl get jobs
NAME              DESIRED    SUCCESSFUL    AGE
hello-4111706356  1          1             2s
```

此時，CronJob 物件會記錄下這次 Job 執行的時間：

```
$ kubectl get cronjob hello
NAME     SCHEDULE      SUSPEND    ACTIVE    LAST-SCHEDULE
hello    */1 * * * *   False      0         Thu, 6 Sep 2018 14:34:00 -070
```

需要注意的是，由於定時任務的特殊性，很可能某個 Job 還沒有執行完，另外一個新 Job 就產生了。此時，你可以透過 `spec.concurrencyPolicy` 欄位來定義具體的處理策略。例如：

(1) `concurrencyPolicy=Allow`，這是預設情況，它意味著這些 Job 可以同時存在；

(2) `concurrencyPolicy=Forbid`，這意味著不會建立新的 Pod，該建立週期被跳過；

(3) `concurrencyPolicy=Replace`，這意味著新產生的 Job 會取代舊的、未執行完的 Job。

而如果某一次 Job 建立失敗，這次建立就會被標記為「miss」。當在指定的時間視窗內 miss 的數目達到 100 時，CronJob 會停止再建立這個 Job。

這個時間視窗可以由 `spec.startingDeadlineSeconds` 欄位指定。例如 `starting-DeadlineSeconds=200`，意味著在過去 200 s 裡，如果 miss 的數目達到了 100，那麼這個 Job 就不會被建立執行了。

小結

本節主要介紹了 Job 這個離線業務的編排方法，講解了 `completions` 和 `parallelism` 欄位的含義，以及 Job Controller 的執行原理。

緊接著，我們透過實例展示了 Job 物件三種常見的使用方法。但是，根據我在社群和生產環境中的經驗，大多數情況下使用者還是傾向於自己控制 Job 物件。所以，相比於這些固定的「模式」，掌握 Job 的 API 物件和它各個欄位的準確含義更加重要。

最後，我們還介紹了一種 Job 的控制器：CronJob。這也印證了前文所說的：用一個物件控制另一個物件，是 Kubernetes 作業編排中常見的設計模式。

5.11 ▶ 宣告式 API 與 Kubernetes 編程範式

前面講解了 Kubernetes 的很多 API 物件。這些 API 物件有的用來描述應用程式，有的則是為應用程式提供各種服務。但是，無一例外，為了利用這些 API 物件提供的能力，都需要編寫一個對應的 YAML 檔交給 Kubernetes。

這個 YAML 檔正是 Kubernetes 宣告式 API 必須具備的一個要素。不過，只要用 YAML 檔代替了命令列操作，就是宣告式 API 了嗎？

舉個例子。我們知道，Docker Swarm 的編排操作都是基於命令列的，例如：

```
$ docker service create --name nginx --replicas 2  nginx
$ docker service update --image nginx:1.7.9 nginx
```

上面的兩條指令就是用 Docker Swarm 啟動了兩個 Nginx 容器實例。其中，第一條 create 指令建立了這兩個容器，而第二條 update 指令把它們「滾動更新」為一個新鏡像。這種使用方式就稱為指令式命令列操作。

那麼，像上面這樣建立和更新兩個 Nginx 容器的操作，在 Kubernetes 裡該怎麼做呢？相信你對這個流程已經非常熟悉了：我們需要在本機編寫一個 Deployment 的 YAML 檔：

```
apiVersion: apps/v1
kind: Deployment
metadata:
  name: nginx-deployment
spec:
  selector:
    matchLabels:
      app: nginx
  replicas: 2
  template:
    metadata:
      labels:
        app: nginx
    spec:
      containers:
      - name: nginx
```

```
    image: nginx
    ports:
    - containerPort: 80
```

然後，還需要使用 `kubectl create` 指令在 Kubernetes 裡建立 Deployment 物件：

```
$ kubectl create -f nginx.yaml
```

這樣，兩個 Nginx 的 Pod 就會執行起來了。

如果要更新這兩個 Pod 使用的 Nginx 鏡像，該怎麼辦呢？前面曾經使用 `kubectl set image` 和 `kubectl edit` 指令直接修改 Kubernetes 裡的 API 物件。不過，相信很多人有這樣的想法：能否透過修改本機 YAML 檔來完成這個操作呢？這樣改動就會體現在這個本機 YAML 檔裡了。

當然可以。例如，我們可以修改這個 YAML 檔裡的 Pod 模板部分，把 Nginx 容器的鏡像版本改成 1.7.9，如下所示：

```
...
    spec:
      containers:
      - name: nginx
        image: nginx:1.7.9
```

接下來，我們就可以執行一句 `kubectl replace` 操作，來完成 Deployment 的更新：

```
$ kubectl replace -f nginx.yaml
```

可是，上面這種基於 YAML 檔的操作方式是「宣告式 API」嗎？

並不是。上面這種先 `kubectl create`，再 `kubectl replace` 的操作，稱為指令式配置檔操作。也就是說，它的處理方式其實跟前面 Docker Swarm 的兩句指令沒有本質區別。只不過，它是把 Docker 命令列裡的參數寫在了配置檔裡而已。

那麼，到底什麼才是「宣告式 API」呢？

答案是，kubectl apply 指令。前面曾提到 kubectl apply 指令，並推薦使用它來代替 kubectl create 指令。

下面我就使用 kubectl apply 指令來建立這個 Deployment：

```
$ kubectl apply -f nginx.yaml
```

這樣，Nginx 的 Deployment 就被建立了出來，這看起來跟 kubectl create 的效果一樣。

然後，修改 nginx.yaml 裡定義的鏡像：

```
...
    spec:
      containers:
      - name: nginx
        image: nginx:1.7.9
```

此時關鍵點來了。在修改完這個 YAML 檔之後，我不再使用 kubectl replace 指令進行更新，而是繼續執行一條 kubectl apply 指令，即：

```
$ kubectl apply -f nginx.yaml
```

這時，Kubernetes 就會立即觸發 Deployment 的「滾動更新」。

可是，它跟 kubectl replace 指令有什麼本質區別嗎？實際上，可以簡單地理解為，kubectl replace 的執行過程是使用新的 YAML 檔中的 API 物件取代原有的 API 物件，而 kubectl apply 是執行了一個對原有 API 物件的 PATCH 操作。

> **Tip**
>
> 類似地，kubectl set image 和 kubectl edit 也是對已有 API 物件的修改。

更進一步，這意味著 kube-apiserver 在響應指令式請求（例如 kubectl replace）時，一次只能處理一個寫入請求，否則可能產生衝突。而對於宣告式請求（例如 kubectl apply），一次能處理多個寫操作，並且具備 Merge 能力。

可能一開始覺得這種區別沒那麼重要。而且，正是由於要考慮這樣的 API 設計，做同樣一件事情，Kubernetes 需要的步驟往往要比其他產品多不少。但是，如果仔細思考 Kubernetes 的工作流程，就不難發現這種宣告式 API 的獨到之處。

接下來以 Istio 為例，說明宣告式 API 在實際使用時的重要意義。

2017 年 5 月，Google、IBM 和 Lyft 公司共同宣布了 Istio 開源專案的誕生。很快地，Istio 就在技術圈掀起了一波「微服務」的熱潮，把 Service Mesh 這個新的編排概念推到了風口浪尖。

Istio 實際上就是一個基於 Kubernetes 的微服務管理框架。它的架構非常清晰，如圖 5-7 所示。

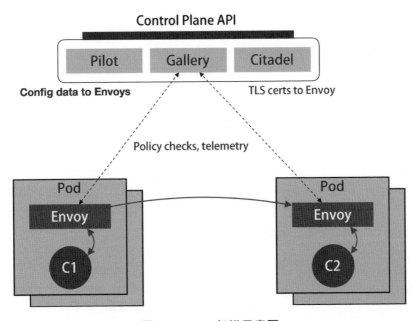

圖 5-7　Istio 架構示意圖

在圖 5-7 中，不難看出 Istio 架構的核心所在。Istio 最根本的元件是在每一個應用程式 Pod 裡執行的 Envoy 容器。

Envoy 是 Lyft 公司推出的一個高性能 C++ 網路代理，也是 Lyft 公司對 Istio 的唯一貢獻。

Istio 則以 sidecar 容器的方式，在每一個被管理的應用程式 Pod 中執行代理服務。我們知道，Pod 裡的所有容器都共享一個 Network Namespace。所以，Envoy 容器就能夠透過配置 Pod 裡的 iptables 規則接管整個 Pod 的進出流量。這樣，Istio 的控制層裡的 Pilot 元件就能夠透過呼叫每個 Envoy 容器的 API，來對這個 Envoy 代理進行配置，從而實現微服務管理。

假設 Istio 架構圖左邊的 Pod 是已經在執行的應用程式，右邊的 Pod 是剛剛上線的應用程式新版本。此時，Pilot 透過調節這兩個 Pod 裡的 Envoy 容器的配置，從而將 90% 的流量分配給舊版本的應用程式，將 10% 的流量分配給新版本應用程式，並且還可以在後續的過程中隨時調整。這樣，一個典型的「灰度發布」的場景就完成了。例如，Istio 可以調節這個流量從 90%　10%，改到 80%　20%，再到 50%　50%，最後到 0%　100%，就完成了這個灰度發布的過程。

更重要的是，在整個微服務管理過程中，無論是對 Envoy 容器的部署，還是像上面這樣對 Envoy 代理的配置，使用者和應用程式都是完全「無感」的。

這時候，你可能會有所疑惑：Istio 明明需要在每個 Pod 裡安裝一個 Envoy 容器，又如何做到「無感」的呢？實際上，Istio 使用的是 Kubernetes 中一項非常重要的功能：Dynamic Admission Control。

在 Kubernetes 中，當一個 Pod 或者任何一個 API 物件被提交給 API Server 之後，總有一些「初始化」性質的工作需要在它們被 Kubernetes 正式處理之前完成。例如，自動為所有 Pod 加上某些標籤。

這個「初始化」操作的實現，借助的是一個叫作 Admission 的功能。它其實是 Kubernetes 裡一組被稱為 Admission Controller 的程式碼，可以選擇性地被編譯進 API Server 中，在 API 物件建立之後會被立刻呼叫。

但這就意味著，如果現在想新增一些自己的規則到 Admission Controller，就會比較困難。這是因為，這要求重新編譯並重啟 API Server。顯然，這種使用方法對 Istio 來說影響太大了。

所以，Kubernetes 額外提供了一種「熱插拔」式的 Admission 機制，它就是 Dynamic Admission Control，也稱 Initializer。

舉個例子，有如下所示的一個應用程式 Pod：

```yaml
apiVersion: v1
kind: Pod
metadata:
  name: myapp-pod
  labels:
    app: myapp
spec:
  containers:
  - name: myapp-container
    image: busybox
    command: ['sh', '-c', 'echo Hello Kubernetes! && sleep 3600']
```

可以看到，這個 Pod 裡只有一個使用者容器：`myapp-container`。

接下來，Istio 要做的就是在這個 Pod YAML 被提交給 Kubernetes 之後，在它對應的 API 物件裡自動加上 Envoy 容器的配置，使這個物件變成如下所示的樣子：

```yaml
apiVersion: v1
kind: Pod
metadata:
  name: myapp-pod
  labels:
    app: myapp
spec:
  containers:
  - name: myapp-container
    image: busybox
    command: ['sh', '-c', 'echo Hello Kubernetes! && sleep 3600']
  - name: envoy
    image: lyft/envoy:845747b88f102c0fd262ab234308e9e22f693a1
```

```
command: ["/usr/local/bin/envoy"]
.**...**
```

可以看到，在被 Istio 處理後的這個 Pod 裡，除了使用者自己定義的 `myapp-container` 容器，還多出了一個叫作 `envoy` 的容器，它就是 Istio 要使用的 Envoy 代理。

那麼，Istio 是如何在使用者完全不知情的前提下，完成這個操作的呢？ Istio 要做的就是編寫一個用來為 Pod「自動注入」Envoy 容器的 Initializer。

首先，Istio 會將這個 Envoy 容器本身的定義以 ConfigMap 的方式儲存在 Kubernetes 當中。這個 ConfigMap（`envoy-initializer`）的定義如下所示：

```yaml
apiVersion: v1
kind: ConfigMap
metadata:
  name: envoy-initializer
data:
  config: |
    containers:
      - name: envoy
        image: lyft/envoy:845747db88f102c0fd262ab234308e9e22f693a1
        command: ["/usr/local/bin/envoy"]
        args:
          - "--concurrency 4"
          - "--config-path /etc/envoy/envoy.json"
          - "--mode serve"
        ports:
          - containerPort: 80
            protocol: TCP
        resources:
          limits:
            cpu: "1000m"
            memory: "512Mi"
          requests:
            cpu: "100m"
            memory: "64Mi"
        volumeMounts:
          - name: envoy-conf
            mountPath: /etc/envoy
```

```
    volumes:
      - name: envoy-conf
        configMap:
          name: envoy
```

相信你已經注意到了，這個 ConfigMap 的 `data` 部分正是一個 Pod 物件的一部分定義。其中可以看到 Envoy 容器對應的 `containers` 欄位，以及一個用來宣告 Envoy 配置檔的 `volumes` 欄位。

不難想到，Initializer 要做的就是把這部分 Envoy 相關的欄位，自動新增到使用者提交的 Pod 的 API 物件裡。可是，使用者提交的 Pod 裡本來就有 `containers` 欄位和 `volumes` 欄位，所以 Kubernetes 在處理這樣的更新請求時，必須使用類似於 `git merge` 這樣的操作，才能將這兩部分內容合併在一起。所以，在 Initializer 更新使用者的 Pod 物件時，必須使用 PATCH API 來完成。而這種 PATCH API 正是宣告式 API 最主要的能力。

接下來，Istio 將一個編寫好的 Initializer 作為一個 Pod 部署在 Kubernetes 中。這個 Pod 的定義非常簡單，如下所示：

```
apiVersion: v1
kind: Pod
metadata:
  labels:
    app: envoy-initializer
  name: envoy-initializer
spec:
  containers:
    - name: envoy-initializer
      image: envoy-initializer:0.0.1
      imagePullPolicy: Always
```

可以看到，這個 `envoy-initializer` 使用的 `envoy-initializer:0.0.1` 鏡像，就是一件事先編寫好的**自訂控制器**（custom controller），下一節會講解它的編寫方法。這裡先解釋這個控制器的主要功能。

前面講過，一個 Kubernetes 的控制器實際上就是一個「死循環」：它不斷地取得「實際狀態」，然後與「期望狀態」做比較，並據此決定下一步操作。

Initializer 的控制器不斷取得的「實際狀態」就是使用者新建立的 Pod，而它的「期望狀態」是這個 Pod 裡被新增了 Envoy 容器的定義。

下面用一段 Go 語言風格的虛擬碼來描述這個控制邏輯，如下所示：

```
for {
  // 取得新建立的 Pod
  pod := client.GetLatestPod()
  // Diff 一下，檢查是否已經初始化過
  if !isInitialized(pod) {
    // 沒有就初始化
    doSomething(pod)
  }
}
```

- 如果這個 Pod 裡面已經新增過 Envoy 容器，則「放過」這個 Pod，進入下一個檢查週期。

- 如果還沒有新增過 Envoy 容器，它就會進行 Initialize 操作，即修改該 Pod 的 API 物件（doSomething 函數）。

此時你應該立刻能想到，Istio 要往這個 Pod 裡合併的欄位，正是我們之前儲存在 envoy-initializer 這個 ConfigMap 裡的資料（它的 data 欄位的值）。

所以，在 Initializer 控制器的工作邏輯裡，它首先會從 API Server 中取得這個 ConfigMap：

```
func doSomething(pod) {
  cm := client.Get(ConfigMap, "envoy-initializer")
}
```

然後，把這個 ConfigMap 裡儲存的 containers 欄位和 volumes 欄位直接新增到一個空的 Pod 物件裡：

```
func doSomething(pod) {
  cm := client.Get(ConfigMap, "envoy-initializer")

  newPod := Pod{}
  newPod.Spec.Containers = cm.Containers
  newPod.Spec.Volumes = cm.Volumes
}
```

現在，關鍵點來了。Kubernetes 的 API 提供了一個方法，讓我們可以直接使用新舊兩個 Pod 物件生成一個 TwoWayMergePatch：

```go
func doSomething(pod) {
  cm := client.Get(ConfigMap, "envoy-initializer")

  newPod := Pod{}
  newPod.Spec.Containers = cm.Containers
  newPod.Spec.Volumes = cm.Volumes

  // 生成 patch 資料
  patchBytes := strategicpatch.CreateTwoWayMergePatch(pod, newPod)

  // 發起 PATCH 請求，修改這個 Pod 物件
  client.Patch(pod.Name, patchBytes)
}
```

有了這個 TwoWayMergePatch 之後，Initializer 的程式碼就可以使用這個 patch 的資料，呼叫 Kubernetes 的 Client，發起一個 PATCH 請求。這樣，一個使用者提交的 Pod 物件裡，就會被自動加上 Envoy 容器相關的欄位。

當然，Kubernetes 還允許你透過配置，來指定要對什麼樣的資源進行 Initialize 操作，範例如下：

```yaml
apiVersion: admissionregistration.k8s.io/v1alpha1
kind: InitializerConfiguration
metadata:
  name: envoy-config
initializers:
  // 這個名字必須至少包括兩個「.」
  - name: envoy.initializer.kubernetes.io
    rules:
      - apiGroups:
          - "" // 前面說過，"" 就是 core API Group 的意思
        apiVersions:
          - v1
        resources:
          - pods
```

這個配置意味著 Kubernetes 要對所有 Pod 進行 Initialize 操作，並且，我們指定了負責這個操作的 Initializer 叫作 `envoy-initializer`。而一旦 `InitializerConfiguration` 被建立，Kubernetes 就會把這個 Initializer 的名字加在所有新建立的 Pod 的 Metadata 上，格式如下所示：

```
apiVersion: v1
kind: Pod
metadata:
  initializers:
    pending:
      - name: envoy.initializer.kubernetes.io
  name: myapp-pod
  labels:
    app: myapp
...
```

可以看到，每一個新建立的 Pod 都自動攜帶了 `metadata.initializers.pending` 的 Metadata 訊息。

這個 Metadata 正是接下來 Initializer 的控制器，判斷這個 Pod 是否執行過自己所負責的初始化操作的重要依據（也就是前面虛擬碼中 `isInitialized()` 方法的含義）。

這也就意味著，當你在 Initializer 裡完成了要進行的操作後，一定要記得清除這個 `metadata.initializers.pending` 標誌。在編寫 Initializer 程式碼時一定要注意這一點。

此外，除了上面的配置方法，還可以在具體的 Pod 的 Annotation 裡新增一個如下所示的欄位，從而宣告要使用某個 Initializer：

```
apiVersion: v1
kind: Pod
metadata
  annotations:
    "initializer.kubernetes.io/envoy": "true"
    ...
```

在這個 Pod 裡，我們新增一個 Annotation，寫明：`initializer.kubernetes.io/envoy=true`。這樣就會使用到前面所定義的 `envoy-initializer`。

以上就是關於 Initializer 最基本的工作原理和使用方法。相信此時你已經明白，Istio 的核心就是由無數個在應用程式 Pod 中執行的 Envoy 容器組成的服務代理網格。這也正是 Service Mesh 的含義。

這個機制得以實現，是借助了 Kubernetes 能夠對 API 物件進行線上更新的能力，這也正是 Kubernetes「宣告式 API」的獨特之處。

- 首先，所謂「宣告式」指的就是只需要提交一個定義好的 API 物件來「宣告」我所期望的狀態。

- 其次，「宣告式 API」允許有多個 API 寫端，以 PATCH 的方式對 API 物件進行修改，而無須關心本機原始 YAML 檔的內容。

- 尤其需要注意的是，在 Kubernetes 裡，不止使用者會修改 API 物件，Kubernetes 自己及其各種外掛程式（例如 HPA）也會修改 API 物件。所以這裡必須能夠處理衝突，在 Kubernetes 中這個能力已經內建到了 API Server 端，叫作 Server Side Apply。

- 最後，也是最重要的，有了上述兩項能力，Kubernetes 才可以基於對 API 物件的「增、刪、改、查」，在完全無須外界干預的情況下，完成對「實際狀態」和「期望狀態」的調諧。

因此，宣告式 API 才是 Kubernetes 編排能力「賴以生存」的核心所在，希望你能夠認真理解。

此外，不難看出，無論是對 sidecar 容器的巧妙設計，還是對 Initializer 的合理利用，Istio 的設計與實現其實都依託 Kubernetes 的宣告式 API 和它提供的各種編排能力。可以說，Istio 是在 Kubernetes 使用上的一位「集大成者」。這也是為什麼，一個 Istio 部署完成後會在 Kubernetes 裡建立大約 43 個 API 物件。所以，Kubernetes 社群也清楚：Istio 有多火熱，就說明 Kubernetes 這套「宣告式 API」有多成功。這也是 Istio 一推出就被 Google 公司和整個技術圈熱捧的重要原因。

在使用 Initializer 的流程中，最核心的步驟莫過於 Initializer「自訂控制器」
的編寫過程。它遵循的正是標準的「Kubernetes 編程範式」，即如何使用控
制器模式同 Kubernetes 裡 API 物件的「增、刪、改、查」進行協作，進而完
成使用者業務邏輯的編寫過程。

這正是後面要詳細講解的內容。

小結

本節重點講解了 Kubernetes 宣告式 API 的含義，並且透過對 Istio 的剖析，
說明了它使用 Kubernetes 的 Initializer 特性完成 Envoy 容器「自動注入」的
原理。

事實上，從「使用 Kubernetes 部署程式碼」到「使用 Kubernetes 編寫程式
碼」的蛻變過程，正是你從一個 Kubernetes 使用者到 Kubernetes 玩家的晉
級之路。

而如何理解「Kubernetes 編程範式」，如何為 Kubernetes 新增自訂 API 物
件，編寫自訂控制器，是這個晉級過程中的關鍵，也是後面的核心內容。

此外，基於本節所講的 Istio 的工作原理，儘管 Istio 一直宣稱它可以在非
Kubernetes 環境中執行，但不建議你花太多時間去做這個嘗試。畢竟，無論
是從技術實現還是在社群運作上，Istio 與 Kubernetes 之間都是唇齒相依的
緊密關係。如果脫離了 Kubernetes 這個基礎，這條原本就不算平坦的「微服
務」之路恐怕會更加困難重重。

5.12 ▶ 宣告式 API 的工作原理

上一節詳細講解了 Kubernetes 宣告式 API 的設計、特點與使用方式。本節
將講解 Kubernetes 宣告式 API 的工作原理，以及如何利用這套 API 機制在
Kubernetes 裡新增自訂的 API 物件。

你可能一直很好奇：當把一個 YAML 檔提交給 Kubernetes 之後，它究竟是
如何建立出一個 API 物件的呢？

這就要從宣告式 API 的設計談起了。在 Kubernetes 中，一個 API 物件在 etcd 裡的完整資源路徑是由 Group（API 組）、Version（API 版本）和 Resource（API 資源類型）3 個部分組成的。

透過這樣的結構，整個 Kubernetes 裡的所有 API 物件，實際上就可以用如圖 5-8 所示的樹形結構表示出來。

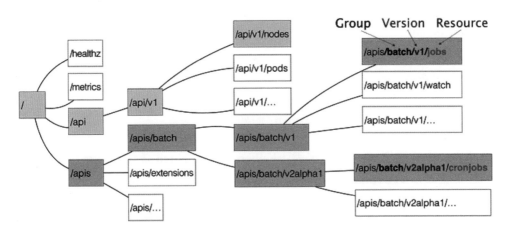

圖 5-8　Kubernetes 中的 API 物件

在圖 5-8 中，可以清楚地看到 Kubernetes 中的 API 物件，其實是按層層遞進的方式組織起來的。

例如，現在要宣告要建立一個 CronJob 物件，那麼我的 YAML 檔的開始部分會這麼寫：

```
apiVersion: batch/v2alpha1
kind: CronJob
...
```

在 YAML 檔中，CronJob 就是這個 API 物件的資源類型，batch 就是它的組，v2alpha1 就是它的版本。當 YAML 檔提交之後，Kubernetes 就會把 YAML 檔裡描述的內容轉換成 Kubernetes 裡的一個 CronJob 物件。

那麼，Kubernetes 是如何對 Resource、Group 和 Version 進行解析，從而在 Kubernetes 裡找到 CronJob 物件的定義的呢？

首先，Kubernetes 會匹配 API 物件的組。需要明確的是，對於 Kubernetes 裡的核心 API 物件，例如 Pod、Node 等，是不需要 Group 的（它們的 Group 是 ""）。所以，對於這些 API 物件來說，Kubernetes 會直接在 /api 這個層級進行下一步的匹配過程。

對於 CronJob 等非核心 API 物件來說，Kubernetes 就必須在 /apis 這個層級尋找它對應的 Group，進而根據「batch」（離線業務）這個 Group 的名字找到 /apis/batch。

不難發現，這些 API Group 是以物件功能進行分類的，例如 Job 和 CronJob 都屬於「batch」這個 Group。

然後，Kubernetes 會進一步匹配 API 物件的版本號。

對於 CronJob 這個 API 物件來說，Kubernetes 在 batch 這個 Group 下匹配到的版本號就是 v2alpha1。

在 Kubernetes 中，同一種 API 物件可以有多個版本，這正是 Kubernetes 進行 API 版本化管理的重要手段。這樣，例如在 CronJob 的開發過程中，對於會影響使用者的變更，就可以透過升級新版本來處理，從而保證向後相容。

最後，Kubernetes 會匹配 API 物件的資源類型。

在前面匹配到正確的版本之後，Kubernetes 就知道我要建立的原來是一個 /apis/batch/v2alpha1 下的 CronJob 物件。此時，API Server 就可以繼續建立這個 CronJob 物件了。圖 5-9 總結了建立流程，以方便理解。

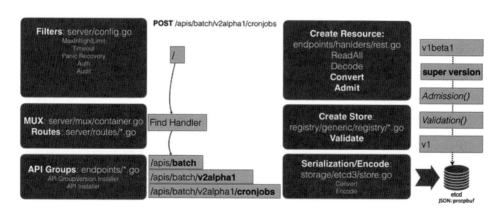

圖 5-9　CronJob 物件建立流程圖

首先，當我們發起了建立 CronJob 的 POST 請求之後，我們編寫的 YAML 的訊息就提交給了 API Server。

API Server 首先過濾這個請求，並完成一些前置性工作，例如授權、超時處理、審計等。

然後，請求會進入 MUX 和 Routes 流程。如果你編寫過 Web Server 就會知道，MUX 和 Routes 是 API Server 完成 URL 和 Handler 綁定的場所。而 API Server 的 Handler 要做的就是按照剛剛介紹的匹配過程，找到對應的 CronJob 類型定義。

接著，到了 API Server 最重要的職責：根據這個 CronJob 類型定義，使用使用者提交的 YAML 檔裡的欄位，來建立一個 CronJob 物件。

在此過程中，API Server 會進行一個 Convert 工作：把使用者提交的 YAML 檔轉換成一個名為 Super Version 的物件，它正是該 API 資源類型所有版本的欄位全集。這樣使用者提交的不同版本的 YAML 檔，就都可以用這個 Super Version 物件來進行處理了。

接下來，API Server 會先後進行 Admission() 和 Validation() 操作。例如，上一節提到的 Admission Controller 和 Initializer 就都屬於 Admission 的內容。

Validation 則負責驗證這個物件裡的各個欄位是否合法。經過驗證的 API 物件儲存在了 API Server 裡一個叫作 Registry 的資料結構中。也就是說，只要一個 API 物件的定義能在 Registry 裡查到，它就是有效的 Kubernetes API 物件。

最後，API Server 會把經過驗證的 API 物件轉換成使用者最初提交的版本，進行序列化操作，並呼叫 etcd 的 API 將其儲存。

由此可見，宣告式 API 對於 Kubernetes 來說非常重要。所以，API Server 這樣一個在其他專案中「平淡無奇」的元件，卻成了 Kubernetes 的重中之重。它不僅是 GoogleBorg 設計理念的集中體現，也是 Kubernetes 裡唯一被 Google 公司和 Red Hat 公司雙重控制、其他「勢力」根本無法參與其中的元件。

此外，由於要兼顧性能、API 完備性、版本化、向後相容等很多工程化指標，因此 Kubernetes 團隊在 API Server 裡大量使用了 Go 語言的程式碼生成功能，來自動化諸如 Convert、DeepCopy 等與 API 資源相關的操作。這部分自動生成的程式碼曾一度占到 Kubernetes 總程式碼的 20% ～ 30%。

這也是為何在過去很長一段時間裡，在這樣一個極其「複雜」的 API Server 中新增一個 Kubernetes 風格的 API 資源類型非常困難。

不過，在 Kubernetes v1.7 之後，這項工作就變得輕鬆多了。當然，這得益於一個全新的 API 外掛程式機制：CRD（custom resource definition）。

顧名思義，CRD 允許使用者在 Kubernetes 中新增一個跟 Pod、Node 類似的、新的 API 資源類型：自訂 API 資源。

例如，我現在要為 Kubernetes 新增一個名為 Network 的 API 資源類型。它的作用是，一旦使用者建立了一個 Network 物件，那麼 Kubernetes 就應該使用這個物件定義的網路參數，呼叫真實的網路外掛程式（例如 Neutron）為使用者建立一個真正的「網路」。這樣，將來使用者建立的 Pod 就可以宣告使用這個「網路」了。

這個 Network 物件的 YAML 檔叫作 example-network.yaml，其內容如下所示：

```
apiVersion: samplecrd.k8s.io/v1
kind: Network
metadata:
  name: example-network
spec:
  cidr: "192.168.0.0/16"
  gateway: "192.168.0.1"
```

可以看到，我想要描述「網路」的 API 資源類型是 Network，API 組是 samplecrd.k8s.io，API 版本是 v1。

那麼，Kubernetes 又該如何知道這個 API（samplecrd.k8s.io/v1/network）的存在呢？

其實，上述的 YAML 檔就是一個具體的「自訂 API 資源」的實例，也叫
CR（custom resource）。而為了能夠讓 Kubernetes 認識這個 CR，就需要讓
Kubernetes 明白這個 CR 的宏觀定義是什麼，也就是 CRD。這就好比要想讓
電腦識別各種兔子的照片，就得先讓電腦明白兔子的普遍定義。例如，兔子
「是哺乳動物」「有長耳朵和三瓣嘴」。

所以，接下來先編寫一個 CRD 的 YAML 檔 network.yaml，其內容如下所示：

```
apiVersion: apiextensions.k8s.io/v1
kind: CustomResourceDefinition
metadata:
  name: networks.samplecrd.k8s.io
spec:
  group: samplecrd.k8s.io
  version: v1
  names:
    kind: Network
    plural: networks
  scope: Namespaced
```

可以看到，在這個 CRD 中，我指定 group: samplecrd.k8s.io、version: v1
這樣的 API 訊息，也指定了 CR 的資源類型為 Network，複數（plural）是
networks。然後，我還宣告了它的 scope 是 Namespaced，即我們定義的這
個 Network 是一個屬於 Namespace 的物件，類似於 Pod。

這就是一個 Network API 資源類型的 API 部分的宏觀定義了。這就等同於
告訴電腦「兔子是哺乳動物」。所以 Kubernetes 就能夠認識和處理所有宣告
API 類型是 samplecrd.k8s.io/v1/network 的 YAML 檔。

接下來，還需要讓 Kubernetes「認識」這種 YAML 檔裡描述的「網路」部
分，例如 cidr（網段）、gateway（網關）這些欄位的含義。這就相當於要
告訴電腦「兔子有長耳朵和三瓣嘴」。

此時就需要稍微做些程式碼工作了。

首先，我要在 GOPATH 下建立一個結構如下的專案。

Tip

這裡不要求你完全掌握 Go 語言知識，但假設你已了解 Golang 的
一些基礎知識（例如知道什麼是 GOPATH）。若非如此，在涉及相
關內容時可能需要查閱一些相關資料。

```
$ tree $GOPATH/src/github.com/<your-name>/k8s-controller-custom-resource
.
├── controller.go
├── crd
│   └── network.yaml
├── example
│   └── example-network.yaml
├── main.go
└── pkg
    └── apis
        └── samplecrd
            ├── register.go
            └── v1
                ├── doc.go
                ├── register.go
                └── types.go
```

其中，pkg/apis/samplecrd 是 API 組的名字，v1 是版本，而 v1 下面的 types.
go 檔裡頭定義了 Network 物件的完整描述。

然後，我在 pkg/apis/samplecrd 目錄下建立了一個 register.go 檔，用來放置
後面要用到的全域變數。這個檔案的內容如下所示：

```
package samplecrd

const (
    GroupName = "samplecrd.k8s.io"
    Version   = "v1"
)
```

接著，需要在 pkg/apis/samplecrd 目錄下新增一個 doc.go 檔（Golang 的程式檔）。這個檔案的內容如下所示：

```
// +k8s:deepcopy-gen=package

// +groupName=samplecrd.k8s.io
package v1
```

這個檔案中包含 +<tag_name>[=value] 格式的注釋，就是 Kubernetes 進行程式碼生成要用的 Annotation 風格的注釋。

其中，+k8s:deepcopy-gen=package 意思是，請為整個 v1 包裡的所有類型定義自動生成 DeepCopy 方法；+groupName=samplecrd.k8s.io 則定義了這個包對應的 API 組的名字。

可以看到，這些定義在 doc.go 檔案中之注釋的作用，是全域的程式碼生成控制，所以也稱為 Global Tags。

接下來，需要新增 types.go。顧名思義，它的作用就是定義一個 Network 類型到底有哪些欄位（例如 spec 欄位裡的內容）。這個檔案的主要內容如下所示：

```
package v1
...
// +genclient
// +genclient:noStatus
// +k8s:deepcopy-gen:interfaces=k8s.io/apimachinery/pkg/runtime.Object

type Network struct {
    metav1.ObjectMeta `json:"metadata,omitempty"`

    Spec networkspec `json:"spec"`
}

type networkspec struct {
    Cidr    string `json:"cidr"`
    Gateway string `json:"gateway"`
}
```

```
// +k8s:deepcopy-gen:interfaces=k8s.io/apimachinery/pkg/runtime.Object

type NetworkList struct {
    metav1.TypeMeta `json:",inline"`
    metav1.ListMeta `json:"metadata"`

    Items []Network `json:"items"`
}
```

在以上程式碼裡，可以看到 Network 類型定義方法跟標準的 Kubernetes 物件一樣，都包含 TypeMeta（API 中繼資料）和 ObjectMeta（物件中繼資料）欄位。

其中的 Spec 欄位就是需要自訂的部分。所以，我在 networkspec 裡定義了 Cidr 和 Gateway 兩個欄位。其中，每個欄位最後面的部分，例如 json:"cidr"，指的就是這個欄位被轉換成 JSON 格式之後的名字，也就是 YAML 檔裡的欄位名字。

Tip
如果不熟悉這個用法，可以查閱 Golang 的文件。

此外，除了定義 Network 類型，還需要定義一個 NetworkList 類型，用來描述一組 Network 物件應該包括哪些欄位。之所以需要這樣一個類型，是因為在 Kubernetes 中取得所有 X 物件的 List() 方法的返回值都是 <X>List 類型，而不是 X 類型的陣列。這是不一樣的。

同樣，在 Network 和 NetworkList 類型上也有程式碼生成注釋。

其中，+genclient 的意思是，請為下面這個 API 資源類型生成對應的 Client 程式碼（馬上會介紹 Client）。而 +genclient:noStatus 的意思是，這個 API 資源類型定義裡沒有 Status 欄位。否則，生成的 Client 就會自動帶上 UpdateStatus 方法。

如果你的類型定義包括 Status 欄位，就不需要這句 +genclient:noStatus 注釋了，範例如下：

```
// +genclient

type Network struct {
    metav1.TypeMeta   `json:",inline"`
    metav1.ObjectMeta `json:"metadata,omitempty"`

    Spec   NetworkSpec   `json:"spec"`
    Status NetworkStatus `json:"status"`
}
```

需要注意的是，+genclient 只需要寫在 Network 類型上，而不用寫在 NetworkList 類型上。這是因為 NetworkList 只是一個返回值類型，Network 才是「主類型」。

由於我在 Global Tags 裡已經定義了為所有類型生成 DeepCopy 方法，因此這裡不需要再顯式地加上 +k8s:deepcopy-gen=true 了。當然，這也就意味著可以用 +k8s:deepcopy-gen=false 來阻止為某些類型生成 DeepCopy。

你可能已經注意到了，在這兩個類型上面還有一句注釋：+k8s:deepcopy-gen:interfaces=k8s.io/apimachinery/pkg/runtime.Object。它的意思是，請在生成 DeepCopy 時實現 Kubernetes 提供的 runtime.Object 介面。否則，在某些版本的 Kubernetes 裡，這個類型定義會出現編譯錯誤。這是一個固定的操作，記住即可。

不過，你或許有這樣的顧慮：這些程式碼生成注釋這麼靈活，該如何掌握呢？其實，上述內容已經足以應對 99% 的場景了。當然，如果你對程式碼生成感興趣，推薦閱讀 Stefan Schimanski 的部落格文章「Kubernetes Deep Dive: Code Generation for CustomResources」，文中詳細介紹了 Kubernetes 的程式碼生成語法。

最後，需要再編寫的一個 pkg/apis/samplecrd/v1/register.go。

前面講解 API Server 工作原理時提過，「registry」的作用是註冊一個類型給 API Server。其中，Network 資源類型在伺服器端的註冊工作，API Server 會自動幫我們完成。但與之對應的，還需要讓用戶端也能「知道」Network 資源類型的定義。這就需要我們在專案裡新增一個 register.go。它最主要的功能就是定義如下所示的 addKnownTypes() 方法：

```go
package v1
...

// Network 和 NetworkList
func addKnownTypes(scheme *runtime.Scheme) error {
    scheme.AddKnownTypes(
        SchemeGroupVersion,
        &Network{},
        &NetworkList{},
    )

    metav1.AddToGroupVersion(scheme, SchemeGroupVersion)
    return nil
}
```

有了這個方法，Kubernetes 就能在後面生成用戶端時「知道」Network 以及 NetworkList 類型的定義了。

像上面這種 register.go 裡的內容其實是非常固定的，你可以直接使用我提供的這部分程式碼作為模板，然後把其中的資源類型、GroupName 和 Version 取代成自己的定義即可。

至此，Network 物件的定義工作就全部完成了。可以看到，它其實定義了兩部分內容。

- 第一部分是自訂資源類型的 API 描述，包括組、版本、資源類型等。這相當於告訴電腦「兔子是哺乳動物」。
- 第二部分是自訂資源類型的物件描述，包括 Spec、Status 等。這相當於告訴電腦「兔子有長耳朵和三瓣嘴」。

接下來，我就要使用 Kubernetes 提供的程式碼生成工具，為前面定義的
Network 資源類型自動生成 clientset、informer 和 lister。其中，clientset 就
是操作 Network 物件所需要使用的用戶端，而 informer 和 lister 這兩個包的
主要功能，會在下一節重點講解。

這個程式碼生成工具叫 k8s.io/code-generator，使用方法如下所示：

```
# 程式碼生成的工作目錄，也就是我們的專案路徑
$ ROOT_PACKAGE="github.com/resouer/k8s-controller-custom-resource"
# API Group
$ CUSTOM_RESOURCE_NAME="samplecrd"
# API Version
$ CUSTOM_RESOURCE_VERSION="v1"

# 安裝 k8s.io/code-generator
$ go get -u k8s.io/code-generator/...
$ cd $GOPATH/src/k8s.io/code-generator

# 執行程式碼自動生成，其中 pkg/client 是生成目標目錄，pkg/apis 是類型定義目錄
$ ./generate-groups.sh all "$ROOT_PACKAGE/pkg/client" "$ROOT_PACKAGE/pkg/apis"
"$CUSTOM_RESOURCE_NAME:$CUSTOM_RESOURCE_VERSION"
```

程式碼生成工作完成之後，再查看一下這個專案的目錄結構：

```
$ tree
.
├── controller.go
├── crd
│   └── network.yaml
├── example
│   └── example-network.yaml
├── main.go
└── pkg
    ├── apis
    │   └── samplecrd
    │       ├── constants.go
    │       └── v1
    │           ├── doc.go
    │           ├── register.go
    │           ├── types.go
    │           └── zz_generated.deepcopy.go
```

```
        └── client
            ├── clientset
            ├── informers
            └── listers
```

其中，pkg/apis/samplecrd/v1 下面的 zz_generated.deepcopy.go 就是自動生成的 DeepCopy 程式碼。

整個 client 目錄以及下面的三個包（clientset、informers 和 listers），都是 Kubernetes 為 Network 類型生成的用戶端函式庫，後面編寫自訂控制器時會用到這些函式庫。

可以看到，到目前為止的這些工作其實不要求你寫很多程式碼，而主要考驗「複製、貼上、取代」這樣的基本功。

有了這些內容，你就可以在 Kubernetes 叢集裡建立一個 Network 類型的 API 物件了。不妨實驗一下。

首先，使用 network.YAML 檔，在 Kubernetes 中建立 Network 物件的 CRD：

```
$ kubectl apply -f crd/network.yaml
customresourcedefinition.apiextensions.k8s.io/networks.samplecrd.k8s.io created
```

這個操作就相當於告訴 Kubernetes：我現在要新增一個自訂的 API 物件。而這個物件的 API 訊息正是 network.yaml 裡定義的內容。我們可以透過 kubectl get 指令查看這個 CRD：

```
$ kubectl get crd
NAME                       CREATED AT
networks.samplecrd.k8s.io  2020-09-15T10:57:12Z
```

然後，就可以建立一個 Network 物件，這裡用到的是 example-network.yaml：

```
$ kubectl apply -f example/example-network.yaml
network.samplecrd.k8s.io/example-network created
```

透過這個操作，你就在 Kubernetes 叢集裡建立了一個 Network 物件。它的 API 資源路徑是 samplecrd.k8s.io/v1/networks。

這樣，就可以透過 kubectl get 指令查看新建立的 Network 物件：

```
$ kubectl get network
NAME              AGE
example-network   8s
```

還可以透過 kubectl describe 指令查看這個 Network 物件的細節：

```
$ kubectl describe network example-network
Name:        example-network
Namespace:   default
Labels:      <none>
...API Version:  samplecrd.k8s.io/v1
Kind:        Network
Metadata:
  ...
  Generation:        1
  Resource Version:  468239
  ...
Spec:
  Cidr:     192.168.0.0/16
  Gateway:  192.168.0.1
```

當然，你也可以編寫更多 YAML 檔來建立更多 Network 物件，這和建立 Pod、Deployment 的操作沒有任何區別。

小結

本節詳細解析了 Kubernetes 宣告式 API 的工作原理，講解了如何遵循宣告式 API 的設計，為 Kubernetes 新增名為 Network 的 API 資源類型。從而實現透過標準的 kubectl create 和 get 操作，來管理自訂 API 物件。

不過，建立出這樣一個自訂 API 物件，我們只是完成了 Kubernetes 宣告式 API 的一半工作。剩下的另一半工作是，為這個 API 物件編寫一個自訂控制

器。這樣，Kubernetes 才能根據 Network API 物件的「增、刪、改」操作，在真實環境中做出相應的響應。例如，「建立、刪除、修改」真正的 Neutron 網路。而這正是 Network 這個 API 物件所關注的「業務邏輯」。

下一節會講解這個業務邏輯的實現過程，及其使用的 Kubernetes API 編程函式庫的工作原理。

5.13 ▶ API 編程範式的具體原理

上一節詳細介紹了 Kubernetes 中宣告式 API 的工作原理，並透過一個新增 Network 物件的實例展示了在 Kubernetes 裡新增 API 資源的過程。本節將繼續剖析 Kubernetes API 編程範式的具體原理，並完成剩下的一半工作：為 Network 這個自訂 API 物件編寫一個自訂控制器。

上一節末提到，宣告式 API 並不像指令式 API 那樣有明顯的執行邏輯。因此基於宣告式 API 的業務功能實現往往需要透過控制器模式來「監視」API 物件的變化（例如建立或者刪除 Network），然後據此決定實際要執行的具體工作。

接下來透過編寫程式碼來實現這個過程。這個專案和上一節中的程式碼是同一個專案。程式碼裡包含豐富的注釋，供隨時參考。

總的來說，編寫自訂控制器程式碼的過程包括三個部分：編寫 main 函數、編寫自訂控制器的定義，以及編寫控制器的業務邏輯。

1. 編寫 main 函數

main 函數的主要工作是定義並初始化一個自訂控制器然後啟動它。程式碼主體如下所示：

```
func main() {
  ...

  cfg, err := clientcmd.BuildConfigFromFlags(masterURL, kubeconfig)
  ...
```

```
kubeClient, err := kubernetes.NewForConfig(cfg)
...
networkClient, err := clientset.NewForConfig(cfg)
...

networkInformerFactory := informers.NewSharedInformerFactory(networkClient, …)

controller := NewController(kubeClient, networkClient,
networkInformerFactory.Samplecrd().V1().Networks())

go networkInformerFactory.Start(stopCh)

if err = controller.Run(2, stopCh); err != nil {
  glog.Fatalf("Error running controller: %s", err.Error())
}
}
```

可以看到，這個 main 函數主要透過三步完成初始化並啟動一個自訂控制器的工作。

第一步：main 函數根據我提供的 Master 配置（API Server 的位址埠和 kubeconfig 的路徑），建立一個 Kubernetes 的 client（kubeClient）和 Network 物件的 client（networkClient）。

但是，如果我沒有提供 Master 配置呢？這時，main 函數會直接使用一種名為 InClusterConfig 的方式來建立這個 client。該方式會假設你的自訂控制器是以 Pod 的方式在 Kubernetes 叢集裡執行的。

5.3 節曾提到，Kubernetes 裡所有的 Pod 都會以 Volume 的方式自動掛載 Kubernetes 的預設 ServiceAccount。所以，這個控制器就會直接使用預設 ServiceAccount Volume 裡的授權訊息來訪問 API Server。

第二步：main 函數為 Network 物件建立一個叫作 InformerFactory（networkInformer-Factory）的工廠，並使用它生成一個 Network 物件的 Informer，傳遞給控制器。

第三步：main 函數啟動上述的 Informer，然後執行 controller.Run，啟動自訂控制器。

至此，main 函數就結束了。

看到這裡，你可能會感到非常困惑：編寫自訂控制器的過程難道就這麼簡單嗎？這個 Informer 又是什麼？別急，接下來詳細解釋這個自訂控制器的工作原理。

在 Kubernetes 中，自訂控制器的工作原理可以用圖 5-10 所示的流程圖來表示。

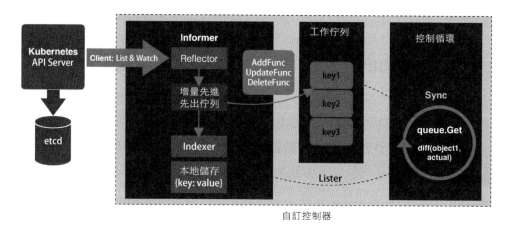

圖 5-10　自訂控制器的工作流程示意圖

我們從圖 5-10 的最左邊看起。

這個控制器首先要做的，是從 Kubernetes 的 API Server 裡取得它所關心的物件，也就是我定義的 Network 物件。這個操作依靠的是名為 Informer 的函式庫完成的。Informer 與 API 物件是一一對應的，所以我傳遞給自訂控制器的正是一個 Network 物件的 Informer（Network Informer）。

不知你是否已經注意到，我在建立這個 Informer 工廠時，需要給它傳遞一個 networkClient。事實上，Network Informer 正是使用這個 networkClient 跟 API Server 建立了連接。不過，真正負責維護這個連接的是 Informer 所使用的 Reflector 包。具體而言，Reflector 使用的是一種叫作 ListAndWatch 的方法，來「取得」並「監聽」這些 Network 物件實例的變化。

在 ListAndWatch 機制下，一旦 API Server 端有新的 `Network` 實例被建立、刪除或者更新，Reflector 都會收到「事件通知」。這時，該事件及其對應的 API 物件這個組合，就稱為**增量**（delta），它會被放進一個**增量先進先出佇列**（delta FIFO queue）中。

另外，Informer 會不斷地從這個增量先進先出佇列裡讀取（Pop）增量。每拿到一個增量，Informer 就會判斷這個增量裡的事件類型，然後建立或者更新本機物件的快取。在 Kubernetes 裡這個快取一般稱為 Store。

如果事件類型是 `Added`（新增物件），那麼 Informer 會透過名為 Indexer 的函示庫，把這個增量裡的 API 物件儲存在本機快取中，並為它建立索引。相反，如果增量的事件類型是 `Deleted`（刪除物件），那麼 Informer 就會從本機快取中刪除這個物件。這個同步本機快取的工作是 Informer 的首要職責。

Informer 的 第 二 個 職 責 ，是 根 據 這 些 事 件 的 類 型 觸 發 事 先 註 冊 好 的 `ResourceEventHandler`。這些 Handler 需要在建立控制器時註冊給它對應的 Informer。

2. 編寫控制器的定義

這部分的主要內容如下所示：

```go
func NewController(
    kubeclientset kubernetes.Interface,
    networkclientset clientset.Interface,
    networkInformer informers.NetworkInformer) *Controller {
...
    controller := &Controller{
        kubeclientset:    kubeclientset,
        networkclientset: networkclientset,
        networksLister:    networkInformer.Lister(),
        networksSynced:    networkInformer.Informer().HasSynced,
        workqueue:        workqueue.NewNamedRateLimitingQueue(…,  "Networks"),
        ...
    }
    networkInformer.Informer().AddEventHandler(cache.ResourceEventHandlerFuncs{
        AddFunc: controller.enqueueNetwork,
        UpdateFunc: func(old, new interface{}) {
```

```
            oldNetwork     :=     old.(*samplecrdv1.Network)
            newNetwork     := new.(*samplecrdv1.Network)
            if oldNetwork.ResourceVersion == newNetwork.ResourceVersion {
        return
            }
            controller.enqueueNetwork(new)
        },
        DeleteFunc: controller.enqueueNetworkForDelete,
    return controller
}
```

前面在 main 函數裡建立了兩個 client（kubeclientset 和 networkclientset），然後在這段程式碼裡使用這兩個 client 和前面建立的 Informer 初始化了自訂控制器。

值得注意的是，在這個自訂控制器裡，我還設定了一個工作佇列（位於圖 5-10 中間位置）。這個工作佇列負責同步 Informer 和控制循環之間的資料。

實際上，Kubernetes 為我們提供了很多工作佇列的實現，你可以根據需要選擇合適的函式庫直接使用。

然後，我為 networkInformer 註冊了三個 Handler（AddFunc、UpdateFunc 和 DeleteFunc），分別對應 API 物件的「新增」、「更新」和「刪除」事件。而具體的處理操作都是將該事件對應的 API 物件加入工作佇列。注意，實際進入佇列的並不是 API 物件，而是它們的 Key，即該 API 物件的 <namespace>/<name>。

後面即將編寫的控制循環，會不斷地從這個工作佇列裡拿到這些 Key，然後開始執行真正的控制邏輯。

綜上所述，所謂 Informer，其實就是帶有本機快取和索引機制的、可以註冊 EventHandler 的 client。它是自訂控制器跟 API Server 進行資料同步的重要元件。

更具體地說，Informer 透過一種叫作 ListAndWatch 的方法，在本機快取 API Server 中的 API 物件，並負責更新和維護這個快取。

其中，ListAndWatch 方法的含義是，首先透過 API Server 的 LIST API「取得」所有最新版本的 API 物件；然後透過 WATCH API 來「監聽」所有這些 API 物件的變化。而透過監聽到的事件變化，Informer 就可以即時更新本機快取，並且呼叫這些事件對應的 `EventHandler` 了。

此外，在此過程中，每經過 `resyncPeriod` 指定的時間，Informer 維護的本機快取都會使用最近一次 LIST 返回的結果強制更新一次，從而保證快取的有效性。在 Kubernetes 中，這個快取強制更新的操作叫作 resync。

需要注意的是，這個定時 resync 操作也會觸發 Informer 註冊的「更新」事件。但此時，這個「更新」事件對應的 `Network` 物件實際上並沒有發生變化，即新、舊兩個 `Network` 物件的版本（ResourceVersion）是一樣的。在這種情況下，Informer 就不需要對這個更新事件做進一步的處理了。

這也是為什麼我在上面的 `UpdateFunc` 方法裡，先判斷新、舊兩個 `Network` 物件的版本是否發生了變化，然後才開始進行入隊操作。

以上就是 Kubernetes 中的 Informer 的工作原理。

接下來解釋圖 5-10 中右側的控制循環部分，也正是我在 `main` 函數最後呼叫 `controller.Run()` 啟動的「控制循環」。它的主要內容如下所示：

```
func (c *Controller) Run(threadiness int, stopCh <-chan struct{}) error {
    .**...**
    if ok := cache.WaitForCacheSync(stopCh, c.networksSynced); !ok {
        return fmt.Errorf("failed to wait for caches to sync")
    }

    ...
    for i := 0; i < threadiness; i++ {
        go wait.Until(c.runWorker, time.Second, stopCh)
    }

    ...
    return nil
}
```

可以看到，啟動控制循環的邏輯非常簡單：

- 首先，等待 Informer 完成一次本機快取的資料同步操作；
- 然後，直接透過 Goroutine 啟動一個（或者並發啟動多個）「無限循環」的任務。

而這個「無限循環」任務的每一個循環週期，執行的正是我們真正關心的業務邏輯。

3. 編寫控制器的業務邏輯

它的主要內容如下所示：

```go
func (c *Controller) runWorker() {
  for c.processNextWorkItem() {
  }
}

func (c *Controller) processNextWorkItem() bool {
  obj, shutdown := c.workqueue.Get()

  ...

  err := func(obj interface{}) error {
    ...
    if err := c.syncHandler(key); err != nil {
     return fmt.Errorf("error syncing '%s': %s", key, err.Error())
    }

    c.workqueue.Forget(obj)
    ...
    return nil
  }(obj)

  ...

    return true
}

func (c *Controller) syncHandler(key string) error {
```

```
namespace, name, err := cache.SplitMetaNamespaceKey(key)
...


network, err := c.networksLister.Networks(namespace).Get(name)
if err != nil {
  if errors.IsNotFound(err) {
    glog.Warningf("Network does not exist in local cache: %s/%s, will delete it from
Neutron ...",
    namespace, name)

    glog.Warningf("Network: %s/%s does not exist in local cache, will delete it from
Neutron ...",
             namespace, name)


        // FIX ME: call Neutron API to delete this network by name.
        //
        // neutron.Delete(namespace, name)


    return nil
  }
  ...


      return err
  }

glog.Infof("[Neutron] Try to process network: %#v ...", network)

// FIX ME: Do diff().
//
// actualNetwork, exists := neutron.Get(namespace, name)
//
// if !exists {
//     neutron.Create(namespace, name)
// } else if !reflect.DeepEqual(actualNetwork, network) {
//   neutron.Update(namespace, name)
// }


  return nil
}
```

可以看到，在這個執行週期（`processNextWorkItem`）裡，我們首先從工作佇列裡出隊（`workqueue.Get`）一個成員，即一個 Key（Network 物件的 `namespace/name`）。然後，在 `syncHandler` 方法中，我嘗試使用這個 Key 從 Informer 維護的快取中拿到了它所對應的 Network 物件。

可以看到，這裡使用了 `networksLister` 來嘗試取得這個 Key 對應的 Network 物件。該操作其實就是在存取本機快取的索引。實際上，在 Kubernetes 的原始碼中，控制器從各種 Lister 裡取得物件很常見，例如 `podLister`、`nodeLister` 等，它們使用的都是 Informer 和快取機制。

如果控制循環從快取中取不到這個物件（`networkLister` 返回了 `IsNotFound` 錯誤），就意味著這個 Network 物件的 Key 是通過前面的「刪除」事件加入工作佇列的。所以，儘管佇列裡有這個 Key，但是對應的 Network 物件已被刪除。這時候，就需要呼叫 Neutron 的 API 從真實的叢集裡刪除這個 Key 對應的 Neutron 網路。

如果能夠取得對應的 Network 物件，就可以執行控制器模式裡的對比期望狀態和實際狀態的邏輯了。

其中，自訂控制器「千辛萬苦」拿到的這個 Network 物件，正是 API Server 裡儲存的「期望狀態」，即使用者透過 YAML 檔提交到 API Server 裡的訊息。當然，在這個例子裡，它已經被 Informer 快取在本機了。

那麼，「實際狀態」從何而來？當然是來自實際的叢集了。所以，我們的控制循環需要透過 Neutron API 來查詢實際的網路情況。

例如，可以先透過 Neutron 來查詢這個 Network 物件對應的真實網路是否存在。

- 如果不存在，這就是典型的「期望狀態」與「實際狀態」不一致的情形。這時，就需要使用這個 Network 物件裡的訊息（例如 CIDR 和 Gateway），呼叫 Neutron API 來建立真實的網路。
- 如果存在，就要讀取這個真實網路的訊息，判斷它是否跟 Network 物件裡的訊息一致，從而決定是否要透過 Neutron 來更新這個已經存在的真實網路。

這樣，我就透過比較「期望狀態」和「實際狀態」之間的差異，完成了一次調協的過程。

至此，一個完整的自訂 API 物件和它所對應的自訂控制器就編寫完了。

 Tip

與 Neutron 相關的業務程式碼並不是本節的重點，所以我僅僅透過注釋裡的虛擬碼表述了這部分內容。如果你對這些程式碼感興趣，可以自行完成。例如，你可以自己編寫一個 Neutron Mock，然後輸出對應的操作日誌。

接下來執行這個專案，查看一下它的工作情況。你可以自行編譯，也可以直接使用我編譯好的二進位制檔案（samplecrd-controller）。編譯並啟動的具體流程如下所示：

```
# 複製倉庫
$ git clone https://github.com/resouer/k8s-controller-custom-resource$ cd
k8s-controller-custom-resource

### 如果不想構建可略過這部分
# 安裝相依函式庫
$ go get github.com/tools/godep
$ godep restore
# 構建
$ go build -o samplecrd-controller .

$ ./samplecrd-controller -kubeconfig=$HOME/.kube/config -alsologtostderr=true
I0915 12:50:29.051349    27159 controller.go:84]  Setting up event handlers
I0915 12:50:29.051615    27159 controller.go:113] Starting Network control loop
I0915 12:50:29.051630    27159 controller.go:116] Waiting for informer caches to sync
E0915 12:50:29.066745    27159 reflector.go:134] github.com/resouer/k8s-controller-custom-
resource/pkg/client/informers/externalversions/
factory.go:117: Failed to list *v1.Network: the server could not find the requested
resource (get networks.samplecrd.k8s.io)
...
```

可以看到，自訂控制器啟動後，一開始會回報錯誤。這是因為，此時 Network 物件的 CRD 還未建立，所以 Informer 去 API Server 裡「取得」（List）Network 物件時，並不能找到 Network 這個 API 資源類型的定義，即：

```
Failed to list *v1.Network: the server could not find the requested resource (get
networks.samplecrd.k8s.io)
```

所以，接下來需要建立 Network 物件的 CRD，上一節介紹過該操作。

在另一個 shell 視窗裡執行：

```
$ kubectl apply -f crd/network.yaml
```

此時就會看到控制器的日誌復原了正常，控制循環啟動成功：

```
...
I0915 12:50:29.051630    27159 controller.go:116] Waiting for informer caches to sync
...
I0915 12:52:54.346854    25245 controller.go:121] Starting workers
I0915 12:52:54.346914    25245 controller.go:127] Started workers
```

接下來，就可以進行 Network 物件的「增、刪、改、查」操作了。

首先，建立一個 Network 物件：

```
$ cat example/example-network.yaml
apiVersion: samplecrd.k8s.io/v1
kind: Network
metadata:
  name: example-network
spec:
  cidr: "192.168.0.0/16"
  gateway: "192.168.0.1"

$ kubectl apply -f example/example-network.yaml
network.samplecrd.k8s.io/example-network created
```

查看控制器的輸出：

```
...
I0915 12:50:29.051349   27159 controller.go:84] Setting up event handlers
I0915 12:50:29.051615   27159 controller.go:113] Starting Network control loop
I0915 12:50:29.051630   27159 controller.go:116] Waiting for informer caches to sync
...
I0915 12:52:54.346854   25245 controller.go:121] Starting workers
I0915 12:52:54.346914   25245 controller.go:127] Started workers
I0915 12:53:18.064409   25245 controller.go:229] [Neutron] Try to process network:
&v1.Network{TypeMeta:v1.TypeMeta{Kind:"", APIVersion:""},
ObjectMeta:v1.ObjectMeta{Name:"example-network", GenerateName:"",
Namespace:"default", ... ResourceVersion:"479015", ...
Spec:v1.NetworkSpec{Cidr:"192.168.0.0/16", Gateway:"192.168.0.1"}} ...
I0915 12:53:18.064650   25245 controller.go:183] Successfully synced
'default/example-network'
...
```

可以看到，我們上面建立 example-network 的操作，觸發了 EventHandler 的「新增」事件，從而被加入工作佇列。

緊接著，控制循環就從佇列裡拿到了這個物件，並且列印出了正在「處理」這個 Network 物件的日誌。

可以看到，這個 Network 的 ResourceVersion，也就是 API 物件的版本號是 479015，而它的 Spec 欄位的內容跟我提交的 YAML 檔一模一樣，例如它的 CIDR 網段是：192.168.0.0/16。

此時修改一下這個 YAML 檔的內容，如下所示：

```
$ cat example/example-network.yaml
apiVersion: samplecrd.k8s.io/v1
kind: Network
metadata:
  name: example-network
spec:
  cidr: "192.168.1.0/16"
  gateway: "192.168.1.1"
```

可以看到，我把 YAML 檔裡的 CIDR 和 Gateway 欄位修改成 192.168.1.0/16
網段。

然後，執行 `kubectl apply` 指令來提交這次更新，如下所示：

```
$ kubectl apply -f example/example-network.yaml
network.samplecrd.k8s.io/example-network configured
```

此時可以查看一下控制器的輸出：

```
...
I0915 12:53:51.126029   25245 controller.go:229] [Neutron] Try to process network:
&v1.Network{TypeMeta:v1.TypeMeta{Kind:"", APIVersion:""},
ObjectMeta:v1.ObjectMeta{Name:"example-network", GenerateName:"",
Namespace:"default", ...  ResourceVersion:"479062", ...
Spec:v1.NetworkSpec{Cidr:"192.168.1.0/16", Gateway:"192.168.1.1"}} ...
I0915 12:53:51.126348   25245 controller.go:183] Successfully synced
'default/example-network'
```

可以看到，這一次 Informer 註冊的「更新」事件被觸發，更新後的 Network
物件的 Key 被新增到了工作佇列中。

所以，接下來控制循環從工作佇列裡取得的 Network 物件，與前一個物件是
不同的：它的 ResourceVersion 的值變成了 479062；Spec 裡的欄位則變成
了 192.168.1.0/16 網段。

最後，刪除這個物件：

```
$ kubectl delete -f example/example-network.yaml
```

控制器的輸出顯示，Informer 註冊的「刪除」事件被觸發，並且控制循環
「呼叫」Neutron API「刪除」了真實環境中的網路。這個輸出如下所示：

```
W0915 12:54:09.738464   25245 controller.go:212] Network: default/example-network does not
exist in local cache, will delete it from Neutron ...
I0915 12:54:09.738832   25245 controller.go:215] [Neutron] Deleting network:
default/example-network ...
I0915 12:54:09.738854   25245 controller.go:183] Successfully synced
'default/example-network'
```

以上就是編寫和使用自訂控制器的全部流程。

實際上，這套流程不僅可以應用程式於自訂 API 資源，而且完全可以應用程式於 Kubernetes 原生的預設 API 物件。

例如，在 main 函數裡，除了建立一個 Network Informer，還可以初始化一個 Kubernetes 預設 API 物件的 Informer 工廠，例如 Deployment 物件的 Informer。具體做法如下所示：

```
func main() {
  ...

  kubeInformerFactory := kubeinformers.NewSharedInformerFactory(kubeClient,
time.Second*30)

  controller := NewController(kubeClient, exampleClient,
      kubeInformerFactory.Apps().V1().Deployments(),
      networkInformerFactory.Samplecrd().V1().Networks())

  go kubeInformerFactory.Start(stopCh)
  ...
}
```

在這段程式碼中，我們先使用 Kubernetes 的 client（kubeClient）建立了一個工廠。

然後，我用跟 Network 類似的處理方法，生成了一個 Deployment Informer。

接著，我把 Deployment Informer 傳遞給了自訂控制器；當然，需要呼叫 Start 方法來啟動 Deployment Informer。

有了 Deployment Informer 後，這個控制器也就擁有了所有 Deployment 物件的訊息。接下來，它既可以透過 deploymentInformer.Lister() 來取得 etcd 裡的所有 Deployment 物件，也可以為 Deployment Informer 註冊具體的 Handler。

更重要的是，在這個自訂控制器裡面，就可以透過對自訂 API 物件和預設 API 物件進行協同，來實現更複雜的編排功能。例如，使用者每建立一個新

的 Deployment，這個自訂控制器就可以為它建立一個對應的 Network 供它使用。

對 Kubernetes API 編程範式的更進階應用程式，就留給你在實際場景中去探索和實踐了。

小結

本節剖析了 Kubernetes API 編程範式的具體原理，並編寫了一個自訂控制器。其中，需要掌握如下概念和機制。

所謂 Informer，就是一個內建快取和索引機制，可以觸發 Handler 的用戶端。這個本機快取在 Kubernetes 中一般被稱為 Store，索引一般被稱為 Index。

Informer 使用了 Reflector 包，它是一個可以透過 ListAndWatch 機制取得並監視 API 物件變化的用戶端封裝。

Reflector 和 Informer 之間透過「增量先進先出佇列」進行協同，而 Informer 與你要編寫的控制循環之間透過一個工作佇列來進行協同。

在實際應用程式中，除控制循環外的所有程式碼，實際上都是 Kubernetes 為你自動生成的，即 pkg/client/{informers, listers, clientset} 裡的內容。而這些自動生成的程式碼，為我們提供了一個可靠且高效地取得 API 物件「期望狀態」的程式庫。

所以，作為開發者，你只需要關注如何取得「實際狀態」，並與「期望狀態」做比較，從而決定接下來要做的業務邏輯即可。

以上就是 Kubernetes API 編程範式的核心思想。

思考題

思考一下，為什麼 Informer 和你編寫的控制循環之間，一定要使用一個工作佇列來進行協作呢？

5.14 ▶ 基於角色的權限控制：RBAC

前面講解了 Kubernetes 內建的多種編排物件，以及對應的控制器模式的實現原理，還剖析了自訂 API 資源類型和控制器的編寫方式。

你可能會冒出一個想法：控制器模式好像也不難，我是不是可以自己寫編排物件呢？當然可以。而且，這才是 Kubernetes 最具吸引力的地方。

畢竟，在網路級別的大規模叢集裡，Kubernetes 內建的編排物件很難做到滿足所有需求。所以，很多實際的容器化工作需要自己設計編排物件，實現自己的控制器模式。而在 Kubernetes 裡，我們可以基於外掛程式機制來實現，完全不需要修改任何一行程式碼。

不過，在 Kubernetes 中要透過外部外掛程式新增和操作 API 物件，就必須先了解一個非常重要的知識：RBAC（role-based access control，基於角色的權限控制）。

我們知道，Kubernetes 中所有的 API 物件都儲存在 etcd 裡。可是，對這些 API 物件的操作一定都是透過訪問 kube-apiserver 實現的。其中一個非常重要的原因是，需要 API Server 來幫忙做授權工作。而在 Kubernetes 中，負責完成授權工作的機制是 RBAC。

如果你直接查看 Kubernetes 中關於 RBAC 的文件，可能會感覺非常複雜，不妨等到需要了解相關細節時再去查閱。

這裡需要明確 3 個基本概念。

 (1) Role：角色，它其實是一組規則，定義了一組對 Kubernetes API 物件的操作權限。

 (2) Subject：被作用者，既可以是「人」，也可以是「機器」，也可以是你在 Kubernetes 裡定義的「使用者」。

 (3) RoleBinding：定義了「被作用者」和「角色」間的綁定關係。

這三個概念就是整個 RBAC 體系的核心所在。下面具體講解。

Role 實際上就是一個 Kubernetes 的 API 物件，定義如下所示：

```
kind: Role
apiVersion: rbac.authorization.k8s.io/v1
metadata:
  namespace: mynamespace
  name: example-role
rules:
- apiGroups: [""]
  resources: ["pods"]
  verbs: ["get", "watch", "list"]
```

首先，這個 Role 物件指定了它能產生作用的 Namepace 是：mynamespace。Namespace 是 Kubernetes 裡的一個邏輯管理單位。不同 Namespace 的 API 物件在透過 kubectl 指令進行操作時是互相隔離的。例如，kubectl get pods -n mynamespace。當然，這僅限於邏輯上的「隔離」，Namespace 並不會提供任何實際的隔離或者多租戶能力。前面大多數例子沒有指定 Namespace，而使用預設 Namespace：default。

然後，這個 Role 物件的 rules 欄位就是它所定義的權限規則。在上面的例子裡，這條規則的含義就是，允許「被作用者」對 mynamespace 下面的 Pod 物件進行 GET、WATCH 和 LIST 操作。

那麼，這個具體的「被作用者」是如何指定的呢？這就需要透過 RoleBinding 來實現了。當然，RoleBinding 本身也是 Kubernetes 的一個 API 物件。它的定義如下所示：

```
kind: RoleBinding
apiVersion: rbac.authorization.k8s.io/v1
metadata:
  name: example-rolebinding
  namespace: mynamespace
subjects:
- kind: User
  name: example-user
  apiGroup: rbac.authorization.k8s.io
roleRef:
  kind: Role
```

```
name: example-role
apiGroup: rbac.authorization.k8s.io
```

可以看到，這個 RoleBinding 物件裡定義了一個 subjects 欄位，即「被作用者」。它的類型是 User，即 Kubernetes 裡的使用者。這個使用者的名字是 example-user。

可是，在 Kubernetes 中其實並沒有名為 User 的 API 物件。而且，前面和部署使用 Kubernetes 的流程裡，既不需要 User，也沒有建立過 User。那這個 User 到底從何而來？

實際上，Kubernetes 裡的「User」，即「使用者」，只是授權系統裡的一個邏輯概念。它需要透過外部認證服務（例如 Keystone）來提供。或者，你也可以直接給 API Server 指定一個使用者名稱、密碼檔。那麼 Kubernetes 的授權系統，就能夠從這個檔案裡找到對應的「使用者」了。當然，在大多數私有的使用環境中，使用 Kubernetes 提供的內建「使用者」就足夠了，稍後會介紹這些內容。

接下來，可以看到一個 roleRef 欄位。正是透過該欄位，RoleBinding 物件可以直接透過名字來引用前面定義的 Role 物件（example-role），從而定義了「被作用者」和「角色」之間的綁定關係。

需要再次提醒的是，Role 和 RoleBinding 物件都是 Namespaced 物件，它們對權限的限制規則僅在它們自己的 Namespace 內有效，roleRef 也只能引用目前 Namespace 裡的 Role 物件。

那麼，對於非 Namespaced 物件（例如 Node），或者某個 Role 想作用於所有 Namespace 時，又該如何授權呢？此時就必須使用 ClusterRole 和 ClusterRoleBinding 這兩個組合了。這兩個 API 物件的用法跟 Role 和 RoleBinding 完全一樣。只不過，它們的定義裡沒有了 Namespace 欄位，如下所示：

```
kind: ClusterRole
apiVersion: rbac.authorization.k8s.io/v1
metadata:
```

```
  name: example-clusterrole
rules:
- apiGroups: [""]
  resources: ["pods"]
  verbs: ["get", "watch", "list"]
kind: ClusterRoleBinding
apiVersion: rbac.authorization.k8s.io/v1
metadata:
  name: example-clusterrolebinding
subjects:
- kind: User
  name: example-user
  apiGroup: rbac.authorization.k8s.io
roleRef:
  kind: ClusterRole
  name: example-clusterrole
  apiGroup: rbac.authorization.k8s.io
```

上面例子裡的 ClusterRole 和 ClusterRoleBinding 的組合，意味著名叫 example-user 的使用者擁有對 Namespace 裡的所有 Pod 進行 GET、WATCH 和 LIST 操作的權限。

更進一步，在 Role 或者 ClusterRole 中，如果要賦予使用者 example-user 所有權限，就可以給它指定一個 verbs 欄位的全集，如下所示：

```
verbs: ["get", "list", "watch", "create", "update", "patch", "delete"]
```

這些就是目前 Kubernetes（v1.18）裡能夠對 API 物件進行的所有操作。

類似地，Role 物件的 rules 欄位也可以進一步細化。例如，可以只針對某個具體物件設定權限，如下所示：

```
rules:
- apiGroups: [""]
  resources: ["configmaps"]
  resourceNames: ["my-config"]
  verbs: ["get"]
```

這個例子表示，這條規則的被作用者只對名叫 `my-config` 的 ConfigMap 物件有進行 GET 操作的權限。

如前所述，大多數時候我們其實不太使用「使用者」這個功能，而是直接使用 Kubernetes 裡的「內建使用者」。這個由 Kubernetes 負責管理的「內建使用者」，正是前面曾提到的 ServiceAccount。

接下來，透過實例講解為 ServiceAccount 分配權限的過程。

首先，定義一個 ServiceAccount。它的 API 物件非常簡單，如下所示：

```
apiVersion: v1
kind: ServiceAccount
metadata:
  namespace: mynamespace
  name: example-sa
```

可以看到，一個最簡單的 ServiceAccount 物件只需要 Name 和 Namespace 這兩個最基本的欄位。

然後，透過編寫 RoleBinding 的 YAML 檔來為這個 ServiceAccount 分配權限：

```
kind: RoleBinding
apiVersion: rbac.authorization.k8s.io/v1
metadata:
  name: example-rolebinding
  namespace: mynamespace
subjects:
- kind: ServiceAccount
  name: example-sa
  namespace: mynamespace
roleRef:
  kind: Role
  name: example-role
  apiGroup: rbac.authorization.k8s.io
```

可以看到，在這個 RoleBinding 物件裡，subjects 欄位的類型（kind）不再是一個 User，而是一個名叫 example-sa 的 ServiceAccount。

而 roleRef 引用的 Role 物件依然名叫 example-role，也就是本節開頭定義
的 Role 物件。

接著，我們用 kubectl 指令建立這三個物件：

```
$ kubectl create -f svc-account.yaml
$ kubectl create -f role-binding.yaml
$ kubectl create -f role.yaml
```

然後，查看這個 ServiceAccount 的詳細訊息：

```
$ kubectl get sa -n mynamespace -o yaml
- apiVersion: v1
  kind: ServiceAccount
  metadata:
    creationTimestamp: 2020-09-18T12:59:17Z
    name: example-sa
    namespace: mynamespace
    resourceVersion: "409327"
    ...
  secrets:
  - name: example-sa-token-vmfg6
```

可以看到，Kubernetes 會為一個 ServiceAccount 自動建立並分配一個
Secret 物件，即上述 ServiceAcount 定義裡最下面的 secrets 欄位。

這個 Secret 就是這個 ServiceAccount 對應的、用來跟 API Server 進行互
動的授權檔，通常稱為 Token。Token 檔的內容一般是憑證或者密碼，它以
Secret 物件的方式儲存在 etcd 當中。

這時候，使用者的 Pod 就可以宣告使用這個 ServiceAccount 了，範例如下：

```
apiVersion: v1
kind: Pod
metadata:
  namespace: mynamespace
  name: sa-token-test
spec:
  containers:
```

```
 - name: nginx
   image: nginx:1.7.9
 serviceAccountName: example-sa
```

在這個例子裡，我定義了 Pod 要使用的 ServiceAccount 名字是 example-sa。

當這個 Pod 執行起來之後，就可以看到，該 ServiceAccount 的 Token，即一個 Secret 物件，被 Kubernetes 自動掛載到了容器的 /var/run/secrets/kubernetes.io/serviceaccount 目錄下，如下所示：

```
$ kubectl describe pod sa-token-test -n mynamespace
Name:           sa-token-test
Namespace:      mynamespace
...
Containers:
  nginx:
    ...
    Mounts:
      /var/run/secrets/kubernetes.io/serviceaccount from example-sa-token-vmfg6 (ro)
```

此時可以透過 kubectl exec 查看這個目錄裡的檔案：

```
$ kubectl exec -it sa-token-test -n mynamespace -- /bin/bash
root@sa-token-test:/# ls /var/run/secrets/kubernetes.io/serviceaccount
ca.crt      namespace  token
```

如上所示，容器裡的應用程式就可以使用這個 ca.crt 來訪問 API Server 了。更重要的是，此時它只能進行 GET、WATCH 和 LIST 操作。這是因為 example-sa 這個 ServiceAccount 的權限已經被綁定了 Role 而做了限制。

此外，5.3 節曾提到，如果一個 Pod 沒有宣告 serviceAccountName，Kubernetes 會自動在它的 Namespace 下建立一個名為 default 的預設 ServiceAccount，然後分配給這個 Pod。

但在這種情況下，這個預設 ServiceAccount 並沒有關聯任何 Role。也就是說，此時它有訪問 API Server 的絕大多數權限。當然，這個訪問所需要的 Token 還是預設 ServiceAccount 對應的 Secret 物件為它提供的，如下所示。

```
$kubectl describe sa default
Name:                default
Namespace:           default
Labels:              <none>
Annotations:         <none>
Image pull secrets:  <none>
Mountable secrets:   default-token-s8rbq
Tokens:              default-token-s8rbq
Events:              <none>

$ kubectl get secret
NAME                                      TYPE                  DATA        AGE
kubernetes.io/service-account-token   3            82d

$ kubectl describe secret default-token-s8rbq
Name:        default-token-s8rbq
Namespace:   default
Labels:      <none>
Annotations: kubernetes.io/service-account.name=default
             kubernetes.io/service-account.uid=ffcb12b2-917f-11e8-abde-42010aa80002

Type:  kubernetes.io/service-account-token

Data
====
ca.crt:     1025 bytes
namespace:  7 bytes
token:      <TOKEN 資料 >
```

可以看到，Kubernetes 會自動為預設 ServiceAccount 建立並綁定一個特殊的 Secret：它的類型是 kubernetes.io/service-account-token。它的 Annotation 欄位宣告了 kubernetes.io/service-account.name=default，即這個 Secret 會跟同一 Namespace 下的 default ServiceAccount 進行綁定。

所以，在生產環境中，強烈建議為所有 Namespace 下預設的 ServiceAccount 綁定一個唯讀權限的 Role。具體怎麼做，就留給你作為思考題吧。

除了前面使用的「使用者」，Kubernetes 還有「使用者群組」（user group）的概念，指一組「使用者」。如果你為 Kubernetes 配置了外部認證服務，這

個「使用者群組」的概念就會由外部認證服務提供。而對於 Kubernetes 的內建「使用者」ServiceAccount 來說,上述「使用者群組」的概念同樣適用。

實際上,一個 ServiceAccount 在 Kubernetes 裡對應的「使用者」的名字是:

```
system:serviceaccount:<ServiceAccount 名字 >
```

它對應的內建「使用者群組」的名字是:

```
system:serviceaccounts:<Namespace 名字 >
```

務必牢記這兩個對應關係。

例如,現在我們可以在 RoleBinding 裡定義如下的 subjects:

```
subjects:
- kind: Group
  name: system:serviceaccounts:mynamespace
  apiGroup: rbac.authorization.k8s.io
```

這就意味著這個 Role 的權限規則作用於 mynamespace 裡所有的 ServiceAccount。這就用到了「使用者群組」的概念。

下面這個例子,則意味著這個 Role 的權限規則作用於整個系統裡的所有 ServiceAccount:

```
subjects:
- kind: Group
  name: system:serviceaccounts
  apiGroup: rbac.authorization.k8s.io
```

最後,值得一提的是,在 Kubernetes 中已經內建了很多為系統保留的 ClusterRole,它們的名字都以 system: 開頭。可以透過 kubectl get clusterroles 查看它們。一般來說,這些系統 ClusterRole 是綁定給 Kubernetes 系統元件對應的 ServiceAccount 使用的。

例如，其中一個名叫 system:kube-scheduler 的 ClusterRole，定義的權限規則是 kube-scheduler（Kubernetes 的調度器元件）執行所需的必要權限。可以透過如下指令查看這些權限：

```
$ kubectl describe clusterrole system:kube-scheduler
Name:           system:kube-scheduler
...
PolicyRule:
  Resources                   Non-Resource URLs  Resource Names   Verbs
  ---------                   -----------------  --------------   -----
  ...
  services                    []                 []               [get list watch]
  replicasets.apps            []                 []               [get list watch]
  statefulsets.apps           []                 []               [get list watch]
  replicasets.extensions      []                 []               [get list watch]
  poddisruptionbudgets.policy []                 []               [get list watch]
  pods/status                 []                 []               [patch update]
```

這個 system:kube-scheduler 的 ClusterRole，就會被綁定給 kube-system Namespace 下名叫 kube-scheduler 的 ServiceAccount，它正是 Kubernetes 調度器的 Pod 宣告使用的 ServiceAccount。

除此之外，Kubernetes 還提供了 4 個預先定義好的 ClusterRole 供使用者直接使用：

(1) cluster-admin；

(2) admin；

(3) edit；

(4) view。

透過它們的名字，你應該能大致猜出它們都定義了哪些權限。例如，這個名叫 view 的 ClusterRole，規定了「被作用者」只有 Kubernetes API 的唯讀權限。

還需注意，上面這個 cluster-admin 角色對應的是整個 Kubernetes 中的最高權限（verbs=*），如下所示：

```
$ kubectl describe clusterrole cluster-admin -n kube-system
Name:          cluster-admin
Labels:        kubernetes.io/bootstrapping=rbac-defaults
Annotations:   rbac.authorization.kubernetes.io/autoupdate=true
PolicyRule:
  Resources  Non-Resource URLs  Resource Names  Verbs
  ---------  -----------------  --------------  -----
  *.*        []                 []              [*]
             [*]                []              [*]
```

所以，使用 cluster-admin 時務必謹慎小心。

小結

本節主要講解了 RBAC。所謂角色（Role），其實就是一組權限規則列表。
而我們分配這些權限的方式，就是透過建立 RoleBinding 物件，將被作用者
和權限列表進行綁定。

另外，與之對應的 ClusterRole 和 ClusterRoleBinding，則是 Kubernetes
叢集級別的 Role 和 RoleBinding，它們的作用範圍不受 Namespace 限制。

儘管權限的被作用者可以有多種（例如 User、Group 等），但在日常使
用中，最普遍的用法還是 ServiceAccount。所以，Role+RoleBinding+
ServiceAccount 的權限分配方式是需要掌握的重點內容。後面編寫和安裝
各種外掛程式時會經常用到這個組合。

思考題

如何為所有 Namespace 下預設的 ServiceAccount（default ServiceAccount）
綁定一個唯讀權限的 Role 呢？請提供 ClusterRoleBinding（或者
RoleBinding）的 YAML 檔。

5.15 ▶ 聰明的微創新：Operator 工作原理解讀

Operator 的工作原理，實際上是利用自訂 API 資源來描述我們想要部署的「有狀態應用程式」，然後在自訂控制器裡，根據自訂 API 物件的變化完成具體的部署和運維工作。

前面介紹了 Kubernetes 中的大部分編排物件（例如 Deployment、StatefulSet、DaemonSet 以及 Job）和「有狀態應用程式」的管理方法，還闡述了為 Kubernetes 新增自訂 API 物件和編寫自訂控制器的原理和流程。

可能你已經感覺到，在 Kubernetes 中管理「有狀態應用程式」比較複雜，尤其是在編寫 Pod 模板時，總有一種「在 YAML 檔裡編程」的感覺，讓人很不舒服。

在 Kubernetes 生態中，還有一個相對更靈活、更為編程友好的管理「有狀態應用程式」的解決方案 —— Operator。接下來就以 etcd Operator 為例講解 Operator 的工作原理和編寫方法。

etcd Operator 的使用方法非常簡單，只需兩步即可完成。

第一步，將這個 Operator 的程式碼複製到本機：

```
$ git clone https://github.com/coreos/etcd-operator
```

第二步，將這個 etcd Operator 部署到 Kubernetes 叢集裡。

不過，在部署 etcd Operator 的 Pod 之前，需要先執行如下腳本：

```
$ example/rbac/create_role.sh
```

無須多言，這個腳本的作用就是為 etcd Operator 建立 RBAC 規則。這是因為 etcd Operator 需要訪問 Kubernetes 的 API Server 來建立物件。

具體而言，上述腳本為 etcd Operator 定義了如下權限。

(1) 對 Pod、Service、PVC、Deployment、Secret 等 API 物件擁有所有權限。

(2) 對 CRD 物件擁有所有權限。

(3) 對屬於 etcd.database.coreos.com 這個 API Group 的 CR 物件擁有所有權限。

etcd Operator 本身其實就是一個 Deployment，它的 YAML 檔如下所示：

```
apiVersion: extensions/v1beta1
kind: Deployment
metadata:
  name: etcd-operator
spec:
  replicas: 1
  template:
    metadata:
      labels:
        name: etcd-operator
    spec:
      containers:
      - name: etcd-operator
        image: quay.io/coreos/etcd-operator:v0.9.2
        command:
        - etcd-operator
        env:
        - name: MY_POD_NAMESPACE
          valueFrom:
            fieldRef:
              fieldPath: metadata.namespace
        - name: MY_POD_NAME
          valueFrom:
            fieldRef:
              fieldPath: metadata.name
...
```

所以，我們就可以使用上述 YAML 檔來建立 etcd Operator，如下所示：

```
$ kubectl create -f example/deployment.yaml
```

一旦 etcd Operator 的 Pod 進入了 Running 狀態，就會自動建立出來一個 CRD，如下所示：

```
$ kubectl get pods
NAME                               READY      STATUS     RESTARTS   AGE
etcd-operator-649dbdb5cb-bzfzp     1/1        Running    0          20s

$ kubectl get crd
NAME                                    CREATED AT
etcdclusters.etcd.database.coreos.com   2018-09-18T11:42:55Z
```

這個 CRD 名叫 `etcdclusters.etcd.database.coreos.com`。你可以透過 `kubectl describe` 指令查看它的細節，如下所示：

```
$ kubectl describe crd  etcdclusters.etcd.database.coreos.com
...
Group:   etcd.database.coreos.com
  Names:
    Kind:       EtcdCluster                                        .
    List Kind:  EtcdClusterList
    Plural:     etcdclusters
    Short Names:
      etcd
    Singular:   etcdcluster
  Scope:        Namespaced
  Version:      v1beta2

...
```

可以看到，這個 CRD 相當於告訴 Kubernetes：接下來，如果有 API 組是 `etcd.database.coreos.com`、API 資源類型是 `EtcdCluster` 的 YAML 檔被提交上來，一定要認識。

所以，透過上述兩步操作，你實際上在 Kubernetes 裡新增了一個名叫 `EtcdCluster` 的自訂資源類型。而 etcd Operator 就是這個自訂資源類型對應的自訂控制器。

etcd Operator 部署好之後，接下來在這個 Kubernetes 裡建立一個 etcd 叢集的工作就非常簡單了。只需要編寫一個 `EtcdCluster` 的 YAML 檔，然後把它提交給 Kubernetes 即可，如下所示：

```
$ kubectl apply -f example/example-etcd-cluster.yaml
```

這個 example-etcd-cluster.YAML 檔裡描述的，是一個三節點 etcd 叢集。它被提交給 Kubernetes 之後，etcd 的 3 個 Pod 就會執行起來，如下所示：

```
$ kubectl get pods
NAME                                READY   STATUS    RESTARTS   AGE
example-etcd-cluster-dp8nqtjznc     1/1     Running   0          1m
example-etcd-cluster-mbzlg6sd56     1/1     Running   0          2m
example-etcd-cluster-v6v6s6stxd     1/1     Running   0          2m
```

那麼，究竟發生了什麼事，讓建立一個 etcd 叢集的工作變得如此簡單？

當然，這還得從這個 example-etcd-cluster.YAML 檔說起。不難想到，這個檔案裡定義的正是 `EtcdCluster` 這個 CRD 的一個具體實例，也就是一個 CR。它的內容非常簡單，如下所示：

```
apiVersion: "etcd.database.coreos.com/v1beta2"
kind: "EtcdCluster"
metadata:
  name: "example-etcd-cluster"
spec:
  size: 3
  version: "3.2.13"
```

可以看到，`EtcdCluster` 的 `spec` 欄位非常簡單。其中，`size=3` 指定了它所描述的 etcd 叢集的節點個數，而 `version="3.2.13"` 指定了 etcd 的版本，僅此而已。而真正把這樣一個 etcd 叢集建立出來的邏輯，就是 etcd Operator 要做的主要工作了。

看到這裡，相信你應該已經對 Operator 有了初步的認知：

> Operator 的工作原理，實際上是利用 Kubernetes 的 CRD 來描述我們想要部署的「有狀態應用程式」；然後在自訂控制器裡根據自訂 API 物件的變化，來完成具體的部署和運維工作。所以，編寫 etcd Operator 與前面編寫自訂控制器的過程並無不同。

不過，鑑於有的讀者可能不太清楚 etcd 叢集的組建方式，所以這裡簡單介紹這部分的知識。

etcd Operator 部署 etcd 叢集，採用的是靜態（static）叢集的方式。靜態叢集的好處是，不必依賴額外的服務發現機制來組建叢集，非常適合本機容器化部署。它的難點在於你必須在部署時就規劃好這個叢集的拓撲結構，並且能夠知道這些節點的固定 IP 位址。例如下面這個例子：

```
$ etcd --name infra0 --initial-advertise-peer-urls http://10.0.1.10:2380 \
  --listen-peer-urls http://10.0.1.10:2380 \
...
  --initial-cluster-token etcd-cluster-1 \
  --initial-cluster infra0=http://10.0.1.10:2380,infra1=http://10.0.1.11:2380,
infra2=http://10.0.1.12:2380 \
  --initial-cluster-state new

$ etcd --name infra1 --initial-advertise-peer-urls http://10.0.1.11:2380 \
  --listen-peer-urls http://10.0.1.11:2380 \
...
  --initial-cluster-token etcd-cluster-1 \
  --initial-cluster infra0=http://10.0.1.10:2380,infra1=http://10.0.1.11:2380,
infra2=http://10.0.1.12:2380 \
  --initial-cluster-state new

$ etcd --name infra2 --initial-advertise-peer-urls http://10.0.1.12:2380 \
  --listen-peer-urls http://10.0.1.12:2380 \
...
  --initial-cluster-token etcd-cluster-1 \
  --initial-cluster infra0=http://10.0.1.10:2380,infra1=http://10.0.1.11:2380,
infra2=http://10.0.1.12:2380 \
  --initial-cluster-state new
```

在這個例子中，我啟動了 3 個 etcd 行程，組成了一個三節點 etcd 叢集。其中，這些節點啟動參數裡的 --initial-cluster 參數非常值得關注。它的含義是目前節點啟動時叢集的拓撲結構。說得更詳細一點，就是目前這個節點啟動時，需要跟哪些節點通訊來組成叢集。

舉個例子，看看上述 infra2 節點的 --initial-cluster 的值，如下所示：

```
...
--initial-cluster infra0=http://10.0.1.10:2380,infra1=http://10.0.1.11:2380,
infra2=http://10.0.1.12:2380 \
```

可以看到，--initial-cluster 參數是由 < 節點名字 >=< 節點位址 > 格式組成的一個陣列。上面這個配置的意思就是，當 infra2 節點啟動之後，這個 etcd 叢集裡就會有 infra0、infra1 和 infra2 這三個節點。

同時，這些 etcd 節點需要透過 2380 埠進行通訊以便組成叢集，這也正是上述配置中 --listen-peer-urls 欄位的含義。此外，一個 etcd 叢集還需要用 --initial-cluster-token 欄位來宣告一個該叢集獨一無二的 Token 名字。

像這樣為每一個 etcd 節點配置好對應的啟動參數之後並啟動，一個 etcd 叢集就可以自動組建起來了。

而我們要編寫的 etcd Operator 就是要把上述過程自動化。這其實等同於用程式碼生成每個 etcd 節點 Pod 的啟動指令，然後把它們啟動起來。接下來實踐一下這個流程。

當然，在編寫自訂控制器之前，首先需要完成 EtcdCluster 這個 CRD 的定義，它對應的 types.go 的主要內容如下所示：

```
// +genclient
// +k8s:deepcopy-gen:interfaces=k8s.io/apimachinery/pkg/runtime.Object

type EtcdCluster struct {
  metav1.TypeMeta   `json:",inline"`
  metav1.ObjectMeta `json:"metadata,omitempty"`
  Spec              ClusterSpec   `json:"spec"`
  Status            ClusterStatus `json:"status"`
```

```
}

type ClusterSpec struct {
 Size int `json:"size"`
 ...
}
```

可以看到，`EtcdCluster` 是一個有 `Status` 欄位的 CRD。這裡不必關心 `ClusterSpec` 裡的其他欄位，只關注 `Size`（etcd 叢集的大小）欄位即可。`Size` 欄位存在就意味著將來如果想調整叢集大小，應該直接修改 YAML 檔裡 `size` 的值，並執行 `kubectl apply -f`。

這樣，Operator 就會幫我們完成 etcd 節點的增刪操作。這種「scale」能力，也是 etcd Operator 自動化運維 etcd 叢集需要實現的主要功能。為了能夠支援這個功能，我們就不用在 `--initial-cluster` 參數裡固定拓撲結構。

所以，etcd Operator 的實現，雖然選擇的也是靜態叢集，但這個叢集的具體組建過程是逐個節點動態新增。

首先，etcd Operator 會建立一個「種子節點」。然後，etcd Operator 會不斷建立新的 etcd 節點，並將它們逐一加入這個叢集，直到叢集的節點數等於 `size`。

這就意味著，在生成不同角色的 etcd Pod 時，Operator 需要能夠區分種子節點與普通節點。而這兩種節點的不同之處就在於一個名叫 `--initial-cluster-state` 的啟動參數。

- 當這個參數值設為 `new` 時，就代表該節點是種子節點。前面提到過，種子節點還必須透過 `--initial-cluster-token` 宣告一個獨一無二的 Token。

- 如果這個參數值設為 `existing`，則說明該節點是一個普通節點，etcd Operator 需要把它加入已有叢集。

接下來的問題就是，每個 etcd 節點的 `--initial-cluster` 欄位的值是如何生成的呢？

由於這個方案要求種子節點先啟動，因此對於種子節點 `infra0` 來說，它啟動後的叢集只有它自己，即 `--initial-cluster=infra0=http://10.0.1.10:2380`。

對於接下來要加入的節點，例如 `infra1` 來說，它啟動後的叢集就有兩個節點了，所以它的 `--initial-cluster` 參數的值應該是：`infra0=http://10.0.1.10:2380,infra1=http://10.0.1.11:2380`。其他節點以此類推。

現在，你就應該能在腦海中構想出上述三節點 etcd 叢集的部署過程了。

首先，只要使用者提交 YAML 檔時宣告建立一個 EtcdCluster 物件（一個 etcd 叢集），那麼 etcd Operator 都應該先建立一個單節點的種子叢集（seed member）並啟動該種子節點。

以 `infra0` 節點為例，它的 IP 位址是 10.0.1.10，那麼 etcd Operator 生成的種子節點的啟動指令如下所示：

```
$ etcd
  --data-dir=/var/etcd/data
  --name=infra0
  --initial-advertise-peer-urls=http://10.0.1.10:2380
  --listen-peer-urls=http://0.0.0.0:2380
  --listen-client-urls=http://0.0.0.0:2379
  --advertise-client-urls=http://10.0.1.10:2379
  --initial-cluster=infra0=http://10.0.1.10:2380
  --initial-cluster-state=new
  --initial-cluster-token=4b5215fa-5401-4a95-a8c6-892317c9bef8
```

可以看到，這個種子節點的 `initial-cluster-state` 是 `new`，並且指定了唯一的 `initial-cluster-token` 參數。

我們可以把這個建立種子節點（叢集）的階段稱為：Bootstrap。

然後，對於其他每一個節點，Operator 只需要執行如下兩個操作即可，以 `infra1` 為例。

第一步：透過 etcd 命令列新增一個新成員：

```
$ etcdctl member add infra1 http://10.0.1.11:2380
```

第二步：為這個成員節點生成對應的啟動參數，並啟動它：

```
$ etcd
    --data-dir=/var/etcd/data
    --name=infra1
    --initial-advertise-peer-urls=http://10.0.1.11:2380
    --listen-peer-urls=http://0.0.0.0:2380
    --listen-client-urls=http://0.0.0.0:2379
    --advertise-client-urls=http://10.0.1.11:2379
    --initial-cluster=infra0=http://10.0.1.10:2380,infra1=http://10.0.1.11:2380
    --initial-cluster-state=existing
```

可以看到，對於這個 infra1 成員節點來說，它的 initial-cluster-state 是 existing，即要加入已有叢集。而它的 initial-cluster 的值變成了 infra0 和 infra1 兩個節點的 IP 位址。

所以，以此類推，不斷地將 infra2 等後續成員加入叢集，直到整個叢集的節點數目等於使用者指定的 size，部署就完成了。

在熟悉這個部署思路後，再講解 etcd Operator 的工作原理就非常簡單了。

跟所有自訂控制器一樣，etcd Operator 的啟動流程也是圍繞 Informer 展開的，如下所示：

```
func (c *Controller) Start() error {
    for {
        err := c.initResource()
        ...
    time.Sleep(initRetryWaitTime)
    }
    c.run()
}

func    (c *Controller) run() {
 ...

_, informer := cache.NewIndexerInformer(source, &api.EtcdCluster{}, 0,
cache.ResourceEventHandlerFuncs{
        AddFunc:    c.onAddEtcdClus,
        UpdateFunc: c.onUpdateEtcdClus,
        DeleteFunc: c.onDeleteEtcdClus,
```

```
    }, cache.Indexers{})

    ctx := context.TODO()
    // TODO: 使用工作佇列以避免阻塞
    informer.Run(ctx.Done())
}
```

可以看到，etcd Operator 啟動要做的第一件事（c.initResource）是建立 EtcdCluster 物件所需要的 CRD，即前面提到的 etcdclusters.etcd.database.coreos.com。這樣 Kubernetes 就能夠「認識」EtcdCluster 這個自訂 API 資源了。

接下來，etcd Operator 會定義一個 EtcdCluster 物件的 Informer。

不過，需要注意的是，由於 etcd Operator 的完成時間相對較早，因此其中有些程式碼的編寫方式，跟本書介紹的最新編寫方式不太一樣。在具體實踐的時候，應以本書提供的模板為主。

例如，上面程式碼最後有這樣一句注釋：

```
// TODO: 使用工作佇列以避免阻塞
...
```

也就是說，etcd Operator 並沒有用工作佇列來協調 Informer 和控制循環。這其實正是 5.13 節留給你的關於工作佇列思考題的答案。

具體而言，我們在控制循環裡執行的業務邏輯往往比較耗時。例如，建立一個真實的 etcd 叢集。而 Informer 的 WATCH 機制對 API 物件變化的響應非常迅速。所以，控制器裡的業務邏輯就很可能會拖慢 Informer 的執行週期，甚至可能「阻塞」它。而協調這樣兩個快、慢任務的一個典型解決方法就是引入一個工作佇列。

 Tip

讀者若有興趣，可以給 etcd Operator 提一個 patch 來修復這個問題。提 PR（Pull Request，程式碼修改請求）修 TODO，是為開源專案做貢獻的一個重要方式。

由於 etcd Operator 裡沒有工作佇列，因此在它的 EventHandler 部分不會有入隊操作，直接就是每種事件對應的具體業務邏輯。

不過，etcd Operator 在業務邏輯的實現方式上與一般的自訂控制器略有不同。圖 5-11 以流程圖的形式展示了這部分的工作原理。

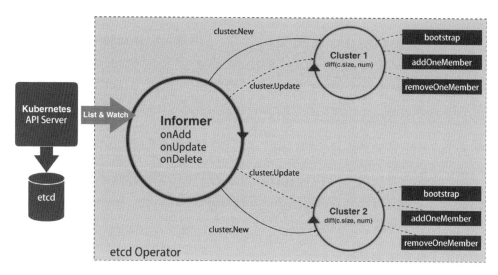

圖 5-11　etcd Operator 業務邏輯實現流程圖

可以看到，etcd Operator 的特殊之處在於，它為每一個 `EtcdCluster` 物件都啟動了一個控制循環，「並發」地響應這些物件的變化。顯然，這種做法不僅可以簡化 etcd Operator 的程式碼實現，還有助於提高它的響應速度。

以本節開頭的 example-etcd-cluster 的 YAML 檔為例。當這個 YAML 檔第一次被提交到 Kubernetes 之後，etcd Operator 的 Informer 就會立刻「感知」到一個新的 `EtcdCluster` 物件被建立了出來，所以 EventHandler 裡的「新增」事件會被觸發。

這個 Handler 要進行的操作也很簡單，即在 etcd Operator 內部建立一個對應的 Cluster 物件（`cluster.New`），例如圖 5-11 裡的 Cluster 1。

這個 Cluster 物件就是一個 etcd 叢集在 Operator 內部的描述，所以它與真實的 etcd 叢集的生命週期是一致的。而一個 Cluster 物件需要具體負責兩個工作。

其中，第一個工作只在該 Cluster 物件第一次被建立時才會執行。這個工作就是前面提到的 Bootstrap，即建立一個單節點的種子叢集。

由於種子叢集只有一個節點，因此這一步會直接生成一個 etcd 的 Pod 物件。這個 Pod 裡有一個 `InitContainer`，負責檢查 Pod 的 DNS 記錄是否正常。如果檢查通過，使用者容器（etcd 容器）就會啟動。這個 etcd 容器最重要的部分當然是它的啟動指令了。

以本節一開始部署的叢集為例，它的種子節點的容器啟動指令如下所示：

```
/usr/local/bin/etcd
  --data-dir=/var/etcd/data
  --name=example-etcd-cluster-mbzlg6sd56
  --initial-advertise-peer-urls=http://example-etcd-cluster-mbzlg6sd56.example-etcd-
cluster.default.svc:2380
  --listen-peer-urls=http://0.0.0.0:2380
  --listen-client-urls=http://0.0.0.0:2379
  --advertise-client-urls=http://example-etcd-cluster-mbzlg6sd56.example-etcd-cluster.
default.svc:2379
  --initial-cluster=example-etcd-cluster-mbzlg6sd56=http://example-etcd-cluster-
mbzlg6sd56.example-etcd-cluster.default.svc:2380
  --initial-cluster-state=new
  --initial-cluster-token=4b5215fa-5401-4a95-a8c6-892317c9bef8
```

上述啟動指令裡各個參數的含義前面已有介紹。可以看到，在這些啟動參數（例如 `initial-cluster`）裡，etcd Operator 只會使用 Pod 的 DNS 記錄，而不是它的 IP 位址。這當然是因為在 Operator 生成上述啟動指令時，etcd 的 Pod 尚未建立，它的 IP 位址自然無從談起。

這也就意味著，每個 Cluster 物件，都會事先建立一個與該 `EtcdCluster` 同名的 Headless Service。這樣，etcd Operator 在接下來的所有建立 Pod 的步驟裡，就都可以使用 Pod 的 DNS 記錄來代替它的 IP 位址了。

Headless Service 的 DNS 記錄格式是：`<pod-name>.<svc-name>.`
`<namespace>.svc.cluster.local`，相關內容見 5.6 節。

Cluster 物件的第二個工作是啟動該叢集對應的控制循環。這個控制循環會定期執行下面的 Diff 流程。

首先，控制循環要取得所有正在執行的、屬於該叢集的 Pod 數量，也就是該 etcd 叢集的「實際狀態」。而這個 etcd 叢集的「期望狀態」，正是使用者在 EtcdCluster 物件裡定義的 size。所以接下來，控制循環會比較這兩個狀態的差異。

如果實際的 Pod 數量不夠，控制循環就會執行一個新增成員節點的操作（圖 5-11 中的 addOneMember 方法）；反之，就會執行刪除成員節點的操作（圖 5-11 中的 removeOneMember 方法）。

以 addOneMember 方法為例，它執行的流程如下所示。

(1) 生成一個新節點的 Pod 的名字，例如 example-etcd-cluster-v6v6s6stxd。

(2) 呼叫 etcd Client，執行前面提到的 etcdctl member add example-etcd-cluster-v6v6s6stxd 指令。

(3) 使用這個 Pod 名字和已有的所有節點列表，組合成一個新的 initial-cluster 欄位的值。

(4) 使用這個 initial-cluster 的值，生成這個 Pod 裡 etcd 容器的啟動指令。如下所示：

```
/usr/local/bin/etcd
  --data-dir=/var/etcd/data
  --name=example-etcd-cluster-v6v6s6stxd
  --initial-advertise-peer-urls=http://example-etcd-cluster-v6v6s6stxd.example-
etcd-cluster.default.svc:2380
  --listen-peer-urls=http://0.0.0.0:2380
  --listen-client-urls=http://0.0.0.0:2379
  --advertise-client-urls=http://example-etcd-cluster-v6v6s6stxd.example-etcd-
cluster.default.svc:2379
  --initial-cluster=example-etcd-cluster-mbzlg6sd56=http://example-etcd-cluster-
mbzlg6sd56.example-etcd-cluster.default.svc:2380,example-etcd-cluster-v6v6s6stxd=
http://example-etcd-cluster-v6v6s6stxd.example-etcd-cluster.default.svc:2380
  --initial-cluster-state=existing
```

這樣，當這個容器啟動之後，一個新的 etcd 成員節點就會加入叢集。控制循環會重複這個過程，直到正在執行的 Pod 數量與 EtcdCluster 指定的 size 一致。

在有了這樣一個與 EtcdCluster 物件一一對應的控制循環之後，後續對這個 EtcdCluster 的任何修改，例如修改 size 或者 etcd 的版本，它們對應的更新事件都會由這個 Cluster 物件的控制循環進行處理。

以上就是 etcd Operator 的工作原理。

如果比較 etcd Operator 與 5.8 節講過的 MySQL StatefulSet，你可能會有兩個問題。

第一個問題是，在 StatefulSet 裡，它為 Pod 建立的名字是帶編號的，這樣就固定了整個叢集的拓撲狀態（例如一個三節點叢集一定是由名叫 web-0、web-1 和 web-2 的 3 個 Pod 組成的）。可是，在 etcd Operator 裡為什麼使用隨機名字就可以呢？

這是因為，etcd Operator 在每次新增 etcd 節點時，都會先執行 etcdctl member add <Pod 名字>；每次刪除節點時，則會執行 etcdctl member remove <Pod 名字>。這些操作其實就會更新 etcd 內部維護的拓撲訊息，所以 etcd Operator 無須在叢集外部透過編號來固定這個拓撲關係。

第二個問題是，為什麼我沒有在 EtcdCluster 物件裡宣告 PV？難道不擔心節點當機之後 etcd 的資料遺失嗎？

我們知道，etcd 是一個基於 Raft 協定實現的高可用性 Key-Value 儲存。根據 Raft 協定的設計原則，當 etcd 叢集裡只有半數以下（在我們的例子裡，少於等於 1 個）的節點失效時，目前叢集依然可以正常工作。此時，etcd Operator 只需要透過控制循環建立出新的 Pod，然後將它們加入現有叢集，就完成了「期望狀態」與「實際狀態」的調諧工作。這個叢集是一直可用的。

 Tip
關於 etcd 的工作原理和 Raft 協定的設計理念，可以閱讀孫健波的部落格文章《etcd：從應用程式場景到實現原理的全方位解讀》。

但是，當這個 etcd 叢集裡有半數以上（在我們的例子裡，多於等於兩個）的節點失效時，這個叢集就會喪失寫入資料的能力，從而進入「不可用」狀態。此時，即使 etcd Operator 建立出新的 Pod，etcd 叢集本身也無法自動復原。此時就必須使用 etcd 本身的備份資料來對叢集進行復原操作。

有了 Operator 機制之後，上述 etcd 的備份操作是由一個單獨的 etcd Backup Operator 負責完成的。

建立和使用這個 Operator 的流程如下所示：

```
# 首先，建立 etcd-backup-operator
$ kubectl create -f example/etcd-backup-operator/deployment.yaml

# 確認 etcd-backup-operator 已經在正常執行
$ kubectl get pod
NAME                                    READY    STATUS    RESTARTS   AGE
etcd-backup-operator-1102130733-hhgt7   1/1      Running   0          3s

# 可以看到，Backup Operator 會建立一個叫 etcdbackups 的 CRD
$ kubectl get crd
NAME                                 KIND
etcdbackups.etcd.database.coreos.com
CustomResourceDefinition.v1beta1.apiextensions.k8s.io

# 這裡要使用 AWS S3 來儲存備份，所以需要在檔案裡配置 S3 的授權訊息
$ cat $AWS_DIR/credentials
[default]
aws_access_key_id = XXX
aws_secret_access_key = XXX

$ cat $AWS_DIR/config
[default]
region = <region>

# 然後，將上述授權訊息製作成一個 Secret
$ kubectl create secret generic aws --from-file=$AWS_DIR/credentials
--from-file=$AWS_DIR/config

# 使用上述 S3 的訪問訊息建立一個 EtcdBackup 物件
$ sed -e 's|<full-s3-path>|mybucket/etcd.backup|g' \
```

```
-e 's|<aws-secret>|aws|g' \
-e 's|<etcd-cluster-endpoints>|"http://example-etcd-cluster-client:2379"|g' \
example/etcd-backup-operator/backup_cr.yaml \
| kubectl create -f -
```

需要注意的是，每當建立一個 EtcdBackup 物件（backup_cr.yaml），就相當
於為它指定的 etcd 叢集做了一次備份。EtcdBackup 物件的 etcdEndpoints 欄
位會指定它要備份的 etcd 叢集的訪問位址。所以，在實際環境中，建議把最
後這個備份操作編寫成一個 Kubernetes 的 CronJob，以便定時執行。

當 etcd 叢集發生故障之後，你就可以透過建立一個 EtcdRestore 物件來完
成復原操作。當然，這就意味著你需要事先啟動 etcd Restore Operator。

這個流程的完整過程如下所示：

```
# 建立 etcd-restore-operator
$ kubectl create -f example/etcd-restore-operator/deployment.yaml

# 確認它已經正常執行
$ kubectl get pods
NAME                                      READY    STATUS     RESTARTS   AGE
etcd-restore-operator-4203122180-npn3g    1/1      Running    0          7s

# 建立一個 EtcdRestore 物件來幫助 Etcd Operator 復原資料，記得取代模板裡 S3 的訪問訊息
$ sed -e 's|<full-s3-path>|mybucket/etcd.backup|g' \
    -e 's|<aws-secret>|aws|g' \
    example/etcd-restore-operator/restore_cr.yaml \
    | kubectl create -f -
```

上面例子裡的 EtcdRestore 物件（restore_cr.yaml）會指定它要復原的 etcd
叢集的名字和備份資料所在的 S3 儲存的訪問訊息。

當一個 EtcdRestore 物件成功建立後，etcd Restore Operator 就會透過上述
訊息復原一個全新的 etcd 叢集。然後，etcd Operator 會直接接管這個新叢
集，從而重新進入可用狀態。

EtcdBackup 和 EtcdRestore 這兩個 Operator 的工作原理與 etcd Operator 的
實現方式非常類似，你可以自行探索。

小結

本節以 etcd Operator 為例，介紹了一個 Operator 的工作原理和編寫過程。可以看到，etcd 叢集本身就擁有良好的分布式設計和一定的高可用性能力。在這種情況下，StatefulSet「為 Pod 編號」和「將 Pod 同 PV 綁定」這兩個主要特性就不太有用武之地了。

相比之下，etcd Operator 把一個 etcd 叢集抽象成了一個具有一定「自治能力」的整體。而當這個「自治能力」本身不足以解決問題時，我們可以透過兩個專門負責備份和復原的 Operator 進行修正。這種實現方式不僅更貼近 etcd 的設計理念，編程上也更友好。

不過，如果現在要部署的應用程式，既需要用 StatefulSet 的方式維持拓撲狀態和儲存狀態，又要做大量編程工作，那該如何選擇呢？

其實，Operator 和 StatefulSet 並不是競爭關係。你完全可以編寫一個 Operator，然後在 Operator 的控制循環裡建立和控制 StatefulSet 而不是 Pod。例如，業界知名的 Prometheus 的 Operator 正是這麼實現的。

此外，Red Hat 公司收購 CoreOS 公司之後，已經把 Operator 的編寫過程封裝成了一個叫作 Operator SDK 的工具（整個專案叫作 Operator Framework），它可以幫你生成 Operator 的框架程式碼。若有興趣，可以試用一下。

思考題

在 Operator 的實現過程中，我們再次用到了 CRD。可是，一定要明白，CRD 並不是萬能的，它對於很多場景不適用，還有性能瓶頸。你能列舉出一些不適用 CRD 的場景嗎？你知道造成 CRD 性能瓶頸的主要原因是什麼嗎？

Kubernetes 儲存原理

6.1 ▶ 持久化儲存：PV 和 PVC 的設計與實現原理

上一章重點分析了 Kubernetes 的各種編排能力。從中你應該已經發現，容器化一個應用程式比較麻煩的地方莫過於管理其狀態，而最常見的狀態又莫過於儲存狀態了。

所以，從本節開始，就專門剖析 Kubernetes 處理容器持久化儲存的核心原理，幫助你更加理解和掌握這部分內容。

首先，回憶一下 5.7 節講解 StatefulSet 如何管理儲存狀態時，介紹過的 PV 和 PVC 這套持久化儲存體系。其中，PV 描述的是持久化儲存資料卷。這個 API 物件主要定義的是一個持久化儲存在宿主機上的目錄，例如一個 NFS 的掛載目錄。

通常情況下，運維人員事先在 Kubernetes 叢集裡建立 PV 物件以待用。例如，運維人員可以定義一個 NFS 類型的 PV，如下所示：

```
apiVersion: v1
kind: PersistentVolume
metadata:
  name: nfs
spec:
  storageClassName: manual
  capacity:
    storage: 1Gi
  accessModes:
    - ReadWriteMany
  nfs:
    server: 10.244.1.4
    path: "/"
```

PVC 描述的是 Pod 所希望使用的持久化儲存的屬性。例如，Volume 儲存的大小、可讀寫權限等。

PVC 物件通常由平台的使用者建立，或者以 PVC 模板的方式成為 StatefulSet 的一部分，然後由 StatefulSet 控制器負責建立帶編號的 PVC。

例如，使用者可以宣告一個 1 GiB 大小的 PVC，如下所示：

```
apiVersion: v1
kind: PersistentVolumeClaim
metadata:
  name: nfs
spec:
  accessModes:
    - ReadWriteMany
  storageClassName: manual
  resources:
    requests:
      storage: 1Gi
```

使用者建立的 PVC 要真正被容器使用，就必須先和某個符合條件的 PV 進行綁定。這裡要檢查以下兩個條件。

■ 第一個條件當然是 PV 和 PVC 的 `spec` 欄位。例如，PV 的儲存（`storage`）大小必須滿足 PVC 的要求。

- 第二個條件是 PV 和 PVC 的 `storageClassName` 欄位必須一樣。稍後會專門介紹該機制。

在成功地將 PVC 和 PV 進行綁定之後，Pod 就能夠像使用 `hostPath` 等一般類型的 Volume 一樣，在自己的 YAML 檔裡宣告使用這個 PVC 了，如下所示：

```
apiVersion: v1
kind: Pod
metadata:
  labels:
    role: web-frontend
spec:
  containers:
  - name: web
    image: nginx
    ports:
      - name: web
        containerPort: 80
    volumeMounts:
        - name: nfs
          mountPath: "/usr/share/nginx/html"
  volumes:
  - name: nfs
    persistentVolumeClaim:
      claimName: nfs
```

可以看到，Pod 需要做的，就是在 `volumes` 欄位裡宣告自己要使用的 PVC 名字。接下來，等這個 Pod 建立之後，kubelet 就會把該 PVC 所對應的 PV，即一個 NFS 類型的 Volume，掛載在 Pod 容器內的目錄上。

不難看出，PVC 和 PV 的設計其實跟「物件導向」的思想非常類似。可以把 PVC 理解為持久化儲存的「介面」，它提供了對某種持久化儲存的描述，但不提供具體的實現；而這個持久化儲存的實現部分由 PV 負責完成。

這樣做的好處是，平台的使用者只需要跟 PVC 這個「介面」打交道，而不必關心具體的實現是 NFS 還是 Ceph。畢竟這些儲存相關的知識太專業了，應該交給專業的人去做。

在以上講述中，其實還有一種比較棘手的情況。例如，你在建立 Pod 時，系統裡並沒有合適的 PV 跟它定義的 PVC 綁定，即此時容器想使用的 Volume 不存在，這樣 Pod 的啟動就會回報錯誤。

但是，過了一會，平台運維人員也發現了這個情況，所以他趕緊建立了一個對應的 PV。此時，我們當然希望 Kubernetes 能夠再次完成 PVC 和 PV 的綁定操作，從而啟動 Pod。

所以，在 Kubernetes 中實際上存在一個專門處理持久化儲存的控制器，叫作 Volume Controller。它維護著多個控制循環，其中一個循環扮演的就是撮合 PV 和 PVC 的「紅娘」的角色，名叫 PersistentVolumeController。

PersistentVolumeController 會不斷查看目前每一個 PVC 是否已經處於 Bound（已綁定）狀態。如果不是，它就會遍歷所有可用的 PV，並嘗試將其與這個「單身」的 PVC 進行綁定。這樣，Kubernetes 就可以保證使用者提交的每一個 PVC，只要有合適的 PV 出現，就能很快地進入綁定狀態，從而結束「單身」之旅。

所謂將一個 PV 與 PVC 進行「綁定」，其實就是將這個 PV 物件的名字填在了 PVC 物件的 spec.volumeName 欄位上。所以，接下來 Kubernetes 只要取得這個 PVC 物件，就一定能夠找到它所綁定的 PV。

那麼，這個 PV 物件是如何變成容器裡的一個持久化儲存的呢？前面講解容器基礎時詳細剖析了容器 Volume 的掛載機制。用一句話總結，所謂容器的 Volume，其實就是將一個宿主機上的目錄跟一個容器裡的目錄，綁定掛載在了一起。

所謂的「持久化 Volume」，指的就是該宿主機上的目錄具備「持久性」，即該目錄裡面的內容既不會因為容器的刪除而被清理，也不會跟目前的宿主機綁定。這樣，當容器重啟或在其他節點上重建之後，它仍能透過掛載這個 Volume 訪問到這些內容。

顯然，前面使用的 `hostPath` 和 `emptyDir` 類型的 Volume 並不具備這個特徵：它們既可能被 kubelet 清理，也不能「遷移」到其他節點上。

所以，大多數情況下，持久化 Volume 的實現往往依賴一個遠端儲存服務，例如遠端檔案儲存（像 NFS、GlusterFS）、遠端塊儲存（像公有雲提供的遠端磁碟）等。

而 Kubernetes 需要做的，就是使用這些儲存服務來為容器準備一個持久化的宿主機目錄，以供將來進行綁定掛載時使用。所謂「持久化」，指的是容器在該目錄裡寫入的檔案都會儲存在遠端儲存中，從而使得該目錄具備了「持久性」。

可以把這個準備「持久化」宿主機目錄的過程形象地稱為「兩階段處理」。下面舉例說明。

1. 第一階段

當一個 Pod 調度到一個節點上之後，kubelet 就要負責為這個 Pod 建立它的 Volume 目錄。預設情況下，kubelet 為 Volume 建立的目錄是一個宿主機上的路徑，如下所示：

```
/var/lib/kubelet/pods/<Pod 的 ID>/volumes/kubernetes.io~<Volume 類型 >/<Volume 名字 >
```

接下來，kubelet 要進行的操作就取決於你的 Volume 類型了。

如果你的 Volume 類型是遠端塊儲存，例如 Google Cloud 的 Persistent Disk（GCE 提供的遠端磁碟服務），那麼 kubelet 就需要先呼叫 Goolge Cloud 的 API，將它提供的 Persistent Disk 掛載到 Pod 所在的宿主機上。

> **Tip**
> 如果你不太了解區塊儲存的話，可以直接把它想成就是一個硬碟。

這相當於執行：

```
$ gcloud compute instances attach-disk < 虛擬機名字 > --disk < 遠端磁碟名字 >
```

這一步為虛擬機掛載遠端磁碟的操作，對應的正是「兩階段處理」的第一階段。在 Kubernetes 中，該階段稱為 Attach。

2. 第二階段

Attach 階段完成後，為了能夠使用該遠端磁碟，kubelet 還要格式化這個磁碟裝置，然後把它掛載到宿主機指定的掛載點上。不難理解，這個掛載點正是前面反覆提到的 Volume 的宿主機目錄。所以，這一步相當於執行：

```
# 透過 lsblk 指令取得磁碟裝置 ID
$ sudo lsblk
# 格式化成 ext4 格式
$ sudo mkfs.ext4 -m 0 -F -E lazy_itable_init=0,lazy_journal_init=0,discard /dev/< 磁碟裝置 ID>
# 掛載到掛載點
$ sudo mkdir -p /var/lib/kubelet/pods/<Pod 的 ID>/volumes/kubernetes.io~<Volume 類型 >
/<Volume 名字 >
```

這個將磁碟裝置格式化並掛載到 Volume 宿主機目錄的操作，對應的正是「兩階段處理」的第二個階段，一般稱為 Mount。

Mount 階段完成後，Volume 的宿主機目錄就是一個「持久化」的目錄了，容器在其中寫入的內容會儲存在 Google Cloud 的遠端磁碟中。

如果你的 Volume 類型是遠端檔案儲存（例如 NFS），kubelet 的處理過程會更簡單一些。

原因是在這種情況下，kubelet 可以跳過「第一階段」（Attach）的操作，因為遠端檔案儲存一般沒有一個「儲存裝置」需要掛載在宿主機上。所以，kubelet 會直接從「第二階段」（Mount）開始準備宿主機上的 Volume 目錄。

在這一步，kubelet 需要作為 client 將遠端 NFS 伺服器的目錄（例如「/」目錄）掛載到 Volume 的宿主機目錄上，相當於執行如下指令：

```
$ mount -t nfs <NFS 伺服器位址 >:/ /var/lib/kubelet/pods/<Pod 的
ID>/volumes/kubernetes.io~<Volume 類型 >/<Volume 名字 >
```

透過這個掛載操作，Volume 的宿主機目錄就成了一個遠端 NFS 目錄的掛載點，後面你在該目錄裡寫入的所有檔案都會儲存在遠端 NFS 伺服器上。所以，我們也就完成了對 Volume 宿主機目錄的「持久化」。

現在你可能會有疑問：Kubernetes 是如何定義和區分這兩個階段的呢？

其實很簡單，在具體的 Volume 外掛程式的實現介面上，Kubernetes 分別給這兩個階段提供了不同的參數列表。

- 對於「第一階段」（Attach），Kubernetes 提供的可用參數是 nodeName，即宿主機的名字。
- 對於「第二階段」（Mount），Kubernetes 提供的可用參數是 dir，即 Volume 的宿主機目錄。

所以，只需要根據自己的需求選擇和實現儲存外掛程式即可。後面關於編寫儲存外掛程式的部分會深入講解此過程。

經過了「兩階段處理」，我們就得到了一個「持久化」的 Volume 宿主機目錄。所以，接下來 kubelet 只要把 Volume 目錄透過 CRI 裡的 Mounts 參數傳遞給 Docker，然後就可以為 Pod 裡的容器掛載這個「持久化」的 Volume 了。其實，這一步相當於執行了如下指令：

```
$ docker run -v /var/lib/kubelet/pods/<Pod 的 ID>/volumes/kubernetes.io~<Volume 類型>
/<Volume 名字>:/<容器內的目標目錄> 我的鏡像…
```

以上就是 Kubernetes 處理 PV 的具體原理。

 Tip

相應地，在刪除一個 PV 時，Kubernetes 也需要 Unmount 和 Detach 兩個階段來處理。此過程不再贅述，「反向操作」即可。

實際上，你可能已經發現，PV 的處理流程似乎跟 Pod 以及容器的啟動流程沒有太多耦合，只要 kubelet 在向 Docker 發起 CRI 請求之前，確保「持久化」的宿主機目錄已經處理完畢即可。

所以，在 Kubernetes 中，上述關於 PV 的「兩階段處理」流程是靠獨立於 kubelet 主控制循環（kubelet sync loop）的兩個控制循環來實現的。

其中，「第一階段」的 Attach（以及 Detach）操作，是由 Volume Controller 負責維護的，這個控制循環叫作 AttachDetachController。它的作用就是不斷檢查每一個 Pod 對應的 PV 和該 Pod 所在宿主機之間的掛載情況，從而決定是否需要對這個 PV 進行 Attach（或者 Detach）操作。

需要注意，作為 Kubernetes 內建的控制器，Volume Controller 自然是 kube-controller-manager 的一部分。所以，AttachDetachController 也一定是在 Master 節點上執行的。當然，Attach 操作只需要呼叫公有雲或具體儲存項目的 API，無須在具體的宿主機上執行操作，所以這個設計沒有任何問題。

「第二階段」的 Mount（以及 Unmount）操作，必須發生在 Pod 對應的宿主機上，所以它必須是 kubelet 元件的一部分。這個控制循環叫作 VolumeManagerReconciler。它執行起來之後，是一個獨立於 kubelet 主循環的 Goroutine。

透過將 Volume 的處理同 kubelet 的主循環解耦，Kubernetes 就避免了這些耗時的遠端掛載操作拖慢 kubelet 的主控制循環，進而導致 Pod 的建立效率大幅下降的問題。實際上，kubelet 的一個主要設計原則就是，它的主控制循環絕對不可以被阻塞。後續講解容器執行時的時候還會提到該思想。

在了解了 Kubernetes 的 Volume 處理機制之後，下面介紹這個體系裡最後一個重要概念：StorageClass。

前面介紹 PV 和 PVC 時曾提到，PV 這個物件的建立是由運維人員完成的。但是，在大規模的生產環境中，這項工作其實非常麻煩。這是因為，一個大規模的 Kubernetes 叢集裡很可能有成千上萬個 PVC，這就意味著運維人員必須事先建立出成千上萬個 PV。更麻煩的是，隨著新的 PVC 不斷被提交，運維人員不得不繼續新增新的、能滿足條件的 PV，否則新的 Pod 就會因為 PVC 綁定不到 PV 而失敗。在實際操作中，這幾乎無法靠人工完成。

所以，Kubernetes 提供一套可以自動建立 PV 的機制：Dynamic Provisioning。相比之下，前面人工管理 PV 的方式就叫作 Static Provisioning。Dynamic

Provisioning 機制工作的核心在於一個名為 StorageClass 的 API 物件。StorageClass 物件的作用其實就是建立 PV 的模板。

具體而言，StorageClass 物件會定義如下兩部分內容。

- PV 的屬性，例如儲存類型、Volume 的大小等。
- 建立這種 PV 需要用到的儲存外掛程式，例如 Ceph 等。

有了這樣兩項訊息之後，Kubernetes 就能根據使用者提交的 PVC 找到一個對應的 StorageClass 了。然後，Kubernetes 就會呼叫該 StorageClass 宣告的儲存外掛程式，建立出需要的 PV。

舉個例子，假如我們的 Volume 的類型是 GCE 的 Persistent Disk，運維人員就需要定義一個如下所示的 StorageClass：

```yaml
apiVersion: storage.k8s.io/v1
kind: StorageClass
metadata:
  name: block-service
provisioner: kubernetes.io/gce-pd
parameters:
  type: pd-ssd
```

在這個 YAML 檔裡，我們定義了一個名為 `block-service` 的 StorageClass。

該 StorageClass 的 `provisioner` 欄位的值是 `kubernetes.io/gce-pd`，這正是 Kubernetes 內建的 GCE PD 儲存外掛程式的名字。而這個 StorageClass 的 `parameters` 欄位，就是 PV 的參數。例如，上面例子中的 `type=pd-ssd`，指的是該 PV 的類型是「SSD 格式的 GCE 遠端磁碟」。

需要注意的是，由於需要使用 GCE Persistent Disk，因此上面這個例子只有在 GCE 提供的 Kubernetes 服務裡才能實踐。如果你想使用之前部署在本機的 Kubernetes 叢集以及 Rook 儲存服務，你的 StorageClass 需要使用如下所示的 YAML 檔來定義：

```yaml
apiVersion: ceph.rook.io/v1beta1
kind: Pool
metadata:
```

```
  name: replicapool
  namespace: rook-ceph
spec:
  replicated:
    size: 3
---
apiVersion: storage.k8s.io/v1
kind: StorageClass
metadata:
    name: block-service
provisioner: ceph.rook.io/block
parameters:
  pool: replicapool
  #The value of "clusterNamespace" MUST be the same as the one in which your rook cluster
exist
  clusterNamespace: rook-ceph
```

在 這 個 YAML 檔 中， 我 們 定 義 的 還 是 一 個 名 為 block-service 的
StorageClass，只不過它宣告使用的儲存外掛程式是由 Rook 提供的。

有了 StorageClass 的 YAML 檔之後，運維人員就可以在 Kubernetes 裡建立
這個 StorageClass 了：

```
$ kubectl create -f sc.yaml
```

此時，作為應用程式開發者，我們只需要在 PVC 裡指定要使用的
StorageClass 名字即可，如下所示：

```
apiVersion: v1
kind: PersistentVolumeClaim
metadata:
  name: claim1
spec:
  accessModes:
    - ReadWriteOnce
  storageClassName: block-service
  resources:
    requests:
      storage: 30Gi
```

可以看到，我們在這個 PVC 裡新增了一個叫作 `storageClassName` 的欄位，用於指定該 PVC 所要使用的 StorageClass 的名字是：`block-service`。

以 Google Cloud 為例。當我們透過 `kubectl create` 建立上述 PVC 物件之後，Kubernetes 就會呼叫 Google Cloud 的 API，建立出一塊 SSD 格式的 Persistent Disk。然後，再使用 Persistent Disk 的訊息，自動建立出一個對應的 PV 物件。

下面實踐該過程（使用 Rook 的話流程相同，只不過 Rook 建立出的是 Ceph 類型的 PV）：

```
$ kubectl create -f pvc.yaml
```

可以看到，我們建立的 PVC 會綁定一個 Kubernetes 自動建立的 PV，如下所示：

```
$ kubectl describe pvc claim1
Name:             claim1
Namespace:        default
StorageClass:     block-service
Status:           Bound
Volume:           pvc-e5578707-c626-11e6-baf6-08002729a32b
Labels:           <none>
Capacity:         30Gi
Access Modes:     RWO
No Events.
```

而且，查看這個自動建立的 PV 的屬性，可以看到它跟我們在 PVC 裡宣告的儲存的屬性一致，如下所示：

```
$ kubectl describe pv pvc-e5578707-c626-11e6-baf6-08002729a32b
Name:             pvc-e5578707-c626-11e6-baf6-08002729a32b
Labels:           <none>
StorageClass:     block-service
Status:           Bound
Claim:            default/claim1
Reclaim Policy:   Delete
Access Modes:     RWO
```

```
Capacity:          30Gi
...
No events.
```

這個自動建立出來的 PV 的 StorageClass 欄位的值也是 `block-service`。這是因為 Kubernetes 只會將 StorageClass 相同的 PVC 和 PV 綁定在一起。

有了 Dynamic Provisioning 機制，運維人員只需在 Kubernetes 叢集裡建立出數量有限的 StorageClass 物件即可，這就好比運維人員在 Kubernetes 叢集裡建立出了各種 PV 模板。這樣，當開發人員提交了包含 StorageClass 欄位的 PVC 之後，Kubernetes 就會根據這個 StorageClass 建立出對應的 PV。

Kubernetes 的官方文件裡列出了預設支援 Dynamic Provisioning 的內建儲存外掛程式。對於文件未涵蓋的外掛程式，例如 NFS 或者其他非內建儲存外掛程式，你可以透過 kubernetes-incubator/external-storage 自己編寫一個外部外掛程式來完成這個工作。像之前部署的 Rook 已經內建了 external-storage 的實現，所以 Rook 完全支援 Dynamic Provisioning 特性。

需要注意的是，StorageClass 並不是專門為了 Dynamic Provisioning 而設計的。在本節開頭的例子裡，我在 PV 和 PVC 裡都宣告了 `storageClassName=manual`，而我的叢集裡實際上並沒有一個名為 `manual` 的 StorageClass 物件。這完全沒有問題，此時 Kubernetes 進行的是 Static Provisioning，但在做綁定決策時，它依然會考慮 PV 和 PVC 的 StorageClass 定義。

這麼做的好處也很明顯：這個 PVC 和 PV 的綁定關係完全在我的掌控之中。

你可能會有疑問：之前講解 StatefulSet 儲存狀態的例子時，好像沒有宣告 StorageClass 啊？

實際上，如果你的叢集已經開啟了名為 DefaultStorageClass 的 Admission Plugin，它就會為 PVC 和 PV 自動新增一個預設的 StorageClass；否則，PVC 的 `storageClassName` 的值就是 ""，這意味著它只能跟 `storageClassName` 也是 "" 的 PV 進行綁定。

小結

本節詳細講解了 PV 和 PVC 的設計與實現原理，並闡述了 StorageClass 的用途。圖 6-1 展示了這些概念之間的關係。

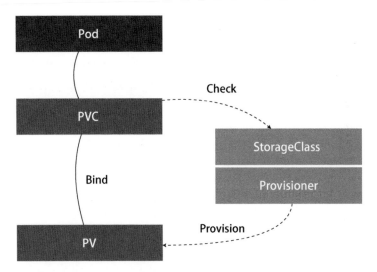

圖 6-1 PV、PVC 以及 StorageClass 之間的關係

從圖 6-1 中可以看到，在該體系中：

- PVC 描述的是 Pod 想使用的持久化儲存的屬性，例如儲存的大小、讀寫權限等；

- PV 描述的則是一個具體的 Volume 的屬性，例如 Volume 的類型、掛載目錄、遠端儲存伺服器位址等；

- StorageClass 的作用則是充當 PV 的模板，並且只有同屬於一個 StorageClass 的 PV 和 PVC 才可以綁定在一起；

- 當然，StorageClass 的另一個重要作用是指定 PV 的 Provisioner（儲存外掛程式）。此時，如果你的儲存外掛程式支援 Dynamic Provisioning，Kubernetes 就可以自動為你建立 PV。

基於上述內容，為了統一概念和方便講解，後文凡是提到「Volume」，指的就是一個遠端儲存服務掛載在宿主機上的持久化目錄，而「PV」指的是該 Volume 在 Kubernetes 裡的 API 物件。

需要注意的是，這套容器持久化儲存體系完全是 Kubernetes 自己負責管理的，並不依賴 docker volume 指令和 Docker 的儲存外掛程式。當然，這個體系本身就比 docker volume 指令誕生的早得多。

6.2 ▶ 深入理解本機持久化資料卷

上一節詳細講解了 PV、PVC 持久化儲存體系在 Kubernetes 中的設計和實現原理，節末留了一個思考題：像 PV、PVC 這樣的用法，是否有「過度設計」的嫌疑？

例如，公司的運維人員可以像往常一樣維護一套 NFS 或者 Ceph 伺服器，根本不必學習 Kubernetes。開發人員則完全可以靠「複製貼上」的方式，在 Pod 的 YAML 檔裡填上 Volumes 欄位，而無須使用 PV 和 PVC。實際上，如果只是為了職責劃分，PV、PVC 體系確實不見得比直接在 Pod 裡宣告 Volumes 欄位有什麼優勢。

不過，你是否想過這樣一個問題：如果 Kubernetes 內建的 20 種 PV 實現都無法滿足你的容器儲存需求，該怎麼辦？這種情況乍聽之下有點不可思議。但實際上，凡是研究過開源專案的讀者，應該都有所體會，「不能用」、「不好用」、「需要訂製開發」才是開源基礎設施專案落地的三大常態。

在持久化儲存領域，使用者呼聲最高的訂製化需求莫過於支援「本機」持久化儲存了。也就是說，使用者希望 Kubernetes 能夠直接使用宿主機上的本機磁碟目錄，而不依賴遠端儲存服務來提供「持久化」的容器 Volume。

這樣做的好處很明顯，由於這個 Volume 直接使用本機磁碟，尤其是 SSD，因此它的讀寫性能比大多數遠端儲存要好得多。這個需求對本機物理伺服器部署的私有 Kubernetes 叢集來說很常見。

所以，Kubernetes 在 v1.10 之後就逐漸依靠 PV、PVC 體系實現了這個特性：Local PV（本機持久化資料卷）。

不過，首先需要明確的是，Local PV 並不適用於所有應用程式。事實上，它的適用範圍非常固定，例如高優先度的系統應用程式，需要在多個節點上儲

存資料，並且對 I/O 有較高要求。典型的應用程式包括：分布式資料儲存，例如 MongoDB、Cassandra 等，分布式檔案系統，例如 GlusterFS、Ceph 等，以及需要在本機磁碟上進行大量資料快取的分布式應用程式。

其次，相比正常的 PV，一旦這些節點當機且不能復原時，Local PV 的資料就可能遺失。這就要求使用 Local PV 的應用程式必須具備備份和復原資料的能力，允許把這些資料定時備份在別處。

接下來深入講解這個特性。

不難想像，Local PV 的設計主要面臨兩個難點。

第一個難點：如何把本機磁碟抽象成 PV。

你可能會說，Local PV 不就等同於 hostPath 加 nodeAffinity 嗎？例如，一個 Pod 可以宣告使用類型為 Local 的 PV，而該 PV 其實就是一個 hostPath 類型的 Volume。如果這個 hostPath 對應的目錄已經在節點 A 上事先建立好了，那麼只需要再給這個 Pod 加上一個 nodeAffinity=nodeA，不就可以使用這個 Volume 了嗎？

事實上，絕不應該把宿主機上的目錄用作 PV。這是因為這種本機目錄的儲存行為完全不可控，它所在的磁碟隨時都可能被應用程式寫滿，甚至造成整個宿主機當機。而且，不同本機目錄之間也缺乏哪怕最基礎的 I/O 隔離機制。

所以，一個 Local PV 對應的儲存介質，一定是一塊額外掛載在宿主機上的磁碟或區塊裝置（「額外」的意思是它不應該是宿主機根目錄使用的主硬碟）。可以把這項原則稱為「一個 PV 一塊盤」。

第二個難點：調度器如何保證 Pod 始終能被正確地調度到它所請求的 Local PV 所在的節點上？

這個問題的根源在於，對於一般的 PV 來說，Kubernetes 都是先將 Pod 調度到某個節點上，然後透過「兩階段處理」來「持久化」這台機器上的 Volume 目錄，進而完成 Volume 目錄與容器的綁定掛載。

可是，對於 Local PV 來說，節點上可用的磁碟（或區塊裝置）必須是運維人員提前準備好的。它們在不同節點上的掛載情況可以完全不同，甚至有的節點可以沒有這種磁碟。

所以，此時調度器就必須能知道所有節點與 Local PV 對應的磁碟的關聯關係，然後根據這項訊息來調度 Pod。

可以把這項原則稱為「在調度的時候考慮 Volume 分布」。在 Kubernetes 的調度器裡，有一個叫作 VolumeBindingChecker 的過濾條件專門負責此事。在 Kubernetes v1.11 中，這個過濾條件已預設開啟。

基於以上講解，在開始使用 Local PV 之前，首先需要在叢集裡配置好磁碟或區塊裝置。在公有雲上，這個操作等同於給虛擬機額外掛載一個磁碟，例如 GCE 的 Local SSD 類型的磁碟就是一個典型例子。

在我們部署的私有環境中，完成這個步驟有兩種辦法。

- 給宿主機掛載並格式化一個可用的本機磁碟，這也是最一般的操作。
- 對於實驗環境，其實可以在宿主機上掛載幾個記憶體盤來模擬本機磁碟。

接下來使用第二種方法，在之前部署的 Kubernetes 叢集上進行實踐。

首先，在名叫 node-1 的宿主機上建立一個掛載點，例如 /mnt/disks；然後，用幾個記憶體盤模擬本機磁碟，如下所示：

```
# 在 node-1 上執行
$ mkdir /mnt/disks
$ for vol in vol1 vol2 vol3; do
    mkdir /mnt/disks/$vol
    mount -t tmpfs $vol /mnt/disks/$vol
done
```

需要注意的是，如果想讓其他節點也能支援 Local PV，就需要對它們也執行上述操作，並且確保這些磁碟的名字（vol1、vol2 等）不重複。

接下來，就可以為這些本機磁碟定義對應的 PV 了，如下所示：

```
apiVersion: v1
kind: PersistentVolume
metadata:
  name: example-pv
spec:
  capacity:
    storage: 5Gi
  volumeMode: Filesystem
  accessModes:
  - ReadWriteOnce
  persistentVolumeReclaimPolicy: Delete
  storageClassName: local-storage
  local:
    path: /mnt/disks/vol1
  nodeAffinity:
    required:
      nodeSelectorTerms:
      - matchExpressions:
        - key: kubernetes.io/hostname
          operator: In
          values:
          - node-1
```

可以看到，在這個 PV 的定義裡，`local` 欄位指定了它是一個 Local PV，
`path` 欄位指定了這個 PV 對應的本機磁碟的路徑：/mnt/disks/vol1。

當然，這也就意味著如果 Pod 要想使用這個 PV，它就必須在 node-1 上執
行。所以，在這個 PV 的定義裡，需要有一個 `nodeAffinity` 欄位指定 node-1
這個節點的名字。這樣，調度器在調度 Pod 時，就能夠知道一個 PV 與節點
的對應關係，從而做出正確的選擇。這正是 Kubernetes 實現「在調度的時候
就考慮 Volume 分布」的主要方法。

接下來就可以使用 `kubectl create` 來建立這個 PV 了，如下所示：

```
$ kubectl create -f local-pv.yaml
persistentvolume/example-pv created
```

```
$ kubectl get pv
NAME       CAPACITY  ACCESS MODES  RECLAIM POLICY  STATUS     CLAIM  STORAGECLASS   REASON  AGE
example-pv 5Gi       RWO           Delete          Available         local-storage          16s
```

可以看到，這個 PV 建立後進入了可用狀態。

正如上一節的建議，使用 PV 和 PVC 的最佳實踐是建立一個 StorageClass 來描述這個 PV，如下所示：

```
kind: StorageClass
apiVersion: storage.k8s.io/v1
metadata:
  name: local-storage
provisioner: kubernetes.io/no-provisioner
volumeBindingMode: WaitForFirstConsumer
```

這個 StorageClass 的名字叫作 local-storage。需要注意的是，在它的 provisioner 欄位，我們指定的是 no-provisioner。這是因為 Local PV 目前尚不支援 Dynamic Provisioning，所以它無法在使用者建立 PVC 時就自動建立對應的 PV。也就是說，前面建立 PV 的操作不可以省略。

與此同時，這個 StorageClass 還定義了一個 volumeBindingMode=WaitFor FirstConsumer 的屬性。它是 Local PV 裡一個非常重要的特性：延遲綁定。

我們知道，當提交了 PV 和 PVC 的 YAML 檔之後，Kubernetes 就會根據二者的屬性以及它們指定的 StorageClass 來進行綁定。只有綁定成功後，Pod 才能透過宣告這個 PVC 來使用對應的 PV。

可是，如果你使用的是 Local PV，就會發現這個流程根本行不通。

例如，現在有一個 Pod，它宣告使用的 PVC 叫作 pvc-1，並且我們規定這個 Pod 只能在 node-2 上執行。而在 Kubernetes 叢集中，有兩個屬性（例如大小、讀寫權限）相同的 Local 類型的 PV。

其中，第一個 PV 叫作 pv-1，它對應的磁碟所在的節點是 node-1；第二個 PV 叫作 pv-2，它對應的磁碟所在的節點是 node-2。

假設 Kubernetes 的 Volume 控制循環裡首先檢查到 pvc-1 和 pv-1 的屬性是匹配的,於是將二者綁定在一起。然後,你用 `kubectl create` 建立了這個 Pod。此時問題就出現了。

調度器發現這個 Pod 所宣告的 pvc-1 已經綁定了 pv-1,而 pv-1 所在的節點是 node-1,根據「調度器必須在調度的時候就考慮 Volume 分布」的原則,這個 Pod 自然會被調度到 node-1 上。

可是,前面規定這個 Pod 不能在 node-1 上執行。所以,最終這個 Pod 的調度必然會失敗。這就是為什麼在使用 Local PV 時,必須設法推遲這個「綁定」操作。

那麼,具體推遲到什麼時候呢?答案是:推遲到調度的時候。

所以,`StorageClass` 裡的 `volumeBindingMode=WaitForFirstConsumer` 的含義,就是告訴 Kubernetes 裡的 Volume 控制循環(「紅娘」):雖然你已經發現這個 `StorageClass` 關聯的 PVC 與 PV 可以綁定在一起,但請不要現在就執行綁定操作(設定 PVC 的 VolumeName 欄位)。而要等到第一個宣告使用該 PVC 的 Pod 出現在調度器之後,調度器再綜合考慮所有調度規則(當然包括每個 PV 所在的節點位置)來統一決定這個 Pod 宣告的 PVC 到底應該跟哪個 PV 綁定。

這樣,在上面的例子中,由於不允許這個 Pod 在 pv-1 所在的節點 node-1 上執行,因此它的 PVC 最後會跟 pv-2 綁定,並且 Pod 也會被調度到 node-2 上。

所以,透過這個延遲綁定機制,原本即時發生的 PVC 和 PV 的綁定過程,就延遲到了 Pod 第一次調度的時候在調度器中進行,從而保證了這個綁定結果不會影響 Pod 的正常調度。

當然,在具體實現中,調度器實際上維護了一個與 Volume Controller 類似的控制循環,專門負責為那些宣告了「延遲綁定」的 PV 和 PVC 進行綁定。

透過這樣的設計,這個額外的綁定操作並不會拖慢調度器。而當一個 Pod 的 PVC 尚未完成綁定時,調度器也不會等待,而會直接把這個 Pod 重新放回待調度佇列,等到下一個調度週期再處理。

明白這個機制之後，就可以建立 StorageClass 了，如下所示：

```
$ kubectl create -f local-sc.yaml
storageclass.storage.k8s.io/local-storage created
```

接下來，只需要定義一個非常普通的 PVC，Pod 就能用上前面定義好的 Local PV 了，如下所示：

```
kind: PersistentVolumeClaim
apiVersion: v1
metadata:
  name: example-local-claim
spec:
  accessModes:
  - ReadWriteOnce
  resources:
    requests:
      storage: 5Gi
  storageClassName: local-storage
```

可以看到，這個 PVC 沒有任何特別之處。唯一需要注意的是，它宣告的 storageClassName 是 local-storage。所以，將來 Kubernetes 的 Volume Controller「看到」這個 PVC 時，不會為它進行綁定操作。

下面建立這個 PVC：

```
$ kubectl create -f local-pvc.yaml
persistentvolumeclaim/example-local-claim created

$ kubectl get pvc
NAME                  STATUS   VOLUME   CAPACITY   ACCESS MODES   STORAGECLASS    AGE
example-local-claim   Pending                                    local-storage   7s
```

可以看到，儘管此時 Kubernetes 裡已經存在了一個可以與 PVC 匹配的 PV，但這個 PVC 依然處於 Pending 狀態，即等待綁定的狀態。

然後，我們編寫一個 Pod 來宣告使用這個 PVC，如下所示：

```
kind: Pod
apiVersion: v1
metadata:
  name: example-pv-pod
spec:
  volumes:
    - name: example-pv-storage
      persistentVolumeClaim:
        claimName: example-local-claim
  containers:
    - name: example-pv-container
      image: nginx
      ports:
        - containerPort: 80
          name: "http-server"
      volumeMounts:
        - mountPath: "/usr/share/nginx/html"
          name: example-pv-storage
```

這個 Pod 沒有任何特別之處，你只需要注意，它的 `volumes` 欄位宣告要使用前面定義的、名叫 `example-local-claim` 的 PVC 即可。

而一旦使用 `kubectl create` 建立這個 Pod，就會發現前面定義的 PVC 會立刻變成 Bound 狀態，與前面定義的 PV 綁定在了一起，如下所示：

```
$ kubectl create -f local-pod.yaml
pod/example-pv-pod created

$ kubectl get pvc
NAME                 STATUS  VOLUME       CAPACITY  ACCESS MODES  STORAGECLASS   AGE
example-local-claim  Bound   example-pv   5Gi       RWO           local-storage  6h
```

也就是說，在我們建立的 Pod 進入調度器之後，「綁定」操作才開始進行。

此時，我們可以嘗試在這個 Pod 的 Volume 目錄裡建立一個測試檔案，例如：

```
$ kubectl exec -it example-pv-pod -- /bin/sh
# cd /usr/share/nginx/html
# touch test.txt
```

然後，登入 node-1 這台機器，查看它的 /mnt/disks/vol1 目錄下的內容，即可看到剛剛建立的這個檔案：

```
# 在 node-1 上
$ ls /mnt/disks/vol1
test.txt
```

如果重新建立這個 Pod，就會發現之前建立的測試檔案依然儲存在這個 PV 當中：

```
$ kubectl delete -f local-pod.yaml

$ kubectl create -f local-pod.yaml

$ kubectl exec -it example-pv-pod -- /bin/sh
# ls /usr/share/nginx/html
# touch test.txt
```

這表明像 Kubernetes 這樣構建出來的、基於本機儲存的 Volume，完全可以提供容器持久化儲存的功能。所以，像 StatefulSet 這樣的有狀態編排工具，也完全可以透過宣告 Local 類型的 PV 和 PVC 來管理應用程式的儲存狀態。

需要注意的是，前面手動建立 PV 的方式，即 Static 的 PV 管理方式，在刪除 PV 時需要按如下流程操作：

(1) 刪除使用這個 PV 的 Pod；

(2) 從宿主機移除本機磁碟（例如執行 Umount 操作）；

(3) 刪除 PVC；

(4) 刪除 PV。

如果不按照這個流程執行，刪除這個 PV 的操作就會失敗。

當然，上面這些建立和刪除 PV 的操作比較煩瑣，Kubernetes 其實提供了一個 Static Provisioner 來方便管理這些 PV。

例如，現在所有磁碟都掛載在宿主機的 /mnt/disks 目錄下。那麼，當 Static Provisioner 啟動後，它就會透過 DaemonSet 自動檢查每台宿主機的 /mnt/

disks 目錄；然後呼叫 Kubernetes API，為這些目錄下面的每一個掛載建立一個對應的 PV 物件。這些自動建立的 PV 如下所示：

```
$ kubectl get pv
NAME                CAPACITY   ACCESSMODES  RECLAIMPOLICY  STATUS     CLAIM
STORAGECLASS  REASON  AGE
local-pv-ce05be60 1024220Ki  RWO          Delete         Available
local-storage         26s

$ kubectl describe pv local-pv-ce05be60
Name:        local-pv-ce05be60
...
StorageClass:    local-storage
Status:        Available
Claim:
Reclaim Policy:    Delete
Access Modes:    RWO
Capacity:    1024220Ki
NodeAffinity:
  Required Terms:
      Term 0:   kubernetes.io/hostname in [node-1]
Message:
Source:
    Type:     LocalVolume (a persistent volume backed by local storage on a node)
    Path:     /mnt/disks/vol1
```

這個 PV 裡的各種定義，例如 **StorageClass** 的名字、本機磁碟掛載點的位置，都可以透過 provisioner 的配置檔指定。當然，provisioner 也會負責前面提到的 PV 的刪除工作。

這個 provisioner 其實也是一個前面提到過的 External Provisioner，它的部署方法在官方文件裡有詳細描述。這部分內容留給你自行探索。

小結

本節詳細介紹了 Kubernetes 中 Local PV 的實現方式。

可以看到，正是透過 PV 和 PVC 以及 StorageClass 這套儲存體系，這個後來加入的持久化儲存方案對 Kubernetes 已有使用者的影響幾乎可以忽略不計。作為使用者，你的 Pod 的 YAML 和 PVC 的 YAML 並沒有發生任何特殊改變，這個特性所有的實現只會影響 PV 的處理，也就是由運維人員負責的那部分工作。而這正是這套儲存體系帶來的「解耦」的好處。

其實，Kubernetes 很多看起來比較「煩瑣」的設計（例如宣告式 API 以及本節講解的 PV、PVC 體系）的主要目的，是希望為開發人員提供更多「可擴展性」，給使用者帶來更多「穩定性」和「安全感」。這些是衡量開源基礎設施專案水準的重要標準。

思考題

正是由於需要使用「延遲綁定」這個特性，Local PV 目前還不能支援 Dynamic Provisioning。那麼為何「延遲綁定」會跟 Dynamic Provisioning 產生衝突呢？

6.3 ▶ 開發自己的儲存外掛程式：FlexVolume 與 CSI

前面詳細介紹了 Kubernetes 中的持久化儲存體系，講解了 PV 和 PVC 的具體實現原理，並提到了這樣的設計實際上是出於對整個儲存體系可擴展性的考慮。本節將介紹如何借助這些機制開發自己的儲存外掛程式。

在 Kubernetes 中，開發儲存外掛程式有兩種方式：FlexVolume 和 CSI。

1. FlexVolume 的原理和使用方法

例如現在要編寫一個使用 NFS 實現的 FlexVolume 外掛程式。對於一個 FlexVolume 類型的 PV 來說，它的 YAML 檔如下所示：

```
apiVersion: v1
kind: PersistentVolume
metadata:
  name: pv-flex-nfs
```

```
spec:
  capacity:
    storage: 10Gi
  accessModes:
    - ReadWriteMany
  flexVolume:
    driver: "k8s/nfs"
    fsType: "nfs"
    options:
      server: "10.10.0.25" # 改成你自己的 NFS 伺服器位址
      share: "export"
```

可以看到，這個 PV 定義的 Volume 類型是 flexVolume。並且，我們指定了
這個 Volume 的 driver 叫作 k8s/nfs。這個名字很重要，稍後解釋其含義。

Volume 的 options 欄位是一個自訂欄位。也就是說，它的類型其實是
map[string]string。所以，你可以在這一部分自由地加上自訂參數。

在這個例子中，options 欄位指定了 NFS 伺服器的位址（server:
"10.10.0.25"）以及 NFS 共享目錄的名字（share: "export"）。當然，這
裡定義的所有參數後面都會被 FlexVolume 取得。

 Tip

可以使用 Docker 鏡像輕鬆地部署一個試驗用的 NFS 伺服器。

像這樣的一個 PV 被建立後，一旦和某個 PVC 綁定，這個 FlexVolume 類型
的 Volume 就會進入前面講過的 Volume 處理流程。這個流程叫作「兩階段處
理」，即「Attach 階段」和「Mount 階段」。它們的主要作用是在 Pod 所綁定
的宿主機上，完成這個 Volume 目錄的持久化過程，例如為虛擬機掛載磁碟
（Attach），或者掛載一個 NFS 的共享目錄（Mount）。

而在具體的控制循環中，這兩個操作實際上呼叫的正是 Kubernetes 的 pkg/
volume 目錄下的儲存外掛程式（Volume Plugin）。在這個例子裡，就是 pkg/
volume/flexvolume 這個目錄裡的程式碼。

當然了，這個目錄其實只是 FlexVolume 外掛程式的入口。以 Mount 階段為例，在 FlexVolume 目錄裡，它的處理過程非常簡單，如下所示：

```go
// SetUpAt 建立新目錄
func (f *flexVolumeMounter) SetUp(dir string, fsGroup *int64) error {
  ...
  call := f.plugin.NewDriverCall(mountCmd)

  // 介面參數
  call.Append(dir)

  extraOptions := make(map[string]string)

  // Pod metadata
  extraOptions[optionKeyPodName] = f.podName
  extraOptions[optionKeyPodNamespace] = f.podNamespace

  ...

  call.AppendSpec(f.spec, f.plugin.host, extraOptions)

  _, err = call.Run()

  ...

  return nil
}
```

上述名為 `SetUpAt()` 的方法，正是 FlexVolume 外掛程式對 Mount 階段的實現位置。`SetUpAt()` 實際上只做了一件事：封裝出了一行指令（`NewDriverCall`），由 kubelet 在 Mount 階段執行。

在這個例子中，kubelet 要透過外掛程式在宿主機上執行如下指令：

```
/usr/libexec/kubernetes/kubelet-plugins/volume/exec/k8s~nfs/nfs mount <mount dir>
<json param>
```

其 中，/usr/libexec/kubernetes/kubelet-plugins/volume/exec/k8s~nfs/nfs 就 是外掛程式的可執行檔的路徑。這個名叫 nfs 的檔案正是你要編寫的外掛程式

的實現。它可以是一個二進位制檔案，也可以是一個腳本，只要能在宿主機上執行即可。這個路徑裡的 k8s~nfs 部分正是這個外掛程式在 Kubernetes 裡的名字。它是從 driver="k8s/nfs" 欄位解析出來的。

這個 driver 欄位的格式是：vendor/driver。例如，一家儲存外掛程式的提供商（vendor）的名字是 k8s，提供的儲存驅動（driver）是 nfs，那麼 Kubernetes 就會使用 k8s~nfs 來作為外掛程式名。所以，當你編寫完 FlexVolume 的實現之後，一定要把它的可執行檔放在每個節點的外掛程式目錄下。

緊跟在可執行檔後面的 mount 參數定義的就是目前操作。在 FlexVolume 裡，這些操作參數的名字是固定的，例如 init、mount、unmount、attach 以及 detach 等，分別對應不同的 Volume 處理操作。

跟在 mount 參數後面的兩個欄位：<mount dir> 和 <json params>，是 FlexVolume 必須提供給這條指令的兩個執行參數。

其中第一個執行參數 <mount dir> 正是 kubelet 呼叫 SetUpAt() 方法傳遞來的 dir 的值。它代表目前正在處理的 Volume 在宿主機上的目錄。在這個例子裡，這條路徑如下所示：

```
/var/lib/kubelet/pods/<Pod ID>/volumes/k8s~nfs/test
```

其中，test 是前面定義的 PV 的名字，k8s~nfs 是外掛程式的名字。可以看到，外掛程式的名字正是從你宣告的 driver="k8s/nfs" 欄位裡解析出來的。

第二個執行參數 <json params> 則是一個 JSON Map 格式的參數列表。我們在前面 PV 裡定義的 options 欄位的值，都會追加到這個參數裡。此外，在 SetUpAt() 方法裡可以看到，這個參數列表裡還包括了 Pod 的名字、Namespace 等中繼資料。

明白儲存外掛程式的呼叫方式和參數列表之後，這個外掛程式的可執行檔的實現部分就非常容易理解了。

在這個例子中，我直接編寫了一個簡單的 shell 腳本來作為外掛程式的實現，
它對 Mount 階段的處理過程如下所示：

```
domount() {
    MNTPATH=$1

    NFS_SERVER=$(echo $2 | jq -r '.server')
    SHARE=$(echo $2 | jq -r '.share')

    .**...**

    mkdir -p ${MNTPATH} &> /dev/null

    mount -t nfs ${NFS_SERVER}:/${SHARE} ${MNTPATH} &> /dev/null
    if [ $? -ne 0 ]; then
        err "{ \"status\": \"Failure\", \"message\": \"Failed to mount
${NFS_SERVER}:${SHARE} at ${MNTPATH}\"}"
        exit 1
    fi
    log '{"status": "Success"}'
    exit 0
}
```

可以看到，當 kubelet 在宿主機上執行 nfs mount <mount dir> <json
params> 時，這個名叫 nfs 的腳本，就可以直接從 <mount dir> 參數裡取得
Volume 在宿主機上的目錄，即 MNTPATH=$1。而你在 PV 的 options 欄位裡定
義的 NFS 的伺服器位址（options.server）和共享目錄名字（options.share）可
以從第二個 <json params> 參數裡解析出來。這裡，我們使用了 jq 指令來進
行解析。

有了這三個參數之後，這個腳本最關鍵的一步當然就是執行：mount -t nfs
${NFS_SERVER}:/${SHARE} ${MNTPATH}。這樣，一個 NFS 的 Volume 就被
掛載到了 MNTPATH，也就是 Volume 所在的宿主機目錄上，一個持久化的
Volume 目錄就處理完了。

需要注意的是，當這個 mount -t nfs 操作完成後，你必須把一個 JOSN
格式的字串，例如 {"status": "Success"}，返回給呼叫者，也就是
kubelet。這是 kubelet 判斷這次呼叫是否成功的唯一依據。

綜上所述，在 Mount 階段，kubelet 的 VolumeManagerReconcile 控制循環裡的一次「調諧」操作的執行流程如下所示：

```
kubelet --> pkg/volume/flexvolume.SetUpAt() -->
/usr/libexec/kubernetes/kubelet-plugins/volume/exec/k8s~nfs/nfs mount <mount dir>
<json param>
```

 Tip
這個 NFS 的 FlexVolume 的完整實現以及用 Go 語言編寫
FlexVolume 的範例可見 GitHub。

當然，前面也提到，像 NFS 這樣的檔案系統儲存，並不需要在宿主機上掛載磁碟或區塊裝置。所以，我們也就不需要實現 Attach 和 Detach 操作了。

不過，像這樣的 FlexVolume 實現方式，雖然簡單，局限性卻很大。例如，跟 Kubernetes 內建的 NFS 外掛程式類似，這個 NFS FlexVolume 外掛程式也不支援 Dynamic Provisioning（為每個 PVC 自動建立 PV 和對應的 Volume）。除非你再為它編寫一個專門的 External Provisioner。

再例如，我的外掛程式在執行 Mount 操作時，可能會生成一些掛載訊息。這些訊息在後面執行 Unmount 操作時會用到。可是，在上述 FlexVolume 的實現裡，無法把這些訊息儲存在一個變數裡，等到 Unmount 時直接使用。

原因也很容易理解：FlexVolume 對外掛程式可執行檔的每一次呼叫都是一次完全獨立的操作。所以，我們只能把這些訊息寫在一個宿主機上的暫存檔裡，等到 Unmount 時再去讀取。

這也是為什麼需要有 CSI 這樣更完善、更編程友好的外掛程式方式。

2. CSI 外掛程式的設計原理

其實，通過前面對 FlexVolume 的介紹，你應該能夠明白，預設情況下，Kubernetes 裡透過儲存外掛程式管理容器持久化儲存的原理，可以用圖 6-2 來描述。

可以看到，在該體系下，無論是 FlexVolume，還是 Kubernetes 內建的其他儲存外掛程式，它們實際上僅僅是 Volume 管理中的 Attach 階段和 Mount 階段的具體執行者。而像 Dynamic Provisioning 這樣的功能就不是儲存外掛程式的責任，而是 Kubernetes 本身儲存管理功能的一部分。

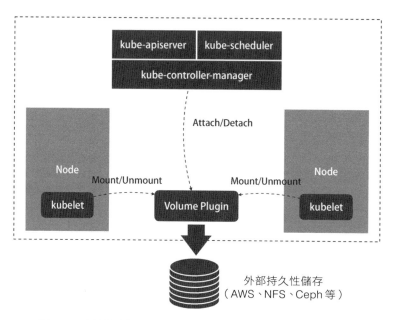

圖 6-2　透過儲存外掛程式管理容器持久化儲存的示意圖

相比之下，CSI 外掛程式體系的設計理念，就是把這個 Provision 階段和 Kubernetes 裡的一部分，儲存管理功能從主幹程式碼裡剝離，做成幾個單獨的元件。這些元件會透過 Watch API 監聽 Kubernetes 裡與儲存相關的事件變化，例如 PVC 的建立，來執行具體的儲存管理動作。

這些管理動作，例如 Attach 階段和 Mount 階段的具體操作，實際上就是透過呼叫 CSI 外掛程式來完成的。圖 6-3 描繪了這種設計思路。

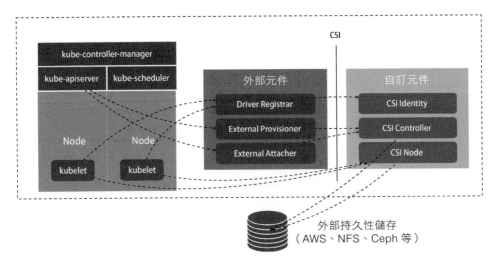

圖 6-3　儲存管理動作設計思路示意圖

可以看到，這套儲存外掛程式體系多了 3 個獨立的外部元件，即 Driver Registrar、External Provisioner 和 External Attacher，對應從 Kubernetes 中剝離出來的那部分儲存管理功能。

需要注意的是，雖然叫外部元件，但依然由 Kubernetes 社群開發和維護。

圖 6-3 中右側部分就是需要我們編寫程式碼來實現的 CSI 外掛程式。一個 CSI 外掛程式只有一個二進位制檔案，但它會以 gRPC 的方式對外提供 3 個服務（gRPC Service）：CSI Identity、CSI Controller 和 CSI Node。

下面講解這三個外部元件。

其中，Driver Registrar 元件負責將外掛程式註冊到 kubelet 中（可以類比為將可執行檔放在外掛程式目錄下）。而在具體實現上，Driver Registrar 需要請求 CSI 外掛程式的 Identity 服務來取得外掛程式訊息。

External Provisioner 元件負責 Provision 階段。在具體實現上，External Provisioner 監聽（Watch）API Server 裡的 PVC 物件。當一個 PVC 被建立時，它就會呼叫 CSI Controller 的 CreateVolume 方法，為你建立對應 PV。

此外，如果你使用的儲存是公有雲提供的磁碟（或區塊裝置），這一步就需要呼叫公有雲（或區塊裝置服務）的 API，來建立這個 PV 所描述的磁碟（或區塊裝置）了。

不過，由於 CSI 外掛程式是獨立於 Kubernetes 的，因此在 CSI 的 API 裡不會直接使用 Kubernetes 定義的 PV 類型，而會自己定義一個單獨的 Volume 類型。

 Tip

方便起見，本書把 Kubernetes 裡的持久化卷類型叫作 PV，把 CSI 裡的持久化卷類型叫作 CSI Volume，請務必區分清楚。

External Attacher 元件負責 Attach 階段。在具體實現上，它監聽 API Server 裡 VolumeAttachment 物件的變化。VolumeAttachment 物件是 Kubernetes 確認一個 Volume 可以進入 Attach 階段的重要標誌，下一節會詳細講解。

一旦出現 VolumeAttachment 物件，External Attacher 就會呼叫 CSI Controller 服務的 ControllerPublish 方法，完成它對應的 Volume 的 Attach 階段。

Volume 的 Mount 階段並不屬於外部元件的職責。當 kubelet 的 VolumeManagerReconciler 控制循環檢查到它需要執行 Mount 操作時，會透過 pkg/volume/csi 包直接呼叫 CSI Node 服務完成 Volume 的 Mount 階段。

在實際使用 CSI 外掛程式時，我們會將這三個外部元件作為 sidecar 容器和 CSI 外掛程式放置在同一個 Pod 中。由於外部元件對 CSI 外掛程式的呼叫非常頻繁，因此這種 sidecar 的部署方式非常高效。

接下來講解 CSI 外掛程式裡的 3 個服務：CSI Identity、CSI Controller 和 CSI Node。其中，CSI 外掛程式的 CSI Identity 服務負責對外暴露這個外掛程式本身的訊息，如下所示：

```
service Identity {
  rpc GetPluginInfo(GetPluginInfoRequest)
    returns (GetPluginInfoResponse) {}
```

```
  rpc GetPluginCapabilities(GetPluginCapabilitiesRequest)
    returns (GetPluginCapabilitiesResponse) {}
  rpc Probe (ProbeRequest)
    returns (ProbeResponse) {}
}
```

CSI Controller 服務定義的是對 CSI Volume（對應 Kubernetes 裡的 PV）的
管理介面，例如建立和刪除 CSI Volume、對 CSI Volume 進行 Attach/Detach
（在 CSI 裡，這個操作叫作 Publish/Unpublish），以及對 CSI Volume 進行快
照等，它們的介面定義如下所示：

```
service Controller {
  rpc CreateVolume (CreateVolumeRequest)
    returns (CreateVolumeResponse) {}

  rpc DeleteVolume (DeleteVolumeRequest)
    returns (DeleteVolumeResponse) {}

  rpc ControllerPublishVolume (ControllerPublishVolumeRequest)
    returns (ControllerPublishVolumeResponse) {}

  rpc ControllerUnpublishVolume (ControllerUnpublishVolumeRequest)
    returns (ControllerUnpublishVolumeResponse) {}

  ...

  rpc CreateSnapshot (CreateSnapshotRequest)
    returns (CreateSnapshotResponse) {}

  rpc DeleteSnapshot (DeleteSnapshotRequest)
    returns (DeleteSnapshotResponse) {}

  ...
}
```

不難發現，CSI Controller 服務裡定義的這些操作有個共同特點：它們都無
須在宿主機上進行，而是屬於 Kubernetes 裡 Volume Controller 的邏輯，即
屬於 Master 節點的一部分。

需要注意的是，如前所述，CSI Controller 服務的實際呼叫者並不是 Kubernetes（透過 pkg/volume/csi 發起 CSI 請求），而是 External Provisioner 和 External Attacher。這兩個外部元件分別透過監聽 PVC 和 VolumeAttachement 物件來跟 Kubernetes 進行協作。

CSI Volume 需要在宿主機上執行的操作都定義在了 CSI Node 服務中，如下所示：

```
service Node {
  rpc NodeStageVolume (NodeStageVolumeRequest)
    returns (NodeStageVolumeResponse) {}

  rpc NodeUnstageVolume (NodeUnstageVolumeRequest)
    returns (NodeUnstageVolumeResponse) {}

  rpc NodePublishVolume (NodePublishVolumeRequest)
    returns (NodePublishVolumeResponse) {}

  rpc NodeUnpublishVolume (NodeUnpublishVolumeRequest)
    returns (NodeUnpublishVolumeResponse) {}

  rpc NodeGetVolumeStats (NodeGetVolumeStatsRequest)
    returns (NodeGetVolumeStatsResponse) {}

  ...

  rpc NodeGetInfo (NodeGetInfoRequest)
    returns (NodeGetInfoResponse) {}
}
```

需要注意的是，Mount 階段在 CSI Node 裡的介面，是由 NodeStageVolume 和 NodePublishVolume 這兩個介面共同實現的。下一節會詳細介紹這個設計的目的和具體的實現方式。

小結

本節詳細講解了 FlexVolume 和 CSI，這兩種自訂儲存外掛程式的工作原理。

可以看到，相比 FlexVolume，CSI 的設計理念是把外掛程式的職責從「兩階段處理」擴展成了 Provision、Attach 和 Mount 這三個階段。其中，Provision 等價於「建立磁碟」，Attach 等價於「掛載磁碟到虛擬機」，Mount 等價於「將該磁碟格式化後掛載到 Volume 的宿主機目錄上」。

有了 CSI 外掛程式之後，Kubernetes 依然按照上一節介紹的方式工作，區別如下。

- 當 AttachDetachController 需要進行「Attach」操作時（Attach 階段），它實際上會執行到 pkg/volume/csi 目錄中，建立一個 VolumeAttachment 物件，從而觸發 External Attacher 呼叫 CSI Controller 服務的 ControllerPublishVolume 方法。

- 當 VolumeManagerReconciler 需要進行「Mount」操作時（Mount 階段），它實際上也會執行到 pkg/volume/csi 目錄中，直接向 CSI Node 服務發起呼叫 NodePublishVolume 方法的請求。

以上就是 CSI 外掛程式最基本的工作原理，下一節會實踐一個 CSI 儲存外掛程式的完整實現過程。

思考題

假設你的宿主機是雲端服務業者的一台虛擬機，你要實現的容器持久化儲存是基於雲端服務業者提供的雲端硬碟。你能準確描述在 Provision、Attach 和 Mount 階段，CSI 外掛程式都需要進行哪些操作嗎？

6.4 ▶ 容器儲存實踐：CSI 外掛程式編寫指南

上一節詳細講解了 CSI 外掛程式機制的設計原理，本節介紹如何編寫 CSI 外掛程式。為了覆蓋 CSI 外掛程式的所有功能，這次選擇 DigitalOcean 的塊儲存服務來作為實踐物件。

DigitalOcean 是業界知名的「最簡」公有雲服務：只提供虛擬機、儲存、網路等幾個基礎功能，再無其他。而這恰恰使得 DigitalOcean 成了我們在公有雲上實踐 Kubernetes 的最佳選擇。

這次編寫的 CSI 外掛程式的功能是，讓在 DigitalOcean 上執行的 Kubernetes 叢集能夠使用它的區塊儲存服務作為容器的持久化儲存。

> **Tip**
>
> 在 DigitalOcean 上部署一個 Kubernetes 叢集很簡單。只需要先在 DigitalOcean 上建立幾個虛擬機，然後按照 4.2 節介紹的步驟直接部署即可。

有了 CSI 外掛程式之後，持久化儲存的用法就非常簡單了，只需要建立一個如下所示的 `Storage-Class` 物件即可：

```
kind: StorageClass
apiVersion: storage.k8s.io/v1
metadata:
  name: do-block-storage
  namespace: kube-system
  annotations:
    storageclass.kubernetes.io/is-default-class: "true"
provisioner: com.digitalocean.csi.dobs
```

有了這個 `StorageClass`，External Provisoner 就會為叢集中新出現的 PVC 自動建立 PV，然後呼叫 CSI 外掛程式建立這個 PV 對應的 Volume，這正是 CSI 體系中 Dynamic Provisioning 的實現方式。

> **Tip**
>
> `storageclass.kubernetes.io/is-default-class: "true"` 的意思是使用這個 StorageClass 作為預設的持久化儲存提供者。

不難看出，這個 StorageClass 裡唯一引人注意的是 provisioner=com.
digitalocean.csi.dobs 這個欄位。顯然，這個欄位告訴 Kubernetes 請使用
名為 com.digitalocean.csi.dobs 的 CSI 外掛程式來為我處理這個 StorageClass
相關的所有操作。

那麼，Kubernetes 是如何知道一個 CSI 外掛程式的名字的呢？這就需要從
CSI 外掛程式的第一個服務 CSI Identity 說起了。

其實，一個 CSI 外掛程式的程式碼結構非常簡單，如下所示：

```
tree $GOPATH/src/github.com/digitalocean/csi-digitalocean/driver
$GOPATH/src/github.com/digitalocean/csi-digitalocean/driver
├── controller.go
├── driver.go
├── identity.go
├── mounter.go
└── node.go
```

其中，CSI Identity 服務的實現定義在 driver 目錄下的 identity.go 裡。

當然，為了能讓 Kubernetes 訪問到 CSI Identity 服務，我們需要先在 driver.
go 檔案裡定義一個標準的 gRPC Server，如下所示：

```
func (d *Driver) Run() error {
    .**...**

  listener, err := net.Listen(u.Scheme, addr)
    .**...**

  d.srv = grpc.NewServer(grpc.UnaryInterceptor(errHandler))
  csi.RegisterIdentityServer(d.srv, d)
    csi.RegisterControllerServer(d.srv, d)
    csi.RegisterNodeServer(d.srv, d)

    d.ready = true // 準備就緒
...
    return d.srv.Serve(listener)
}
```

可以看到,只要把編寫好的 gRPC Server 註冊給 CSI,它就可以響應來自外部元件的 CSI 請求。

CSI Identity 服務中最重要的介面是 `GetPluginInfo`,它返回的就是這個外掛程式的名字和版本號,如下所示。

> **Tip**
>
> 上一節介紹過 CSI 各個服務的介面,它的 protoc 文件可見 GitHub。

```
func (d *Driver) GetPluginInfo(ctx context.Context, req *csi.GetPluginInfoRequest)
(*csi.GetPluginInfoResponse, error) {
    resp := &csi.GetPluginInfoResponse{
        Name:          driverName,
        VendorVersion: version,
    }
    ...
}
```

其中,`driverName` 的值是 `"com.digitalocean.csi.dobs"`。所以,Kubernetes 正是透過 `GetPluginInfo` 的返回值來找到你在 `StorageClass` 裡宣告要使用的 CSI 外掛程式的。

> **Tip**
>
> CSI 要求外掛程式的名字遵循「反向 DNS」(reverse domain name notation)格式。

另外一個 `GetPluginCapabilities` 介面也很重要,它返回的是這個 CSI 外掛程式的「能力」。例如,當你編寫的 CSI 外掛程式不準備實現「Provision 階段」和「Attach 階段」(例如,一個最簡單的 NFS 儲存外掛程式,就不需要這兩個階段)時,就可以透過這個介面返回:本外掛程式不提供 CSI Controller 服務,即沒有 csi.PluginCapability_Service_CONTROLLER_SERVICE 這個「能力」。這樣 Kubernetes 就知道這項訊息了。

最後，CSI Identity 服務還提供了一個 Probe 介面，Kubernetes 會呼叫它來檢查這個 CSI 外掛程式是否正常工作。

一般情況下，建議你在編寫外掛程式時給它設定一個 Ready 標誌，當外掛程式的 gRPC Server 停止時，把這個 Ready 標誌設定為 false。或者，你可以在這裡訪問外掛程式的埠，類似於健康檢查的做法。

> **Tip**
>
> 關於健康檢查，可以回顧 5.3 節相關內容。

然後，我們開始編寫 CSI 外掛程式的第二個服務，即 CSI Controller 服務。它的程式碼實現在 controller.go 裡。

上一節講過，這個服務主要實現的是 Volume 管理流程中的「Provision 階段」和「Attach 階段」。

「Provision 階段」對應的介面是 `CreateVolume` 和 `DeleteVolume`，它們的呼叫者是 External Provisoner。以 `CreateVolume` 為例，它的主要邏輯如下所示：

```go
func (d *Driver) CreateVolume(ctx context.Context, req *csi.CreateVolumeRequest)
(*csi.CreateVolumeResponse, error) {
    .**...**

    volumeReq := &godo.VolumeCreateRequest{
        Region:       d.region,
        Name:         volumeName,
        Description:  createdByDO,
        SizeGigaBytes: size / GB,
    }

    .**...**

    vol, _, err := d.doClient.Storage.CreateVolume(ctx, volumeReq)

...

    resp := &csi.CreateVolumeResponse{
        Volume: &csi.Volume{
```

```
            Id:            vol.ID,
            CapacityBytes: size,
            AccessibleTopology: []*csi.Topology{
                {
                    Segments: map[string]string{
                        "region": d.region,
                    },
                },
            },
        },
    }


    return resp, nil
}
```

可見，對於 DigitalOcean 這樣的公有雲來說，CreateVolume 需要做的就是呼叫 DigitalOcean 塊儲存服務的 API，建立出一個儲存卷（d.doClient. Storage.CreateVolume）。如果你使用的是其他類型的塊儲存（例如 Cinder、Ceph RBD 等），對應的操作也是類似地呼叫建立儲存卷的 API。

「Attach 階 段」對 應 的 介 面 是 ControllerPublishVolume 和 ControllerUnpublishVolume，它們的呼叫者是 External Attacher。以 ControllerPublishVolume 為例，它的邏輯如下所示：

```
func (d *Driver) ControllerPublishVolume(ctx context.Context, req *csi.
ControllerPublishVolumeRequest) (*csi.ControllerPublishVolumeResponse, error) {
  ...

  dropletID, err := strconv.Atoi(req.NodeId)

  _, resp, err := d.doClient.Storage.GetVolume(ctx, req.VolumeId)

  ...

  _, resp, err = d.doClient.Droplets.Get(ctx, dropletID)

  ...

  action, resp, err := d.doClient.StorageActions.Attach(ctx, req.VolumeId, dropletID)
```

```
...

if action != nil {
ll.Info("waiting until volume is attached")
if err := d.waitAction(ctx, req.VolumeId, action.ID); err != nil {
    return nil, err
}
}

ll.Info("volume is attached")
return &csi.ControllerPublishVolumeResponse{}, nil
}
```

可以看到，對於 DigitalOcean 來說，`ControllerPublishVolume` 在「Attach 階段」需要做的是呼叫 DigitalOcean 的 API，將前面建立的儲存卷掛載到指定虛擬機（`d.doClient.StorageActions.Attach`）上。

其中，儲存卷由請求中的 `VolumeId` 來指定。而虛擬機，也就是將要執行 Pod 的宿主機，由請求中的 `NodeId` 來指定。這些參數都是 External Attacher 在發起請求時需要設置的。

上一節介紹過，External Attacher 的工作原理是監聽（Watch）一種名為 `VolumeAttachment` 的 API 物件。這種 API 物件的主要欄位如下所示：

```
type VolumeAttachmentSpec struct {
    Attacher string

    Source VolumeAttachmentSource

    NodeName string
}
```

這個物件的生命週期正是由 AttachDetachController 負責管理的（詳見 6.1 節相關內容）。

這個控制循環，負責不斷檢查 Pod 對應的 PV，在它所綁定的宿主機上的掛載情況，從而決定是否需要對這個 PV 進行 Attach（或者 Detach）操作。

在 CSI 體系裡，這個 Attach 操作就是建立出上面這樣一個 `VolumeAttachment` 物件。可以看到，Attach 操作所需的 PV 的名字（Source）、宿主機的名字（NodeName）、儲存外掛程式的名字（Attacher）都是這個 `VolumeAttachment` 物件的一部分。

當 External Attacher 監聽到這樣的一個物件出現之後，就可以立即使用 `VolumeAttachment` 裡的這些欄位，封裝出一個 gRPC 請求呼叫 CSI Controller 的 `ControllerPublishVolume` 方法。

接下來就可以編寫 CSI Node 服務了。CSI Node 服務對應 Volume 管理流程裡的 Mount 階段。它的程式碼實現在 node.go 裡。

上一節提到，kubelet 的 VolumeManagerReconciler 控制循環會直接呼叫 CSI Node 服務來完成 Volume 的 Mount 階段。

不過，在具體的實現中，這個 Mount 階段的處理其實被細分成了 `NodeStageVolume` 和 `NodePublishVolume` 這兩個介面。

這裡的原因也很容易理解，6.1 節介紹過，對於磁碟以及區塊裝置來說，它們被 Attach 到宿主機上之後，就成了宿主機上的一個待用儲存裝置。而到了 Mount 階段，我們首先需要格式化該裝置，然後才能把它掛載到 Volume 對應的宿主機目錄上。

在 kubelet 的 VolumeManagerReconciler 控制循環中，這兩步操作分別叫作 MountDevice 和 SetUp。

其中，MountDevice 操作就是直接呼叫 CSI Node 服務裡的 NodeStageVolume 介面。顧名思義，這個介面的作用就是格式化 Volume 在宿主機上對應的儲存裝置，然後掛載到一個暫存資料夾（Staging 目錄）上。

對於 DigitalOcean 來說，它對 `NodeStageVolume` 介面的實現如下所示：

```
func (d *Driver) NodeStageVolume(ctx context.Context, req *csi.NodeStageVolumeRequest)
(*csi.NodeStageVolumeResponse, error) {
    ...
```

```
    vol, resp, err := d.doClient.Storage.GetVolume(ctx, req.VolumeId)

...

source := getDiskSource(vol.Name)
    target := req.StagingTargetPath

...

    if !formatted {
        ll.Info("formatting the volume for staging")
        if err := d.mounter.Format(source, fsType); err != nil {
            return nil, status.Error(codes.Internal, err.Error())
        }
    } else {
        ll.Info("source device is already formatted")
    }

...

    if !mounted {
        if err := d.mounter.Mount(source, target, fsType, options…); err != nil {
            return nil, status.Error(codes.Internal, err.Error())
        }
    } else {
        ll.Info("source device is already mounted to the target path")
    }

...

    return &csi.NodeStageVolumeResponse{}, nil
}
```

可以看到，在 NodeStageVolume 的實現裡，我們首先透過 DigitalOcean 的
API 取得這個 Volume 對應的裝置路徑（getDiskSource），然後把這個裝置
格式化為指定格式（d.mounter.Format），最後把格式化後的裝置掛載到了
一個臨時的 Staging 目錄（StagingTargetPath）下。

SetUp 操作會呼叫 CSI Node 服務的 NodePublishVolume 介面。經過以上對
裝置的預處理後，它的實現就非常簡單了，如下所示：

```go
func (d *Driver) NodePublishVolume(ctx context.Context, req *csi.NodePublishVolumeRequest)
(*csi.NodePublishVolumeResponse, error) {
    ...
    source := req.StagingTargetPath
    target := req.TargetPath

    mnt := req.VolumeCapability.GetMount()
    options := mnt.MountFlag
    ...

    if !mounted {
        ll.Info("mounting the volume")
        if err := d.mounter.Mount(source, target, fsType, options…); err != nil {
            return nil, status.Error(codes.Internal, err.Error())
        }
    } else {
        ll.Info("volume is already mounted")
    }

    return &csi.NodePublishVolumeResponse{}, nil
}
```

可以看到，在這一步實現中只需要一步操作：將 Staging 目錄綁定掛載到
Volume 對應的宿主機目錄上。

由於 Staging 目錄正是 Volume 對應的裝置被格式化後掛載在宿主機上的位
置，因此當它和 Volume 的宿主機目錄綁定掛載之後，這個 Volume 宿主機目
錄的「持久化」處理也就完成了。

當然，前文也曾提到，對於檔案系統類型的儲存服務（例如 NFS 和
GlusterFS 等）來說，宿主機上並不存在對應的磁碟「裝置」，所以 kubelet
在 VolumeManagerReconciler 控制循環中會跳過 MountDevice 操作而直接執
行 SetUp 操作。因此，對於它們來說也就不需要實現 NodeStageVolume 介
面了。

在編寫完 CSI 外掛程式之後，就可以把該外掛程式和外部元件一起部署起來。

首先，需要建立一個 DigitalOcean client 授權需要使用的 Secret 物件，如下
所示：

```
apiVersion: v1
kind: Secret
metadata:
  name: digitalocean
  namespace: kube-system
stringData:
  access-token: "a05dd2f26b9b9ac2asdas__REPLACE_ME____123cb5d1ec17513e06da"
```

然後，透過一句指令即可完成 CSI 外掛程式的部署：

```
$ kubectl apply -f https://raw.githubusercontent.com/digitalocean/csi-digitalocean/
master/deploy/kubernetes/releases/csi-digitalocean-v0.2.0.yaml
```

這個 CSI 外掛程式的 YAML 檔的主要內容如下所示（略去了不重要的內
容）：

```
kind: DaemonSet
apiVersion: apps/v1beta2
metadata:
  name: csi-do-node
  namespace: kube-system
spec:
  selector:
    matchLabels:
      app: csi-do-node
  template:
    metadata:
      labels:
        app: csi-do-node
        role: csi-do
    spec:
      serviceAccount: csi-do-node-sa
      hostNetwork: true
      containers:
        - name: driver-registrar
          image: quay.io/k8scsi/driver-registrar:v0.3.0
          ...
```

```
    - name: csi-do-plugin
      image: digitalocean/do-csi-plugin:v0.2.0
      args :
        - "--endpoint=$(CSI_ENDPOINT)"
        - "--token=$(DIGITALOCEAN_ACCESS_TOKEN)"
        - "--url=$(DIGITALOCEAN_API_URL)"
      env:
        - name: CSI_ENDPOINT
          value: unix:///csi/csi.sock
        - name: DIGITALOCEAN_API_URL
          value: https://api.digitalocean.com/
        - name: DIGITALOCEAN_ACCESS_TOKEN
          valueFrom:
            secretKeyRef:
              name: digitalocean
              key: access-token
      imagePullPolicy: "Always"
      securityContext:
        privileged: true
        capabilities:
          add: ["SYS_ADMIN"]
        allowPrivilegeEscalation: true
      volumeMounts:
        - name: plugin-dir
          mountPath: /csi
        - name: pods-mount-dir
          mountPath: /var/lib/kubelet
          mountPropagation: "Bidirectional"
        - name: device-dir
          mountPath: /dev
  volumes:
    - name: plugin-dir
      hostPath:
        path: /var/lib/kubelet/plugins/com.digitalocean.csi.dobs
        type: DirectoryOrCreate
    - name: pods-mount-dir
      hostPath:
        path: /var/lib/kubelet
        type: Directory
    - name: device-dir
      hostPath:
        path: /dev
```

```
---
kind: StatefulSet
apiVersion: apps/v1beta1
metadata:
  name: csi-do-controller
  namespace: kube-system
spec:
  serviceName: "csi-do"
  replicas: 1
  template:
    metadata:
      labels:
        app: csi-do-controller
        role: csi-do
    spec:
      serviceAccount: csi-do-controller-sa
      containers:
        - name: csi-provisioner
          image: quay.io/k8scsi/csi-provisioner:v0.3.0
          ...
        - name: csi-attacher
          image: quay.io/k8scsi/csi-attacher:v0.3.0
          .**...**
        - name: csi-do-plugin
          image: digitalocean/do-csi-plugin:v0.2.0
          args :
            - "--endpoint=$(CSI_ENDPOINT)"
            - "--token=$(DIGITALOCEAN_ACCESS_TOKEN)"
            - "--url=$(DIGITALOCEAN_API_URL)"
          env:
            - name: CSI_ENDPOINT
              value: unix:///var/lib/csi/sockets/pluginproxy/csi.sock
            - name: DIGITALOCEAN_API_URL
              value: https://api.digitalocean.com/
            - name: DIGITALOCEAN_ACCESS_TOKEN
              valueFrom:
                secretKeyRef:
                  name: digitalocean
                  key: access-token
          imagePullPolicy: "Always"
          volumeMounts:
            - name: socket-dir
```

```
            mountPath: /var/lib/csi/sockets/pluginproxy/
        volumes:
          - name: socket-dir
            emptyDir: {}
```

可以看到，我們編寫的 CSI 外掛程式只有一個二進位制檔案，它的鏡像是 digitalocean/do-csi-plugin:v0.2.0。我們部署 CSI 外掛程式的常用原則有以下兩個。

第一，透過 DaemonSet 在每個節點上啟動一個 CSI 外掛程式，來為 kubelet 提供 CSI Node 服務。這是因為 CSI Node 服務需要被 kubelet 直接呼叫，所以它要和 kubelet「一對一」地部署起來。

此外，在上述 DaemonSet 的定義中，除了 CSI 外掛程式，我們還以 sidecar 的方式執行著 driver-registrar 這個外部元件。它的作用是向 kubelet 註冊這個 CSI 外掛程式。這個註冊過程使用的外掛程式訊息，是透過訪問同一個 Pod 裡的 CSI 外掛程式容器的 Identity 服務取得的。

需要注意的是，由於 CSI 外掛程式在一個容器裡執行，因此 CSI Node 服務在 Mount 階段執行的掛載操作，實際上發生在這個容器的 Mount Namespace 裡。可是，我們真正希望執行掛載操作的物件，都是宿主機 /var/lib/kubelet 目錄下的檔案和目錄。所以，在定義 DaemonSet Pod 時，我們需要把宿主機的 /var/lib/kubelet 以 Volume 的方式掛載在 CSI 外掛程式容器的同名目錄下，然後設定這個 Volume `mountPropagation=Bidirectional`，即開啟雙向掛載傳播，從而將容器在這個目錄下進行的掛載操作「傳播」給宿主機，反之亦然。

第二，透過 StatefulSet 在任意一個節點上再啟動一個 CSI 外掛程式，為外部元件提供 CSI Controller 服務。所以，作為 CSI Controller 服務的呼叫者，External Provisioner 和 External Attacher 這兩個外部元件就需要以 sidecar 的方式和這次部署的 CSI 外掛程式定義在同一個 Pod 裡。

你可能好奇，為何用 StatefulSet 而不是 Deployment 來執行這個 CSI 外掛程式呢？這是因為，由於 StatefulSet 需要確保應用程式拓撲狀態的穩定性，因

此它嚴格按照順序更新 Pod，即只有在前一個 Pod 停止並刪除之後，它才會建立並啟動下一個 Pod。

像上面這樣將 StatefulSet 的 `replicas` 設定為 1 的話，StatefulSet 就會確保 Pod 被刪除重建時，永遠有且只有一個 CSI 外掛程式的 Pod 在叢集中執行。這對 CSI 外掛程式的正確性來說至關重要。

本節開頭定義了這個 CSI 外掛程式對應的 `StorageClass`（`do-block-storage`），所以接下來只需要定義一個宣告使用這個 `StorageClass` 的 PVC 即可，如下所示：

```yaml
apiVersion: v1
kind: PersistentVolumeClaim
metadata:
  name: csi-pvc
spec:
  accessModes:
  - ReadWriteOnce
  resources:
    requests:
      storage: 5Gi
  storageClassName: do-block-storage
```

當上述 PVC 提交給 Kubernetes 之後，你就可以在 Pod 裡宣告使用這個 csi-pvc 來作為持久化儲存了。使用 PV 和 PVC 的內容這裡不再贅述。

小結

本節以 DigitalOcean 的一個 CSI 外掛程式為例，介紹了編寫 CSI 外掛程式的具體流程。相信你現在應該對 Kubernetes 持久化儲存體系有了更全面、更深入的認識。

例如，對於一個部署了 CSI 儲存外掛程式的 Kubernetes 叢集來說，當使用者建立了一個 PVC 之後，前面部署的 StatefulSet 裡的 External Provisioner 容器就會監聽到這個 PVC 的誕生，然後呼叫同一個 Pod 裡的 CSI 外掛程式的 CSI Controller 服務的 CreateVolume 方法，為你建立對應的 PV。

此時，在 Kubernetes Master 節點上執行的 Volume Controller 就會透過 PersistentVolumeController 控制循環發現這對新建立出來的 PV 和 PVC，並且看到它們宣告的是同一個 StorageClass。所以，它會把這對 PV 和 PVC 綁定起來，使 PVC 進入 Bound 狀態。

然後，使用者建立了一個宣告使用上述 PVC 的 Pod，並且這個 Pod 被調度器調度到了宿主機 A 上。此時 Volume Controller 的 AttachDetachController 控制循環就會發現，上述 PVC 對應的 Volume 需要 Attach 到宿主機 A 上。所以，AttachDetachController 會建立一個 VolumeAttachment 物件，該物件攜帶了宿主機 A 和待處理的 Volume 的名字。

這樣，StatefulSet 裡的 External Attacher 容器就會監聽到這個 VolumeAttachment 物件的誕生。於是，它就會使用這個物件裡的宿主機和 Volume 名字，呼叫同一個 Pod 裡的 CSI 外掛程式的 CSI Controller 服務的 ControllerPublishVolume 方法，完成 Attach 階段。

上述過程完成後，在宿主機 A 上執行的 kubelet 就會透過 VolumeManagerReconciler 控制循環，發現目前宿主機上有一個 Volume 對應的儲存裝置（例如磁碟）已經被 Attach 到了某個裝置目錄下。於是 kubelet 就會呼叫同一台宿主機上的 CSI 外掛程式的 CSI Node 服務的 NodeStageVolume 和 NodePublishVolume 方法，完成這個 Volume 的 Mount 階段。

至此，一個完整的 PV 的建立和掛載流程就結束了。

思考題

請根據編寫 FlexVolume 和 CSI 外掛程式的流程，分析何時該使用 FlexVolume，何時該使用 CSI ？

Kubernetes 網路原理

7.1 ▶ 單機容器網路的實現原理

前面講解容器基礎時曾提到 Linux 容器能「看見」的「網路堆疊」，實際上是隔離在它自己的 Network Namespace 中的。

「網路堆疊」包括了**網卡**（network interface）、**迴環裝置**（loopback device）、**路由表**（routing table）和 iptables 規則。對於一個行程來說，這些要素其實構成了它發起和響應網路請求的基本環境。

需要指出的是，作為容器，它可以宣告直接使用宿主機的網路堆疊（-net=host），即不開啟 Network Namespace，例如：

```
$ docker run -d -net=host --name nginx-host nginx
```

在這種情況下，這個容器啟動後直接監聽的，就是宿主機的 80 埠。

像這樣直接使用宿主機網路堆疊的方式，雖然可以為容器提供良好的網路性能，但會不可避免地帶來共享網路資源的問題，例如埠衝突。所以，在

大多數情況下，我們希望容器行程能使用自己 Network Namespace 裡的網路堆疊，即擁有自己的 IP 位址和埠。

此時，一個顯而易見的問題就是，這個被隔離的容器行程該如何跟其他 Network Namespace 裡的容器行程互動呢？

為了理解這個問題，可以把每個容器看作一台主機，它們都有一套獨立的「網路堆疊」。如果想實現兩台主機之間的通訊，最直接的辦法就是用一根網路線把它們連接起來；而如果想實現多台主機之間的通訊，就需要用網路線把它們連接到一台交換機上。

在 Linux 中，能夠起到虛擬交換機作用的網路裝置是**網橋**（bridge）。它是一個在**資料鏈路層**（data link）工作的裝置，主要功能是根據 MAC 位址學習將封包轉發到網橋的不同埠上。

當然，至於為什麼這些主機之間需要 MAC 位址才能進行通訊，就屬於網路分層模型的基礎知識了。相關內容參見 Bradley Mitchell 的文章「The Layers of the OSI Model Illustrated」。

為了實現上述目的，Docker 會預設在宿主機上建立一個名叫 docker0 的網橋，凡是與 docker0 網橋連接的容器，都可以透過它來進行通訊。

那麼如何把這些容器「連接」到 docker0 網橋上呢？這就需要使用一種名叫 Veth Pair 的虛擬裝置了。

Veth Pair 裝置的特點是：它被建立出來後，總是以兩張虛擬網卡（Veth Peer）的形式成對出現。並且，從其中一張「網卡」發出的封包可以直接出現在對應的「網卡」上，哪怕這兩張「網卡」在不同的 Network Namespace 裡。這就使得 Veth Pair 常用作連接不同 Network Namespace 的「網路線」。

例如，現在啟動了一個叫作 nginx-1 的容器：

```
$ docker run -d --name nginx-1 nginx
```

然後進入這個容器中查看它的網路裝置：

```
# 在宿主機上
$ docker exec -it nginx-1 /bin/bash
# 在容器裡
root@2b3c181aecf1:/# ifconfig
eth0: flags=4163<UP,BROADCAST,RUNNING,MULTICAST>  mtu 1500
        inet 172.17.0.2  netmask 255.255.0.0  broadcast 0.0.0.0
        inet6 fe80::42:acff:fe11:2  prefixlen 64  scopeid 0x20<link>
        ether 02:42:ac:11:00:02  txqueuelen 0  (Ethernet)
        RX packets 364  bytes 8137175 (7.7 MiB)
        RX errors 0  dropped 0  overruns 0  frame 0
        TX packets 281  bytes 21161 (20.6 KiB)
        TX errors 0  dropped 0 overruns 0  carrier 0  collisions 0

lo: flags=73<UP,LOOPBACK,RUNNING>  mtu 65536
        inet 127.0.0.1  netmask 255.0.0.0
        inet6 ::1  prefixlen 128  scopeid 0x10<host>
        loop  txqueuelen 1000  (Local Loopback)
        RX packets 0  bytes 0 (0.0 B)
        RX errors 0  dropped 0  overruns 0  frame 0
        TX packets 0  bytes 0 (0.0 B)
        TX errors 0  dropped 0 overruns 0  carrier 0  collisions 0

$ route
Kernel IP routing table
Destination     Gateway         Genmask         Flags Metric Ref    Use Iface
default         172.17.0.1      0.0.0.0         UG    0      0        0 eth0
172.17.0.0      0.0.0.0         255.255.0.0     U     0      0        0 eth0
```

可以看到，這個容器裡有一張叫作 eth0 的網卡，它正是一個 Veth Pair 裝置在容器裡的這一端。

透過 route 指令查看 nginx-1 容器的路由表，可以看到這個 eth0 網卡是該容器裡的預設路由裝置；所有對 172.17.0.0/16 網段的請求，也會交給 eth0 來處理（第二條 172.17.0.0 路由規則）。

這個 Veth Pair 裝置的另一端在宿主機上。可以透過查看宿主機的網路裝置看到它，如下所示：

```
# 在宿主機上
$ ifconfig
...
docker0  Link encap:Ethernet  HWaddr 02:42:d8:e4:df:c1
         inet addr:172.17.0.1  Bcast:0.0.0.0  Mask:255.255.0.0
         inet6 addr: fe80::42:d8ff:fee4:dfc1/64 Scope:Link
         UP BROADCAST RUNNING MULTICAST  MTU:1500  Metric:1
         RX packets:309 errors:0 dropped:0 overruns:0 frame:0
         TX packets:372 errors:0 dropped:0 overruns:0 carrier:0
         collisions:0 txqueuelen:0
         RX bytes:18944 (18.9 KB)  TX bytes:8137789 (8.1 MB)
veth9c02e56 Link encap:Ethernet  HWaddr 52:81:0b:24:3d:da
         inet6 addr: fe80::5081:bff:fe24:3dda/64 Scope:Link
         UP BROADCAST RUNNING MULTICAST  MTU:1500  Metric:1
         RX packets:288 errors:0 dropped:0 overruns:0 frame:0
         TX packets:371 errors:0 dropped:0 overruns:0 carrier:0
         collisions:0 txqueuelen:0
         RX bytes:21608 (21.6 KB)  TX bytes:8137719 (8.1 MB)

$ brctl show
bridge name bridge id  STP enabled interfaces
docker0  8000.0242d8e4dfc1 no  veth9c02e56
```

ifconfig 指令的輸出顯示，nginx-1 容器對應的 Veth Pair 裝置在宿主機上是一張虛擬網卡，名叫 veth9c02e56。並且，brctl show 的輸出顯示，這張網卡被「插」在 docker0 上。

此時如果在這台宿主機上另啟一個 Docker 容器，例如 nginx-2：

```
$ docker run –d --name nginx-2 nginx

$ brctl show
bridge name      bridge id         STP enabled    interfaces
docker0          8000.0242d8e4dfc1    no          veth9c02e56
                       vethb4963f3
```

就會發現一個新的、名叫 vethb4963f3 的虛擬網卡也被「插」在 docker0 網橋上。

此時如果在 nginx-1 容器裡 ping 一下 nginx-2 容器的 IP 位址（172.17.0.3），就會發現同一台宿主機上的兩個容器預設相互連通。

原理非常簡單。當你在 nginx-1 容器裡訪問 nginx-2 容器的 IP 位址（例如 ping 172.17.0.3）時，這個目的 IP 位址會匹配到 nginx-1 容器裡的第二條路由規則。可以看到，這條路由規則的網關是 0.0.0.0，這就意味著這是一條直連規則，即凡是匹配到這條規則的 IP 封包，應該經過本機的 eth0 網卡透過二層網路直接發往目的主機。

要透過二層網路到達 nginx-2 容器，就需要有 172.17.0.3 這個 IP 位址對應的 MAC 位址。所以 nginx-1 容器的網路協定堆疊，需要透過 eth0 網卡發送一個 ARP 廣播，來透過 IP 位址尋找對應的 MAC 位址。

 Tip

ARP（Address Resolution Protocol）是透過三層的 IP 位址找到對應的二層 MAC 位址的協定。

前面提到過，這個 eth0 網卡是一個 Veth Pair，它的一端在這個 nginx-1 容器的 Network Namespace 裡，另一端位於宿主機（Host Namespace）上，並且被「插」在宿主機的 docker0 網橋上。

一旦一張虛擬網卡被「插」在網橋上，它就會變成該網橋的「從裝置」。從裝置會被「剝奪」呼叫網路協定堆疊處理封包的資格，從而「降級」為網橋上的一個埠。該埠唯一的作用就是接收流入的封包，然後把這些封包的「生殺大權」（例如轉發或者丟棄）全部交給對應的網橋。

所以，在收到這些 ARP 請求之後，docker0 網橋就會扮演二層交換機的角色，把 ARP 廣播轉發到其他「插」在 docker0 上的虛擬網卡上。這樣，同樣連接在 docker0 上的 nginx-2 容器的網路協定堆疊就會收到這個 ARP 請求，於是將 172.17.0.3 對應的 MAC 位址回覆給 nginx-1 容器。

有了這個目的 MAC 位址，nginx-1 容器的 eth0 網卡就可以發出資料封包了。而根據 Veth Pair 裝置的原理，這個封包會立刻出現在宿主機上的

veth9c02e56 虛擬網卡上。不過，此時這個 veth9c02e56 網卡的網路協定堆疊的資格已被「剝奪」，所以這個封包直接流入 docker0 網橋裡。

docker0 處理轉發的過程則繼續扮演二層交換機的角色。此時，docker0 網橋根據封包的目的 MAC 位址（nginx-2 容器的 MAC 位址），在它的 CAM 表（交換機透過 MAC 位址學習維護的埠和 MAC 位址的對應表）裡查到對應的埠為：vethb4963f3，然後把封包發往該埠。

這個埠正是 nginx-2 容器「插」在 docker0 網橋上的另一塊虛擬網卡。當然，它也是一個 Veth Pair 裝置。這樣，封包就進入 nginx-2 容器的 Network Namespace 裡了。

所以，nginx-2 容器「看到」自己的 eth0 網卡上出現流入的封包。這樣，nginx-2 的網路協定堆疊就會處理請求，最後將響應（pong）返回到 nginx-1。

以上就是同一台宿主機上的不同容器，透過 docker0 網橋進行通訊的流程，如圖 7-1 所示。

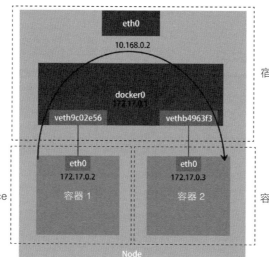

圖 7-1　宿主機上不同容器透過網橋進行通訊的示意圖

需要注意的是，在實際的資料傳遞時，上述資料傳遞過程在網路協定堆疊的不同層次都有 Linux 核心 Netfilter 參與其中。若有興趣，可以打開 iptables 的 TRACE 功能查看封包的傳輸過程，具體方法如下所示：

```
# 在宿主機上執行
$ iptables -t raw -A OUTPUT -p icmp -j TRACE
$ iptables -t raw -A PREROUTING -p icmp -j TRACE
```

透過上述設定，就可以在 /var/log/syslog 裡看到封包傳輸的日誌了。你可以結合 iptables 的相關知識實踐這部分內容，驗證本書介紹的封包傳遞流程。

熟悉了 docker0 網橋的工作方式，你就可以理解，在預設情況下被限制在 Network Namespace 裡的容器行程，實際上是透過 Veth Pair 裝置＋宿主機網橋的方式，實現了跟其他容器的資料交換的。

同樣地，當你在一台宿主機上訪問該宿主機上的容器的 IP 位址時，這個請求的封包也是先根據路由規則到達 docker0 網橋，然後轉發到對應的 Veth Pair 裝置，最後出現在容器裡。這個過程如圖 7-2 所示。

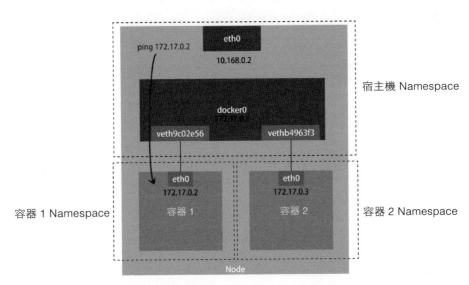

圖 7-2　訪問宿主機上容器的 IP 位址的示意圖

當一個容器試圖連接其他宿主機時，例如 ping 10.168.0.3，它發出的請求封包首先經過 docker0 網橋出現在宿主機上，然後根據宿主機的路由表裡的直連路由規則（10.168.0.0/24 via eth0)），對 10.168.0.3 的訪問請求就會交給宿主機的 eth0 處理。

所以接下來，這個封包就會經宿主機的 eth0 網卡轉發到宿主機網路上，最終到達 10.168.0.3 對應的宿主機上。當然，這個過程的實現要求這兩台宿主機是連通的，該過程如圖 7-3 所示。

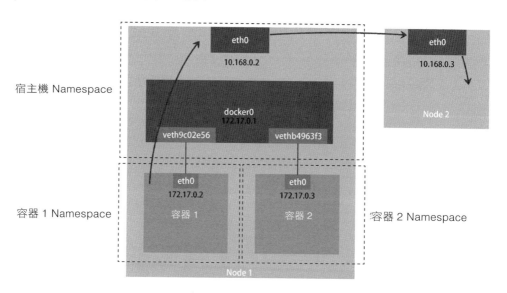

圖 7-3　容器連接其他宿主機的過程示意圖

所以，當容器無法連通「外網」時，應該先試試 docker0 網橋，然後查看跟 docker0 和 Veth Pair 裝置相關的 iptables 規則是否有異常，往往能夠找到問題的答案。

不過，在最後一個的例子裡，你可能會想到一個問題：如果另外一台宿主機（例如 10.168.0.3）上也有一個 Docker 容器，那麼我們的 nginx-1 容器該如何訪問它呢？

這個問題其實就是容器的「跨主通訊」問題。在 Docker 的預設配置下，一台宿主機上的 docker0 網橋和其他宿主機上的 docker0 網橋沒有任何關聯，

它們互相之間也無法連通。所以，連接在這些網橋上的容器自然也無法進行通訊了。

不過，萬變不離其宗。如果我們透過軟體的方式建立一個整個叢集「公用」的網橋，然後把叢集裡的所有容器都連接到這個網橋上，不就可以相互通訊了嗎？沒錯。這樣一來，整個叢集裡的容器網路就會如圖 7-4 所示。

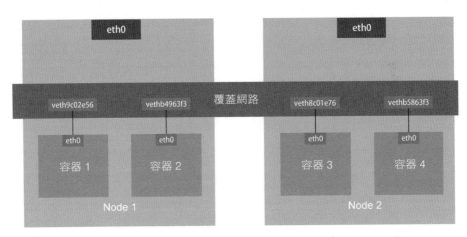

圖 7-4　整個叢集裡的容器網路

可以看到，構建這種容器網路的核心在於，需要在已有的宿主機網路上再透過軟體構建一個可以把所有容器連通起來的虛擬網路。這種技術稱為**覆蓋網路**（overlay network）。

這個覆蓋網路可以由每台宿主機上的一個「特殊網橋」共同組成。例如，當 Node 1 上的容器 1 要訪問 Node 2 上的容器 3 時，Node 1 上的「特殊網橋」在收到封包之後，能夠透過某種方式把封包發送到正確的宿主機，例如 Node 2 上。而 Node 2 上的「特殊網橋」在收到封包後，也能夠透過某種方式把封包轉發給正確的容器，例如容器 3。

甚至每台宿主機上都不需要有一個這種特殊的網橋，而僅僅透過某種方式配置宿主機的路由表，就能夠把封包轉發到正確的宿主機上。後面會詳細介紹這些內容。

小結

本節主要介紹在本機環境中單機容器網路的實現原理和 docker0 網橋的作用。

其中的關鍵在於，容器要想跟外界通訊，它發出的 IP 封包就必須從它的
Network Namespace 中出來，來到宿主機上。這個問題的解決方法就是，為容
器建立一個一端在容器裡充當預設網卡，另一端在宿主機上的 Veth Pair 裝置。

本節單機容器網路的知識是後面學習多機容器網路的重要基礎，請務必消化
理解。

思考題

儘管容器的 Host Network 模式有一些缺點，但是它效能好、配置簡單並且易
於除錯，所以很多團隊直接使用 Host Network。如果要在生產環境中使用容
器的 Host Network 模式，需要做哪些額外的準備工作呢？

7.2 ▶ 深入解析容器跨主機網路

上一節詳細講解了單機環境中 Linux 容器網路的實現原理（網橋模式），並
且提到了在 Docker 的預設配置下，不同宿主機上的容器無法透過 IP 位址互
相訪問。

為了解決容器「跨主通訊」的問題，社群裡出現了眾多容器網路方案。相信
你心中也縈繞著這樣的疑問：這些網路方案的工作原理到底是什麼？

要理解容器「跨主通訊」的原理，就一定要從 Flannel 說起。Flannel 是
CoreOS 公司主推的容器網路方案，事實上，它只是一個框架，真正為我們
提供容器網路功能的是 Flannel 的後端實現。目前，Flannel 支援三種後端實
現，分別是：

(1) VXLAN；

(2) host-gw；

(3) UDP。

這三種後端實現代表了三種容器跨主網路的主流實現方法，其中 host-gw 模式留待下一節詳述。

UDP 模式是 Flannel 最早支援的一種方式，也是性能最差的。所以，這個模式目前已被棄用。不過，Flannel 之所以最先選擇 UDP 模式，就是因為這種模式是最直接，也是最容易理解的容器跨主網路實現。所以，本章從 UDP 模式開始講解容器「跨主網路」的實現原理。

這個例子中有兩台宿主機。

- 宿主機 Node 1 上有一個容器 container-1，它的 IP 位址是 100.96.1.2，對應的 docker0 網橋的位址是 100.96.1.1/24。
- 宿主機 Node 2 上有一個容器 container-2，它的 IP 位址是 100.96.2.3，對應的 docker0 網橋的位址是 100.96.2.1/24。

現在我們的任務是讓 container-1 訪問 container-2。

在這種情況下，container-1 裡的行程發起的 IP 封包，其來源位址就是 100.96.1.2，目的位址就是 100.96.2.3。由於目的位址 100.96.2.3 並不在 Node 1 的 docker0 網橋的網段裡，因此這個 IP 封包會被交給預設路由規則，透過容器的網關進入 docker0 網橋（如果是同一台宿主機上的容器間通訊，走的是直連規則），從而出現在宿主機上。

此時，這個 IP 封包的下一個目的地就取決於宿主機上的路由規則了。此時，Flannel 已經在宿主機上建立出了一系列的路由規則。以 Node 1 為例，如下所示：

```
# 在 Node 1 上
$ ip route
default via 10.168.0.1 dev eth0
100.96.0.0/16 dev flannel0  proto kernel  scope link  src 100.96.1.0
100.96.1.0/24 dev docker0  proto kernel  scope link  src 100.96.1.1
10.168.0.0/24 dev eth0  proto kernel  scope link  src 10.168.0.2
```

可以看到，由於我們的 IP 封包的目的位址是 100.96.2.3，因此它匹配不到本機 docker0 網橋對應的 100.96.1.0/24 網段，只能匹配到第二條，即

100.96.0.0/16 對應的這條路由規則，從而進入一個叫作 flannel0 的裝置中。這個 flannel0 裝置的類型很有意思：它是一個 **TUN 裝置**（tunnel 裝置）。

在 Linux 中，TUN 裝置是一種在三層（網路層）工作的虛擬網路裝置。TUN 裝置的功能非常簡單：在作業系統核心和使用者應用程式之間傳遞 IP 封包。

以 flannel0 裝置為例。像上面提到的情況，當作業系統將一個 IP 封包發送給 flannel0 裝置之後，flannel0 就會把這個 IP 封包交給建立該裝置的應用程式，也就是 Flannel 行程。這是從核心態（Linux 作業系統）向使用者態（Flannel 行程）的流動方向。

反之，如果 Flannel 行程向 flannel0 裝置發送了一個 IP 封包，這個 IP 封包就會出現在宿主機網路堆疊中，然後根據宿主機的路由表進行下一步處理。這是從使用者態向核心態的流動方向。

所以，當 IP 封包從容器經過 docker0 出現在宿主機上，然後又根據路由表進入 flannel0 裝置後，宿主機上的 flanneld 行程（Flannel 在每個宿主機上的主行程）就會收到這個 IP 封包。然後，flanneld「看到」這個 IP 封包的目的位址是 100.96.2.3，就把它發送給了 Node 2 宿主機。

等一下，flanneld 是如何知道這個 IP 位址對應的容器是在 Node 2 上執行的呢？

這就用到了 Flannel 中一個非常重要的概念：**子網**（subnet）。事實上，在由 Flannel 管理的容器網路裡，一台宿主機上的所有容器都屬於該宿主機被分配的一個「子網」。在這個例子中，Node 1 的子網是 100.96.1.0/24，container-1 的 IP 位址是 100.96.1.2。Node 2 的子網是 100.96.2.0/24，container-2 的 IP 位址是 100.96.2.3。

這些子網與宿主機的對應關係正是儲存在 etcd 當中，如下所示：

```
$ etcdctl ls /coreos.com/network/subnets
/coreos.com/network/subnets/100.96.1.0-24
/coreos.com/network/subnets/100.96.2.0-24
/coreos.com/network/subnets/100.96.3.0-24
```

所以，flanneld 行程在處理由 flannel0 傳入的 IP 封包時，就可以根據目的 IP 的位址（例如 100.96.2.3），匹配到對應的子網（例如 100.96.2.0/24），從 etcd 中找到這個子網對應的宿主機的 IP 位址是 10.168.0.3，如下所示：

```
$ etcdctl get /coreos.com/network/subnets/100.96.2.0-24
{"PublicIP":"10.168.0.3"}
```

對於 flanneld 來說，只要 Node 1 和 Node 2 是互通的，flanneld 作為 Node 1 上的一個普通行程就一定可以透過上述 IP 位址（10.168.0.3）訪問到 Node 2，這沒有任何問題。

所以，flanneld 在收到 container-1 發給 container-2 的 IP 封包之後，就會把這個 IP 封包直接封裝在一個 UDP 封包裡，然後發送給 Node 2。不難理解，這個 UDP 封包的來源位址就是 flanneld 所在的 Node 1 的位址，而目的位址是 container-2 所在的宿主機 Node 2 的位址。

當然，這個請求得以完成的原因是，每台宿主機上的 flanneld 都監聽一個 8285 埠，所以 flanneld 只要把 UDP 封包發往 Node 2 的 8285 埠即可。

透過這樣一個普通的、宿主機之間的 UDP 通訊，一個 UDP 封包就從 Node 1 到達了 Node 2。而 Node 2 上監聽 8285 埠的行程也是 flanneld，所以此時 flanneld 就可以從這個 UDP 封包裡解析出封裝在其中的、container-1 發來的原 IP 封包。

接下來 flanneld 的工作就非常簡單了：flanneld 會直接把這個 IP 封包發送給它所管理的 TUN 裝置，即 flannel0 裝置。

根據前面講解的 TUN 裝置的原理，這正是從使用者態向核心態的流動方向（Flannel 行程向 TUN 裝置發送封包），所以 Linux 核心網路堆疊就會負責處理這個 IP 封包，具體做法是透過本機的路由表來尋找這個 IP 封包的下一步流向。

Node 2 上的路由表跟 Node 1 的非常類似，如下所示：

```
# 在 Node 2 上
$ ip route
```

```
default via 10.168.0.1 dev eth0
100.96.0.0/16 dev flannel0  proto kernel  scope link  src 100.96.2.0
100.96.2.0/24 dev docker0  proto kernel  scope link  src 100.96.2.1
10.168.0.0/24 dev eth0  proto kernel  scope link  src 10.168.0.3
```

由 於 這 個 IP 封 包 的 目 的 位 址 是 100.96.2.3，它 跟 第 三 條，也 就 是
100.96.2.0/24 網段對應的路由規則匹配更加精確，因此 Linux 核心會按照這
條路由規則把這個 IP 封包轉發給 docker0 網橋。

接下來的流程就如同上一節講的那樣，docker0 網橋會扮演二層交換機的
角色，將封包發送給正確的埠，進而透過 Veth Pair 裝置進入 container-2 的
Network Namespace 裡。而 container-2 返回給 container-1 的封包，會經過與
上述過程完全相反的路徑回到 container-1 中。

需要注意的是，上述流程要正確工作，還有一個重要前提：docker0 網橋的
位址範圍必須是 Flannel 為宿主機分配的子網。這很容易實現，以 Node 1 為
例，只需要給它上面的 Docker Daemon 啟動時配置如下所示的 bip 參數即可：

```
$ FLANNEL_SUBNET=100.96.1.1/24
$ dockerd --bip=$FLANNEL_SUBNET ...
```

以上就是基於 Flannel UDP 模式的跨主通訊的基本原理，示意圖見圖 7-5。

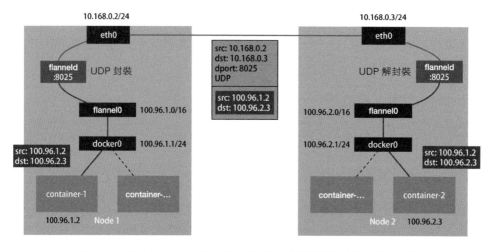

圖 7-5　基於 Flannel UDP 模式的跨主通訊的基本原理示意圖

可以看到，Flannel UDP 模式提供的其實是一個三層的覆蓋網路：它首先對發出端的 IP 封包進行 UDP 封裝，然後在接收端進行解封裝拿到原始的 IP 封包，接著把這個 IP 封包轉發給目標容器。這就好比，Flannel 在不同宿主機上的兩個容器之間打通了一條「隧道」，使得這兩個容器可以直接使用 IP 位址進行通訊，而無須關心容器和宿主機的分布情況。

本節開頭提到，UDP 模式有嚴重的效能問題，所以已被廢棄。通過前面的講述，你能否看出性能問題出現在哪裡？實際上，相比兩台宿主機之間的直接通訊，基於 Flannel UDP 模式的容器通訊多了一個額外的步驟：flanneld 的處理過程。由於該過程用到了 flannel0 這個 TUN 裝置，因此僅在發出 IP 封包的過程中，就需要經過三次使用者態與核心態之間的資料複製，如圖 7-6 所示。

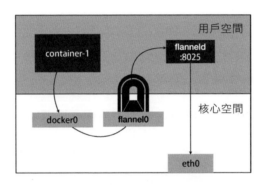

圖 7-6　TUN 裝置示意圖

可以看到，第一次，使用者態的容器行程發出的 IP 封包經過 docker0 網橋進入核心態；第二次，IP 封包根據路由表進入 TUN（flannel0）裝置，從而回到使用者態的 flanneld 行程；第三次，flanneld 進行 UDP 封包之後重新進入核心態，將 UDP 封包透過宿主機的 eth0 發出去。

此外，還可以看到，Flannel 進行 UDP 封裝和解封裝的過程也都是在使用者態完成的。在 Linux 作業系統中，上述上下文切換和使用者態操作的代價較高，這也正是造成 Flannel UDP 模式效能不佳的主要原因。

所以，進行系統級編程時，有一個非常重要的最佳化原則：減少使用者態到核心態的切換次數，並且把核心的處理邏輯都放在核心態進行。這也是 Flannel 後來支援的 VXLAN 模式逐漸成為主流的容器網路方案的原因。

VXLAN（virtual extensible LAN，虛擬可擴展區域網路），是 Linux 核心本身就支援的一種網路虛似化技術。所以，VXLAN 可以完全在核心態實現上述封裝和解封裝的工作，從而透過與前面相似的「隧道」機制構建出覆蓋網路。

VXLAN 的覆蓋網路的設計理念是，在現有的三層網路之上「覆蓋」一層虛擬的、由核心 VXLAN 模組負責維護的二層網路，使得這個 VXLAN 二層網路上的「主機」（虛擬機或者容器都可以）之間，可以像在同一個區域網路裡那樣自由通訊。當然，實際上，這些「主機」可能分布在不同的宿主機上，甚至是分布在不同的物理機房裡。

為了能夠在二層網路上打通「隧道」，VXLAN 會在宿主機上設定一個特殊的網路裝置作為「隧道」的兩端。這個裝置叫作 VTEP（VXLAN tunnel end point，虛擬隧道端點）。

VTEP 裝置的作用其實跟前面的 flanneld 行程非常相似。只不過，它進行封裝和解封裝的物件是二層資料幀（Ethernet frame），而且這個工作的執行流程，全部是在核心裡完成的（因為 VXLAN 就是 Linux 核心中的一個模組）。

上述基於 VTEP 裝置進行「隧道」通訊的流程可以總結為圖 7-7。

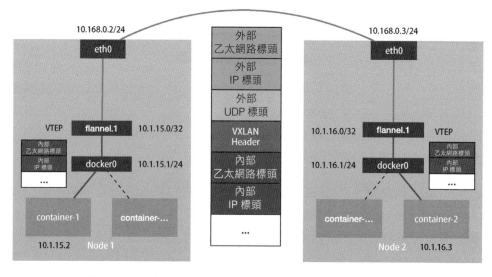

圖 7-7　基於 Flannel VXLAN 模式的跨主通訊的基本原理

可以看到，圖 7-7 中每台宿主機上名叫 flannel.1 的裝置就是 VXLAN 所需的
VTEP 裝置，它既有 IP 位址，也有 MAC 位址。

現在，我們的 container-1 的 IP 位址是 10.1.15.2，要訪問的 container-2 的 IP
位址是 10.1.16.3。那麼，與前面 UDP 模式的流程類似，當 container-1 發出
請求之後，這個目的位址是 10.1.16.3 的 IP 封包，會先出現在 docker0 網橋，
然後被路由到本機 flannel.1 裝置進行處理。也就是說，來到了「隧道」的入
口。方便起見，接下來把這個 IP 封包稱為「原始 IP 封包」。

為了能將「原始 IP 封包」封裝並且發送到正確的宿主機，VXLAN 就需要找
到這條「隧道」的出口，即目的宿主機的 VTEP 裝置。而這個裝置的訊息，
正是由每台宿主機上的 flanneld 行程負責維護的。

例如，當 Node 2 啟動並加入 Flannel 網路之後，在 Node 1（以及其他所有
節點）上，flanneld 就會新增一條如下所示的路由規則：

```
$ route -n
Kernel IP routing table
Destination     Gateway         Genmask          Flags Metric Ref    Use Iface
...
10.1.16.0       10.1.16.0       255.255.255.0    UG    0      0        0 flannel.1
```

這條規則的意思是，凡是發往 10.1.16.0/24 網段的 IP 封包，都需要經
flannel.1 裝置發出，並且它最後發往的網關位址是：10.1.16.0。從圖 7-7 中可
以看到，10.1.16.0 正是 Node 2 上的 VTEP 裝置（flannel.1 裝置）的 IP 位址。

方便起見，接下來把 Node 1 和 Node 2 上的 flannel.1 裝置分別稱為「源
VTEP 裝置」和「目的 VTEP 裝置」。這些 VTEP 裝置之間需要想辦法組成
一個虛擬的二層網路，即透過二層資料幀進行通訊。

所以在這個例子中，「源 VTEP 裝置」收到「原始 IP 封包」後，就要想辦法
給「原始 IP 封包」加上一個目的 MAC 位址，封裝成一個二層資料幀，然後
發送給「目的 VTEP 裝置」（當然，這麼做還是因為這個 IP 封包的目的位址
不是本機）。

這裡需要解決的問題就是，「目的 VTEP 裝置」的 MAC 位址是什麼？此時，根據前面的路由記錄，我們已經知道了「目的 VTEP 裝置」的 IP 位址。而要根據三層 IP 位址查詢對應的二層 MAC 位址，這正是 ARP 表的功能。

這裡要用到的 ARP 記錄，也是 flanneld 行程在 Node 2 啟動時自動新增到 Node 1 上的。可以透過 ip 指令查看它，如下所示：

```
# 在 Node 1 上
$ ip neigh show dev flannel.1
10.1.16.0 lladdr 5e:f8:4f:00:e3:37 PERMANENT
```

這筆紀錄的意思非常明確：IP 位址 10.1.16.0 對應的 MAC 位址是 5e:f8:4f:00:e3:37。可以看到，最新版本的 Flannel 並不依賴 L3 MISS 事件和 ARP 學習，而會在每個節點啟動時把它的 VTEP 裝置對應的 ARP 記錄直接下放到其他每台宿主機上。

有了這個「目的 VTEP 裝置」的 MAC 位址，Linux 核心就可以開始二層封包工作了。這個二層幀的格式如圖 7-8 所示。

圖 7-8　Flannel VXLAN 模式的內部資料幀

可以看到，Linux 核心會把「目的 VTEP 裝置」的 MAC 位址填寫在圖 7-8 中的內部乙太網報頭欄位，得到一個二層資料幀。

需要注意的是，上述封包過程只是加一個二層頭，不會改變「原始 IP 封包」的內容。所以圖 7-8 中的內部 IP 報頭欄位依然是 container-2 的 IP 位址，即 10.1.16.3。

但是，上面提到的這些 VTEP 裝置的 MAC 位址，對於宿主機網路來說並沒有什麼實際意義。所以上面封裝出來的這個資料幀，並不能在我們的宿主機二層網路裡傳輸。方便起見，下面把它稱為「內部資料幀」。

所以，接下來 Linux 核心還需要再把「內部資料幀」進一步封裝成為宿主機網路裡的一個普通的資料幀，好讓它「載著」「內部資料幀」透過宿主機的 eth0 網卡進行傳輸。我們把這次要封裝出來的、宿主機對應的資料幀稱為「外部資料幀」。

為了實現這個「搭便車」的機制，Linux 核心會在「內部資料幀」前面加上一個特殊的 VXLAN 頭，用來表示這個「乘客」實際上是 VXLAN 要使用的一個資料幀。

這個 VXLAN 頭裡有一個重要的標誌，叫作 VNI，它是 VTEP 裝置識別某個資料幀是否應該歸自己處理的重要標識。而在 Flannel 中，VNI 的預設值是 1，這也是宿主機上的 VTEP 裝置都叫 flannel.1 的原因，這裡的「1」其實就是 VNI 的值。

然後，Linux 核心會把這個資料幀封裝進一個 UDP 封包裡發出去。

所以，跟 UDP 模式類似，宿主機會以為自己的 flannel.1 裝置只是在向另外一台宿主機的 flannel.1 裝置發起了一次普通的 UDP 連結。它怎麼會知道這個 UDP 封包裡面其實是一個完整的二層資料幀。這是不是跟特洛伊木馬的故事非常像呢？

不過，不要忘了，一個 flannel.1 裝置只知道另一端的 flannel.1 裝置的 MAC 位址，卻不知道對應的宿主機位址。那麼，這個 UDP 封包該發給哪台宿主機呢？

在這種場景中，flannel.1 裝置實際上要扮演一個「網橋」的角色，在二層網路進行 UDP 封包的轉發。而在 Linux 核心中，「網橋」裝置進行轉發的依據來自一個叫作 FDB（forwarding database）的轉發資料庫。

不難想到，這個 flannel.1「網橋」對應的 FDB 訊息也是由 flanneld 行程負責維護的。可以透過 `bridge fdb` 指令查看其內容，如下所示：

```
# 在 Node 1 上，使用「目的 VTEP 裝置」的 MAC 位址進行查詢
$ bridge fdb show flannel.1 | grep 5e:f8:4f:00:e3:37
5e:f8:4f:00:e3:37 dev flannel.1 dst 10.168.0.3 self permanent
```

可以看到，在上面這條 FDB 記錄裡，指定了這樣一條規則：

> 發往前面提到的「目的 VTEP 裝置」（MAC 位址是 5e:f8:4f:00:e3:37）
> 的二層資料幀，應該透過 flannel.1 裝置發往 IP 位址為 10.168.0.3 的主
> 機。顯然，這台主機正是 Node 2，UDP 封包要發往的目的地就找到了。

所以接下來的流程就是正常的、宿主機網路上的封包工作。我們知道，UDP 封包是一個四層封包，所以 Linux 核心會在它前面加上一個 IP 頭，即圖 7-5 中的外部 IP 報頭，組成一個 IP 封包。並且，在這個 IP 頭裡會填上前面透過 FDB 查詢出來的目的主機的 IP 位址，即 Node 2 的 IP 位址 10.168.0.3。

然後，Linux 核心再在這個 IP 封包前面加上二層資料幀頭，即圖 7-5 中的內部乙太網報頭，並把 Node 2 的 MAC 位址填進去。這個 MAC 位址本身是 Node 1 的 ARP 表要學習的內容，無須 Flannel 維護。這樣封裝出來的「外部資料幀」的格式如圖 7-9 所示。

目的主機 MAC 位址	目的主機 IP 位址	外部 UDP 標頭	VXLAN Header	目的 VTEP 設備的 MAC 位址	內部 乙太網路標頭	…
外部乙太網路 標頭 IP 位址	外部 IP 標頭			目的容器的 IP 位址	內部 IP 標頭	

圖 7-9　Flannel VXLAN 模式的外部資料幀

這樣，封包工作就完成了。

接下來，Node 1 上的 flannel.1 裝置，就可以把這個資料幀從 Node 1 的 eth0 網卡發出去。顯然，這個幀會經過宿主機網路來到 Node 2 的 eth0 網卡。

此時，Node 2 的核心網路堆疊會發現這個資料幀裡有 VXLAN Header，並且 VNI=1。所以 Linux 核心會對它進行拆包，取得裡面的內部資料幀，然後根據 VNI 的值把它交給 Node 2 上的 flannel.1 裝置。

flannel.1 裝置會進一步拆包，取出「原始 IP 封包」。接下來就到了上一節介紹的單機容器網路的處理流程。最終，IP 封包就進入了 container-2 容器的 Network Namespace 裡。

以上就是 Flannel VXLAN 模式的具體工作原理。

小結

本節詳細講解了 Flannel UDP 和 VXLAN 模式的工作原理。這兩種模式其實都可以稱作「隧道」機制，也是其他很多容器網路外掛程式的基礎。例如 Weave 的兩種模式，以及 Docker 的 Overlay 模式。

此外，VXLAN 模式組建的覆蓋網路，其實就是一個由不同宿主機上的 VTEP 裝置，也就是 flannel.1 裝置組成的虛擬二層網路。對於 VTEP 裝置來說，它發出的「內部資料幀」就彷彿一直在這個虛擬的二層網路上流動。這正是覆蓋網路的含義。

 Tip

如果你想在前面部署的叢集中實踐 Flannel，可以在 Master 節點上，執行如下指令來取代網路外掛程式。

第一步，執行 $ rm -rf /etc/cni/net.d/* 。

第二步，執行 $ kubectl delete -f "https://cloud.weave.works/k8s/net?k8s-version=1.11 。

第三步，在 /etc/kubernetes/manifests/kube-controller-manager.yaml 裡為容器啟動指令新增如下兩個參數：

```
--allocate-node-cidrs=true
--cluster-cidr=10.244.0.0/16
```

第四步，重啟所有 kubelet。

第五步，執行 $ kubectl create -f https://raw.githubusercontent.com/coreos/flannel/bc79dd1505b0c8681ece4de4c0d86c5cd2643275/Documentation/kube-flannel.yml 。

思考題

可以看到，Flannel 透過上述「隧道」機制實現了容器之間三層網路（IP 位址）的連通性。但是，根據該機制的工作原理，你認為 Flannel 能保證二層網路（MAC 位址）的連通性嗎？為什麼呢？

7.3 ▶ Kubernetes 網路模型與 CNI 網路外掛程式

上一節以 Flannel 為例,詳細講解了容器跨主機網路的兩種實現方法:UDP 和 VXLAN。

不難看出,它們有一個共性 —— 使用者的容器都連接在 docker0 網橋上。而網路外掛程式在宿主機上建立了一個特殊裝置(UDP 模式建立的是 TUN 裝置,VXLAN 模式建立的是 VTEP 裝置),docker0 與這個裝置之間透過 IP 轉發(路由表)進行協作。然後,網路外掛程式真正要做的是透過某種方法把不同宿主機上的特殊裝置連通,從而實現容器跨主機通訊。

實際上,上述流程正是 Kubernetes 對容器網路的主要處理方法。只不過,Kubernetes 是透過一個叫作 CNI 的介面維護了一個單獨的網橋來代替 docker0。這個網橋叫作 CNI 網橋,它在宿主機上的預設裝置名稱是 cni0。

以 Flannel 的 VXLAN 模式為例,在 Kubernetes 環境中它的工作方式跟上一節講解的並無不同,只是 docker0 網橋換成了 CNI 網橋而已,如圖 7-10 所示。

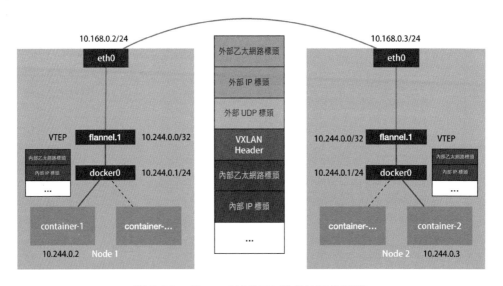

圖 7-10 Flannel VXLAN 模式的工作原理

在這裡，Kubernetes 為 Flannel 分配的子網範圍是 10.244.0.0/16。這個參數可以在部署時指定，例如：

```
$ kubeadm init --pod-network-cidr=10.244.0.0/16
```

也可以在部署完成後，透過修改 kube-controller-manager 的配置檔來指定。

現在假設 Infra-container-1 要訪問 Infra-container-2（Pod-1 要訪問 Pod-2），這個 IP 封包的來源位址就是 10.244.0.2，目的 IP 位址是 10.244.1.3。而此時 Infra-container-1 裡的 eth0 裝置同樣是以 Veth Pair 的方式連接在 Node 1 的 cni0 網橋上的，所以這個 IP 封包會經過 cni0 網橋出現在宿主機上。

此時 Node 1 上的路由表如下所示：

```
# 在 Node 1 上
$ route -n
Kernel IP routing table
Destination     Gateway         Genmask         Flags Metric Ref    Use Iface
...
10.244.0.0      0.0.0.0         255.255.255.0   U     0      0        0 cni0
10.244.1.0      10.244.1.0      255.255.255.0   UG    0      0        0 flannel.1
172.17.0.0      0.0.0.0         255.255.0.0     U     0      0        0 docker0
```

因為我們的 IP 封包的目的 IP 位址是 10.244.1.3，所以它只能匹配到第二條規則，即 10.244.1.0 對應的這條路由規則。

可以看到，這條規則指定了本機的 flannel.1 裝置進行處理。並且，flannel.1 在處理完後要將 IP 封包轉發到的網關，正是「隧道」另一端的 VTEP 裝置，也就是 Node 2 的 flannel.1 裝置。所以，接下來的流程跟上一節介紹的 Flannel VXLAN 模式完全相同。

需要注意的是，CNI 網橋只是接管所有 CNI 外掛程式負責的（Kubernetes 建立的）容器（Pod）。此時，如果你用 docker run 單獨啟動一個容器，那麼 Docker 還是會把該容器連接到 docker0 網橋上。所以這個容器的 IP 位址一定是屬於 docker0 網橋的 172.17.0.0/16 網段。

Kubernetes 之所以要設定這樣一個與 docker0 網橋功能幾乎相同的 CNI 網橋，有兩個主要原因。

(1) Kubernetes 並沒有使用 Docker 的網路模型（CNM），所以它並不希望，也不具備配置 docker0 網橋的能力。

(2) 這還與 Kubernetes 如何配置 Pod，也就是 Infra 容器的 Network Namespace 密切相關。

我們知道，Kubernetes 建立 Pod 的第一步，就是建立並啟動一個 Infra 容器，用來「hold」這個 Pod 的 Network Namespace（見 5.1 節相關內容）。

所以，CNI 的設計理念就是，Kubernetes 在啟動 Infra 容器之後，就可以直接呼叫 CNI 網路外掛程式，為這個 Infra 容器的 Network Namespace 配置符合預期的網路堆疊。

Tip

7.1 節提到，一個 Network Namespace 的網路堆疊包括網卡、迴環裝置、路由表和 iptables 規則。

那麼，這個網路堆疊的配置工作是如何完成的呢？這就要從 CNI 外掛程式的部署和實現方式談起了。

部署 Kubernetes 時，有一個步驟是安裝 kubernetes-cni 包，目的是在宿主機上安裝 CNI 外掛程式所需的基礎可執行檔。安裝完成後，可以在宿主機的 /opt/cni/bin 目錄下看到它們，如下所示：

```
$ ls -al /opt/cni/bin/
total 73088
-rwxr-xr-x 1 root root  3890407 Aug 17  2017 bridge
-rwxr-xr-x 1 root root  9921982 Aug 17  2017 dhcp
-rwxr-xr-x 1 root root  2814104 Aug 17  2017 flannel
-rwxr-xr-x 1 root root  2991965 Aug 17  2017 host-local
-rwxr-xr-x 1 root root  3475802 Aug 17  2017 ipvlan
-rwxr-xr-x 1 root root  3026388 Aug 17  2017 loopback
-rwxr-xr-x 1 root root  3520724 Aug 17  2017 macvlan
-rwxr-xr-x 1 root root  3470464 Aug 17  2017 portmap
```

```
-rwxr-xr-x 1 root root   3877986 Aug 17  2017 ptp
-rwxr-xr-x 1 root root   2605279 Aug 17  2017 sample
-rwxr-xr-x 1 root root   2808402 Aug 17  2017 tuning
-rwxr-xr-x 1 root root   3475750 Aug 17  2017 vlan
```

這些 CNI 的基礎可執行檔按照功能可以分為三類。

Main 外掛程式，它是用來建立具體網路裝置的二進位制檔案。例如 bridge（網橋裝置）、ipvlan、loopback（lo 裝置）、macvlan、ptp（Veth Pair 裝置）以及 vlan。前面提到的 Flannel、Weave 等都屬於「網橋」類型的 CNI 外掛程式。所以在具體的實現中，它們往往會呼叫 bridge 這個二進位制檔案。稍後會詳細介紹該流程。

IPAM（IP address management）外掛程式，它是負責分配 IP 位址的二進位制檔案。例如 dhcp 這個檔案會向 DHCP 伺服器發起請求，host-local 則會使用預先配置的 IP 位址段來進行分配。

由 CNI 社群維護的內建 CNI 外掛程式。例如，flannel 就是專門為 Flannel 提供的 CNI 外掛程式；tuning 是透過 sysctl 調整網路裝置參數的二進位制檔案；portmap 是透過 iptables 配置埠映射的二進位制檔案；bandwidth 是使用 TBF（token bucket filter）來進行限流的二進位制檔案。

從這些二進位制檔案中可以看出，如果要實現一個應用程式 Kubernetes 的容器網路方案，其實需要做兩部分工作，以 Flannel 為例。

首先，實現這個網路方案本身。這一部分需要編寫的其實就是 flanneld 行程裡的主要邏輯。例如，建立和配置 flannel.1 裝置、配置宿主機路由、配置 ARP 和 FDB 表裡的訊息等。

然後，實現該網路方案對應的 CNI 外掛程式。這一部分的主要工作是配置 Infra 容器裡的網路堆疊並把它連接到 CNI 網橋上。

由於 Flannel 對應的 CNI 外掛程式已經內建，因此無須再單獨安裝。而對於 Weave、Calico 等其他產品來說，我們就必須在安裝外掛程式時，把對應的 CNI 外掛程式的可執行檔，放在 /opt/cni/bin/ 目錄下。

實際上，對於 Weave、Calico 這樣的網路方案來說，它們的 DaemonSet 只需要掛載宿主機的 /opt/cni/bin/，即可實現外掛程式可執行檔的安裝。具體應該怎麼做，留給你自行嘗試。

接下來，需要在宿主機上安裝 flanneld（網路方案本身）。而在此過程中，flanneld 啟動後會在每台宿主機上，生成它對應的 CNI 配置檔（它其實是一個 ConfigMap），從而告訴 Kubernetes：這個叢集要使用 Flannel 作為容器網路方案。

這個 CNI 配置檔的內容如下所示：

```
$ cat /etc/cni/net.d/10-flannel.conflist
{
  "name": "cbr0",
  "plugins": [
    {
      "type": "flannel",
      "delegate": {
        "hairpinMode": true,
        "isDefaultGateway": true
      }
    },
    {
      "type": "portmap",
      "capabilities": {
        "portMappings": true
      }
    }
  ]
}
```

需要注意的是，在 Kubernetes 中，處理容器網路相關的邏輯不會在 kubelet 主幹程式碼裡執行，而會在具體的 CRI 實現裡完成。對於 Docker 來說，它的 CRI 實現叫作 dockershim，位於 kubelet 的程式碼裡。

所以，接下來 dockershim 會載入上述 CNI 配置檔。

需要注意，Kubernetes 目前不支援多個 CNI 外掛程式混用。如果你在 CNI 配置目錄（/etc/cni/net.d）裡放置了多個 CNI 配置檔，dockershim 只會載入

按字母順序排序的第一個外掛程式。但 CNI 允許你在一個 CNI 配置檔裡透過 plugins 欄位定義多個外掛程式進行協作。例如，在上面這個例子中，Flannel 就指定了 flannel 和 portmap 這兩個外掛程式。

此時，dockershim 會載入這個 CNI 配置檔，並且把列表裡的第一個外掛程式（flannel 外掛程式）設定為預設外掛程式。而在後面的執行過程中，flannel 和 portmap 外掛程式會按照定義順序被呼叫，從而依次完成「配置容器網路」和「配置埠映射」這兩步操作。

接下來講解這樣一個 CNI 外掛程式的工作原理。

當 kubelet 元件需要建立 Pod 時，它首先建立的一定是 Infra 容器。所以在這一步，dockershim 會先呼叫 Docker API 建立並啟動 Infra 容器，接著執行一個叫作 SetUpPod 的方法。這個方法用於為 CNI 外掛程式準備參數，然後呼叫 CNI 外掛程式為 Infra 容器配置網路。

這裡要呼叫的 CNI 外掛程式就是 /opt/cni/bin/flannel，而呼叫它所需的參數分為兩部分。

第一部分是由 dockershim 設置的一組 CNI 環境變數。其中，最重要的環境變數參數叫作 CNI_COMMAND。它的取值只有兩種：ADD 和 DEL。

ADD 和 DEL 操作就是 CNI 外掛程式僅需要實現的兩個方法。ADD 操作的含義是：把容器新增到 CNI 網路裡；DEL 操作的含義則是：從 CNI 網路裡移除容器。

對於網橋類型的 CNI 外掛程式來說，這兩個操作意味著把容器以 Veth Pair 的方式「插」到 CNI 網橋上，或者從網橋上「拔」掉。

接下來以 ADD 操作為重點進行講解。

CNI 的 ADD 操作需要的參數包括：容器裡網卡的名字 eth0（CNI_IFNAME）、Pod 的 Network Namespace 檔的路徑（CNI_NETNS）、容器的 ID（CNI_CONTAINERID）等。這些參數都屬於上述環境變數裡的內容。其中，Pod（Infra 容器）的 Network Namespace 檔的路徑在前面講解容器基礎時提到過，即 /proc/< 容器行程的 PID>/ns/net。

除此之外,在 CNI 環境變數裡還有一個叫作 `CNI_ARGS` 的參數。透過該參數,CRI 實現(例如 dockershim)就可以以 Key-Value 的格式給網路外掛程式傳遞自訂訊息。這是使用者將來自訂 CNI 協定的一個重要方法。

第二部分是 dockershim 從 CNI 配置檔裡載入到的、預設外掛程式的配置訊息。

這項配置訊息在 CNI 中叫作 Network Configuration,它的完整定義可以參考官方文件。dockershim 會把 Network Configuration 以 JSON 資料的格式,透過標準輸入(stdin)的方式傳遞給 Flannel CNI 外掛程式。

有了這兩部分參數,Flannel CNI 外掛程式實現 ADD 操作的過程就非常簡單了。

不過,需要注意的是,Flannel 的 CNI 配置檔(/etc/cni/net.d/10-flannel. conflist)裡有一個 `delegate` 欄位:

```
...
    "delegate": {
      "hairpinMode": true,
      "isDefaultGateway": true
    }
```

`delegate` 欄位的意思是,這個 CNI 外掛程式並不會親自上陣,而是會呼叫 `delegate` 指定的某種 CNI 內建外掛程式來完成任務。對於 Flannel 來說,它呼叫的就是前面介紹的 CNI bridge 外掛程式。

所以,dockershim 對 Flannel CNI 外掛程式的呼叫其實就是走過場。Flannel CNI 外掛程式唯一需要做的,就是對 dockershim 傳來的 Network Configuration 進行補充。例如,將 `delegate` 的 `type` 欄位設定為 `bridge`,將 `delegate` 的 `ipam` 欄位設定為 `host-local` 等。

經過 Flannel CNI 外掛程式補充的、完整的 `delegate` 欄位如下所示:

```
{
    "hairpinMode":true,
    "ipMasq":false,
    "ipam":{
```

```
    "routes":[
        {
            "dst":"10.244.0.0/16"
        }
    ],
    "subnet":"10.244.1.0/24",
    "type":"host-local"
},
"isDefaultGateway":true,
"isGateway":true,
"mtu":1410,
"name":"cbr0",
"type":"bridge"
}
```

其中，`ipam` 欄位裡的訊息，例如 10.244.1.0/24，讀取自 Flannel 在宿主機上生成的 Flannel 配置檔，即宿主機上的 /run/flannel/subnet.env。

接下來，Flannel CNI 外掛程式會呼叫 CNI bridge 外掛程式，即執行 /opt/cni/bin/bridge 二進位制檔案。

這一次，呼叫 CNI bridge 外掛程式需要的兩部分參數的第一部分，也就是 CNI 環境變數，並沒有變化。所以，其中的 `CNI_COMMAND` 參數的值還是 `ADD`。而第二部分 Network Configration 正是上面補充好的 `delegate` 欄位。Flannel CNI 外掛程式會把 `delegate` 欄位的內容以標準輸入（stdin）的方式傳遞給 CNI bridge 外掛程式。

此外，Flannel CNI 外掛程式還會把 `delegate` 欄位以 JSON 檔的方式儲存在 /var/lib/cni/flannel 目錄下。這是為了給後面刪除容器呼叫 `DEL` 操作使用的。

有了這兩部分參數，接下來 CNI bridge 外掛程式就可以「代表」Flannel，進行「將容器加入 CNI 網路」這一步操作了。這部分內容與容器 Network Namespace 密切相關，下面詳細講解。

首先，CNI bridge 外掛程式會在宿主機上檢查 CNI 網橋是否存在。如果不存在就建立它，這相當於在宿主機上執行：

```
# 在宿主機上
$ ip link add cni0 type bridge
$ ip link set cni0 up
```

然後，CNI bridge 外掛程式會透過 Infra 容器的 Network Namespace 檔進入這個 Network Namespace 中，然後建立一對 Veth Pair 裝置。

接著，它會把這個 Veth Pair 的其中一端「移動」到宿主機上。這相當於在容器裡執行如下指令：

```
# 在容器裡

# 建立一對 Veth Pair 裝置。其中一個叫作 eth0，另一個叫作 vethb4963f3
$ ip link add eth0 type veth peer name vethb4963f3

# 啟動 eth0 裝置
$ ip link set eth0 up

# 將 Veth Pair 裝置的另一端（vethb4963f3 裝置）放到宿主機（Host Namespace）上
$ ip link set vethb4963f3 netns $HOST_NS

# 透過 Host Namespace 啟動宿主機上的 vethb4963f3 裝置
$ ip netns exec $HOST_NS ip link set vethb4963f3 up
```

這樣，vethb4963f3 就出現在了宿主機上，而且這個 Veth Pair 裝置的另一端就是容器裡面的 eth0。

當然，你可能已經想到，上述建立 Veth Pair 裝置的操作，其實也可以先在宿主機上執行，然後再把該裝置的一端放到容器的 Network Namespace 裡，原理是一樣的。

不過，CNI 外掛程式之所以要反著來，是因為 CNI 裡對 Namespace 操作函數的設計就是如此，如下所示：

```
err := containerNS.Do(func(hostNS ns.NetNS) error {
        ...
        return nil
})
```

這個設計其實很容易理解。在編程時，容器的 Namespace 是可以直接透過 Namespace 檔取得的，而 Host Namespace 是一個隱含在上下文中的參數。所以，像上面這樣，先透過容器 Namespace 進入容器中，然後再反向操作 Host Namespace，對於編程來說更方便。

接下來，CNI bridge 外掛程式就可以把 vethb4963f3 裝置連接到 CNI 網橋上。這相當於在宿主機上執行：

```
# 在宿主機上
$ ip link set vethb4963f3 master cni0
```

在將 vethb4963f3 裝置連接到 CNI 網橋之後，CNI bridge 外掛程式還會為它設定 Hairpin Mode（髮夾模式）。這是因為在預設情況下，網橋裝置不允許一個封包從一個埠進來後，再從該埠發出。但是，它允許你為這個埠開啟 Hairpin Mode，從而取消這個限制。

這個特性主要用於容器需要透過 NAT（埠映射）的方式「自己訪問自己」的場景。

舉個例子，例如我們執行 docker run -p 8080:80，就是在宿主機上透過 iptables 設定了一條 DNAT（目的位址轉換）轉發規則。這條規則的作用是，當宿主機上的行程訪問「< 宿主機的 IP 位址 >:8080」時，iptables 會把該請求直接轉發到「< 容器的 IP 位址 >:80」上。也就是說，這個請求最終會經過 docker0 網橋進入容器中。

如果你是在容器中訪問宿主機的 8080 埠，那麼該容器裡發出的 IP 封包會經過 vethb4963f3 裝置（埠）和 docker0 網橋來到宿主機上。此時，根據上述 DNAT 規則，這個 IP 封包又需要回到 docker0 網橋，並且還是透過 vethb4963f3 埠進入容器中。所以，在這種情況下，就需要開啟 vethb4963f3 埠的 Hairpin Mode 了。

因此，Flannel 外掛程式要在 CNI 配置檔裡宣告 hairpinMode=true。這樣，將來這個叢集裡的 Pod，才可以透過它自己的 Service 訪問到自己。

接下來，CNI bridge 外掛程式會呼叫 CNI ipam 外掛程式，從 `ipam.subnet` 欄位規定的網段裡為容器分配一個可用的 IP 位址。然後，CNI bridge 外掛程式會把這個 IP 位址新增到容器的 eth0 網卡上，同時為容器設定預設路由。這相當於在容器裡執行：

```
# 在容器裡
$ ip addr add 10.244.0.2/24 dev eth0
$ ip route add default via 10.244.0.1 dev eth0
```

最後，CNI bridge 外掛程式會為 CNI 網橋新增 IP 位址。這相當於在宿主機上執行：

```
# 在宿主機上
$ ip addr add 10.244.0.1/24 dev cni0
```

執行完上述操作後，CNI 外掛程式會把容器的 IP 位址等訊息返回給 dockershim，然後被 kubelet 新增到 Pod 的 Status 欄位。

至此，CNI 外掛程式的 ADD 方法就宣告結束了。接下來的流程就跟上一節中容器跨主機通訊的過程完全一致了。

需要注意的是，對於非網橋類型的 CNI 外掛程式，上述「將容器新增到 CNI 網路」的操作流程，以及網路方案的原理就都不太一樣了。後面會繼續分析這部分內容。

小結

本節詳細講解了 Kubernetes 中 CNI 網路的實現原理。根據該原理，就很容易理解 Kubernetes 網路模型了。

(1) 所有容器都可以直接使用 IP 位址與其他容器通訊，而無須使用 NAT。

(2) 所有宿主機都可以直接使用 IP 位址與所有容器通訊，而無須使用 NAT，反之亦然。

(3) 容器自己「看到」的自己的 IP 位址，和別人（宿主機或者容器）「看到」的位址完全一樣。

可見，這個網路模型其實可以用一個字來總結，那就是「通」。容器與容器之間要「通」，容器與宿主機之間也要「通」。並且，Kubernetes 要求「通」必須是直接基於容器和宿主機的 IP 位址的。

當然，考慮到不同使用者之間的隔離性，很多場景還要求容器之間的網路「不通」。後面會介紹這方面的知識。

思考題

請思考，為什麼 Kubernetes 不自己實現容器網路，而要透過 CNI 做一個如此簡單的假設呢？

7.4 ▶ 解讀 Kubernetes 三層網路方案

上一節以網橋類型的 Flannel 外掛程式為例，講解了 Kubernetes 裡容器網路和 CNI 外掛程式的主要工作原理。不過，除了這種模式，還有一種「純三層」（pure layer 3）的網路方案值得注意。最典型例子莫過於 Flannel 的 host-gw 模式和 Calico 了。

1. Flannel 的 host-gw 模式

Flannel 的 host-gw 模式的工作原理非常簡單，如圖 7-11 所示。

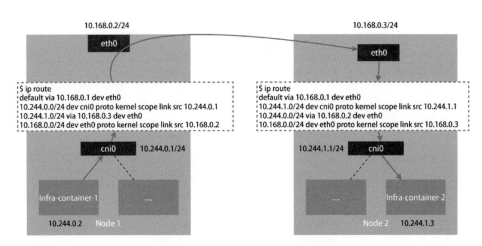

圖 7-11　Flannel host-gw 示意圖

假設現在 Node 1 上的 Infra-container-1 要訪問 Node 2 上的 Infra-container-2。當你設定 Flannel 使用 host-gw 模式之後，flanneld 會在宿主機上建立這樣一條規則，以 Node 1 為例：

```
$ ip route
...
10.244.1.0/24 via 10.168.0.3 dev eth0
```

這條路由規則的含義是，目的 IP 位址屬於 10.244.1.0/24 網段的 IP 封包應該經過本機的 eth0 裝置（dev eth0）發出；並且，它下一跳（next-hop）位址是 10.168.0.3（via 10.168.0.3）。

所謂下一跳位址，就是如果 IP 封包從主機 A 發送到主機 B，需要經過路由裝置 X 的中轉，那麼 X 的 IP 位址就應該配置為主機 A 的下一跳位址。從圖 7-11 中可以看到，這個下一跳位址對應的正是目的宿主機 Node 2。

一旦配置了下一跳位址，那麼接下來當 IP 封包從網路層進入鏈路層封裝成幀時，eth0 裝置就會使用下一跳位址對應的 MAC 位址，作為該資料幀的目的 MAC 位址。顯然，這個 MAC 位址正是 Node 2 的 MAC 位址。這樣，這個資料幀就會從 Node 1 透過宿主機的二層網路順利到達 Node 2 上。

Node 2 的核心網路堆疊從二層資料幀裡取得 IP 封包後，會「看到」這個 IP 封包的目的 IP 位址是 10.244.1.3，即 Infra-container-2 的 IP 位址。此時，根據 Node 2 上的路由表，該目的位址會匹配到第二條路由規則（10.244.1.0 對應的路由規則），從而進入 cni0 網橋，進而進入 Infra-container-2 當中。

由此可見，host-gw 模式的工作原理其實就是將每個 Flannel 子網（例如 10.244.1.0/24）的下一跳，設定成了該子網對應的宿主機的 IP 位址。也就是說，這台「主機」會充當這條容器通訊路徑裡的「網關」。這正是「host-gw」的含義。

當然，Flannel 子網和主機的訊息都儲存在 etcd 當中。flanneld 只需要 WATCH 這些資料的變化，然後即時更新路由表即可。

Tip

在 Kubernetes v1.7 之後，像 Flannel、Calico 這樣的 CNI 網路外
掛程式都可以直接連接 Kubernetes 的 API Server 來訪問 etcd，
無須額外部署 etcd 供它們使用。

在這種模式下，容器通訊的過程，就免除了額外的封包和解包帶來的效能
損耗。根據實際測試，host-gw 的效能損失在 10% 左右，而其他所有基於
VXLAN「隧道」機制的網路方案的效能損失都在 20% ～ 30%。

當然，從以上介紹中你應該能看到，host-gw 模式能夠正常工作的核心，
就在於 IP 封包在封裝成幀發送出去時，會使用路由表裡的下一跳來設定目
的 MAC 位址。這樣，它就會經過二層網路到達目的宿主機。所以，Flannel
host-gw 模式要求叢集宿主機之間是二層連通的。

需要注意的是，宿主機之間二層不連通的情況也廣泛存在。例如，宿主機分
布在不同的子網（VLAN）中。但是，在一個 Kubernetes 叢集裡，宿主機之
間必須可以透過 IP 位址進行通訊，也就是說至少是三層可達的，否則叢集
將不滿足上一節提到的宿主機之間 IP 互通的假設（Kubernetes 網路模型）。
當然，「三層可達」也可以透過為幾個子網設定三層轉發來實現。

2. Calico

在容器生態中，說到像 Flannel host-gw 這樣的三層網路方案，就不得不提這
個領域裡的「龍頭老大」Calico 了。

實際上，Calico 提供的網路解決方案與 Flannel 的 host-gw 模式幾乎完全一
樣。也就是說，Calico 也會在每台宿主機上新增一條格式如下的路由規則：

```
< 目的容器 IP 位址段 > via < 網關的 IP 位址 > dev eth0
```

其中，網關的 IP 位址正是目的容器所在宿主機的 IP 位址。

如前所述，這個三層網路方案得以正常工作的核心，是為每個容器的 IP 位
址找到對應的下一跳的網關。

不過，不同於 Flannel 透過 etcd 和宿主機上的 flanneld 來維護路由訊息的做法，Calico 使用一個「重型武器」來自動地在整個叢集中分發路由訊息。這個「重型武器」就是 BGP（border gateway protocol，邊界網關協定）。

BGP 是一個 Linux 核心原生支援的、專門用於在大規模資料中心維護不同「自治系統」之間路由訊息的、無中心的路由協定。這個概念可能聽起來有點「高深」，但實際上用一個非常簡單的例子就能講清楚，見圖 7-12。

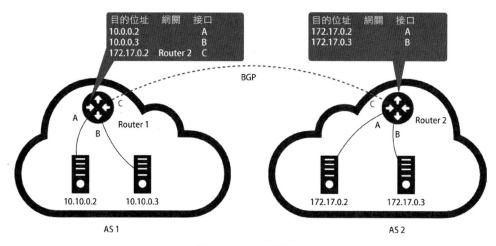

圖 7-12　自治系統

圖 7-12 中有兩個自治系統（autonomous system，AS）。所謂自治系統，指的是一個組織管轄下的所有 IP 網路和路由器的全體。可以把它想像成一個小公司裡的所有主機和路由器。正常情況下，自治系統之間不會有任何「來往」。

但是，如果這樣兩個自治系統裡的主機要透過 IP 位址直接進行通訊，我們就必須使用路由器把這兩個自治系統連接起來。

例如，AS 1 裡的主機 10.10.0.2 要訪問 AS 2 裡的主機 172.17.0.3 的話，它發出的 IP 封包就會先到達自治系統 AS 1 上的路由器 Router 1。而在此時，Router 1 的路由表裡有一條規則：目的位址是 172.17.0.2 包，應該經過 Router 1 的 C 介面發往網關 Router 2（自治系統 AS 2 上的路由器）。所以 IP 封包會到達 Router 2，然後經過 Router 2 的路由表從 B 介面出來到達目的主機 172.17.0.3。

但是反過來，如果主機 172.17.0.3 要訪問 10.10.0.2，那麼這個 IP 封包，在到達 Router 2 之後，就不知道該去哪裡了。這是因為在 Router 2 的路由表裡，並沒有關於 AS 1 自治系統的任何路由規則。所以，此時網路管理員就應該給 Router 2 也新增一條路由規則，例如：目標位址是 10.10.0.2 的 IP 封包應該經過 Router 2 的 C 介面，發往網關 Router 1。

像上面這樣負責把自治系統連接在一起的路由器，可以形象地稱為：邊界網關。它跟普通路由器的不同之處在於，它的路由表裡擁有其他自治系統裡的主機路由訊息。

上面的這部分原理應該比較容易理解。畢竟，路由器這個裝置本身的主要作用就是連通不同的網路。但是，假設現在的網路拓撲結構非常複雜，每個自治系統都有成千上萬台主機、無數個路由器，甚至是由多個公司、多個網路提供商、多個自治系統組成的複合自治系統呢？

此時，如果還要依靠人工來配置和維護邊界網關的路由表，是絕對不現實的。在這種情況下，就輪到 BGP 大顯身手了。

使用了 BGP 之後，可以認為在每個邊界網關上都會執行著一個小程式，它們會將各自的路由表訊息，透過 TCP 傳輸給其他邊界網關。其他邊界網關上的這個小程式會對收到的這些資料進行分析，然後將需要的訊息新增到自己的路由表裡。這樣，圖 7-12 中 Router 2 的路由表裡，就會自動出現 10.10.0.2 和 10.10.0.3 對應的路由規則了。

所以，所謂 BGP，就是在大規模網路中實現節點路由訊息共享的一種協定。

BGP 的這個能力正好可以取代 Flannel 維護主機上路由表的功能。而且，BGP 這種原生為大規模網路環境實現的協定，其可靠性和可擴展性遠非 Flannel 自己的方案可比。

> 需要注意的是，BGP 協定實際上是最複雜的一種路由協定。這裡的講解和舉的例子僅是為了幫你建立對 BGP 的感性認識，並不代表 BGP 真正的實現方式。

接下來回到 Calico。了解了 BGP 之後，Calico 的架構就非常容易理解了。
它由以下三個部分組成。

(1) Calico 的 CNI 外掛程式。這是 Calico 與 Kubernetes 對接的部分。上
　　一節詳細介紹了 CNI 外掛程式的工作原理，這裡不再贅述。

(2) Felix。它是一個 DaemonSet，負責在宿主機上插入路由規則（寫入
　　Linux 核心的 FIB 轉發訊息庫），以及維護 Calico 所需的網路裝置等
　　工作。

(3) BIRD。它就是 BGP 的用戶端，專門負責在叢集裡分發路由規則訊息。

除了對路由訊息的維護方式，Calico 與 Flannel 的 host-gw 模式的另一個不
同之處，就是它不會在宿主機上建立任何網橋裝置。圖 7-13 展示了 Calico
的工作原理。

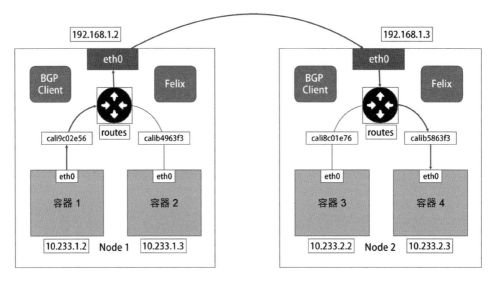

圖 7-13　Calico 工作原理

圖 7-13 中用粗實線標出的路徑，就是一個 IP 封包從 Node 1 上的容器 1 到達
Node 2 上的容器 4 的完整路徑。可以看到，Calico 的 CNI 外掛程式會為每
個容器設定一個 Veth Pair 裝置，然後把其中一端放置在宿主機上（它的名字
以 cali 為前綴）。

此外，由於 Calico 沒有使用 CNI 的網橋模式，因此 Calico 的 CNI 外掛程式還需要在宿主機上為每個容器的 Veth Pair 裝置配置一條路由規則，用於接收傳入的 IP 封包。例如，宿主機 Node 2 上的容器 4 對應的路由規則如下所示：

```
10.233.2.3 dev cali5863f3 scope link
```

它的意思是發往 10.233.2.3 的 IP 封包應該進入 cali5863f3 裝置。

基於上述原因，Calico 在宿主機上設置的路由規則肯定要比 Flannel 多得多。不過，Flannel host-gw 模式使用 CNI 網橋，主要是為了跟 VXLAN 模式保持一致，否則 Flannel 就需要維護兩套 CNI 外掛程式了。

有了這樣的 Veth Pair 裝置之後，容器發出的 IP 封包就會經過 Veth Pair 裝置出現在宿主機上。然後，宿主機網路堆疊就會根據路由規則的下一跳 IP 位址，把它們轉發給正確的網關。接下來的流程就跟 Flannel host-gw 模式完全一致了。

其中，最核心的下一跳路由規則，就是由 Calico 的 Felix 行程負責維護的。這些路由規則訊息則是透過 BGP Client，也就是 BIRD 元件，使用 BGP 協定傳輸而來的。

可以把這些透過 BGP 協定傳輸的消息，簡單地理解為如下格式：

```
[BGP 消息 ]
我是宿主機 192.168.1.2
10.233.2.0/24 網段的容器都在我這裡
這些容器的下一跳位址是我
```

不難發現，Calico 實際上將叢集裡的所有節點都當作邊界路由器來處理，它們共同組成了一個全連通的網路，互相之間透過 BGP 協定交換路由規則。這些節點稱為 BGP Peer。

需要注意的是，Calico 維護的網路在預設配置下，是一種被稱為「Node-to-Node Mesh」的模式。此時，每台宿主機上的 BGP Client 都需要跟其他所有節點的 BGP Client 進行通訊以便交換路由訊息。但是，隨著節點數量 N 的

增加，這些連接的數量就會以 N2 的規模快速增長，從而給叢集的網路帶來巨大壓力。

所以，一般推薦將 Node-to-Node Mesh 模式用在少於 100 個節點的叢集裡。而在更大規模的叢集中，需要使用 Route Reflector 模式。

在 Route Reflector 模式下，Calico 會指定一個或者幾個專門的節點，來負責跟所有節點建立 BGP 連接，從而學習全域的路由規則。而其他節點只需要跟這幾個專門的節點交換路由訊息，即可獲得整個叢集的路由規則訊息。

這些專門的節點就是所謂的 Route Reflector 節點，它們實際上扮演了「中間代理」的角色，從而把 BGP 連接的規模控制在 N 的數量級上。

此外，前面提到 Flannel host-gw 模式最主要的限制就是要求叢集宿主機之間是二層連通的。對於 Calico 來說，這個限制同樣存在。

假如有兩台處於不同子網的宿主機 Node 1 和 Node 2，對應的 IP 位址分別是 192.168.1.2 和 192.168.2.2。需要注意的是，這兩台機器透過路由器實現了三層轉發，所以這兩個 IP 位址之間是可以相互通訊的。我們現在的需求還是容器 1 要訪問容器 4。

如前所述，Calico 會嘗試在 Node 1 上新增如下所示的一條路由規則：

```
10.233.2.0/16 via 192.168.2.2 eth0
```

但是，此時問題就出現了。上面這條規則裡的下一跳位址是 192.168.2.2，但它對應的 Node 2 跟 Node 1 根本不在一個子網裡，無法透過二層網路把 IP 封包發送到下一跳位址。

在這種情況下，就需要為 Calico 打開 IPIP 模式。該模式下容器通訊的原理可以總結為圖 7-14。

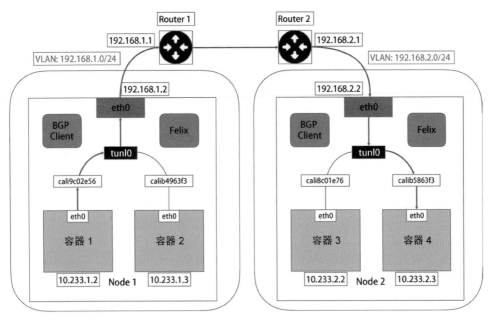

圖 7-14　Calico IPIP 模式工作原理

在 Calico 的 IPIP 模式下，Felix 行程在 Node 1 上新增的路由規則會稍微不同，如下所示：

```
10.233.2.0/24 via 192.168.2.2 tunl0
```

可以看到，儘管這條規則的下一跳位址仍然是 Node 2 的 IP 位址，但這一次負責將 IP 封包發出去的裝置變成了 tunl0。注意，是 tunl0，不是 Flannel UDP 模式使用的 tun0，這兩種裝置的功能完全不同。Calico 使用的這個 tunl0 裝置是一個 IP 隧道（IP tunnel）裝置。

在上面的例子中，IP 封包進入 IP 隧道裝置之後，就會被 Linux 核心的 IPIP 驅動接管。IPIP 驅動，會將這個 IP 封包直接封裝在一個宿主機網路的 IP 封包中，如圖 7-15 所示。

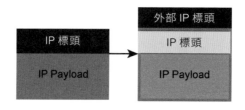

圖 7-15　IPIP 封包方式

其中，封裝後的新的 IP 封包的目的位址（圖 7-15 中的外部 IP 報頭部分），正是原 IP 封包的下一跳位址，即 Node 2 的 IP 位址：192.168.2.2。原 IP 封包則會被直接封裝成新 IP 封包的 Payload。這樣，原先從容器到 Node 2 的 IP 封包，就被偽裝成了一個從 Node 1 到 Node 2 的 IP 封包。

由於宿主機之間已經使用路由器配置了三層轉發，即設定了宿主機之間的下一跳，因此這個 IP 封包在離開 Node 1 之後，就可以經過路由器最終「跳」到 Node 2 上。

這樣，Node 2 的網路核心堆疊會使用 IPIP 驅動進行解包，從而拿到原始的 IP 封包。然後，原始 IP 封包就會經過路由規則和 Veth Pair 裝置到達目的容器內部。

以上就是 Calico 主要的工作原理。

不難看出，當 Calico 使用 IPIP 模式時，叢集的網路性能，會因為額外的封包和解包工作而下降。在實際測試中，Calico IPIP 模式與 Flannel VXLAN 模式的效能大致相當。所以，在實際使用時，如非硬性需求，建議將所有宿主機節點放在一個子網裡，避免使用 IPIP。

不過，透過上面對 Calico 工作原理的講述，你應該能發現這樣一個事實：

> 如果 Calico 能夠讓宿主機之間的路由裝置（網關），也透過 BGP 協定「學習」到 Calico 網路裡的路由規則，那麼從容器發出的 IP 封包，不就可以透過這些裝置路由到目的宿主機了嗎？

例如，只要在圖 7-15 中的 Node 1 上新增如下所示的一條路由規則：

```
10.233.2.0/24 via 192.168.1.1 eth0
```

然後，在 Router 1（192.168.1.1）上新增如下所示的一條路由規則：

```
10.233.2.0/24 via 192.168.2.1 eth0
```

那麼容器 1 發出的 IP 封包，就可以透過兩次下一跳到達 Router 2（192.168.2.1）了。以此類推，我們可以繼續在 Router 2 上新增下一跳路由，最終把 IP 封包轉發到 Node 2 上。

然而，上述流程雖然簡單明瞭，但是在 Kubernetes 被廣泛使用的公有雲場景中完全不可行。原因在於，公有雲環境中宿主機之間的網關，肯定不允許使用者進行干預和設定。

當然，在大多數公有雲環境中，宿主機（公有雲提供的虛擬機）本身往往就是二層連通的，所以這個需求也不強烈。

不過，在私有部署的環境中，宿主機屬於不同子網（VLAN）反而是更常見的部署狀態。此時，設法將宿主機網關也加入 BGP Mesh 裡從而避免使用 IPIP，就成了非常迫切的需求。

在 Calico 中，已經提供了兩種將宿主機網關設定成 BGP Peer 的解決方案。

第一種方案，是所有宿主機都跟宿主機網關建立 BGP Peer 關係。

在這種方案下，Node 1 和 Node 2 就需要主動跟宿主機網關 Router 1 和 Router 2 建立 BGP 連接，從而將類似於 10.233.2.0/24 這樣的路由訊息同步到網關。

需要注意的是，在這種方式下，Calico 要求宿主機網關必須支援一種名為 Dynamic Neighbors 的 BGP 配置方式。這是因為在一般的路由器 BGP 配置裡，運維人員必須明確給出所有 BGP Peer 的 IP 位址。考慮到 Kubernetes 叢集可能會有成百上千台宿主機，而且還會動態新增和刪除節點，這種情況下再手動管理路由器的 BGP 配置就非常麻煩了。而 Dynamic Neighbors 允許你給路由器配置一個網段，然後路由器會自動跟該網段裡的主機建立起 BGP Peer 關係。

不過，相比之下，我更推薦第二種方案。

第二種方案是，使用一個或多個獨立元件，負責搜集整個叢集裡的所有路由訊息，然後透過 BGP 協定同步給網關。而前面提到，在大規模叢集中，Calico 就推薦使用 Route Reflector 節點的方式進行組網。所以，這裡負責跟宿主機網關進行通訊的獨立元件，直接由 Route Reflector 兼任即可。

更重要的是，這種情況下網關的 BGP Peer 個數有限且固定。所以我們可以直接把這些獨立元件配置成路由器的 BGP Peer，而無須 Dynamic Neighbors 的支援。

當然，這些獨立元件的工作原理也很簡單：它們只需要 WATCH etcd 裡的宿主機和對應網段的變化訊息，然後把這些訊息透過 BGP 協定分發給網關即可。

小結

本節詳細講解了 Fannel host-gw 模式和 Calico 這兩種純三層網路方案的工作原理。

需要注意的是，在大規模叢集裡，三層網路方案在宿主機上的路由規則可能會非常多，因此錯誤排查變得很困難。此外，在系統發生故障時，路由規則出現重疊衝突的機率也會升高。

基於上述原因，如果是在公有雲上，由於宿主機網路本身比較「直接」，一般推薦使用更簡單的 Flannel host-gw 模式。

但不難看到，在私有部署環境中，Calico 能夠覆蓋更多場景，並能提供更可靠的組網方案和架構思路。

思考題

你能否總結出三層網路方案和「隧道模式」的異同，以及各自的優缺點？

7.5 ▶ Kubernetes 中的網路隔離：NetworkPolicy

前面詳細講解了 Kubernetes 生態中主流容器網路方案的工作原理。不難發現，Kubernetes 的網路模型以及這些網路方案的實現，都只關注容器之間網路的「連通」，而不關心容器之間網路的「隔離」。這跟傳統的 IaaS 層的網路方案有明顯區別。

你肯定會問，Kubernetes 的網路方案到底是如何考慮「隔離」的呢？難道 Kubernetes 就不管網路「多租戶」的需求嗎？本節就來回答這些問題。

在 Kubernetes 裡，網路隔離能力的定義是依靠一種專門的 API 物件來描述的，它就是 NetworkPolicy。

下面是一個完整的 NetworkPolicy 物件範例：

```yaml
apiVersion: networking.k8s.io/v1
kind: NetworkPolicy
metadata:
  name: test-network-policy
  namespace: default
spec:
  podSelector:
    matchLabels:
      role: db
  policyTypes:
  - Ingress
  - Egress
  ingress:
  - from:
    - ipBlock:
        cidr: 172.17.0.0/16
        except:
        - 172.17.1.0/24
    - namespaceSelector:
        matchLabels:
          project: myproject
    - podSelector:
        matchLabels:
          role: frontend
    ports:
```

```
    - protocol: TCP
      port: 6379
  egress:
  - to:
    - ipBlock:
        cidr: 10.0.0.0/24
    ports:
    - protocol: TCP
      port: 5978
```

7.3 節講過，Kubernetes 裡的 Pod 預設都是「允許所有」（accept all）的，即 Pod 可以接收來自任何發送方的請求，或者向任何接收方發送請求。而如果要對這種情況做出限制，就必須透過 NetworkPolicy 物件來指定。

在上述例子中，你首先會看到 podSelector 欄位。它的作用是定義這個 NetworkPolicy 的限制範圍，例如目前 Namespace 裡攜帶了 role=db 標籤的 Pod。

如果把 podSelector 欄位留空：

```
spec:
  podSelector: {}
```

那麼這個 NetworkPolicy 就會作用於目前 Namespace 下的所有 Pod。而一旦 Pod 被 NetworkPolicy 選中，那麼 Pod 就會進入「拒絕所有」（deny all）的狀態，即 Pod 既不允許外界訪問，也不允許對外界發起訪問。

NetworkPolicy 定義的規則其實就是「白名單」。例如，在上述例子裡，我在 policyTypes 欄位定義了 NetworkPolicy 的類型是 ingress 和 egress，即它既會影響「流入」（ingress）請求，也會影響「流出」（egress）請求。

然後，我在 ingress 欄位定義了 from 和 ports，即允許流入的「白名單」和埠。在允許流入的「白名單」裡，我指定了三種並列的情況，分別是 ipBlock、namespaceSelector 和 podSelector。

我在 egress 欄位定義了 to 和 ports，即允許流出的「白名單」和埠。這裡允許流出的「白名單」的定義方法與 ingress 類似。只是這次 ipblock 欄位指定的是目的位址的網段。

綜上所述，這個 NetworkPolicy 物件指定的隔離規則，如下所示。

(1) 該隔離規則只對 default Namespace 下攜帶了 role=db 標籤的 Pod 有效。限制的請求類型包括 ingress 和 egress。

(2) Kubernetes 會拒絕任何對被隔離 Pod 的訪問請求，除非請求來自以下「白名單」裡的物件，並且訪問的是被隔離 Pod 的 6379 埠。這些「白名單」物件包括：

- default Namespace 裡攜帶了 role=fronted 標籤的 Pod；
- 任何 Namespace 裡攜帶了 project=myproject 標籤的 Pod；
- 任何來源位址屬於 172.17.0.0/16 網段，且不屬於 172.17.1.0/24 網段的請求。

(3) Kubernetes 會拒絕被隔離 Pod 對外發起任何請求，除非請求的目的位址屬於 10.0.0.0/24 網段，並且訪問的是該網段位址的 5978 埠。

需要注意的是，定義一個 NetworkPolicy 物件的過程中容易出錯的是「白名單」部分（from 和 to 欄位）。

舉個例子：

```
...
ingress:
- from:
  - namespaceSelector:
      matchLabels:
        user: alice
  - podSelector:
      matchLabels:
        role: client
...
```

如上所定義的 `namespaceSelector` 和 `podSelector` 是「或」（OR）的關係。所以，這個 `from` 欄位定義了兩種情況，無論是 Namespace 滿足條件，還是 Pod 滿足條件，這個 NetworkPolicy 都會生效。

下列例子雖然看起來類似，但它定義的規則完全不同：

```
...
  ingress:
  - from:
    - namespaceSelector:
        matchLabels:
          user: alice
      podSelector:
        matchLabels:
          role: client
...
```

注意看，這樣定義的 `namespaceSelector` 和 `podSelector`，其實是「與」（AND）的關係。所以，這個 `from` 欄位只定義了一種情況，只有 Namespace 和 Pod 同時滿足條件時，這個 NetworkPolicy 才會生效。這兩種定義方式的區別，請務必區分清楚。

此外，如果要使上面定義的 NetworkPolicy 在 Kubernetes 叢集裡真正生效，你的 CNI 網路外掛程式就必須支援 Kubernetes 的 NetworkPolicy。在具體實現上，凡是支援 NetworkPolicy 的 CNI 網路外掛程式，都維護著一個 NetworkPolicy Controller，透過控制循環的方式對 NetworkPolicy 物件的增、刪、改、查做出響應，然後在宿主機上完成 iptables 規則的配置工作。

在 Kubernetes 生態裡，目前已經實現了 NetworkPolicy 的網路外掛程式包括 Calico、Weave 和 kube-router 等，但是不包括 Flannel。所以，如果想在使用 Flannel 的同時使用 NetworkPolicy，就需要額外安裝一個網路外掛程式，例如 Calico，來負責執行 NetworkPolicy。安裝 Flannel+Calico 的流程非常簡單，可以參考 Calico 官方文件的「一鍵安裝」。

那麼，這些網路外掛程式是如何根據 NetworkPolicy 對 Pod 進行隔離的呢？接下來以三層網路外掛程式為例（例如 Calico 和 kube-router）分析其中原理。

為了方便講解，這一次我編寫一個比較簡單的 NetworkPolicy 物件，如下
所示：

```yaml
apiVersion: networking.k8s.io/v1
kind: NetworkPolicy
metadata:
  name: test-network-policy
  namespace: default
spec:
  podSelector:
    matchLabels:
      role: db
  ingress:
   - from:
     - namespaceSelector:
         matchLabels:
           project: myproject
     - podSelector:
         matchLabels:
           role: frontend
     ports:
       - protocol: TCP
         port: 6379
```

可以看到，我們指定的 ingress「白名單」是任何 Namespace 裡攜
帶 project=myproject 標籤的 Pod，以及 default Namespace 裡攜帶
role=frontend 標籤的 Pod。允許被訪問的埠是 6379，而被隔離的物件是所
有攜帶 role=db 標籤的 Pod。

這樣，Kubernetes 的網路外掛程式就會使用這個 NetworkPolicy 的定義，在
宿主機上生成 iptables 規則。此過程可以透過一段 Go 語言風格的虛擬碼來
描述，如下所示：

```go
for dstIP := range 所有被 networkpolicy.spec.podSelector 選中的 Pod 的 IP 位址
  for srcIP := range 所有被 ingress.from.podSelector 選中的 Pod 的 IP 位址
    for port, protocol := range ingress.ports {
      iptables -A KUBE-NWPLCY-CHAIN -s $srcIP -d $dstIP -p $protocol -m $protocol
--dport $port -j ACCEPT
    }
  }
}
```

可以看到，這是一條最基本的、透過匹配條件決定下一步動作的 iptables 規則。這條規則名為 KUBE-NWPLCY-CHAIN，其含義是：當 IP 封包的來源位址是 srcIP、目的位址是 dstIP、協定是 protocol、目的埠是 port 時，就允許它透過（ACCEPT）。正如這段虛擬碼所示，匹配這條規則所需的這四個參數都是從 NetworkPolicy 物件裡讀取的。

可以看到，Kubernetes 網路外掛程式對 Pod 進行隔離，其實是靠在宿主機上生成 NetworkPolicy 對應的 iptable 規則實現的。

此外，在設定好上述「隔離」規則之後，網路外掛程式還需要想辦法將所有對被隔離 Pod 的訪問請求，都轉發到上述 KUBE-NWPLCY-CHAIN 規則上進行匹配。如果匹配失敗，則應該「拒絕」這個請求。

在 CNI 網路外掛程式中，上述需求可以透過設定兩組 iptables 規則來實現。第一組規則負責「攔截」對被隔離 Pod 的訪問請求。生成這組規則的虛擬碼如下所示：

```
for pod := range 該 Node 上的所有 Pod {
    if pod 是 networkpolicy.spec.podSelector 選中的 {
        iptables -A FORWARD -d $podIP -m physdev --physdev-is-bridged -j
KUBE-POD-SPECIFIC-FW-CHAIN
        iptables -A FORWARD -d $podIP -j KUBE-POD-SPECIFIC-FW-CHAIN
        ...
    }
}
```

可以看到，這裡的 iptables 規則使用到了內建鏈 FORWARD。它是什麼意思呢？

說到這裡，有必要簡單介紹 iptables 的知識。實際上，iptables 只是一個操作 Linux 核心 Netfilter 子系統的「介面」。顧名思義，Netfilter 子系統的作用相當於 Linux 核心裡擋在「網卡」和「使用者行程」之間的一道「防火牆」。它們之間的關係如圖 7-16 所示。

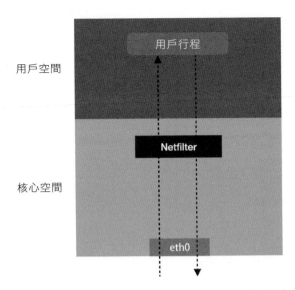

圖 7-16　Netfilter、網卡和使用者行程之間的關係

可以看到，在圖 7-16 中，IP 封包「一進一出」的兩條路徑上有幾個關鍵的「檢查點」，它們正是 Netfilter 設定「防火牆」的地方。在 iptables 中，這些「檢查點」稱為**鏈**（chain）。這是因為這些「檢查點」對應的 iptables 規則是按照定義順序依次進行匹配的。這些「檢查點」的具體工作原理可以總結為圖 7-17。

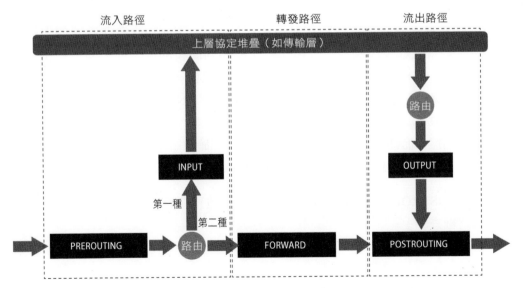

圖 7-17　「檢查點」的工作原理示意圖

可以看到，當一個 IP 封包透過網卡進入主機之後，它就進入了 Netfilter 定義的**流入路徑**（input path）中。在這條路徑中，IP 封包要經過路由表路由來決定下一步的去向。而在這次路由之前，Netfilter 設定了一個名叫 PREROUTING 的「檢查點」。在 Linux 核心的實現裡，所謂「檢查點」實際上就是核心網路協定堆疊程式碼裡的 Hook（例如，在執行路由判斷的程式碼之前，核心會先呼叫 PREROUTING 的 Hook）。

在經過路由之後，IP 封包的去向就分為了兩種：

(1) 繼續在本機處理；

(2) 被轉發到其他目的地。

首先討論 IP 封包的第一種去向。在這種情況下，IP 封包將繼續向上層協定堆疊流動。在它進入傳輸層之前，Netfilter 會設定一個名叫 INPUT 的「檢查點」。至此，IP 封包流入路徑結束。

接下來，這個 IP 封包透過傳輸層進入使用者空間，交由使用者行程處理。處理完成後，使用者行程會透過本機發出返回的 IP 封包。這樣，IP 封包就進入了**流出路徑**（output path）。此時，IP 封包首先還是會經過主機的路由表進行路由。路由結束後，Netfilter 會設定一個名叫 OUTPUT 的「檢查點」；在 OUTPUT 之後，會再設定一個名叫 POSTROUTING「檢查點」。

你可能會覺得奇怪，為什麼在流出路徑結束後，Netfilter 會連設兩個「檢查點」呢？這就要說到在流入路徑中，路由判斷後的第二種去向了。在這種情況下，這個 IP 封包不會進入傳輸層，而是會繼續在網路層流動，從而進入**轉發路徑**（forward path）。在轉發路徑中，Netfilter 會設定一個名叫 FORWARD 的「檢查點」。在 FORWARD「檢查點」完成後，IP 封包就會進入流出路徑。而轉發的 IP 封包由於目的地已經確定，因此不會再經過路由，自然也不會經過 OUTPUT，而會直接來到 POSTROUTING「檢查點」。

所以，POSTROUTING 的作用，其實就是上述兩條路徑最終匯聚在一起的「最終檢查點」。

需要注意的是，在有網橋參與的情況下，上述 Netfilter 設定「檢查點」的流程實際上也會出現在鏈路層（二層），並且會跟前面介紹的網路層（三層）的流程有互動。

這些鏈路層的「檢查點」對應的操作介面叫作 ebtables。所以，準確地說，封包在 Linux Netfilter 子系統裡完整的流動過程其實應該如圖 7-18 所示。

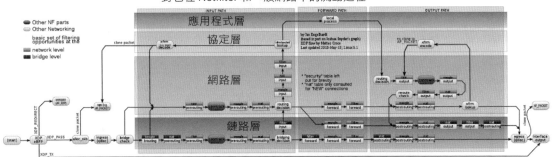

圖 7-18　封包在 Linux Netfilter 子系統裡完整的流動過程

> 📝 **Note**
>
> 圖 7-18 可至碁峰網站（gotop.com.tw/v_ACA027000）下載大圖。

可以看到，前面介紹的正是圖 7-18 的中間部分，也就是網路層的 iptables 鏈的工作流程。另外，還能看到，每一個白色的「檢查點」上還有一個深色的「標籤」，例如 raw、nat、filter 等。

在 iptables 裡，這些標籤叫作表。例如，同樣是 OUTPUT 這個「檢查點」，filter Output 和 nat Output 在 iptables 裡的語法和參數完全不同，實現的功能也完全不同。所以，iptables 表的作用就是在某個具體的「檢查點」（例如 Output）上，按順序執行幾個不同的檢查動作（例如先執行 nat，再執行 filter）。

理解了 iptables 的工作原理之後，回到 NetworkPolicy 上來。至此，前面由網路外掛程式設置的、負責「攔截」進入 Pod 的請求的三條 iptables 規則就很容易理解了：

```
iptables -A FORWARD -d $podIP -m physdev --physdev-is-bridged -j
KUBE-POD-SPECIFIC-FW-CHAIN
iptables -A FORWARD -d $podIP -j KUBE-POD-SPECIFIC-FW-CHAIN
...
```

其中，第一條 FORWARD 鏈「攔截」的是一種特殊情況：它對應的是同一台宿主機上容器之間經過 CNI 網橋進行通訊的流入封包。其中，`--physdev-is-bridged` 的意思是，這個 FORWARD 鏈匹配的是透過本機上的網橋裝置發往目的位址是 podIP 的 IP 封包。

當然，如果是像 Calico 這樣的非網橋模式的 CNI 外掛程式，則不存在這種情況。

 Tip

kube-router 其實是一個簡化版的 Calico，它也使用 BGP 來維護路由訊息，但是使用 CNI bridge 外掛程式來跟 Kubernetes 進行互動。

第二條 FORWARD 鏈「攔截」的則是最普遍的情況：容器跨主通訊。此時，流入容器的封包都是經過路由轉發（FORWARD 檢查點）來的。

不難看出，這些規則最後都跳轉（`-j`）到了名叫 KUBE-POD-SPECIFIC-FW-CHAIN 的規則上。它正是網路外掛程式為 `NetworkPolicy` 設置的第二組規則。

這個 KUBE-POD-SPECIFIC-FW-CHAIN 的作用就是做出判斷：「允許」或者「拒絕」。這部分功能的實現可以簡單描述為下面這樣的 iptables 規則：

```
iptables -A KUBE-POD-SPECIFIC-FW-CHAIN -j KUBE-NWPLCY-CHAIN
iptables -A KUBE-POD-SPECIFIC-FW-CHAIN -j REJECT --reject-with icmp-port-unreachable
```

可以看到，在第一條規則裡，我們會把 IP 封包轉交給前面定義的 KUBE-NWPLCY-CHAIN 規則去進行匹配。按照之前的講解，如果匹配成功，IP 封包就會被「允許透過」。如果匹配失敗，IP 封包就會來到第二條規則上。可

以看到，它是一條 REJECT 規則。根據這條規則，不滿足 NetworkPolicy 定義的請求會被拒絕，從而實現了對該容器的「隔離」。

以上就是 CNI 網路外掛程式實現 NetworkPolicy 的基本方法。當然，對於不同的外掛程式來說，上述實現過程可能有不同的手段，但根本原理不變。

小結

本節主要介紹了 Kubernetes 對 Pod 進行「隔離」的手段 —— NetworkPolicy。NetworkPolicy 實際上只是宿主機上的一系列 iptables 規則。這跟傳統 IaaS 中的**安全組**（security group）非常類似。

基於以上講解，可以發現這樣一個事實：

> Kubernetes 的網路模型以及大多數容器網路實現，其實既不會保證容器之間二層網路的互通，也不會實現容器之間的二層網路隔離。這跟 IaaS 管理虛擬機的方式完全不同。

所以，Kubernetes 的底層設計和實現上，更傾向於假設你已經有了一套完整的物理基礎設施。然後，Kubernetes 負責在此基礎上提供一種 soft multi-tenancy（弱多租戶）的能力。

並且，基於上述思路，Kubernetes 將來也不大可能把 Namespace 變成具有實質意義的隔離機制，或者把它映射為「子網」或者「租戶」。畢竟 NetworkPolicy 物件的描述能力，要比基於 Namespace 的劃分豐富得多。

這也是為什麼，到目前為止，Kubernetes 在雲端運算生態裡的定位，其實是基礎設施與 PaaS 之間的中間層。這非常符合「容器」這個本質上就是行程的抽象粒度。

當然，隨著 Kubernetes 社群以及 CNCF 生態的不斷發展，Kubernetes 也已經開始逐步下探，「吃」掉了基礎設施領域中的很多「蛋糕」。這也是容器生態繼續發展的一個必然方向。

思考題

請編寫一個 NetworkPolicy：它使得指定的 Namespace（例如 my-namespace）裡的所有 Pod 都不能接收任何 Ingress 請求。然後，請談談這樣的 NetworkPolicy 有什麼實際作用。

7.6 ▶ 找到容器不容易：Service、DNS 與服務發現

前面多次使用了 Service 這個 Kubernetes 裡重要的服務物件。Kubernetes 之所以需要 Service，一方面是因為 Pod 的 IP 不是固定的，另一方面是因為一組 Pod 實例之間總會有負載平衡的需求。

一個典型的 Service 的定義如下所示：

```
apiVersion: v1
kind: Service
metadata:
  name: hostnames
spec:
  selector:
    app: hostnames
  ports:
  - name: default
    protocol: TCP
    port: 80
    targetPort: 9376
```

這個 Service 的例子，相信你不會陌生。其中，我使用了 selector 欄位來宣告這個 Service 只代理攜帶 app: hostnames 標籤的 Pod。並且，這個 Service 的 80 埠代理的是 Pod 的 9376 埠。

我們的應用程式的 Deployment 如下所示：

```
apiVersion: apps/v1
kind: Deployment
metadata:
  name: hostnames
```

```
spec:
  selector:
    matchLabels:
      app: hostnames
  replicas: 3
  template:
    metadata:
      labels:
        app: hostnames
    spec:
      containers:
      - name: hostnames
        image: k8s.gcr.io/serve_hostname
        ports:
        - containerPort: 9376
          protocol: TCP
```

該應用程式的作用，是每次訪問 9376 埠時返回自己的 hostname。

被 selector 選中的 Pod 稱為 Service 的 Endpoints，你可以使用 kubectl get ep 指令查看，如下所示：

```
$ kubectl get endpoints hostnames
NAME        ENDPOINTS
hostnames   10.244.0.5:9376,10.244.0.6:9376,10.244.0.7:9376
```

需要注意的是，只有處於 Running 狀態，且 readinessProbe 檢查通過的 Pod，才會出現在 Service 的 Endpoints 列表裡。並且，當某一個 Pod 出現問題時，Kubernetes 會自動從 Service 裡將其移除。

此時，透過該 Service 的 VIP 位址 10.0.1.175，就可以訪問到它所代理的 Pod 了：

```
$ kubectl get svc hostnames
NAME        TYPE        CLUSTER-IP    EXTERNAL-IP   PORT(S)   AGE
hostnames   ClusterIP   10.0.1.175    <none>        80/TCP    5s

$ curl 10.0.1.175:80
hostnames-0uton
```

```
$ curl 10.0.1.175:80
hostnames-yp2kp

$ curl 10.0.1.175:80
hostnames-bvc05
```

這個 VIP 位址是 Kubernetes 自動為 Service 分配的。而像上面這樣，透過三次連續訪問 Service 的 VIP 位址和代理埠 80，它就為我們依次返回了三個 Pod 的 hostname。這也印證了 Service 提供的是輪詢（Round Robin，rr）方式的負載平衡。這種方式稱為 ClusterIP 模式的 Service。

你可能一直比較好奇：Kubernetes 裡的 Service 究竟是如何工作的呢？實際上，Service 是由 kube-proxy 元件加上 iptables 共同實現的。

舉個例子，對於前面建立的名叫 hostnames 的 Service 來說，一旦它被提交給 Kubernetes，那麼 kube-proxy 就可以透過 Service 的 Informer 感知到這個 Service 物件的新增。而作為對該事件的響應，它會在宿主機上建立一條 iptables 規則（可以透過 `iptables-save` 查看），如下所示：

```
-A KUBE-SERVICES -d 10.0.1.175/32 -p tcp -m comment --comment "default/hostnames: cluster
IP" -m tcp --dport 80 -j KUBE-SVC-NWV5X2332I4OT4T3
```

可以看到，這條 iptables 規則的含義是，凡是目的位址是 10.0.1.175、目的埠是 80 的 IP 封包，都應該跳轉到另外一條名叫 KUBE-SVC-NWV5X2332I4OT4T3 的 iptables 鏈進行處理。

如前所示，10.0.1.175 正是這個 Service 的 VIP。所以這條規則就為這個 Service 設定了一個固定的入口位址。並且，由於 10.0.1.175 隻是一條 iptables 規則上的配置，並沒有真正的網路裝置，因此 ping 這個位址不會有任何響應。

那麼，我們即將跳轉到的 KUBE-SVC-NWV5X2332I4OT4T3 規則，又有什麼作用呢？

實際上，它是一組規則的集合，如下所示：

```
-A KUBE-SVC-NWV5X2332I40T4T3 -m comment --comment "default/hostnames:" -m statistic
--mode random --probability 0.33332999982 -j KUBE-SEP-WNBA2IHDGP2BOBGZ
-A KUBE-SVC-NWV5X2332I40T4T3 -m comment --comment "default/hostnames:" -m statistic
--mode random --probability 0.50000000000 -j KUBE-SEP-X3P2623AGDH6CDF3
-A KUBE-SVC-NWV5X2332I40T4T3 -m comment --comment "default/hostnames:" -j
KUBE-SEP-57KPRZ3JQVENLNBR
```

可以看到，這一組規則實際上是一組隨機模式（--mode random）的 iptables 鏈。而隨機轉發的目的地，分別是 KUBE-SEP-WNBA2IHDGP2BOBG、KUBE-SEP-X3P2623AGDH6CDF3 和 KUBE-SEP-57KPRZ3JQVENLNBR。

這三條鏈指向的最終目的地，其實就是這個 Service 代理的 3 個 Pod。所以，這一組規則就是 Service 實現負載平衡的位置。

需要注意的是，iptables 規則的匹配是從上到下逐條進行的，所以為了保證上述 3 條規則每條被選中的機率都相同，我們應該將它們的 probability 欄位的值分別設定為 1/3（0.333…）、1/2 和 1。

這麼設置的原理很簡單：第一條規則被選中的機率是 1/3；而如果第一條規則沒被選中，那麼就只剩下兩條規則了，所以第二條規則的 probability 就必須設定為 1/2；類似地，最後一條必須設定為 1。

設想一下，如果把這三條規則的 probability 欄位的值都設定成 1/3，最終每條規則被選中的機率會變成多少？

透過查看上述三條鏈的明細，Service 進行轉發的具體原理就很容易理解了，如下所示：

```
-A KUBE-SEP-57KPRZ3JQVENLNBR -s 10.244.3.6/32 -m comment --comment
"default/hostnames:" -j MARK --set-xmark 0x00004000/0x00004000
-A KUBE-SEP-57KPRZ3JQVENLNBR -p tcp -m comment --comment "default/hostnames:"
-m tcp -j DNAT --to-destination 10.244.3.6:9376

-A KUBE-SEP-WNBA2IHDGP2BOBGZ -s 10.244.1.7/32 -m comment --comment "default/hostnames:"
-j MARK --set-xmark 0x00004000/0x00004000
```

```
-A KUBE-SEP-WNBA2IHDGP2BOBGZ -p tcp -m comment --comment "default/hostnames:"
-m tcp -j DNAT --to-destination 10.244.1.7:9376

-A KUBE-SEP-X3P2623AGDH6CDF3 -s 10.244.2.3/32 -m comment --comment
"default/hostnames:" -j MARK --set-xmark 0x00004000/0x00004000
-A KUBE-SEP-X3P2623AGDH6CDF3 -p tcp -m comment --comment "default/hostnames:"
-m tcp -j DNAT --to-destination 10.244.2.3:9376
```

可以看到，這三條鏈其實是三條 DNAT 規則。但在 DNAT 規則之前，
iptables 對流入的 IP 封包還設定了一個「標誌」（--set-xmark）。下一節會
講解這個「標誌」的作用。

DNAT 規則的作用就是在 PREROUTING 檢查點之前，也就是在路由之前，
將流入 IP 封包的目的位址和埠改成 --to-destination 指定的新目的位址和
埠。可以看到，這個目的位址和埠正是被代理 Pod 的 IP 位址和埠。

這樣，訪問 Service VIP 的 IP 封包經過上述 iptables 處理之後，就已經變成
了訪問某一個具體後端 Pod 的 IP 封包了。不難理解，這些 Endpoints 對應的
iptables 規則正是 kube-proxy 透過監聽 Pod 的變化事件，在宿主機上生成並
維護的。

以上就是 Service 最基本的工作原理。

此外，你可能聽說過，Kubernetes 的 kube-proxy 還支援一種叫作 IPVS 的模
式。這又是怎麼一回事呢？

其實，透過以上講解可以看到，kube-proxy 透過 iptables 處理 Service 的過
程，其實需要在宿主機上設定相當多的 iptables 規則。而且，kube-proxy 還
需要在控制循環裡不斷重新整理這些規則，來確保它們始終是正確的。

顯然，當你的宿主機上有大量 Pod 時，成百上千條 iptables 規則不斷被重新
整理，會大量占用該宿主機的 CPU 資源，甚至會讓宿主機「卡」在此過程
中。所以，一直以來，基於 iptables 的 Service 實現都是制約 Kubernetes 承
載更多量級的 Pod 的主要障礙。

IPVS 模式的 Service，就是解決這個問題的一個行之有效的方法。IPVS 模式的工作原理其實跟 iptables 模式類似。當我們建立了前面的 Service 之後，kube-proxy 首先會在宿主機上建立一個虛擬網卡（叫作 `kube-ipvs0`），並為它分配 Service VIP 作為 IP 位址，如下所示：

```
# ip addr
...
73：kube-ipvs0：<BROADCAST,NOARP>  mtu 1500 qdisc noop state DOWN qlen 1000
link/ether  1a:ce:f5:5f:c1:4d brd ff:ff:ff:ff:ff:ff
inet 10.0.1.175/32  scope global kube-ipvs0
valid_lft forever  preferred_lft forever
```

接下來，kube-proxy 就會透過 Linux 的 IPVS 模組為這個 IP 位址設定 3 台 IPVS 虛擬主機，並設定這三台虛擬主機之間使用輪詢模式，來作為負載平衡策略。可以透過 `ipvsadm` 查看該設定，如下所示：

```
# ipvsadm -ln
IP Virtual Server version 1.2.1 (size=4096)
Prot LocalAddress:Port Scheduler Flags
  -> RemoteAddress:Port          Forward  Weight ActiveConn InActConn
TCP  10.102.128.4:80 rr
  -> 10.244.3.6:9376     Masq    1        0          0
  -> 10.244.1.7:9376     Masq    1        0          0
  -> 10.244.2.3:9376     Masq    1        0          0
```

可以看到，這三台 IPVS 虛擬主機的 IP 位址和埠對應的，正是 3 個被代理的 Pod。此時，任何發往 10.102.128.4:80 的請求，就都會被 IPVS 模組轉發到某一個後端 Pod 上。

相比於 iptables，IPVS 在核心中的實現其實也基於 Netfilter 的 NAT 模式，所以在轉發這一層上，理論上 IPVS 並沒有顯著的效能提升。但是，IPVS 並不需要在宿主機上為每個 Pod 設定 iptables 規則，而是把對這些「規則」的處理放到了核心態，從而極大地減少了維護這些規則的代價。這也印證了前面提到的「將重要操作放入核心態」是提高性能的重要手段。

不過需要注意的是，IPVS 模組只負責上述的負載平衡和代理功能。而一個完整的 Service 流程正常工作所需要的包過濾、SNAT 等操作，還是要靠

iptables 來實現。只不過，這些輔助性的 iptables 規則數量有限，也不會隨著 Pod 數量的增加而增加。

所以，在大規模叢集裡，建議為 kube-proxy 設定 `--proxy-mode=ipvs` 來開啟這個功能。它能為 Kubernetes 叢集規模帶來巨大提升。

此外，前面也介紹過 Service 與 DNS 的關係。在 Kubernetes 中，Service 和 Pod 都會被分配對應的 DNS A 記錄（從域名解析 IP 的紀錄）。

對於 ClusterIP 模式的 Service 來說（例如上面的例子），其 A 記錄的格式是 `<my-svc>.<my-namespace>.svc.cluster.local`。當你訪問這筆 A 記錄時，它解析到的就是該 Service 的 VIP 位址。

對於指定了 `clusterIP=None` 的 Headless Service 來說，其 A 記錄的格式也是 `<my-svc>.<my-namespace>.svc.cluster.local`。但是，當你訪問這筆 A 記錄時，它返回的是所有被代理的 Pod 的 IP 位址的集合。當然，如果你的用戶端無法解析這個集合，它可能只會拿到第一個 Pod 的 IP 位址。

此外，對於 ClusterIP 模式的 Service 來說，它代理的 Pod 被自動分配的 A 記錄的格式是 `<pod-ip>.<my-namespace>.pod.cluster.local`。這筆紀錄指向 Pod 的 IP 位址。

而對 Headless Service 來說，它代理的 Pod 被自動分配的 A 記錄的格式是 `<my-pod-name>.<my-service-name>.<my-namespace>.svc.cluster.local`。這筆紀錄也指向 Pod 的 IP 位址。

但如果你為 Pod 指定 Headless Service，並且 Pod 本身宣告 hostname 和 subdomain 欄位，此時 Pod 的 A 記錄就會變成 `<pod 的 hostname>.<subdomain>.<my-namespace>.svc.cluster.local`，例如：

```
apiVersion: v1
kind: Service
metadata:
  name: default-subdomain
spec:
  selector:
    name: busybox
```

```
  clusterIP: None
  ports:
  - name: foo
    port: 1234
    targetPort: 1234
---
apiVersion: v1
kind: Pod
metadata:
  name: busybox1
  labels:
    name: busybox
spec:
  hostname: busybox-1
  subdomain: default-subdomain
  containers:
  - image: busybox
    command:
      - sleep
      - "3600"
    name: busybox
```

在 上 面 這 個 Service 和 Pod 被 建 立 之 後，你 就 可 以 透 過 `busybox-1.`
`default-subdomain.default.svc.cluster.local` 解析到這個 Pod 的 IP 位
址了。

需要注意的是，在 Kubernetes 裡，/etc/hosts 檔是單獨掛載的，這也是為什
麼 kubelet 能夠對 hostname 進行修改並且 Pod 重建後依然有效。這跟 Docker
的 Init 層原理相同。

小結

本節詳細講解了 Service 的工作原理。實際上，Service 機制以及 Kubernetes
裡的 DNS 外掛程式，都是在幫助你解決同一個問題：如何找到我的某一個
容器？

在平台級專案中，這個問題往往稱作服務發現，即當我的一個服務（Pod）的 IP 位址不固定且無法提前獲知時，該如何透過一個固定的方式訪問到這個 Pod 呢？

本節講解的 ClusterIP 模式的 Service，能為你提供一個 Pod 的穩定 IP 位址，即 VIP。並且，這裡 Pod 和 Service 的關係可以透過 Label 確定。而 Headless Service 能為你提供一個 Pod 的穩定的 DNS 名字，而且這個名字可以透過 Pod 名字和 Service 名字拼接出來。

在實際場景中，應該根據自己的具體需求做出合理選擇。

思考題

請問 Kubernetes 的 Service 的負載平衡策略，在 iptables 和 IPVS 模式下都有哪幾種？具體工作模式是怎樣的？

7.7 ▶ 從外界連通 Service 與 Service 除錯「三板斧」

上一節介紹了 Service 機制的工作原理。透過這些講解，你應該能夠明白：Service 的訪問訊息在 Kubernetes 叢集之外其實是無效的。

這其實很容易理解：所謂 Service 的訪問入口，其實就是每台宿主機上由 kube-proxy 生成的 iptables 規則，以及由 kube-dns 生成的 DNS 記錄。而一旦離開了這個叢集，這些訊息對使用者來說自然也就沒有作用了。

所以，使用 Kubernetes 的 Service 時，一個必須要面對和解決的問題就是，如何從外部（Kubernetes 叢集之外）訪問 Kubernetes 裡建立的 Service ？

最常用的一種方式是 NodePort，範例如下。

```
apiVersion: v1
kind: Service
metadata:
```

```
  name: my-nginx
  labels:
    run: my-nginx
spec:
  type: NodePort
  ports:
  - nodePort: 8080
    port: 30080
    targetPort: 80
    protocol: TCP
    name: http
  - nodePort: 443
    port: 30443
    protocol: TCP
    name: https
  selector:
    run: my-nginx
```

在這個 Service 的定義裡，我們宣告它的類型是 type=NodePort。然後，我在 ports 欄位裡宣告了 Service 的 8080 埠代理 Pod 的 80 埠，Service 的 443 埠代理 Pod 的 443 埠。

當然，如果不顯式宣告 nodePort 欄位，Kubernetes 就會為你分配隨機的可用埠來設定代理。這個埠的範圍預設是 30000 ～ 32767，你可以透過 kube-apiserver 的 --service-node-port-range 參數來修改它。

此時要訪問這個 Service，只需要訪問：

```
<k8s 叢集中任何一台宿主機的 IP 位址 >:8080
```

這樣就可以訪問到某一個被代理的 Pod 的 80 埠了。

在理解上一節講解的 Service 的工作原理之後，NodePort 模式就非常容易理解了。顯然，kube-proxy 要做的就是在每台宿主機上生成這樣一條 iptables 規則：

```
-A KUBE-NODEPORTS -p tcp -m comment --comment "default/my-nginx: nodePort" -m tcp
--dport 8080 -j KUBE-SVC-67RL4FN6JRUPOJYM
```

如上一節所述，KUBE-SVC-67RL4FN6JRUPOJYM 其實就是一組隨機模式的 iptables 規則。所以，接下來的流程就跟 ClusterIP 模式完全一樣了。

需要注意的是，在 NodePort 方式下，Kubernetes 會在 IP 封包離開宿主機發往目的 Pod 時，對該 IP 封包進行一次 SNAT 操作，如下所示：

```
-A KUBE-POSTROUTING -m comment --comment "kubernetes service traffic requiring SNAT"
-m mark --mark 0x4000/0x4000 -j MASQUERADE
```

可以看到，這條規則設定在 POSTROUTING 檢查點。意即，它對即將離開這台主機的 IP 封包進行了一次 SNAT 操作，將這個 IP 封包的來源位址，取代成了這台宿主機上的 CNI 網橋位址，或者宿主機本身的 IP 位址（若 CNI 網橋不存在）。

當然，這個 SNAT 操作只需要對 Service 轉發出來的 IP 封包進行（否則普通的 IP 封包會受影響）。而 iptables 做這個判斷的依據，就是查看該 IP 封包是否有一個 0x4000 的「標誌」。之前講過，這個標誌正是在 IP 封包被執行 DNAT 操作之前加上去的。

可是，為何一定要對流出的包進行 NAT 操作呢？其中原理其實很簡單，如下所示：

```
         client
           \ ^
            \ \
             v \
   node 1 <--- node 2
    | ^   SNAT
    | |   --->
    v |
  endpoint
```

當一個外部的 client 透過 node 2 的位址訪問一個 Service 時，node 2 上的負載平衡規則，就可能把這個 IP 封包轉發給 node 1 上的一個 Pod。這裡沒有任何問題。

當 node 1 上的這個 Pod 處理完請求之後，它就會按照這個 IP 封包的來源位址發出回覆。

可是，如果沒有進行 SNAT 操作，此時 IP 封包的來源位址就是 client 的 IP 位址。所以，此時 Pod 會直接將回覆發給 client。對於 client 來說，它的請求明明發給了 node 2，回覆卻來自 node 1，這個 client 很可能會回報錯誤。

所以，當 IP 封包離開 node 2 之後，它的來源 IP 位址就會被 SNAT 改成 node 2 的 CNI 網橋位址或者 node 2 自己的位址。這樣，Pod 在處理完成之後會先回覆給 node 2（而不是 client），然後由 node 2 發送給 client。

當然，這也就意味著這個 Pod 只知道該 IP 封包來自 node 2，而不是外部的 client。對於 Pod 需要明確知道所有請求來源的場景來說，這是不可行的。

所以，此時可以將 Service 的 `spec.externalTrafficPolicy` 欄位設定為 `local`，這樣就保證了所有 Pod 透過 Service 收到請求之後，一定可以「看到」真正的、外部 client 的來源位址。

該機制的實現原理也非常簡單：此時，一台宿主機上的 iptables 規則，會設定為只將 IP 封包轉發給在這台宿主機上執行的 Pod。這樣 Pod 就可以直接使用來源位址發出回覆封包，無須事先進行 SNAT 操作了。這個流程如下所示：

```
     client
     ^ /   \
    / /     \
   / v       X
 node 1    node 2
  ^ |
  | |
  | v
endpoint
```

當然，這就意味著如果一台宿主機上不存在任何被代理的 Pod，例如上面的 node 2，那麼使用 node 2 的 IP 位址訪問這個 Service 就是無效的。此時，請求會直接被 DROP。

從外部訪問 Service 的第二種方式，適用於公有雲上的 Kubernetes 服務。此時你可以指定一個 LoadBalancer 類型的 Service，如下所示：

```
---
kind: Service
apiVersion: v1
metadata:
  name: example-service
spec:
  ports:
  - port: 8765
    targetPort: 9376
  selector:
    app: example
  type: LoadBalancer
```

在公有雲提供的 Kubernetes 服務裡，都使用了一個叫作 CloudProvider 的轉接層，來跟公有雲本身的 API 進行對接。所以，在上述 LoadBalancer 類型的 Service 提交後，Kubernetes 就會呼叫 CloudProvider 在公有雲上，為你建立一個負載平衡服務，並且把被代理的 Pod 的 IP 位址配置給負載平衡服務作為後端。

第三種方式，是 Kubernetes 在 v1.7 之後支援的一個新特性，叫作 ExternalName。舉個例子：

```
kind: Service
apiVersion: v1
metadata:
  name: my-service
spec:
  type: ExternalName
  externalName: my.database.example.com
```

在上述 Service 的 YAML 檔中，我指定了一個 externalName=my.database.example.com 的欄位。你應該會注意到，這個 YAML 檔裡不需要指定 selector。

此時，當你透過 Service 的 DNS 名字訪問它時，例如訪問 `my-service.default.svc.cluster.local`，Kubernetes 返回的就是 `my.database.example.com`。所以，`ExternalName` 類型的 Service，其實是在 kube-dns 裡為你新增了一筆 CNAME 記錄。這時，訪問 `my-service.default.svc.cluster.local` 就和訪問 `my.database.example.com` 這個域名效果相同了。

此外，Kubernetes 的 Service 還允許你為 Service 分配公有 IP 位址，範例如下：

```
kind: Service
apiVersion: v1
metadata:
  name: my-service
spec:
  selector:
    app: MyApp
  ports:
  - name: http
    protocol: TCP
    port: 80
    targetPort: 9376
  externalIPs:
  - 80.11.12.10
```

在上述 Service 中，我為它指定了 `externalIPs=80.11.12.10`，這樣就可以透過訪問 80.11.12.10:80 訪問到被代理的 Pod 了。不過，這裡 Kubernetes 要求 `externalIPs` 必須是至少能夠路由到一個 Kubernetes 的節點。你可以想一想原因。

實際上，在理解了 Kubernetes Service 機制的工作原理之後，很多與 Service 相關的問題其實可以透過分析 Service 在宿主機上對應的 iptables 規則（或者 IPVS 配置）來解決。

例如，當你的 Service 無法透過 DNS 訪問時，就需要區分到底是 Service 本身的配置問題，還是叢集的 DNS 出了問題。一個行之有效的方法是檢查 Kubernetes 自己的 Master 節點的 Service DNS 是否正常：

```
# 在一個 Pod 裡執行
$ nslookup kubernetes.default
Server:    10.0.0.10
Address 1: 10.0.0.10 kube-dns.kube-system.svc.cluster.local

Name:      kubernetes.default
Address 1: 10.0.0.1 kubernetes.default.svc.cluster.local
```

如果上面訪問 kubernetes.default 返回的值都有問題，就需要檢查 kube-dns 的執行狀態和日誌，否則應該檢查自己的 Service 定義是否有問題。

如果你的 Service 無法透過 ClusterIP 訪問到的話，首先應該檢查這個 Service 是否有 Endpoints：

```
$ kubectl get endpoints hostnames
NAME         ENDPOINTS
hostnames    10.244.0.5:9376,10.244.0.6:9376,10.244.0.7:9376
```

需要注意的是，如果你的 Pod 的 readniessProbe 沒通過，它也不會出現在 Endpoints 列表裡。

如果 Endpoints 正常，就需要確認 kube-proxy 是否在正確執行。在我們透過 kubeadm 部署的叢集裡，應該看到 kube-proxy 輸出如下日誌：

```
I1027 22:14:53.995134    5063 server.go:200] Running in resource-only container
"/kube-proxy"
I1027 22:14:53.998163    5063 server.go:247] Using iptables Proxier.
I1027 22:14:53.999055    5063 server.go:255] Tearing down userspace rules. Errors
here are acceptable.
I1027 22:14:54.038140    5063 proxier.go:352] Setting endpoints for
"kube-system/kube-dns:dns-tcp" to [10.244.1.3:53]
I1027 22:14:54.038164    5063 proxier.go:352] Setting endpoints for
"kube-system/kube-dns:dns" to [10.244.1.3:53]
I1027 22:14:54.038209    5063 proxier.go:352] Setting endpoints for
"default/kubernetes:https" to [10.240.0.2:443]
I1027 22:14:54.038238    5063 proxier.go:429] Not syncing iptables until
Services and Endpoints have been received from master
I1027 22:14:54.040048    5063 proxier.go:294] Adding new service
```

```
"default/kubernetes:https" at 10.0.0.1:443/TCP
I1027 22:14:54.040154    5063 proxier.go:294] Adding new service
"kube-system/kube-dns:dns" at 10.0.0.10:53/UDP
I1027 22:14:54.040223    5063 proxier.go:294] Adding new service
"kube-system/kube-dns:dns-tcp" at 10.0.0.10:53/TCP
```

如果 kube-proxy 一切正常,就應該仔細查看宿主機上的 iptables。上一節和本節介紹了 iptables 模式的 Service 對應的所有規則,它們包括:

(1) KUBE-SERVICES 或者 KUBE-NODEPORTS 規則對應的 Service 的入口鏈,這些規則應該與 VIP 和 Service 埠一一對應;

(2) KUBE-SEP-(hash) 規則對應的 DNAT 鏈,這些規則應該與 Endpoints 一一對應;

(3) KUBE-SVC-(hash) 規則對應的負載平衡鏈,這些規則的數目應該與 Endpoints 數目一致;

(4) 如果是 NodePort 模式,還涉及 POSTROUTING 處的 SNAT 鏈。

透過查看這些鏈的數量、轉發目的位址、埠、過濾條件等訊息,很容易發現一些異常的蛛絲馬跡。

當然,還有一種典型問題:Pod 無法透過 Service 訪問自己。這往往是因為 kubelet 的 `hairpin-mode` 沒有被正確設定。前面介紹過 Hairpin 的原理,這裡不再贅述。你只需要確保將 kubelet 的 `hairpin-mode` 設定為 `hairpin-veth` 或者 `promiscuous-bridge` 即可。

其中,在 `hairpin-veth` 模式下,應該能看到 CNI 網橋對應的各個 VETH 裝置都將 Hairpin 模式設定為了 1,如下所示:

```
$ for d in /sys/devices/virtual/net/cni0/brif/veth*/hairpin_mode; do echo "$d = $(cat $d)"; done
/sys/devices/virtual/net/cni0/brif/veth4bfbfe74/hairpin_mode = 1
/sys/devices/virtual/net/cni0/brif/vethfc2a18c5/hairpin_mode = 1
```

如果是 promiscuous-bridge 模式的話，應該看到 CNI 網橋的混雜模式
（PROMISC）被開啟，如下所示：

```
$ ifconfig cni0 |grep PROMISC
UP BROADCAST RUNNING PROMISC MULTICAST  MTU:1460  Metric:1
```

小結

本節詳細講解了從外部訪問 Service 的三種方式（NodePort、LoadBalancer
和 ExternalName）和具體的工作原理，以及當 Service 出現故障時，如何根
據工作原理按照一定的思路去定位問題的可行之道。

透過以上講解不難看出，所謂 Service，其實就是 Kubernetes 為 Pod 分配的、
固定的、基於 iptables（或者 IPVS）的訪問入口。這些訪問入口代理的 Pod
訊息則來自 etcd，由 kube-proxy 透過控制循環來維護。

並且，可以看到，Kubernetes 裡面的 Service 和 DNS 機制，也都不具備強多
租戶能力。例如，在多租戶情況下，每個租戶應該擁有一套獨立的 Service
規則（Service 只應該「看到」和代理同一個租戶下的 Pod）。再例如 DNS，
在多租戶情況下，每個租戶應該擁有自己的 kube-dns（kube-dns 只應該為同
一個租戶下的 Service 和 Pod 建立 DNS Entry）。

當然，在 Kubernetes 中，kube-proxy 和 kube-dns 其實只是普通的外掛程式
而已。你完全可以根據自己的需求實現符合自己預期的 Service。

思考題

為什麼 Kubernetes 要求 externalIPs 必須是至少能夠路由到一個 Kubernetes
的節點？

7.8 ▶ Kubernetes 中的 Ingress 物件

上一節詳細講解了對外暴露 Service 的三種方法。其中 LoadBalancer 類型的 Service 會為你在 Cloud Provider（例如 Google Cloud 或者 OpenStack）中建立一個與該 Service 對應的負載平衡服務。

但是，相信你也能感受到，由於每個 Service 都要有一個負載平衡服務，因此這種做法實際上既浪費資源，成本又高。使用者更希望 Kubernetes 內建一個全域的負載平衡器，然後透過訪問的 URL 把請求轉發給不同的後端 Service。

這種全域的、為了代理不同後端 Service 而設置的負載平衡服務，就是 Kubernetes 裡的 Ingress 服務。所以，Ingress 的功能其實很容易理解：所謂 Ingress，就是 Service 的「Service」。

舉個例子，假如有一個站點：https://cafe.example.com，其中 https://cafe.example.com/coffee 對應「咖啡點餐系統」，而 https://cafe.example.com/tea 對應「茶水點餐系統」。這兩個系統分別由名叫 coffee 和 tea 的兩個 Deployment 來提供服務。

那麼如何使用 Kubernetes 的 Ingress 來建立一個統一的負載平衡器，從而實現當使用者訪問不同的域名時，能夠訪問到不同的 Deployment 呢？

上述功能在 Kubernetes 裡就需要透過 Ingress 物件來描述，如下所示：

```
apiVersion: extensions/v1beta1
kind: Ingress
metadata:
  name: cafe-ingress
spec:
  tls:
  - hosts:
    - cafe.example.com
    secretName: cafe-secret
  rules:
  - host: cafe.example.com
    http:
      paths:
      - path: /tea
```

```
    backend:
      serviceName: tea-svc
      servicePort: 80
  - path: /coffee
    backend:
      serviceName: coffee-svc
      servicePort: 80
```

在上述名為 cafe-ingress.YAML 檔中，最值得關注的是 rules 欄位。在 Kubernetes 裡，這個欄位叫作 IngressRule。IngressRule 的 Key 叫作 host。它必須是標準的域名格式（fully qualified domain name）的字串，而不能是 IP 位址。

> **Tip**
>
> 關於標準的域名格式的具體細節，可以參考 RFC 3986 標準。

host 欄位定義的值就是這個 Ingress 的入口。這就意味著，當使用者訪問 cafe.example.com 時，實際上訪問到的是這個 Ingress 物件。這樣，Kubernetes 就能使用 IngressRule 來對你的請求進行下一步轉發了。

接下來 IngressRule 規則的定義則依賴 path 欄位。可以簡單地理解為，這裡的每一個 path 都對應一個後端 Service。所以，在這個例子裡我定義了兩個 path，它們分別對應 coffee 和 tea 這兩個 Deployment 的 Service（coffee-svc 和 tea-svc）。

透過以上講解不難看出，所謂 Ingress 物件，其實就是 Kubernetes 對「反向代理」的一種抽象。

一個 Ingress 物件的主要內容，實際上就是一個「反向代理」服務（例如 Nginx）的配置檔的描述。而這個代理服務對應的轉發規則，就是 IngressRule。

這就是為什麼在每條 IngressRule 裡，需要有一個 host 欄位作為這條
IngressRule 的入口，還需要有一系列 path 欄位來宣告具體的轉發策略。
這其實跟 Nginx、HAproxy 之類的配置檔寫法是一致的。

有了 Ingress 這樣一個統一的抽象，Kubernetes 的使用者就無須關心 Ingress
的具體細節了。在實際使用中，你只需要從社群裡選擇一個具體的 Ingress
Controller，把它部署到 Kubernetes 叢集裡即可。

然後，這個 Ingress Controller 會根據你定義的 Ingress 物件提供對應的代理
能力。目前，業界常用的各種反向代理，例如 Nginx、HAProxy、Envoy、
Traefik 等，都已經為 Kubernetes 專門維護了對應的 Ingress Controller。

接下來以最常用的 Nginx Ingress Controller 為例，在前面用 kubeadm 部署的
Bare-metal 環境中實踐 Ingress 機制的用法。

部署 Nginx Ingress Controller 的方法非常簡單，如下所示：

```
$ kubectl apply -f
https://raw.githubusercontent.com/kubernetes/ingress-nginx/master/deploy/mandatory.yaml
```

其中，mandatory.yaml 這個檔案裡，正是 Nginx 官方維護的 Ingress Controller
的定義。它的內容如下所示：

```
kind: ConfigMap
apiVersion: v1
metadata:
  name: nginx-configuration
  namespace: ingress-nginx
  labels:
    app.kubernetes.io/name: ingress-nginx
    app.kubernetes.io/part-of: ingress-nginx
---
apiVersion: apps/v1
kind: Deployment
metadata:
  name: nginx-ingress-controller
  namespace: ingress-nginx
```

```
    labels:
      app.kubernetes.io/name: ingress-nginx
      app.kubernetes.io/part-of: ingress-nginx
  spec:
    replicas: 1
    selector:
      matchLabels:
        app.kubernetes.io/name: ingress-nginx
        app.kubernetes.io/part-of: ingress-nginx
    template:
      metadata:
        labels:
          app.kubernetes.io/name: ingress-nginx
          app.kubernetes.io/part-of: ingress-nginx
        annotations:
          ...
      spec:
        serviceAccountName: nginx-ingress-serviceaccount
        containers:
          - name: nginx-ingress-controller
            image: quay.io/kubernetes-ingress-controller/nginx-ingress-controller:
0.20.0
            args:
              - /nginx-ingress-controller
              - --configmap=$(POD_NAMESPACE)/nginx-configuration
              - --publish-service=$(POD_NAMESPACE)/ingress-nginx
              - --annotations-prefix=nginx.ingress.kubernetes.io
            securityContext:
            capabilities:
              drop:
                - ALL
              add:
                - NET_BIND_SERVICE
            # www-data -> 33
            runAsUser: 33
            env:
              - name: POD_NAME
                valueFrom:
                  fieldRef:
                    fieldPath: metadata.name
              - name: POD_NAMESPACE
                valueFrom:
```

```
            fieldRef:
                fieldPath: metadata.namespace
        ports:
          - name: http
            containerPort: 80
          - name: https
            containerPort: 443
```

可以看到，在上述 YAML 檔中，我們定義了一個使用 nginx-ingress-controller 鏡像的 Pod。需要注意的是，這個 Pod 的啟動指令需要使用該 Pod 所在的 Namespace 作為參數。這項訊息當然是透過 Downward API 取得的，即 Pod 的 env 欄位裡的定義（env.valueFrom.fieldRef.fieldPath）。而這個 Pod，就是一個監聽 Ingress 物件及其代理的後端 Service 變化的控制器。

當使用者建立了一個新的 Ingress 物件後，nginx-ingress-controller 就會根據 Ingress 物件裡定義的內容，生成一份對應的 Nginx 配置檔（/etc/nginx/nginx.conf），並使用該配置檔啟動一個 Nginx 服務。

一旦 Ingress 物件更新，nginx-ingress-controller 就會更新這個配置檔。需要注意的是，如果這裡只是被代理的 Service 物件更新，nginx-ingress-controller 所管理的 Nginx 服務無須重新載入。這是因為 nginx-ingress-controller 透過 Nginx Lua 方案實現了 Nginx Upstream 的動態配置。

此外，nginx-ingress-controller 還允許你透過 Kubernetes 的 ConfigMap 物件來訂製上述 Nginx 配置檔。這個 ConfigMap 的名字，需要以參數的方式傳遞給 nginx-ingress-controller。你在這個 ConfigMap 裡新增的欄位，會被合併到最後生成的 Nginx 配置檔中。

由此可見，一個 Nginx Ingress Controller 為你提供的服務，其實是一個可以根據 Ingress 物件和被代理後端 Service 的變化，來自動進行更新的 Nginx 負載平衡器。

當然，為了讓使用者能夠用到這個 Nginx，就需要建立一個 Service 對外暴露 Nginx Ingress Controller 管理的 Nginx 服務，如下所示：

```
$ kubectl apply -f
https://raw.githubusercontent.com/kubernetes/ingress-nginx/master/deploy/provider/
baremetal/service-nodeport.yaml
```

由於我們使用的是 Bare-metal 環境，因此 service-nodeport.YAML 檔裡的內容是一個 NodePort 類型的 Service，如下所示：

```
apiVersion: v1
kind: Service
metadata:
  name: ingress-nginx
  namespace: ingress-nginx
  labels:
    app.kubernetes.io/name: ingress-nginx
    app.kubernetes.io/part-of: ingress-nginx
spec:
  type: NodePort
  ports:
    - name: http
      port: 80
      targetPort: 80
      protocol: TCP
    - name: https
      port: 443
      targetPort: 443
      protocol: TCP
  selector:
    app.kubernetes.io/name: ingress-nginx
    app.kubernetes.io/part-of: ingress-nginx
```

可以看到，這個 Service 的唯一工作就是將所有攜帶 `ingress-nginx` 標籤的 Pod 的 80 埠和 433 埠對外暴露。

Tip

如果是在公有雲環境中，就需要建立 LoadBalancer 類型的 Service。

上述操作完成後，一定要記錄這個 Service 的訪問入口，即宿主機的位址和
NodePort 的埠，如下所示：

```
$ kubectl get svc -n ingress-nginx
NAME            TYPE        CLUSTER-IP      EXTERNAL-IP   PORT(S)                     AGE
ingress-nginx   NodePort    10.105.72.96    <none>        80:30044/TCP,443:31453/TCP  3h
```

為了方便後面使用，我會把上述訪問入口設定為環境變數：

```
$ IC_IP=10.168.0.2 # 任意一台宿主機的位址
$ IC_HTTPS_PORT=31453 # NodePort 埠
```

在 Ingress Controller 和它所需要的 Service 部署完成後，就可以使用它了。

Tip

這個「咖啡廳」Ingress 的所有範例檔見 GitHub。

首先，在叢集裡部署我們的應用程式 Pod 及其對應的 Service，如下所示：

```
$ kubectl create -f cafe.yaml
```

然後，建立 Ingress 所需的 SSL 憑證（tls.crt）和金鑰（tls.key），這些訊息
都是透過 Secret 物件定義好的，如下所示：

```
$ kubectl create -f cafe-secret.yaml
```

這一步完成後，就可以建立本節開頭定義的 Ingress 物件了，如下所示：

```
$ kubectl create -f cafe-ingress.yaml
```

此時可以查看這個 Ingress 物件的訊息，如下所示：

```
$ kubectl get ingress
NAME           HOSTS              ADDRESS   PORTS     AGE
cafe-ingress   cafe.example.com             80, 443   2h
```

```
$ kubectl describe ingress cafe-ingress
Name:             cafe-ingress
Namespace:        default
Address:
Default backend:  default-http-backend:80 (<none>)
TLS:
  cafe-secret terminates cafe.example.com
Rules:
  Host              Path  Backends
  ----              ----  --------
  cafe.example.com
                    /tea      tea-svc:80 (<none>)
                    /coffee   coffee-svc:80 (<none>)
Annotations:
Events:
  Type    Reason  Age   From                     Message
  ----    ------  ----  ----                     -------
  Normal  CREATE  4m    nginx-ingress-controller  Ingress default/cafe-ingress
```

可以看到，這個 Ingress 物件最核心的部分正是 Rules 欄位。其中，我們定義的 Host 是 cafe.example.com，它有兩條轉發規則（Path），分別轉發給 tea-svc 和 coffee-svc。

當然，在 Ingress 的 YAML 檔裡還可以定義多個 Host，例如 restaurant.example.com、movie.example.com 等，來為更多域名提供負載平衡服務。

接下來，就可以透過訪問這個 Ingress 的位址和埠，訪問到前面部署的應用程式了。例如，當我們訪問 https://cafe.example.com:443/coffee 時，應該是 coffee 這個 Deployment 負責響應請求。下面嘗試一下：

```
$ curl --resolve cafe.example.com:$IC_HTTPS_PORT:$IC_IP
https://cafe.example.com:$IC_HTTPS_PORT/coffee --insecureServer address: 10.244.1.56:80
Server name: coffee-7dbb5795f6-vglbv
Date: 03/Nov/2018:03:55:32 +0000
URI: /coffee
Request ID: e487e672673195c573147134167cf898
```

我們可以看到，訪問這個 URL，收到的返回訊息是：Server name: coffee-7dbb5795f6-vglbv。這正是 coffee 這個 Deployment 的名字。

當訪問 https://cafe.example.com:433/tea 時，則應該是 tea 這個 Deployment
負責響應請求（`Server name: tea-7d57856c44-lwbnp`），如下所示：

```
$ curl --resolve cafe.example.com:$IC_HTTPS_PORT:$IC_IP
https://cafe.example.com:$IC_HTTPS_PORT/tea --insecure
Server address: 10.244.1.58:80
Server name: tea-7d57856c44-lwbnp
Date: 03/Nov/2018:03:55:52 +0000
URI: /tea
Request ID: 32191f7ea07cb6bb44a1f43b8299415c
```

可以看到，Nginx Ingress Controller 為我們建立的 Nginx 負載平衡器已經成
功地將請求轉發給了對應的後端 Service。

以上就是 Kubernetes 中 Ingress 的設計理念和使用方法。

你可能會有疑問：如果我的請求沒有匹配到任何一條 `IngressRule`，那麼會
發生什麼事呢？既然 Nginx Ingress Controller 是用 Nginx 實現的，那麼它當
然會返回一個 Nginx 的 404 頁面。

不過，Ingress Controller 也允許你透過 Pod 啟動指令裡的 `--default-
backend-service` 參數來設定一條預設規則，例如 `--default-backend-
service=nginx-default-backend`。這樣，任何匹配失敗的請求，都會被轉
發給這個名叫 `nginx-default-backend` 的 Service。這樣，你就可以透過部
署一個專門的 Pod 來為使用者返回自訂的 404 頁面了。

小結

本節詳細講解了 Kubernetes 裡 Ingress 這個概念的本質：Ingress 實際上就是
Kubernetes 對「反向代理」的抽象。

目前，Ingress 只能在七層工作，而 Service 只能在四層工作。所以當你想要
在 Kubernetes 裡為應用程式進行 TLS 配置等 HTTP 相關的操作時，都必須
透過 Ingress 來進行。

當然，正如同很多負載平衡產品可以同時提供七層代理和四層代理一樣，將來 Ingress 的進化中也會增加四層代理的能力。這樣，這個「反向代理」機制就更成熟、更完善了。

Kubernetes 提出 Ingress 概念的原因其實也非常容易理解，有了 Ingress 這個抽象，使用者就可以根據自己的需求自由選擇 Ingress Controller 了。例如，如果你的應用程式對代理服務的中斷非常敏感，就應該考慮選擇像 Traefik 這樣支援「熱載入」的 Ingress Controller 實現。

更重要的是，如果你對社群裡現有的 Ingress 方案感到不滿意，或者你已經有了自己的負載平衡方案，只需要很少的程式工作，即可實現自己的 Ingress Controller。

在實際的生產環境中，Ingress 帶來的靈活度和自由度，對於使用容器的使用者來說非常有意義。要知道，當年在 Cloud Foundry 裡，不知道有多少人為了給 Gorouter 元件配置一個 TLS 而絞盡腦汁。

思考題

如果我的需求是，當瀏覽 mysite 官網和 mysite 論壇時，分別訪問到不同的 Service（例如 site-svc 和 forums-svc）。那麼這個 Ingress 該如何定義呢？請描述 YAML 檔中的 rules 欄位。

8

Kubernetes 調度
與資源管理

8.1 ▶ Kubernetes 的資源模型與資源管理

作為一個容器叢集編排與管理工具，Kubernetes 為使用者提供的基礎設施能力，不僅包括前面介紹的應用程式定義和描述，還包括對應用程式的資源管理和調度的處理。本節詳細講解後面這部分內容。

作為 Kubernetes 的資源管理與調度部分的基礎，就要從它的資源模型開始說起。

如前所述，在 Kubernetes 裡 Pod 是最小的原子調度單位。這就意味著，所有跟調度和資源管理相關的屬性，都應該是屬於 Pod 物件的欄位。其中最重要的部分就是 Pod 的 CPU 和記憶體配置，如下所示：

```
apiVersion: v1
kind: Pod
metadata:
  name: frontend
spec:
  containers:
```

```
- name: db
  image: mysql
  env:
  - name: MYSQL_ROOT_PASSWORD
    value: "password"
  resources:
    requests:
      memory: "64Mi"
      cpu: "250m"
    limits:
      memory: "128Mi"
      cpu: "500m"
- name: wp
  image: wordpress
  resources:
    requests:
      memory: "64Mi"
      cpu: "250m"
    limits:
      memory: "128Mi"
      cpu: "500m"
```

Tip
關於哪些屬性屬於 Pod 物件，哪些屬性屬於 Container，見 5.2 節相關內容。

在 Kubernetes 中，像 CPU 這樣的資源被稱作**可壓縮資源**（compressible resources）。可壓縮資源的典型特點是，當它不足時，Pod 只會「飢餓」，不會退出。

像記憶體這樣的資源則被稱作**不可壓縮資源**（incompressible resources）。當不可壓縮資源不足時，Pod 就會因為 OOM（out of memory）被核心結束。

由於 Pod 可以由多個 Container 組成，因此 CPU 和記憶體資源的限額，是要配置在每個 Container 的定義上的。這樣，Pod 整體的資源配置就由這些 Container 的配置值累加得到。

其中，Kubernetes 裡為 CPU 設置的單位是「CPU 的個數」。例如，`cpu=1`
指這個 Pod 的 CPU 限額是 1 個 CPU。當然，具體「1 個 CPU」在宿主機上
如何解釋，是 1 個 CPU 核心，還是 1 個 vCPU，還是 1 個 CPU 的**超執行緒**
（hyperthread），完全取決於宿主機的 CPU 實現方式。Kubernetes 只負責保
證 Pod 能夠使用「1 個 CPU」的計算能力。

此外，Kubernetes 允許你將 CPU 限額設定為分數，例如在這個例子中，
CPU limits 的值就是 500 m。所謂 500 m，指的就是 500 millicpu，即 0.5 個
CPU。這樣，這個 Pod 就會被分配 1 個 CPU 一半的計算能力。

當然，你也可以直接把這個配置寫成 `cpu=0.5`。但在實際使用時，還是推薦
500 m 的寫法，畢竟這才是 Kubernetes 內部通用的 CPU 表示方式。

對於記憶體資源來說，它的單位自然就是 byte。Kubernetes 支援使用 Ei、
Pi、Ti、Gi、Mi、Ki（或者 E、P、T、G、M、K）來作為 byte 的值。例如，
在這個例子中，Memory `requests` 的值就是 64 MiB (2^{26} byte)。這裡要注意
區分 MiB（mebibyte）和 MB（megabyte）。

Tip
1Mi=1024×1024，1M=1000×1000。

此外，不難看到，Kubernetes 裡 Pod 的 CPU 和記憶體資源，實際上還要分
為 `limits` 和 `requests` 兩種情況，如下所示：

```
spec.containers[].resources.limits.cpu
spec.containers[].resources.limits.memory
spec.containers[].resources.requests.cpu
spec.containers[].resources.requests.memory
```

二者的區別其實非常簡單：在調度的時候，kube-scheduler 只會按照 `requests`
的值進行計算；而在真正設定 Cgroups 限制時，kubelet 會按照 `limits` 的值
來進行設定。

更確切地說，當你指定了 `requests.cpu=250m` 之後，相當於將 Cgroups 的 `cpu.shares` 的值設定為 (250/1000)×1024。而當你沒有設定 `requests.cpu` 時，`cpu.shares` 預設是 1024。這樣，Kubernetes 就透過 `cpu.shares` 完成了對 CPU 時間的按比例分配。

如果你指定了 `limits.cpu=500m`，則相當於將 Cgroups 的 `cpu.cfs_quota_us` 的值設定為 (500/1000)×100 ms，而 `cpu.cfs_period_us` 的值始終是 100 ms。這樣，Kubernetes 就為你設定了這個容器只能用到 CPU 的 50%。

對於記憶體來說，當你指定了 `limits.memory=128Mi` 之後，相當於將 Cgroups 的 `memory.limit_in_bytes` 設定為 128×1024×1024。需要注意的是，在調度時，調度器只會使用 `requests.memory=64Mi` 來進行判斷。

Kubernetes 這種對 CPU 和記憶體資源限額的設計，實際上參考了 Borg 論文中對「動態資源邊界」的定義。調度系統，不是必須嚴格遵循容器化作業在提交時設置的資源邊界，這是因為在實際場景中，大多數作業用到的資源其實遠少於它所請求的資源限額。

基於這種假設，Borg 在作業被提交後，會主動減少它的資源限額配置，以便容納更多作業、提升資源利用率。而當作業資源使用量增加到一定閾值時，Borg 會透過「快速復原」過程還原作業原始的資源限額，防止出現異常。

Kubernetes 的 `requests+limits` 的做法，其實就是上述思路的一個簡化版：使用者在提交 Pod 時，可以宣告一個相對較小的 `requests` 值供調度器使用，而 Kubernetes 真正給容器 Cgroups 設置的 `limits` 值相對較大。不難看出，這跟 Borg 的思路是相通的。

理解了 Kubernetes 資源模型的設計之後，接著談談 Kubernetes 裡的 QoS 模型。在 Kubernetes 中，不同的 `requests` 和 `limits` 的設定方式，其實會將這個 Pod 劃分到不同的 QoS 級別。

當 Pod 裡的每一個 Container 都同時設定了 `requests` 和 `limits`，並且 `requests` 和 `limits` 值相等時，這個 Pod 就屬於 Guaranteed 類別，如下所示：

```
apiVersion: v1
kind: Pod
metadata:
  name: qos-demo
  namespace: qos-example
spec:
  containers:
  - name: qos-demo-ctr
    image: nginx
    resources:
      limits:
        memory: "200Mi"
        cpu: "700m"
      requests:
        memory: "200Mi"
        cpu: "700m"
```

當這個 Pod 建立之後，它的 qosClass 欄位就會被 Kubernetes 自動設定為 Guaranteed。需要注意的是，當 Pod 僅設定了 limits，沒有設定 requests 時，Kubernetes 會自動為它設定與 limits 相同的 requests 值，所以，這也屬於 Guaranteed 情況。

當 Pod 不滿足 Guaranteed 的條件，但至少有一個 Container 設定了 requests，這個 Pod 就會被劃分到 Burstable 類別，範例如下：

```
apiVersion: v1
kind: Pod
metadata:
  name: qos-demo-2
  namespace: qos-example
spec:
  containers:
  - name: qos-demo-2-ctr
    image: nginx
    resources:
      limits:
        memory: "200Mi"
      requests:
        memory: "100Mi"
```

如果一個 Pod 既沒有設定 requests，也沒有設定 limits，它的 QoS 類別就是 BestEffort，範例如下：

```
apiVersion: v1
kind: Pod
metadata:
  name: qos-demo-3
  namespace: qos-example
spec:
  containers:
  - name: qos-demo-3-ctr
    image: nginx
```

那麼，Kubernetes 為 Pod 設定這樣三個 QoS 類別，具體有什麼作用呢？

實際上，QoS 劃分的主要應用程式場景，是當宿主機資源緊張時，kubelet 對 Pod 進行 Eviction（資源回收）時需要用到的。具體而言，當 Kubernetes 所管理的宿主機上不可壓縮資源短缺時，就有可能觸發 Eviction。例如，可用記憶體（memory.available）、可用宿主機磁碟空間（nodefs.available），以及容器執行時鏡像儲存空間（imagefs.available）等。

目前，Kubernetes 的 Eviction 的預設閾值如下所示：

```
memory.available<100Mi
nodefs.available<10%
nodefs.inodesFree<5%
imagefs.available<15%
```

當然，上述各個觸發條件在 kubelet 裡都是可配置的，範例如下：

```
kubelet
--eviction-hard=imagefs.available<10%,memory.available<500Mi,nodefs.available<5%,
nodefs.inodesFree<5% --eviction-soft=imagefs.available<30%,nodefs.available<10%
--eviction-soft-grace-period=imagefs.available=2m,nodefs.available=2m
--eviction-max-pod-grace-period=600
```

在這個配置中，可以看到 Eviction 在 Kubernetes 裡其實分為 Soft 和 Hard 兩種模式。

Soft Eviction 允許你為 Eviction 過程設定一段「優雅時間」，例如上面例子中的 `imagefs.available=2m`，就意味著當達到 imagefs 不足的閾值超過 2 分鐘，kubelet 才會開始 Eviction 的過程。而在 Hard Eviction 模式下，Eviction 過程會在達到閾值之後立刻開始。

Kubernetes 計算 Eviction 閾值的資料來源，主要依賴從 Cgroups 讀取的值，以及使用 cAdvisor 監控到的資料。

當宿主機的 Eviction 閾值達到後，就會進入 MemoryPressure 或者 DiskPressure 狀態，從而避免新的 Pod 被調度到這台宿主機上。

當 Eviction 發生時，kubelet 具體會挑選哪些 Pod 進行刪除，就需要參考這些 Pod 的 QoS 類別了。

- 首當其衝的，自然是 BestEffort 類別的 Pod。
- 其次，是屬於 Burstable 類別，並且發生「飢餓」的資源使用量已經超出 `requests` 的 Pod。
- 最後，才是 Guaranteed 類別。並且，Kubernetes 會保證只有當 Guaranteed 類別的 Pod 的資源使用量超過其 `limits` 的限制，或者宿主機本身正處於 Memory Pressure 狀態時，Guaranteed 類別的 Pod 才可能被選中進行 Eviction 操作。

當然，對於同 QoS 類別的 Pod 來說，Kubernetes 還會根據 Pod 的優先度來進一步地排序和選擇。

理解了 Kubernetes 裡的 QoS 類別的設計之後，下面講解 Kubernetes 裡一個非常有用的特性：cpuset 的設定。

我們知道，在使用容器時，可以透過設定 `cpuset` 把容器綁定到某個 CPU 的核上，而不是像 `cpushare` 那樣共享 CPU 的計算能力。

在這種情況下，由於作業系統在 CPU 之間進行上下文切換的次數大大減少，因此容器裡應用程式的效能會大幅提升。事實上，`cpuset` 方式是生產環境中部署線上應用程式類型的 Pod 的一種常用方式。

那麼，這樣的需求在 Kubernetes 裡該如何實現呢？其實非常簡單。

- 首先，你的 Pod 必須是 Guaranteed 的 QoS 類型。
- 然後，只需要將 Pod 的 CPU 資源的 `requests` 和 `limits` 設定為相等的整數值即可。

例如以下例子：

```
spec:
  containers:
  - name: nginx
    image: nginx
    resources:
      limits:
        memory: "200Mi"
        cpu: "2"
      requests:
        memory: "200Mi"
        cpu: "2"
```

這樣，該 Pod 就會被綁定到兩個獨占的 CPU 核上。當然，具體是哪兩個 CPU 核，是由 kubelet 分配的。

以上就是 Kubernetes 的資源模型和 QoS 類別相關的主要內容。

小結

本節首先詳細講解了 Kubernetes 裡對資源的定義方式和資源模型的設計，然後介紹了 Kubernetes 裡對 Pod 進行 Eviction 的具體策略和實踐方式。

基於以上講解，在實際使用中，強烈建議你將 DaemonSet 的 Pod 都設定為 Guaranteed 的 QoS 類型。否則，一旦 DaemonSet 的 Pod 被回收，它會立即在原宿主機上被重建出來，那麼前面資源回收的動作就完全沒有意義了。

思考題

為何宿主機進入 MemoryPressure 或者 DiskPressure 狀態後，新的 Pod 不會被調度到這台宿主機上呢？

8.2 ▶ Kubernetes 的預設調度器

上一節主要介紹了 Kubernetes 裡關於資源模型和資源管理的設計方法。本節介紹 Kubernetes 的**預設調度器**（default scheduler）。

在 Kubernetes 中，預設調度器的主要職責，是為新建立出來的 Pod 尋找一個最合適的節點。這裡「最合適」的含義包括兩層：

(1) 從叢集所有的節點中，根據調度演算法，選出所有可以執行該 Pod 的節點；

(2) 從第一步的結果中，再根據調度演算法挑選一個最符合條件的節點作為最終結果。

所以在具體的調度流程中，預設調度器會首先呼叫一組叫作 Predicate 的調度演算法來檢查每節點。然後，再呼叫一組叫作 Priority 的調度演算法，來給上一步得到的結果裡的每個節點評分。得分最高的那個節點就是最終的調度結果。

前面介紹過，調度器對一個 Pod 調度成功，實際上就是將它的 `spec.nodeName` 欄位填上調度結果的節點名字。

在 Kubernetes 中，上述調度機制的工作原理可以總結為圖 8-1。

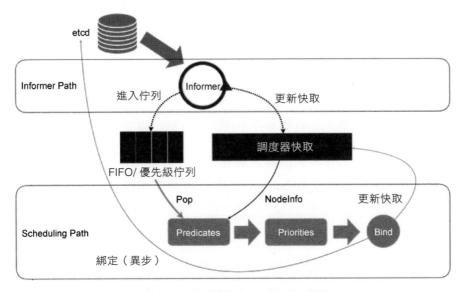

圖 8-1　調度機制工作原理示意圖

可以看到，Kubernetes 的調度器的核心，實際上就是兩個相互獨立的控制循環。

其中，可以把第一個控制循環稱為 Informer Path。它的主要目的是啟動一系列 Informer，用於監聽（Watch）etcd 中 Pod、Node、Service 等與調度相關的 API 物件的變化。例如，當一個待調度 Pod（它的 nodeName 欄位為空）被建立出來之後，調度器就會透過 Pod Informer 的 Handler 將這個待調度 Pod 新增到調度佇列。

在預設情況下，Kubernetes 的調度佇列是一個 PriorityQueue（優先度佇列），並且當叢集的某些訊息發生變化時，調度器還會對調度佇列裡的內容進行一些特殊操作。這裡的設計主要是出於調度優先度和搶占的考慮，後面會詳細介紹這部分內容。

此外，Kubernetes 的預設調度器還要負責更新**調度器快取**（scheduler cache）。事實上，Kubernetes 調度部分最佳化性能的一個根本原則，就是盡可能地將叢集訊息快取化，以便從根本上提高 Predicate 和 Priority 調度演算法的執行效率。

第二個控制循環是調度器負責 Pod 調度的主循環，可以稱之為 Scheduling Path（調度路徑）。Scheduling Path 的主要邏輯，就是不斷地從調度佇列裡出隊一個 Pod，然後呼叫 Predicates 演算法進行「過濾」。這一步「過濾」得到的一組節點，就是所有可以執行這個 Pod 的宿主機列表。當然，Predicates 演算法需要的節點訊息，都是從 Scheduler Cache 裡直接取得的，這是調度器保證演算法執行效率的主要手段之一。

接下來，調度器會再呼叫 Priorities 演算法為上述列表裡的節點評分，分數從 0 到 10。得分最高的節點就會作為這次調度的結果。

調度演算法執行完成後，調度器就需要將 Pod 物件的 nodeName 欄位的值修改為上述節點的名字。在 Kubernetes 中這個步驟被稱作 Bind。

但是，為了不在關鍵調度路徑中遠端存取 API Server，Kubernetes 的預設調度器在 Bind 階段，只會更新 Scheduler Cache 裡的 Pod 和 Node 的訊息。這種基於「樂觀」假設的 API 物件更新方式，在 Kubernetes 裡被稱作 Assume。

Assume 完成後，調度器才會建立一個 Goroutine，來非同步地向 API Server 發起更新 Pod 的請求，來真正完成 Bind 操作。如果這次非同步的 Bind 過程失敗了，也沒有太大關係，等 Scheduler Cache 同步之後一切都會復原正常。

當然，正是由於上述 Kubernetes 調度器的「樂觀」綁定的設計，當一個新的 Pod 完成調度需要在某個節點上執行起來之前，該節點上的 kubelet 還會透過一個叫作 Admit 的操作，來再次驗證該 Pod 能否在該節點上執行。這一步 Admit 操作，實際上就是把一組叫作 GeneralPredicates 的、最基本的調度演算法，例如「資源是否可用」「埠是否衝突」等再執行一遍，作為 kubelet 端的二次確認。

關於 Kubernetes 預設調度器的調度演算法，下一節會講解。

除了上述的「快取化」和「樂觀綁定」，Kubernetes 預設調度器還有一個重要的設計 —— 無鎖化。

在 Scheduling Path 上，調度器會啟動多個 Goroutine 以節點為粒度並發執行 Predicates 演算法，從而提高該階段的執行效率。類似地，Priorities 演算法也會以 MapReduce 的方式平行計算然後匯總。而在所有需要並發的路徑上，調度器會避免設定任何全域的競爭資源，免除了使用鎖進行同步產生的巨大性能損耗。

所以，依循這個概念，如果再查看圖 8-1，就會發現 Kubernetes 調度器只有對調度佇列和 Scheduler Cache 進行操作時，才需要加鎖。而這兩部分操作都不在 Scheduling Path 的演算法執行路徑上。

當然，Kubernetes 調度器的上述設計理念，也是在叢集規模不斷增長的演進過程中逐步形成的。尤其是「快取化」，這個變化其實是近幾年 Kubernetes 調度器性能得以提升的一個關鍵演化。

不過，隨著 Kubernetes 的發展，它的預設調度器也來到了一個關鍵的十字路口。事實上，Kubernetes 現今發展的主旋律，是整個開源專案的「民主化」。也就是說，Kubernetes 下一步的發展方向，是元件的輕量化、介面化和外掛程式化。所以，我們才有了 CRI、CNI、CSI、CRD、Aggregated API Server、Initializer、Device Plugin 等各個層級的可擴展能力。可是，預設調

度器卻成了 Kubernetes 裡最後一個沒有對外暴露良好定義過的、可擴展介面的元件。

當然，其中有一定的歷史原因。過去幾年 Kubernetes 的發展，都是以功能性需求的實現和完善為核心。在此過程中，它的很多決策仍以優先服務公有雲的需求為主，性能和規模則居於相對次要的位置。

現在，隨著 Kubernetes 逐步趨於穩定，越來越多的使用者開始把 Kubernetes 用在規模更大、業務更複雜的私有叢集中。很多以前的 Mesos 使用者，也開始嘗試使用 Kubernetes 來替代其原有架構。在這些場景中，擴展和重新實現預設調度器就成了社群對 Kubernetes 的最主要訴求之一。

所以，Kubernetes 的預設調度器，是目前該專案中為數不多的、正在經歷大規模重構的核心元件之一。這些正在進行的重構，一方面是為了清理預設調度器裡大量的「技術債」，另一方面是為預設調度器的可擴展性設計做鋪墊。

Kubernetes 預設調度器的可擴展性設計，如圖 8-2 所示。

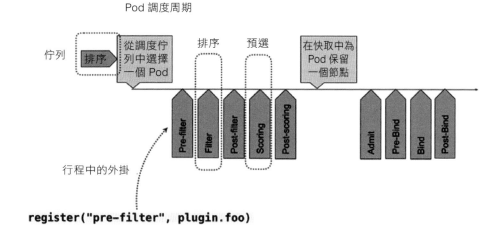

圖 8-2　Kubernetes 預設調度器的可擴展性設計示意圖

在 Kubernetes 中預設調度器的可擴展機制叫作 Scheduler Framework。顧名思義，這個設計的主要目的就是在調度器生命週期的各個關鍵點上，向使用者暴露可以進行擴展和實現的介面，從而賦予使用者自訂調度器的能力。

圖 8-2 中每一個寬箭頭都是一個可以插入自訂邏輯的介面。例如，其中的佇列部分，意味著你可以在這裡提供一個自己的調度佇列的實現，從而控制每個 Pod 開始被調度（出隊）的時機。預選（Predicates）部分則意味著你可以提供自己的過濾演算法實現，根據自己的需求選擇機器。

需要注意的是，上述這些可插拔式邏輯都是標準的 Go 語言外掛程式機制，也就是說，需要在編譯的時候選擇把哪些外掛程式編譯進去。

有了上述設計之後，擴展和自訂 Kubernetes 的預設調度器就非常容易了。這也意味著預設調度器在之後的發展過程中，必然不會在現有實現上再新增太多功能，反而會精簡現有實現，最終使其成為 Scheduler Framework 的一個最小實現。這樣調度領域更多的創新和工程工作，就可以交給整個社群來完成了。這個思路完全符合前面提到的 Kubernetes 的「民主化」設計。

不過，這樣的 Scheduler Framework 也有一個不小的問題：一旦這些插入點的介面設計不合理，就會導致整個生態無法很好地運用這個外掛程式機制。此外，這些介面的變更耗時費力，一旦把控不好，很可能會把社群推向另一個極端：Scheduler Framework 無法實際落地，大家只好再次 fork kube-scheduler。

小結

本節詳細講解了 Kubernetes 裡預設調度器的設計與實現，分析了它現在正在經歷的重構以及未來的走向。

不難看出，在 Kubernetes 的整體架構中，kube-scheduler 雖然責任重大，但它其實是社群裡受到關注最少的元件之一。其中的原因也很簡單，調度，在不同的公司和團隊裡的實際需求一定是大相徑庭的，上游社群不可能提供一個大而全的方案。所以，將預設調度器進一步輕量化、外掛程式化，才是 kube-scheduler 正確的演進方向。

思考題

請問 Kubernetes 預設調度器與 Mesos 的「兩級」調度器，有何異同？

8.3 ▶ Kubernetes 預設調度器調度策略解析

上一節講解了 Kubernetes 預設調度器的設計原理和架構。本節重點介紹調度過程中預選（Predicates）和優選（Priorities）這兩個調度策略主要發生作用的階段。首先討論預選策略。

預選在調度過程中的作用可以理解為 Filter，即它按照調度策略從目前叢集的所有節點中「過濾」出一系列符合條件的節點。這些節點都是可以執行待調度 Pod 的宿主機。

在 Kubernetes 中，預設的調度策略有以下四種。

第一種叫作 GeneralPredicates。顧名思義，這一組過濾規則負責最基礎的調度策略。例如，PodFitsResources 計算的就是宿主機的 CPU 和記憶體資源等是否夠用。

當然，如前所述，PodFitsResources 檢查的只是 Pod 的 `requests` 欄位。需要注意的是，Kubernetes 的調度器並沒有為 GPU 等硬體資源定義具體的資源類型，而是統一用一種名叫 Extended Resource 的、Key-Value 格式的擴展欄位來描述。舉個例子：

```
apiVersion: v1
kind: Pod
metadata:
  name: extended-resource-demo
spec:
  containers:
  - name: extended-resource-demo-ctr
    image: nginx
    resources:
      requests:
        requests.nvidia.com/gpu: 2
      limits:
        requests.nvidia.com/gpu: 2
```

可以看到，Pod 透過 `requests.nvidia.com/gpu=2` 這樣的定義方式宣告使用了兩個 NVIDIA 類型的 GPU。

在 PodFitsResources 中，調度器其實並不知道這個欄位 Key 的含義是 GPU，而是直接使用後面的 Value 進行計算。當然，在 Node 的 Capacity 欄位裡也要相應地加上這台宿主機上 GPU 的總數，例如 `requests.nvidia.com/gpu=4`。後面講解 Device Plugin 時會詳細介紹這些流程。

PodFitsHost 檢查宿主機的名字是否跟 Pod 的 `spec.nodeName` 一致。PodFitsHostPorts 檢查 Pod 申請的宿主機埠（`spec.nodePort`）是否跟已被使用的埠有衝突。PodMatchNodeSelector 檢查 Pod 的 `nodeSelector` 或者 `nodeAffinity` 指定的節點是否與待考察節點匹配等。

可以看到，像上面這樣一組 GeneralPredicates，正是 Kubernetes 考察一個 Pod 能否在一個節點上執行最基本的過濾條件。所以，GeneralPredicates 也會被其他元件（例如 kubelet）直接呼叫。上一節提到，kubelet 在啟動 Pod 前，會執行 Admit 操作來進行二次確認。二次確認的規則就是執行一遍 GeneralPredicates。

第二種是與 Volume 相關的過濾規則。這一組過濾規則負責跟容器 PV 相關的調度策略。

其中，NoDiskConflict 檢查多個 Pod 宣告掛載的 PV 是否有衝突。例如，AWS EBS 類型的 Volume 不允許被兩個 Pod 同時使用。所以，當一個名叫 A 的 EBS Volume 已經掛載在某個節點上時，另一個同樣宣告使用這個 A Volume 的 Pod 就不能被調度到這個節點上了。

MaxPDVolumeCountPredicate 檢查一個節點上某個類型的 PV 是否超過了一定數目，若是，則宣告使用該類型 PV 的 Pod 不能再調度到該節點上。VolumeZonePredicate 檢查 PV 的 Zone（高可用域）標籤是否與待考察節點的 Zone 標籤相匹配。此外，還有 VolumeBindingPredicate 規則，它負責檢查該 Pod 對應的 PV 的 `nodeAffinity` 欄位，是否跟某個節點的標籤相匹配。

6.1 節講解過，Local PV 必須使用 `nodeAffinity` 來跟某個具體的節點綁定。這其實也就意味著，在 Predicates 階段，Kubernetes 必須能夠根據 Pod 的 Volume 屬性來進行調度。

此外，如果該 Pod 的 PVC 還未跟具體的 PV 綁定，調度器還要負責檢查所有待綁定 PV，當有可用的 PV 存在併且該 PV 的 nodeAffinity 與待考察節點一致時，這條規則才會返回「成功」，範例如下：

```
apiVersion: v1
kind: PersistentVolume
metadata:
  name: example-local-pv
spec:
  capacity:
    storage: 500Gi
  accessModes:
  - ReadWriteOnce
  persistentVolumeReclaimPolicy: Retain
  storageClassName: local-storage
  local:
    path: /mnt/disks/vol1
  nodeAffinity:
    required:
      nodeSelectorTerms:
      - matchExpressions:
        - key: kubernetes.io/hostname
          operator: In
          values:
          - my-node
```

可以看到，這個 PV 對應的持久化目錄只會出現在名叫 my-node 的宿主機上。所以，任何一個透過 PVC 使用這個 PV 的 Pod，都必須被調度到 my-node 上才可以正常工作。VolumeBinding-Predicate 正是調度器裡完成該決策的位置。

第三種是宿主機相關的過濾規則。這一組規則主要考察待調度 Pod 是否滿足節點本身的某些條件。例如，PodToleratesNodeTaints 負責檢查前面經常用到的節點的「汙點」機制。只有當 Pod 的 Toleration 欄位與 Node 的 Taint 欄位匹配時，這個 Pod 才能被調度到該節點上。

NodeMemoryPressurePredicate 檢查目前節點的記憶體是否不夠，若是，則待調度 Pod 不能被調度到該節點上。

第四種是 Pod 相關的過濾規則。這一組規則跟 GeneralPredicates 大多是重合的。比較特殊的是 PodAffinityPredicate。該規則的作用是檢查待調度 Pod 與節點上的已有 Pod 之間的**親密**（affinity）和**反親密**（anti-affinity）關係，範例如下：

```
apiVersion: v1
kind: Pod
metadata:
  name: with-pod-antiaffinity
spec:
  affinity:
    podAntiAffinity:
      requiredDuringSchedulingIgnoredDuringExecution:
      - weight: 100
        podAffinityTerm:
          labelSelector:
            matchExpressions:
            - key: security
              operator: In
              values:
              - S2
          topologyKey: kubernetes.io/hostname
  containers:
  - name: with-pod-affinity
    image: docker.io/ocpqe/hello-pod
```

這個例子裡的 podAntiAffinity 規則，就指定了該 Pod 不希望跟任何攜帶了 security=S2 標籤的 Pod 存在於同一個節點上。需要注意的是，PodAffinityPredicate 是有作用域的，例如上面這條規則，就僅對攜帶了 Key 是 kubernetes.io/hostname 標籤的節點有效。這正是 topologyKey 這個關鍵字的作用。

podAffinity 與 podAntiAffinity 相反，範例如下：

```
apiVersion: v1
kind: Pod
metadata:
  name: with-pod-affinity
spec:
```

```
affinity:
  podAffinity:
    requiredDuringSchedulingIgnoredDuringExecution:
    - labelSelector:
        matchExpressions:
        - key: security
          operator: In
          values:
          - S1
      topologyKey: failure-domain.beta.kubernetes.io/zone
containers:
- name: with-pod-affinity
  image: docker.io/ocpqe/hello-pod
```

這個例子中的 Pod，就只會被調度到已經有攜帶 `security=S1` 標籤的 Pod 執行的節點上。這條規則的作用域則是所有攜帶 Key 是 `failure-domain.` `beta.kubernetes.io/zone` 標籤的節點。

此外，上面這兩個例子中的 `requiredDuringSchedulingIgnoredDu` `ringExecution` 欄位的含義是：這條規則必須在 Pod 調度時進行檢查（`requiredDuringScheduling`）；但是如果是已經在執行的 Pod 發生變化，例如 Label 被修改，使得該 Pod 不再適合在該節點上執行時，Kubernetes 不會主動修正（IgnoredDuringExecution）。

上述四種預選策略，就構成了調度器確定一個節點可以執行待調度 Pod 的基本策略。

在具體執行時，當開始調度一個 Pod 時，Kubernetes 調度器會同時啟動 16 個 Goroutine，來並發地為叢集裡的所有節點計算預選策略，最後返回可以執行這個 Pod 的宿主機列表。

需要注意的是，在為每個節點執行預選時，調度器會按照固定順序進行檢查。該順序是按照預選的含義來確定的。例如，宿主機相關的預選會優先進行檢查。否則，在一台資源已經嚴重不足的宿主機上，一上來就計算 PodAffinityPredicate 是沒有實際意義的。

接下來討論優選策略。

在預選階段完成了節點的「過濾」之後，優選階段的工作就是為這些節點評分。評分的範圍是 0 ～ 10 分，得分最高的節點就是最後被 Pod 綁定的最佳節點。

優選策略裡最常使用的評分規則是 LeastRequestedPriority。它的計算方法可以簡單地歸納成以下公式：

```
score = (cpu((capacity-sum(requested))10/capacity) +
memory((capacity-sum(requested))10/capacity))/2
```

可以看到，該演算法實際上就是在選擇空閒資源（CPU 和記憶體）最多的宿主機。

與 LeastRequestedPriority 一起發揮作用的還有 BalancedResourceAllocation。它的計算公式如下所示：

```
score = 10 - variance(cpuFraction,memoryFraction,volumeFraction)*10
```

其中，每種資源的 Fraction 的定義是，Pod 請求的資源 / 節點上的可用資源。variance 演算法的作用，則是計算每兩種資源 Fraction 之間的「距離」。最後選擇的是資源 Fraction 差距最小的節點。

所以，BalancedResourceAllocation 選擇的其實是調度完成後，所有節點裡各種資源分配最均衡的那個節點，從而避免一個節點上 CPU 被大量分配，而記憶體大量剩餘的情況。

此外，還有三種優選策略：NodeAffinityPriority、TaintTolerationPriority 和 InterPodAffinityPriority。顧名思義，它們與前面的 PodMatchNodeSelector、PodToleratesNodeTaints 和 PodAffinityPredicate，這三種預選策略的含義和計算方法類似。但是作為優選策略，一個節點滿足上述規則的欄位數目越多，它的得分就會越高。

在預設優選策略裡，還有一個叫作 ImageLocalityPriority 的策略。它是在 Kubernetes v1.12 裡新開啟的調度規則，即如果待調度 Pod 需要使用很大的鏡像，並且已經存在於某些節點上，那麼這些節點的得分就會比較高。

當然，為了避免該演算法引發調度堆疊，調度器在計算得分時還會根據鏡像的分布進行最佳化，即如果大鏡像分布的節點數目很少，那麼這些節點的權重就會被調低，從而「對沖」引起調度堆疊的風險。

以上就是 Kubernetes 調度器的預選，和優選預設調度策略的主要工作原理。

在實際的執行過程中，調度器裡關於叢集和 Pod 的訊息都已經快取化了，所以這些演算法的執行過程還是比較快的。

此外，對於比較複雜的調度演算法來說，例如 PodAffinityPredicate，它們在計算時不只關注待調度 Pod 和待考察節點，還需要關注整個叢集的訊息，例如遍歷所有節點、讀取它們的 Label。此時，Kubernetes 調度器在為每個待調度 Pod 執行該調度演算法之前，會先將演算法需要的叢集訊息初步計算一遍，然後快取起來。這樣，在真正執行該演算法時，調度器只需要讀取快取訊息進行計算即可，從而避免了為每個節點計算預選規則時，反覆取得和計算整個叢集的訊息。

小結

本節介紹了 Kubernetes 預設調度器裡的主要調度策略和演算法。

除了本節介紹的這些策略，Kubernetes 調度器裡其實還有一些預設不會開啟的策略。你可以透過為 kube-scheduler 指定一個配置檔或者建立一個 ConfigMap 來配置規則的開啟或關閉，還可以透過為預選策略設定權重來控制調度器的調度行為。

思考題

請問，如何讓 Kubernetes 的調度器，儘可能地將 Pod 分布在不同機器上來避免「堆疊」呢？請簡單描述你的演算法。

8.4 ▶ Kubernetes 預設調度器的優先度和搶占機制

上一節詳細講解了 Kubernetes 預設調度器的主要調度策略的工作原理。本節講解 Kubernetes 調度器中另一個重要機制：**優先度**（Priority）和**搶占**（Preemption）機制。

首先需要明確，優先度和搶占機制解決的是 Pod 調度失敗時該怎麼辦的問題。正常情況下，當一個 Pod 調度失敗後，它會被暫時「擱置」，直到 Pod 被更新或者叢集狀態發生變化，調度器才會對這個 Pod 進行重新調度。

但有時我們希望當一個高優先度的 Pod 調度失敗後，該 Pod 不會被「擱置」，而是「擠走」某個節點上一些低優先度的 Pod，以此保證這個高優先度 Pod 調度成功。其實這個特性是存在於 Borg 和 Mesos 等產品裡的一個基本功能。

而在 Kubernetes 中，優先度和搶占機制是在 1.10 版本後才逐步可用的。要使用該機制，首先需要在 Kubernetes 裡提交一個 PriorityClass 的定義，如下所示：

```yaml
apiVersion: scheduling.k8s.io/v1
kind: PriorityClass
metadata:
  name: high-priority
value: 1000000
globalDefault: false
description: "This priority class should be used for high priority service pods only."
```

上面的 YAML 檔定義了一個名叫 high-priority 的 PriorityClass，其中 value 為 1000000（100 萬）。

Kubernetes 規定，優先度是一個 32 bit 的整數，最大值不超過 1 000 000 000（10 億），並且值越大代表優先度越高。超出 10 億的值其實是 Kubernetes 留著分配給系統 Pod 使用的。顯然，這樣做旨在避免系統 Pod 被使用者搶占。

一旦上述 YAML 檔裡的 globalDefault 被設定為 true，就意味著這個 PriorityClass 的值會成為系統的預設值。而如果這個值是 false，就表示

我們只希望宣告使用該 `PriorityClass` 的 Pod 擁有值為 `1000000` 的優先度；
而對於沒有宣告 `PriorityClass` 的 Pod 來說，它們的優先度就是 0。

在建立了 `PriorityClass` 物件之後，Pod 就可以宣告使用它了，如下所示：

```
apiVersion: v1
kind: Pod
metadata:
  name: nginx
  labels:
    env: test
spec:
  containers:
  - name: nginx
    image: nginx
    imagePullPolicy: IfNotPresent
  priorityClassName: high-priority
```

可以看到，這個 Pod 透過 `priorityClassName` 欄位，宣告了要使用名為
`high-priority` 的 `PriorityClass`。當這個 Pod 被提交給 Kubernetes 之
後，Kubernetes 的 `PriorityAdmission-Controller` 就會自動將這個 Pod 的
`spec.priority` 欄位設定為 `1000000`。

前面介紹過，調度器裡維護著一個調度佇列。所以，當 Pod 擁有優先度之
後，高優先度的 Pod 就可能比低優先度的 Pod 提前出隊，從而儘早完成調度
過程。此過程就是「優先度」這個概念在 Kubernetes 裡的主要體現。

當一個高優先度的 Pod 調度失敗時，調度器的搶占能力就會被觸發。此時，
調度器就會試圖從目前叢集裡尋找一個節點：當該節點上的一個或者多個低
優先度 Pod 被刪除後，待調度的高優先度 Pod 可以被調度到該節點上。此過
程就是「搶占」這個概念在 Kubernetes 裡的主要體現。

方便起見，接下來把待調度的高優先度 Pod 稱為「搶占者」（preemptor）。

當上述搶占過程發生時，搶占者並不會立刻被調度到被搶占的節點上。事實
上，調度器只會將搶占者的 `spec.nominatedNodeName` 欄位，設定為被搶占
的節點的名字。然後，搶占者會重新進入下一個調度週期，並在新的調度週

期裡決定是否要在被搶占的節點上執行。這當然也就意味著,即使在下一個調度週期內,調度器也不會保證搶占者一定會在被搶占的節點上執行。

這樣設計的一個重要原因是,調度器只會透過標準的 DELETE API 來刪除被搶占的 Pod,所以,這些 Pod 必然有一定的「優雅退出」時間(預設是 30 s)。而在這段時間裡,其他節點也有可能變成可調度的,或者有新節點直接被新增到這個叢集中。所以,鑑於優雅退出期間叢集的可調度性可能會發生變化,把搶占者交給下一個調度週期處理是非常合理的選擇。

在搶占者等待被調度的過程中,如果有其他優先度更高的 Pod 要搶占同一個節點,調度器就會清空原搶占者的 spec.nominatedNodeName 欄位,從而允許優先度更高的搶占者搶占,這也使得原搶占者也有機會重新搶占其他節點。這些都是設定 nominatedNodeName 欄位的主要目的。

那麼,Kubernetes 調度器裡的搶占機制,是如何設計的呢?接下來詳細介紹其中的原理。

前面提到搶占發生的原因,一定是一個高優先度的 Pod 調度失敗。這一次,我們還是稱這個 Pod 為「搶占者」,稱被搶占的 Pod 為「犧牲者」(victim)。

Kubernetes 調度器實現搶占演算法的一個最重要的設計,就是在調度佇列的實現裡使用了兩個不同的佇列。

第一個佇列叫作 activeQ。凡是 activeQ 裡的 Pod,都是下一個調度週期需要調度的物件。所以,當你在 Kubernetes 叢集裡建立一個 Pod 時,調度器會將該 Pod 入隊到 activeQ 中。前面提到調度器不斷從佇列裡出隊(Pop)一個 Pod 進行調度,實際上都是從 activeQ 裡出隊的。

第二個佇列叫作 unschedulableQ,專門用來存放調度失敗的 Pod。注意,當一個 unschedulableQ 裡的 Pod 更新後,調度器會自動把這個 Pod 移動到 activeQ 裡,從而給這些調度失敗的 Pod「重新做人」的機會。

下面回到我們的搶占者調度失敗這個時間點。調度失敗之後,搶占者就會被放進 unschedulableQ 中。然後,這次失敗事件就會觸發調度器為搶占者尋找犧牲者的流程。

第一步，調度器會檢查事件的失敗原因，以確認搶占能否幫助搶占者找到一個新節點。這是因為很多 Predicates 的失敗是不能透過搶占來解決的。例如，PodFitsHost 演算法（負責檢查 Pod 的 `nodeSelector` 與節點的名字是否匹配）。在這種情況下，除非節點的名字發生變化，否則即使刪除再多 Pod，搶占者也不可能調度成功。

第二步，如果確定可以搶占，調度器就會把自己快取的所有節點訊息複製一份，然後使用這個副本來模擬搶占過程。

這裡的搶占過程很容易理解。調度器會檢查快取副本裡的每一個節點，然後從一個節點上優先度最低的 Pod 開始，逐一「刪除」這些 Pod。而每刪除一個低優先度 Pod，調度器都會檢查搶占者能否在該節點上執行。如果可以執行，調度器就記錄下該節點的名字和被刪除 Pod 的列表，這就是一次搶占過程的結果。

當遍歷完所有節點之後，調度器會從上述模擬產生的所有搶占結果裡選出最佳結果。這一步的判斷原則就是儘量減少搶占對整個系統的影響。例如，需要搶占的 Pod 越少越好，需要搶占的 Pod 的優先度越低越好等。

在得到最佳搶占結果之後，這個結果裡的節點就是即將被搶占的節點，被刪除的 Pod 列表就是犧牲者。所以接下來，調度器就可以真正開始搶占操作了，這個過程可以分為 3 步。

- 第一步，調度器會檢查犧牲者列表，清理這些 Pod 所攜帶的 `nominatedNodeName` 欄位。
- 第二步，調度器會把搶占者的 `nominatedNodeName` 設定為被搶占的節點的名字。
- 第三步，調度器遍歷犧牲者列表，向 API Server 發起請求，逐一刪除犧牲者。

第二步對搶占者 Pod 的更新操作，就會觸發前面提到的「重新做人」的流程，從而讓搶占者在下一個調度週期重新進入調度流程。

所以，接下來調度器就會透過正常的調度流程把搶占者調度成功。這也是為什麼前面說調度器並不保證搶占的結果：在這個正常的調度流程裡，一切皆有可能。

不過，對於任意一個待調度 Pod 來說，因為有上述搶占者存在，所以它的調度過程其實有一些特殊情況需要特殊處理。

具體來說，在為某一對 Pod 和節點執行 Predicates 演算法時，如果待檢查的節點是一個即將被搶占的節點，即調度佇列裡存在 nominatedNodeName 欄位值是該節點名字的 Pod（可以稱之為「潛在的搶占者」）。那麼，調度器就會對該節點執行兩遍同樣的預選（Predicates）演算法。

- 第一遍，調度器會假設上述「潛在的搶占者」已經在該節點上執行，然後執行預選演算法。
- 第二遍，調度器會正常執行預選演算法，即不考慮任何「潛在的搶占者」。

只有這兩遍預選演算法都能通過，這個 Pod 和節點才會被視為可以綁定。

不難想到，這裡需要執行第一遍預選演算法，是由於 InterPodAntiAffinity 規則的存在。由於 InterPodAntiAffinity 規則關心待考察節點上所有 Pod 之間的互斥關係，因此執行調度演算法時必須考慮，如果搶占者已經存在於待考察節點上，待調度 Pod 能否調度成功。

當然，這就意味著，這一步只需要考慮那些優先度等於或者高於待調度 Pod 的搶占者。畢竟對於其他優先度較低的 Pod 來說，待調度 Pod 總是可以透過搶占在待考察節點上執行。

需要執行第二遍預選演算法的原因是，「潛在的搶占者」最後不一定會在待考察的節點執行上。前面講解過這一點：Kubernetes 調度器並不保證搶占者一定會在當初選定的被搶占的節點上執行。

以上就是 Kubernetes 預設調度器中，優先度和搶占機制的實現原理。

小結

本節詳細介紹了 Kubernetes 中，關於 Pod 的優先度和搶占機制的設計與實現。這個特性在 Kubernetes v1.18 之後已經穩定了。所以，建議你在 Kubernetes 叢集中開啟這兩個特性，以便提高資源使用率。

思考題

當整個叢集發生可能會影響調度結果的變化（例如新增或者更新節點，新增和更新 PV、Service 等）時，調度器會執行一個名為 MoveAllToActiveQueue 的操作，把調度失敗的 Pod 從 unscheduelableQ 移動到 activeQ 中，請解釋原因。

類似地，當一個已經調度成功的 Pod 更新時，調度器會將 unschedulableQ 裡，所有跟該 Pod 有 Affinity/Anti-affinity 關係的 Pod 移動到 activeQ 中，請解釋原因。

8.5 ▶ Kubernetes GPU 管理與 Device Plugin 機制

2016 年，隨著 AlphaGo 的走紅和 TensorFlow 的異軍突起，一場名為 AI 的技術革命迅速從學術界蔓延到了工業界，所謂的 AI 元年就此拉開帷幕。當然，機器學習或者說 AI 並不是什麼新鮮概念。而在這波熱潮的背後，雲端運算服務的普及、成熟與運算力的巨大提升，其實正是將 AI 從象牙塔帶到工業界的重要推手。

相應地，從 2016 年開始，Kubernetes 社群就不斷收到來自不同渠道的大量訴求，希望能在 Kubernetes 叢集上執行 TensorFlow 等機器學習框架所建立的**訓練**（training）和**服務**（serving）任務。在這些訴求中，除了前面講解過的 Job、Operator 等離線作業管理需要用到的編排概念，還有一個急待實現的功能 ── 對 GPU 等硬體加速裝置管理的支援。

不過，正如 TensorFlow 之於 Google 的戰略意義一樣，GPU 支援對於 Kubernetes 來說，其實也有著超越技術的意義。所以，儘管在硬體加速器這個領域裡，Kubernetes 上游有著不少來自 NVIDIA 和 Intel 等晶片廠商的工程師，但該特性從一開始就是以 Google Cloud 的需求為主導來推進的。

對於雲的使用者來說，在 GPU 的支援上，他們最基本的訴求其實非常簡單：我只要在 Pod 的 YAML 中宣告某容器需要的 GPU 個數，Kubernetes 為我建立的容器裡就應該出現對應的 GPU 裝置以及驅動目錄。

以 NVIDIA 的 GPU 裝置為例，上述需求就意味著當使用者的容器被建立之後，這個容器裡必須出現如下裝置和目錄：

(1) GPU 裝置，例如 /dev/nvidia0；

(2) GPU 驅動目錄，例如 /usr/local/nvidia/*。

其中，GPU 裝置路徑正是該容器啟動時的 Devices 參數，驅動目錄則是該容器啟動時的 Volume 參數。所以，在 Kubernetes 的 GPU 支援的實現裡，kubelet 實際上就是將上述兩部分內容，設定在了建立該容器的 CRI 參數中。這樣，等到該容器啟動之後，對應的容器裡就會出現 GPU 裝置和驅動的路徑了。

不過，Kubernetes 在 Pod 的 API 物件裡，並沒有為 GPU 專門設定一個資源類型欄位，而是使用了一種叫作 Extended Resource 的特殊欄位來負責傳遞 GPU 的訊息，範例如下：

```yaml
apiVersion: v1
kind: Pod
metadata:
  name: cuda-vector-add
spec:
  restartPolicy: OnFailure
  containers:
    - name: cuda-vector-add
      image: "k8s.gcr.io/cuda-vector-add:v0.1"
      resources:
        limits:
          nvidia.com/gpu: 1
```

可以看到，在上述 Pod 的 `limits` 欄位裡，這個資源的名稱是 `nvidia.com/gpu`，它的值是 1。也就是說，這個 Pod 宣告了自己要使用一個 NVIDIA 類型的 GPU。

在 kube-scheduler 中，它其實並不關心該欄位的具體含義，而會在計算時，一律將調度器裡儲存的該類型資源的可用量直接減去 Pod 宣告的數值。所以，Extended Resource 其實是 Kubernetes 為使用者設置的，一種對自訂資源的支援。

當然，為了能讓調度器知道這個自訂類型的資源，在每台宿主機上的可用量，宿主機節點必須能夠向 API Server 匯報該類型資源的可用數量。在 Kubernetes 裡，各種資源可用量其實是 `Node` 物件 `Status` 欄位的內容，範例如下：

```
apiVersion: v1
kind: Node
metadata:
  name: node-1
...
Status:
  Capacity:
   cpu:  2
   memory:  2049008Ki
```

為了能夠在上述 `Status` 欄位裡新增自訂資源的資料，就必須使用 PATCH API 來更新該 `Node` 物件，加上自訂資源的數量。可以簡單地使用 `curl` 指令來發起這個 PATCH 操作，如下所示：

```
# 啟動 Kubernetes 的用戶端 proxy，這樣就可以直接使用 curl 來跟 Kubernetes 的 API Server 進行互動了
$ kubectl proxy

# 執行 PACTH 操作
$ curl --header "Content-Type: application/json-patch+json" \
--request PATCH \
--data '[{"op": "add", "path": "/status/capacity/nvidia.com/gpu", "value": "1"}]' \
http://localhost:8001/api/v1/nodes/<your-node-name>/status
```

PATCH 操作完成後，Node 的 `Status` 變成了如下所示的內容：

```
apiVersion: v1
kind: Node
...
Status:
  Capacity:
    cpu:  2
    memory:  2049008Ki
    nvidia.com/gpu: 1
```

這樣在調度器裡，它就能夠在快取裡記錄 node-1 上的 nvidia.com/gpu 類型的資源數量是 1。

當然，在 Kubernetes 的 GPU 支援方案裡，使用者並不需要真正去做上述關於 Extended Resource 的這些操作。在 Kubernetes 中，對所有硬體加速裝置進行管理的功能，都由一種叫作 Device Plugin 的外掛程式負責，其中當然包括對該硬體的 Extended Resource 進行匯報的邏輯。

圖 8-3 展示了 Kubernetes 的 Device Plugin 機制。

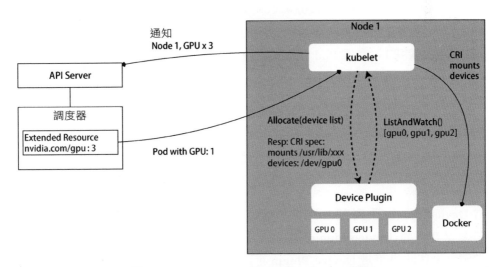

圖 8-3　Kubernetes 的 Device Plugin 機制

我們從圖 8-3 的右側開始看起。

首先，每種硬體裝置都需要由它對應的 Device Plugin 進行管理，這些 Device Plugin 都透過 gRPC 的方式同 kubelet 連接起來。例如，NVIDIA GPU 對應的外掛程式叫作 NVIDIA GPU device plugin。

這個 Device Plugin 會透過一個叫作 ListAndWatch 的 API 定期向 kubelet 匯報該節點上 GPU 的列表。例如，這個例子中一共有 3 個 GPU（GPU0、GPU1 和 GPU2）。這樣，kubelet 在拿到這個列表之後，就可以直接在它向 API Server 發送的心跳裡以 Extended Resource 的方式加上這些 GPU 的數量，例如 nvidia.com/gpu=3。所以，這裡使用者無須關心 GPU 訊息向上的匯報流程。

需要注意的是，ListAndWatch 向上匯報的訊息只有本機上 GPU 的 ID 列表，不會有任何關於 GPU 裝置本身的訊息。而且 kubelet 在向 API Server 匯報時，只會匯報該 GPU 對應的 Extended Resource 的數量。當然，kubelet 本身會將這個 GPU 的 ID 列表儲存在自己的記憶體裡，並透過 ListAndWatch API 定時更新。

當一個 Pod 想使用一個 GPU 時，它只需要像本節開頭給出的例子一樣，在 Pod 的 limits 欄位宣告 nvidia.com/gpu: 1。那麼接下來，Kubernetes 的調度器，就會從它的快取裡尋找 GPU 數量滿足條件的節點，然後將快取裡的 GPU 數量減 1，完成 Pod 與節點的綁定。

調度成功後的 Pod 訊息，自然會被對應的 kubelet 拿來進行容器操作。而當 kubelet 發現這個 Pod 的容器請求一個 GPU 時，kubelet 就會從自己持有的 GPU 列表中，為該容器分配一個 GPU。此時，kubelet 就會向本機的 Device Plugin 發起一個 Allocate() 請求。該請求攜帶的參數，正是即將分配給該容器的裝置 ID 列表。

當 Device Plugin 收到 Allocate() 請求之後，它就會根據 kubelet 傳遞過來的裝置 ID，從 Device Plugin 裡找到這些裝置對應的裝置路徑和驅動目錄。當然，這些訊息正是 Device Plugin 定期從本機查詢到的。例如，在 NVIDIA Device Plugin 的實現裡，它會定期訪問 nvidia-docker 外掛程式，從而取得本機的 GPU 訊息。

被分配 GPU 對應的裝置路徑和驅動目錄訊息返回給 kubelet 之後，kubelet 就完成了為一個容器分配 GPU 的操作。接下來，kubelet 會把這些訊息追加到建立該容器所對應的 CRI 請求當中。這樣，當這個 CRI 請求發給 Docker 之後，Docker 為你建立出來的容器裡就會出現這個 GPU 裝置，並把它需要的驅動目錄掛載進去。

至此，Kubernetes 為一個 Pod 分配一個 GPU 的流程就完成了。

對於其他類型的硬體來說，要想在 Kubernetes 所管理的容器裡使用這些硬體的話，也需要遵循上述 Device Plugin 的流程來實現如下所示的 Allocate 和 ListAndWatch API：

```
service DevicePlugin {
    rpc ListAndWatch(Empty) returns (stream ListAndWatchResponse) {}

    rpc Allocate(AllocateRequest) returns (AllocateResponse) {}
}
```

目前 Kubernetes 社群裡已經實現了很多硬體外掛程式，例如 FPGA、SRIOV、RDMA 等。

小結

本節詳細介紹了 Kubernetes 對 GPU 的管理方式，以及它所需要使用的 Device Plugin 機制。

需要指出的是，Device Plugin 的設計長期以來，都是以 Google Cloud 的使用者需求為主導的，所以它的整套工作機制和流程，實際上跟學術界和工業界的真實場景有著不小的差異。

其中最大的問題在於，GPU 等硬體裝置的調度工作，實際上是由 kubelet 完成的，即 kubelet 會負責從它所持有的硬體裝置列表中，為容器挑選硬體裝置，然後呼叫 Device Plugin 的 Allocate API 來完成這個分配操作。可以看出，在整條鏈路中，調度器扮演的角色僅僅是為 Pod 尋找可用的、支援這種硬體裝置的節點而已。

這就使得 Kubernetes 裡對硬體裝置的管理，只能處理「裝置個數」的情況。一旦你的裝置是異構的，不能簡單地用數目去描述具體的使用需求時，例如我的 Pod 想在計算能力最強的那個 GPU 上執行，Device Plugin 就完全不能處理了。更別說，在很多場景中，我們其實希望在調度器進行調度的時候，可以根據整個叢集裡的某種硬體裝置的全域分布，做出最佳的調度選擇。

此外，上述 Device Plugin 的設計，也使得 Kubernetes 裡缺乏一種能對裝置進行描述的 API 物件。如果你的硬體裝置屬性比較複雜，並且 Pod 也關心這些硬體的屬性的話，那麼 Device Plugin 也是完全無法支援的。

更棘手的是，在 Device Plugin 的設計和實現中，Google 的工程師一直不太願意為 Allocate 和 ListAndWatch API 新增可擴展性的參數。那麼當你需要處理一些比較複雜的硬體裝置使用需求時，是無法透過擴展 Device Plugin 的 API 來實現的。

針對這些問題，Red Hat 在社群裡曾經大力推進過 ResourceClass 的設計，試圖將硬體裝置的管理功能上浮到 API 層和調度層。但是，由於各方勢力的反對，這個提議最後不了了之。

所以，目前 Kubernetes 本身的 Device Plugin 的設計實際上能覆蓋的場景非常單一，處於「可用」但是「不好用」的狀態。並且，Device Plugin 的 API 的可擴展性也不佳。這也就解釋了為什麼像 NVIDIA 這樣的硬體廠商，實際上並沒有完全基於上游的 Kubernetes 程式碼，來實現自己的 GPU 解決方案，而是做了一些改動，也就是 fork。這實屬不得已而為之。

思考題

請結合自己的需求想一想，你希望如何改進目前的 Device Plugin？或者說，你覺得目前的設計已經完全夠用了嗎？

容器執行時

9.1 ▶ 幕後英雄：SIG-Node 與 CRI

前面詳細講解了 Kubernetes 的調度和資源管理。實際上，在調度這一步完成後，Kubernetes 需要負責將這個調度成功的 Pod 在宿主機上建立出來，並啟動它所定義的各個容器。而這些是 kubelet 這個核心元件的主要功能。

下面深入 kubelet 內部，詳細剖析 Kubernetes 對容器執行時的管理能力。

在 Kubernetes 社群中，與 kubelet 和容器執行時，管理相關的內容都屬於 SIG-Node 的範疇。如果你關注社群動態，可能會覺得相比其他每天都熱鬧非凡的 SIG 小組，SIG-Node 是 Kubernetes 裡相對沉寂也不太發聲的一個小組，小組成員也很少在外面公開宣講。

不過，如前所述，SIG-Node 和 kubelet 其實是 Kubernetes 整個體系的核心部分。畢竟，它們才是 Kubernetes 這樣一個容器編排與管理系統跟容器打交道的主要「場所」。

kubelet 這個元件是 Kubernetes 中第二個不可替代的元件（第一個不可替代的元件當然是 kube-apiserver）。也就是說，無論如何，都不宜對 kubelet 的程式碼做大量改動。保持 kubelet 跟上游基本一致的重要性，就跟保持 kube-apiserver 跟上游一致是一個道理。

當然，kubelet 本身也是按照「控制器模式」工作的，其工作原理如圖 9-1 所示。

可以看到，kubelet 的工作核心是一個控制循環 —— SyncLoop（圖 9-1 中的大圓圈）。驅動該控制循環執行的事件包括四種：

(1) Pod 更新事件；

(2) Pod 生命週期變化；

(3) kubelet 本身設置的執行週期；

(4) 定時的清理事件。

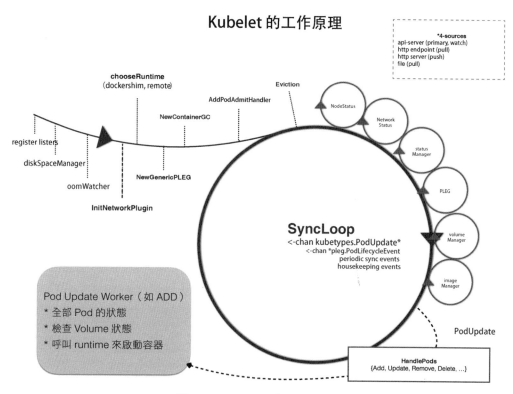

圖 9-1　kubelet 的工作原理

所以，和其他控制器類似，kubelet 啟動時首先要做的就是設定 Listers，即註冊它所關心的各種事件的 Informer。這些 Informer，就是 SyncLoop 需要處理的資料的來源。

此外，kubelet 還負責維護其他很多子控制循環（圖 9-2 中的小圓圈）。這些控制循環一般稱作某某 Manager，例如 Volume Manager、Image Manager、Node Status Manager 等。

不難想到，這些控制循環的責任，就是透過控制器模式完成 kubelet 的某項具體任務。例如，Node Status Manager 就負責響應節點的狀態變化，然後收集節點的狀態訊息，並透過心跳的方式上報給 API Server。再例如 CPU Manager 負責維護該節點的 CPU 核的訊息，以便在 Pod 透過 cpuset 的方式請求 CPU 核時，能正確管理 CPU 核的使用量和可用量。

那麼，這個 SyncLoop 是如何根據 Pod 物件的變化來進行容器操作的呢？

實際上，kubelet 也是透過 Watch 機制，監聽與自己相關的 Pod 物件的變化。當然，這個 Watch 的過濾條件是該 Pod 的 nodeName 欄位與自己的相同。kubelet 會把這些 Pod 的訊息快取在自己的記憶體裡。

當一個 Pod 完成調度，與一個節點綁定之後，這個 Pod 的變化就會觸發 kubelet 在控制循環裡註冊的 Handler，也就是圖 9-1 中的 HandlePods 部分。此時，通過檢查該 Pod 在 kubelet 記憶體中的狀態，kubelet 就能判斷出這是新調度過來的 Pod，從而觸發 Handler 裡 ADD 事件對應的處理邏輯。

在具體的處理過程中，kubelet 會啟動一個名叫 Pod Update Worker 的、單獨的 Goroutine 來完成對 Pod 的處理工作。

例如，如果是 ADD 事件，kubelet 就會為這個新的 Pod 生成對應的 Pod Status，檢查 Pod 所宣告使用的 Volume 是否已準備好。然後，呼叫下層的容器執行時（例如 Docker），開始建立這個 Pod 定義的容器。如果是 UPDATE 事件，kubelet 就會根據 Pod 物件具體的變更情況，呼叫下層容器執行時進行容器的重建工作。

這裡需要注意的是，kubelet 呼叫下層容器執行時的執行過程，並不會直接呼叫 Docker 的 API，而是透過一組叫作 CRI 的 gRPC 介面來間接執行的。

Kubernetes 之所以要在 kubelet 中引入這樣一層單獨的抽象，當然是為了對 Kubernetes 封鎖下層容器執行時的差異。實際上，對於 1.6 版本之前的 Kubernetes 來說，它就是直接呼叫 Docker 的 API 來建立和管理容器的。

但是，正如本書開篇介紹容器背景時提到的，Docker 風靡全球後不久，CoreOS 公司就推出了 rkt 來與 Docker 正面競爭。在此背景下，Kubernetes 的預設容器執行時自然也就成了兩家公司角逐的重要戰場。

毋庸置疑，Docker 必然是 Kubernetes 最依賴的容器執行時。但憑藉與 Google 公司非同一般的關係，CoreOS 公司還是在 2016 年成功地將對 rkt 容器的支援直接新增進了 kubelet 的主幹程式碼。

不過，這個「趕鴨子上架」的舉動並沒有為 rkt 帶來更多使用者，反而給 kubelet 的維護人員帶來了巨大的負擔。在這種情況下，kubelet 任何一次重要功能的更新，都不得不考慮 Docker 和 rkt 這兩種容器執行時的處理場景，然後分別更新 Docker 和 rkt 兩部分程式碼。

更讓人為難的是，由於 rkt 實在太小眾，kubelet 團隊所有與 rkt 相關的程式碼修改都必須依賴 CoreOS 的員工才能完成。這不僅拖慢了 kubelet 的開發週期，也為穩定性埋下了巨大隱患。

與此同時，2016 年 Kata Containers 的前身 runV 逐漸成熟。這種基於虛擬化技術的強隔離容器，與 Kubernetes 和 Linux 容器之間具有良好的互補關係。所以，在 Kubernetes 上游，對虛擬化容器的支援很快就被提上了日程。

不過，雖然虛擬化容器執行時有諸多優點，但它與 Linux 容器截然不同的實現方式，使得它跟 Kubernetes 的整合工作要比跟 rkt 複雜得多。如果此時再把對 runV 支援的程式碼也一起新增到 kubelet 中，那麼接下來 kubelet 的維護工作基本無法正常進行了。

所以，2016 年 SIG-Node 開始動手解決上述問題。解決辦法也很容易想到，那就是把 kubelet 對容器的操作統一地抽象成介面。這樣，kubelet 就只需要

跟這個介面打交道了。而作為具體的容器產品，例如 Docker、rkt、runV，它們只需要提供一個該介面的實現，然後對 kubelet 暴露 gRPC 服務即可。

這一層統一的容器操作介面就是 CRI。它的設計與實現原理將在下一節詳細講解。

有了 CRI 之後，Kubernetes 和 kubelet 本身的架構就如圖 9-2 所示了。

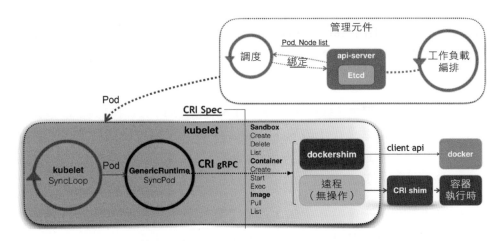

圖 9-2　Kubernetes 和 kubelet 的架構

可以看到，當 Kubernetes 透過編排能力建立了一個 Pod 之後，調度器會為這個 Pod 選擇一個具體的節點來執行。此時，kubelet 當然會透過前面講過的 SyncLoop 來判斷需要執行的具體操作，例如建立一個 Pod。那麼此時，kubelet 實際上就會呼叫一個名為 GenericRuntime 的通用元件，來發起建立 Pod 的 CRI 請求。

那麼，這個 CRI 請求該由誰來響應呢？如果你使用的容器是 Docker，那麼負責響應這個請求的就是一個叫作 dockershim 的元件。它會把 CRI 請求裡的內容取出，然後組裝成 Docker API 請求發給 Docker Daemon。

需要注意的是，在 Kubernetes 目前的實現裡，dockershim 依然是 kubelet 程式碼的一部分。當然，將來 dockershim 肯定會從 kubelet 裡移出，甚至直接被廢棄。

更普遍的場景是，你需要在每台宿主機上單獨安裝一個負責響應 CRI 的元件，一般稱之為 CRI shim。顧名思義，CRI shim 的工作就是扮演 kubelet 與容器之間的「墊片」（shim）。所以它的作用非常單純 —— 實現 CRI 規定的每個介面，然後把具體的 CRI 請求「翻譯」成對後端容器的請求或者操作。

小結

本節首先介紹了 SIG-Node 的職責以及 kubelet 這個元件的工作原理，然後重點講解了 kubelet 究竟是如何將 Kubernetes 對應用程式的定義，一步步轉換成最終對 Docker 或者其他容器的 API 請求的。

不難看出，在此過程中，kubelet 的 SyncLoop 和 CRI 的設計是其中最重要的兩個關鍵點。正是基於以上設計，SyncLoop 要求這個控制循環絕對不可以被阻塞。所以，凡是在 kubelet 裡有可能會耗費大量時間的操作，例如準備 Pod 的 Volume、拉取鏡像等，SyncLoop 都會開啟單獨的 Goroutine 來進行操作。

思考題

你在專案中是如何部署 kubelet 這個元件的？為何要這麼做？

9.2 ▶ 解讀 CRI 與容器執行時

上一節詳細講解了 kubelet 的工作原理和 CRI 的來龍去脈，本節將深入講解 CRI 的設計與工作原理。

首先簡要回顧有了 CRI 之後 Kubernetes 的架構，參見圖 9-2。

上一節提到，CRI 機制能夠發揮作用，其核心就在於每種容器現在都可以自己實現一個 CRI shim，自行對 CRI 請求進行處理。這樣，Kubernetes 就有了一個統一的容器抽象層，使得下層容器執行時可以自由地對接進入 Kubernetes 當中。所以，這裡的 CRI shim 就是容器的維護者自由發揮的「場地」。除了 dockershim，其他容器執行時的 CRI shim 都需要額外部署在宿主機上。

例如，CNCF 裡的 containerd 就可以提供一個典型的 CRI shim 的能力：把
Kubernetes 發出的 CRI 請求轉換成對 containerd 的呼叫，然後建立出 runC
容器。而 runC 才是負責執行前面講過的設定容器 Namespace、Cgroups 和
chroot 等基礎操作的元件。圖 9-3 展示了這幾層的組合關係。

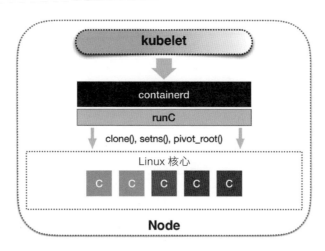

圖 9-3　CRI shim 示意圖

作為一個 CRI shim，containerd 對 CRI 的具體實現又是怎樣的呢？首先看看
CRI 這個介面的定義。圖 9-4 展示了 CRI 裡主要的待實現介面。

```go
type RuntimeService interface {
    RunPodSandbox(config *kubeapi.PodSandboxConfig) (string, error)
    StopPodSandbox(podSandboxID string) error
    RemovePodSandbox(podSandboxID string) error
    PodSandboxStatus(podSandboxID string) (*kubeapi.PodSandboxStatus, error)
    ListPodSandbox(filter *kubeapi.PodSandboxFilter) ([]*kubeapi.PodSandbox, error)

    CreateContainer(podSandboxID string, config *kubeapi.ContainerConfig,
        sandboxConfig *kubeapi.PodSandboxConfig) (string, error)
    StartContainer(rawContainerID string) error
    StopContainer(rawContainerID string, timeout int64) error
    RemoveContainer(rawContainerID string) error
    ListContainers(filter *kubeapi.ContainerFilter) ([]*kubeapi.Container, error)
    ContainerStatus(rawContainerID string) (*kubeapi.ContainerStatus, error)

    ExecSync(rawContainerID string, cmd []string, timeout time.Duration) ([]byte, []byte, error)
    Exec(req *kubeapi.ExecRequest) (*kubeapi.ExecResponse, error)
    Attach(req *kubeapi.AttachRequest) (*kubeapi.AttachResponse, error)
    PortForward(req *kubeapi.PortForwardRequest) (*kubeapi.PortForwardResponse, error)
}

type ImageService interface {
    ListImages(filter *kubeapi.ImageFilter) ([]*kubeapi.Image, error)
    ImageStatus(image *kubeapi.ImageSpec) (*kubeapi.Image, error)
    PullImage(image *kubeapi.ImageSpec, auth *kubeapi.AuthConfig) (string, error)
    RemoveImage(image *kubeapi.ImageSpec) error
}
```

圖 9-4　CRI 裡主要的待實現介面

具體而言，可以把 CRI 分為兩組。

- 第一組是 RuntimeService。它提供的介面主要是跟容器相關的操作，例如建立和啟動容器、刪除容器、執行 exec 指令等。
- 第二組是 ImageService。它提供的介面主要是容器鏡像相關的操作，例如拉取鏡像、刪除鏡像等。

由於容器鏡像的操作比較簡單，因此暫且略過。接下來主要講解 RuntimeService 部分。

在這一部分，CRI 設計的一個重要原則就是確保這個介面只關注容器，不關注 Pod，原因也很容易理解。

第一，Pod 是 Kubernetes 的編排概念，而不是容器執行時的概念。所以，不能假設所有下層容器都能夠暴露可以直接映射為 Pod 的 API。

第二，如果 CRI 裡引入了關於 Pod 的概念，那麼接下來只要 Pod API 物件的欄位發生變化，CRI 就很有可能需要變更。而在 Kubernetes 開發的前期，Pod 物件的變化還是比較頻繁的，但對於 CRI 這樣的標準介面來說，這個變更頻率就有點麻煩了。所以，CRI 的設計裡並沒有直接建立 Pod 或者啟動 Pod 的介面。

不過，相信你也已經注意到了，CRI 裡還有一組叫作 RunPodSandbox 的介面。它對應的並不是 Kubernetes 裡的 Pod API 物件，而只是抽取了 Pod 裡的一部分與容器執行時相關的欄位，例如 HostName、DnsConfig、CgroupParent 等。所以，這個介面描述的，其實是 Kubernetes 將 Pod 這個概念映射到容器執行時層面所需要的欄位，或者說是一個 Pod 物件子集。

作為具體的容器專案，你需要自己決定如何使用這些欄位，來實現一個 Kubernetes 期望的 Pod 模型。其中的原理如圖 9-5 所示。

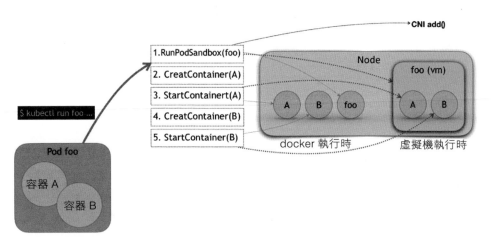

圖 9-5　用容器執行時相關欄位實現 Kubernetes 期望的 Pod 模型

例如，當我們執行 kubectl run 建立了一個名為 foo 的、包括 A、B 兩個容器的 Pod 之後。這個 Pod 的訊息最後來到 kubelet，kubelet 就會按照圖 9-6 中的順序呼叫 CRI 介面。

在具體的 CRI shim 中，這些介面的實現可以完全不同。如果是 Docker，dockershim 就會建立出一個名為 foo 的 Infra 容器（pause 容器），用來「hold」整個 Pod 的 Network Namespace。

如果是基於虛擬化技術的容器，例如 Kata Containers，它的 CRI 實現就會直接建立出一個輕量級虛擬機來充當 Pod。

此外，需要注意的是，在 RunPodSandbox 這個介面的實現中，你還需要呼叫 networkPlugin.SetUpPod(⋯) 來為這個 Sandbox 設定網路。這個 SetUpPod(⋯) 方法實際上就在執行 CNI 外掛程式裡的 add(⋯) 方法，也就是前面講過的 CNI 外掛程式為 Pod 建立網路，並且把 Infra 容器加入網路中的操作。

接下來，kubelet 繼續呼叫 CreateContainer 和 StartContainer 介面來建立和啟動容器 A 和容器 B。對應 dockershim，就是直接啟動 A、B 兩個 Docker 容器。所以，最後宿主機上會出現 3 個 Docker 容器組成這一個 Pod。

如果是 Kata Containers、CreateContainer 和 StartContainer 介面的實現，就只會在前面建立的輕量級虛擬機裡建立 A、B 兩個容器對應的 Mount Namespace。所以，最後宿主機上只會有一個叫作 foo 的輕量級虛擬機在執行。關於像 Kata Containers 或者 gVisor 這種所謂的安全容器，下一節會詳細介紹。

除了上述對容器生命週期的實現，CRI shim 還有一個重要的工作，就是如何實現 exec、logs 等介面。這些介面跟前面的操作有一個很大的區別：在這些 gRPC 介面呼叫期間，kubelet 需要跟容器專案維護一個長連接來傳輸資料。這種 API 稱為 Streaming API。

CRI shim 裡對 Streaming API 的實現依賴一套獨立的 Streaming Server 機制，原理如圖 9-6 所示。

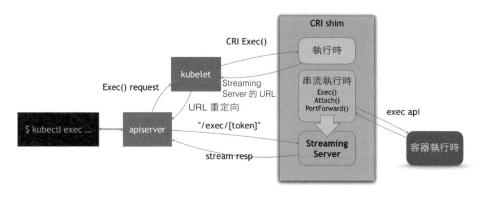

圖 9-6　Streaming Server 機制示意圖

可以看到，當我們對一個容器執行 `kubectl exec` 指令，這個請求首先會交給 API Server，然後 API Server 會呼叫 kubelet 的 Exec API。這樣，kubelet 就會呼叫 CRI 的 Exec 介面，而負責響應這個介面的自然就是具體的 CRI shim。

但在這一步，CRI shim 不會直接呼叫後端的容器（例如 Docker）來進行處理，而只會返回一個 URL 給 kubelet。這個 URL 就是該 CRI shim 對應的 Streaming Server 的位址和埠。

kubelet 拿到這個 URL 之後，就會把它以 Redirect 的方式返回給 API Server。所以此時 API Server 就會透過重定向，來向 Streaming Server 發起真正的 /exec 請求，與它建立長連接。

當然，這個 Streaming Server 本身是需要使用 SIG-Node 為你維護的 Streaming API 來實現的。並且，Streaming Server 會與 CRI shim 同時啟動。此外，Streaming Server 這一部分具體如何實現，完全可以由 CRI shim 的維護者自行決定。例如，對於 Docker 來說，dockershim 就是直接呼叫 Docker 的 Exec API 來實現的。

以上就是 CRI 的設計以及具體的工作原理。

小結

本節詳細解讀了 CRI 的設計和具體工作原理，並梳理了實現 CRI 介面的核心流程。

不難看出，CRI 這個介面的設計實際上還是比較寬鬆的。這就意味著，容器專案的維護者，在實現 CRI 的具體介面時，往往擁有很高的自由度。這不僅包括容器的生命週期管理，也包括如何將 Pod 映射為自己的實現，還包括如何呼叫 CNI 外掛程式來為 Pod 設定網路的過程。

所以，當你對容器這一層有特殊需求時，建議優先考慮實現一個自己的 CRI shim，而不是修改 kubelet 甚至容器專案的程式碼。這種透過外掛程式的方式訂製 Kubernetes 的做法，也是 Kubernetes 社群最鼓勵和推崇的最佳實踐。這也正是像 Kata Containers、gVisor 甚至虛擬機這樣的「非典型」容器，都可以無縫接入 Kubernetes 的重要原因。

思考題

前面講過的 Device Plugin 為容器分配的 GPU 訊息，是透過 CRI 的哪個介面傳遞給 dockershim，最後交給 Docker API 的呢？

9.3 ▶ 絕不僅僅是安全：
Kata Containers 與 gVisor

上一節詳細講解了 kubelet 和 CRI 的設計和具體工作原理。前面講解 CRI 的誕生背景時曾提到，這其中的一個重要推動力，就是基於虛擬化或者獨立核心的安全容器的逐漸成熟。

使用虛擬化技術來開發一個像 Docker 一樣的容器，並不是一個新鮮的主意。早在 Docker 發布之後，Google 公司就開源了一個實驗性的專案：novm。這可以算是試圖使用一般虛擬化技術來執行 Docker 鏡像的首次嘗試。不過，novm 開源後不久就被放棄了，這對於 Google 公司來說或許不算什麼新鮮事，但是 novm 的曇花一現還是激發了很多核心開發者的靈感。

所以在 2015 年，幾乎在同一週，Intel OTC（Open Source Technology Center）和中國的 HyperHQ 團隊，各自開源了基於虛擬化技術的容器實現，分別叫作 Intel Clear Container 和 runV。

2017 年，藉著 Kubernetes 的東風，這兩個相似的容器在中立基金會的撮合下最終合併，成了現在大家耳熟能詳的 Kata Containers。由於本質上是一個精簡後的輕量級虛擬機，因此它「像虛擬機一樣安全，像容器一樣敏捷」。

2018 年，Google 公司發布了 gVisor。gVisor 給容器行程配置了一個用 Go 語言實現的、在使用者態執行的、極小的「獨立核心」。這個核心對容器行程暴露 Linux 核心 ABI，扮演著「客戶機核心」的角色，從而實現了容器和宿主機的隔離。

不難看出，無論是 Kata Containers 還是 gVisor，它們實現安全容器的方法其實殊途同歸。這兩種容器實現的本質，都是給行程分配一個獨立的作業系統核心，從而避免讓容器共享宿主機的核心。這樣，容器行程能夠「看到」的攻擊面，就從整個宿主機核心變成了一個極小的、獨立的、以容器為單位的核心，從而有效地解決了容器行程「逃逸」或者奪取整個宿主機控制權的問題。圖 9-7 展示了其實現原理。

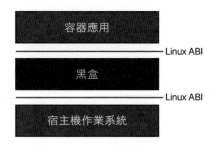

圖 9-7　安全容器的實現原理

二者的區別在於，Kata Containers 使用的是傳統的虛擬化技術，透過虛擬硬體模擬出了一台「小虛擬機」，然後在小虛擬機裡安裝了一個裁剪後的 Linux 核心來實現強隔離。gVisor 的做法則更激進，Google 的工程師直接用 Go 語言「模擬」了一個在使用者態執行的作業系統核心，然後透過模擬的核心來代替容器行程向宿主機發起有限、可控的系統呼叫。

接下來，詳細解讀 Kata Containers 和 gVisor 具體的設計原理。

首先，討論 Kata Containers，圖 9-8 展示了它的工作原理。

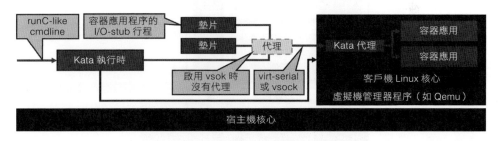

圖 9-8　Kata Containers 的工作原理

> **Note**
> 本節圖片均來自 Kata Containers 的官方比較資料。

前面講過，Kata Containers 的本質是輕量化虛擬機。所以當 Kata Containers 啟動之後，你就會看到一個正常的虛擬機在執行。這也就意味著，一個標準的 VMM（virtual machine manager，虛擬機管理程式）是執行 Kata Containers 的必備元件。圖 9-9 中使用的 VMM 就是 Qemu。

使用虛擬機作為行程的隔離環境之後，Kata Containers 原生就帶有 Pod 的概念。也就是說，Kata Containers 啟動的虛擬機就是一個 Pod；而使用者定義的容器，就是在這個輕量級虛擬機裡執行的行程。在具體實現上，Kata Containers 的虛擬機裡，會有一個特殊的 Init 行程，負責管理虛擬機中的使用者容器，並且只為這些容器開啟 Mount Namespace。所以，這些使用者容器之間原生就是共享 Network Namespace 以及其他 Namespace 的。

此外，為了跟上層編排框架，例如 Kubernetes 進行對接，Kata Containers 會啟動一系列跟使用者容器對應的 shim 行程，來負責操作這些使用者容器的生命週期。當然，這些操作實際上還是要靠虛擬機裡的 Init 行程來完成。

在具體的架構上，Kata Containers 的實現方式同正常的虛擬機也非常類似。圖 9-9 展示了其實現原理。

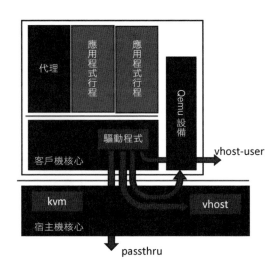

圖 9-9　Kata Containers 的實現方式

可以看到，當 Kata Containers 執行起來之後，虛擬機裡的使用者行程（容器）實際上只能「看到」虛擬機裡被裁減過的客戶機核心以及透過 Hypervisor 虛擬出來的硬體裝置。

為了能夠最佳化這台虛擬機的 I/O 性能，Kata Containers 也會透過 vhost 技術（例如 vhost-user）來實現客戶機與宿主機之間的高效網路通訊，並且使用

PCI Passthrough（PCI 穿透）技術，來讓客戶機裡的行程直接訪問宿主機上的物理裝置。這些架構設計和實現，跟一般虛擬機的最佳化手段基本一致。

相比之下，gVisor 的設計要更「激進」一些，圖 9-10 展示了其設計原理。

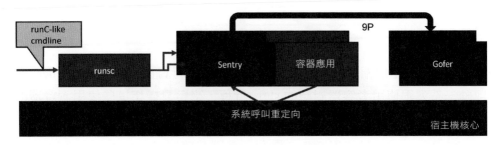

圖 9-10　gVisor 的設計原理

gVisor 工作的核心在於它為應用程式行程（使用者容器）啟動了一個名為 Sentry 的行程。該行程的主要職責是提供一個傳統的作業系統核心的能力：執行使用者程式，執行系統呼叫。所以，Sentry 並不是使用 Go 語言重新實現了一個完整的 Linux 核心，而只是一個對應用程式行程「冒充」核心的系統元件。

在這種設計理念一下，就不難理解，Sentry 其實需要自己實現一個完整的 Linux 核心網路堆疊，以便處理應用程式行程的通訊請求，然後把封裝好的二層幀直接發送給 Kubernetes 設置的 Pod 的 Network Namespace 即可。

此外，Sentry 對於 Volume 的操作需要透過 9P 協定交給一個叫作 Gofer 的代理行程來完成。Gofer 會代替應用程式行程直接操作宿主機上的檔案，並依靠 seccomp 機制將自己的能力限制在最小集，從而防止惡意應用程式行程透過 Gofer 從容器中「逃逸」。

在具體的實現上，gVisor 的 Sentry 行程其實還分為兩種實現方式。圖 9-11 展示了其中一種的工作原理。

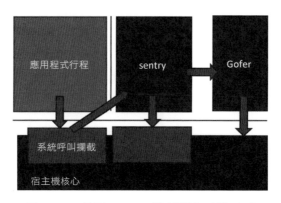

圖 9-11　使用 Ptrace 機制攔截系統呼叫

第一種實現方式，是使用 Ptrace 機制，來攔截使用者應用程式的**系統呼叫**（system call），然後把這些系統呼叫交給 Sentry 來處理。

該過程對於應用程式行程是完全透明的。Sentry 接下來則會扮演作業系統的角色，在使用者態執行使用者程式，然後僅在需要的時候才向宿主機發起 Sentry 自己所需要執行的系統呼叫。這就是 gVisor 對使用者應用程式行程進行強隔離的主要手段。不過，Ptrace 攔截系統呼叫的效能實在太差，僅能供示範時使用。

第二種實現方式更具普適性，圖 9-12 展示了它的工作原理。

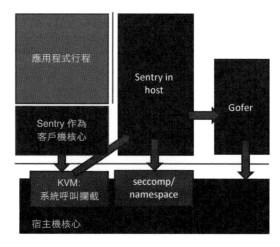

圖 9-12　使用 KVM 攔截系統呼叫

在這種實現裡，Sentry 會使用 KVM 來攔截系統呼叫，其性能明顯優於 Ptrace。當然，為了能夠做到這一點，Sentry 行程就必須扮演一個客戶機核心的角色，負責執行使用者程式，發起系統呼叫。而這些系統呼叫被 KVM 攔截下來，還是繼續交給 Sentry 進行處理。只不過，此時 Sentry 就切換成了一個普通的宿主機行程的角色，來向宿主機發起它所需要的系統呼叫。

可以看到，在這種實現裡，Sentry 並不會真的像虛擬機那樣虛擬出硬體裝置、安裝 Guest 作業系統。它只是借助 KVM 攔截系統呼叫以及處理位址空間切換等細節。

值得一提的是，Google 內部也使用第二種基於 Hypervisor 的 gVisor 實現。只不過 Google 有自己研發的 Hypervisor，所以其性能優於 KVM 實現。

透過以上講解，相信你對 Kata Containers 和 gVisor 的實現原理有了感性的認識。需要指出的是，到目前為止，gVisor 的實現依然不太完善，很多 Linux 系統呼叫它還不支援，很多應用程式在 gVisor 裡還無法執行。此外，gVisor 也暫時不支援一個 Pod 多個容器。當然，後面的發展中會逐漸解決這些工程問題。

另外，AWS 在 2018 年末發布了安全容器 Firecracker。Firecracker 的核心其實是一個用 Rust 語言重新編寫的 VMM。這就意味著，Firecracker 和 Kata Containers 的本質原理相同。只不過，Kata Containers 預設使用的 VMM 是 Qemu，而 Firecracker 使用自己編寫的 VMM。所以，理論上 Kata Containers 也可以使用 Firecracker 執行起來。

小結

本節詳細地介紹了擁有獨立核心的安全容器，比較了 Kata Containers 和 gVisor 的設計與實現細節。

在性能方面，Kata Containers 和 KVM 實現的 gVisor 基本上不分伯仲，在啟動速度和占用資源上，基於使用者態核心的 gVisor 還略勝一籌。但是，對於系統呼叫密集的應用程式，例如重 I/O 或者重網路的應用程式，gVisor 就會因為需要頻繁攔截系統呼叫而性能急劇下降。此外，gVisor 由於要自己使

用 Sentry 去模擬一個 Linux 核心，因此它能支援的系統呼叫是有限的，只是 Linux 系統呼叫的一個子集。

不過，gVisor 雖然現在沒有任何優勢，但是這種透過在使用者態執行一個作業系統核心，來為應用程式行程提供強隔離的思路，的確是未來安全容器演化的一個非常有前途的方向。

值得一提的是，在 gVisor 之前，Kata Containers 團隊就已經嘗試了一個名為 Linuxd 的產品。該產品使用了 UML（user mode Linux）技術，在使用者態執行一個真正的 Linux 核心，來為應用程式行程提供強隔離，從而避免了重新實現 Linux 核心帶來的各種麻煩。

我認為這個方向才應該是安全容器進化的未來。這比 Unikernels 這種根本不適合在實際場景中使用的思路更切實可行。

思考題

安全容器的意義絕不僅僅止於安全。設想這樣一個場景：你的宿主機的 Linux 核心版本是 3.6，但是應用程式要求 Linux 核心版本是 4.0。此時，你就可以在一個 Kata Containers 裡執行該應用程式。那麼請問，你覺得使用 gVisor 能否提供這種能力呢？原因是什麼呢？

Kubernetes 監控
與日誌

10.1 ▶ Prometheus、Metrics Server 與 Kubernetes 監控體系

前面介紹了 Kubernetes 的核心架構、編排概念以及具體的設計與實現。本章將介紹 Kubernetes 監控相關的一些核心技術。

Kubernetes 的監控體系曾經非常繁雜，社群中也有很多方案。但這套體系發展到今天，已經完全演變成以 Prometheus 為核心的一套統一的方案。

鑑於有些讀者對 Prometheus 還太不熟悉，所以先簡單介紹這項產品。實際上，Prometheus 是當年 CNC 基金會起家時的「第二把交椅」。發展至今，已經全面接管了 Kubernetes 的整套監控體系。

有趣的是，與 Kubernetes 一樣，Prometheus 也來自 Google 的 Borg。它的原型系統叫作 BorgMon，是一個幾乎與 Borg 同時誕生的內部監控系統。Prometheus 的發起原因也跟 Kubernetes 很類似，都是希望以更友善的方式，將 Google 內部系統的設計理念傳遞給使用者和開發者。

作為監控系統，Prometheus 的作用和工作方式，如圖 10-1 所示。

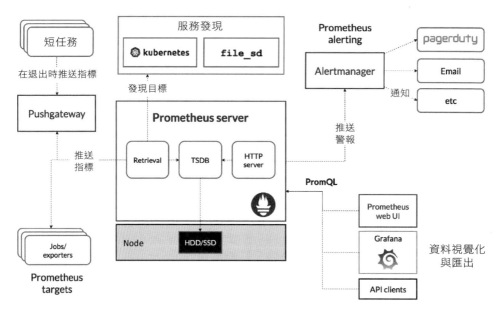

圖 10-1　Prometheus 的作用和工作方式

可以看到，Prometheus 工作的核心是透過 Pull（抓取）的方式搜集被監控物件的 Metrics 資料，然後把它們儲存在一個 TSDB（時間序列資料庫，例如 OpenTSDB、InfluxDB 等）當中，以便後續可以按照時間進行檢索。

有了這套核心監控機制，Prometheus 的其餘元件就是用來配合這套機制的執行的。例如 Pushgateway，可以允許被監控物件以 Push 的方式向 Prometheus 推送 Metrics 資料。Alertmanager 則可以根據 Metrics 訊息靈活地設定報警。當然，Prometheus 最受使用者歡迎的功能，還是透過 Grafana 對外暴露出的、可以靈活配置的監控資料可視化介面。

有了 Prometheus 之後，我們就可以按照 Metrics 資料的來源，來對 Kubernetes 的監控體系進行匯總。

第一種 Metrics 資料是宿主機的監控資料。這部分資料需要借助一個由 Prometheus 維護的 Node Exporter 工具來提供。一般說來，Node Exporter 會以 DaemonSet 的方式在宿主機上執行。其實，所謂的 Exporter，就是代

替被監控物件，來對 Prometheus 暴露可被「抓取」的 Metrics 訊息的一個輔助行程。

Node Exporter 可以暴露給 Prometheus 採集的 Metrics 資料，不單單是節點的負載、CPU、記憶體、磁碟以及網路這樣的一般訊息，它的 Metrics 可謂「包羅萬象」。

第二種 Metrics 資料是來自 Kubernetes 的 API Server、kubelet 等元件的 /metrics API。除了一般的 CPU、記憶體的訊息，還主要包括了各個元件的核心 Metrics。例如，對於 API Server 來說，它就會在 /metrics API 裡暴露各個 Controller 的工作佇列的長度、請求的 QPS 和延遲資料等。這些訊息是檢查 Kubernetes 本身工作情況的主要依據。

第三種 Metrics 資料是 Kubernetes 相關的監控資料。這部分的資料一般叫作 Kubernetes 核心監控資料。這其中包括了 Pod、Node、容器、Service 等 Kubernetes 核心概念的 Metrics 資料。

其中容器相關的 Metrics 資料主要來自 kubelet 內建的 cAdvisor 服務。在 kubelet 啟動後，cAdvisor 服務也隨之啟動，而它能夠提供的訊息可以細化到每一個容器的 CPU、檔案系統、記憶體、網路等資源的使用情況。

需要注意的是，這裡提到的 Kubernetes 核心監控資料，其實使用的是 Kubernetes 的一項非常重要的擴展能力 —— Metrics Server。

在 Kubernetes 社群中，Metrics Server 其實是用來取代 Heapster 的。在 Kubernetes 發展的初期，Heapster 是使用者取得 Kubernetes 監控資料（例如 Pod 和 Node 的資源使用情況）的主要渠道。後面提出的 Metrics Server，則把這些訊息透過標準的 Kubernetes API 暴露了出來。這樣 Metrics 訊息就跟 Heapster 完成了解耦，允許 Heapster 慢慢退出舞台。

有了 Metrics Server 之後，使用者就可以透過標準的 Kubernetes API 訪問到這些監控資料，例如下面這個 URL：

```
http://127.0.0.1:8001/apis/metrics.k8s.io/v1beta1/namespaces/<namespace-name>/
pods/<pod-name>
```

當你訪問這個 Metrics API 時，它會返回一個 Pod 的監控資料，而這些資料其實是從 kubelet 的 Summary API（`<kubelet_ip>:<kubelet_port>/stats/summary`）採集而來的。Summary API 返回的訊息既包括了 cAdvisor 的監控資料及 kubelet 匯總的訊息。

需要指出的是，Metrics Server 並不是 kube-apiserver 的一部分，而是透過 Aggregator 外掛程式機制，在獨立部署的情況下同 kube-apiserver 一起統一對外服務的。

Aggregator API Server 的工作原理如圖 10-2 所示。

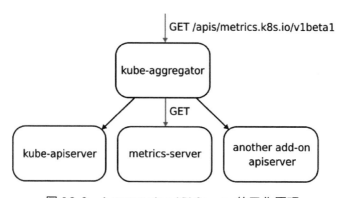

圖 10-2　Aggregator API Server 的工作原理

可以看到，當 Kubernetes 的 API Server 開啟 Aggregator 模式之後，你再訪問 apis/metrics.k8s.io/v1beta1，實際上訪問到的是一個叫作 kube-aggregator 的代理。而 kube-apiserver 正是這個代理的一個後端，Metrics Server 則是另一個後端。

而且，在該機制下，你還可以給 kube-aggregator 新增更多後端。所以 kube-aggregator 其實就是一個根據 URL 選擇具體的 API 後端的代理伺服器。透過這種方式，我們就可以很方便地擴展 Kubernetes 的 API 了。

開啟 Aggregator 模式也非常簡單。

- 如果你使用 kubeadm 或者官方的 kube-up.sh 腳本部署 Kubernetes 叢集，Aggregator 模式是預設開啟的。

- 如果手動搭建，你就需要在 kube-apiserver 的啟動參數裡加上，如下所示的配置：

```
--requestheader-client-ca-file=<path to aggregator CA cert>
--requestheader-allowed-names=front-proxy-client
--requestheader-extra-headers-prefix=X-Remote-Extra-
--requestheader-group-headers=X-Remote-Group
--requestheader-username-headers=X-Remote-User
--proxy-client-cert-file=<path to aggregator proxy cert>
--proxy-client-key-file=<path to aggregator proxy key>
```

這些配置的主要作用，就是為 Aggregator 這一層設定對應的 Key 和 Cert 檔案。這些檔案的生成需要你自己手動完成，具體流程請參考官方文件。

Aggregator 功能開啟之後，你只需要將 Metrics Server 的 YAML 檔部署起來即可，如下所示：

```
$ git clone https://github.com/kubernetes-sigs/metrics-server.git
$ cd metrics-server-release-0.3/deploy/1.8+/
$ kubectl apply -f .
```

然後 metrics.k8s.io 這個 API，就會出現在你的 Kubernetes API 列表當中。

在理解了 Prometheus 關心的三種監控資料源以及 Kubernetes 的核心 Metrics 之後，作為使用者，你要做的就是在 Kubernetes 叢集裡部署 Prometheus Operator，然後按照本節開頭介紹的架構配置上述 Metrics 源，讓 Prometheus 自行採集即可。

後面會進一步剖析 Kubernetes 監控體系，以及 Custom Metrics 的具體技術點。

小結

本節主要介紹了 Kubernetes 目前監控體系的設計、Prometheus 在該體系中的地位，以及以 Prometheus 為核心的監控系統的架構設計；然後詳細解讀了 Kubernetes 核心監控資料的來源：Metrics Server 的具體工作原理，以及 Aggregator API Server 的設計思路。

希望以上講解能讓你對 Kubernetes 的監控體系形成整體的認知：Kubernetes 社群在監控上全面以 Prometheus 為核心進行建設。

最後，在具體的 Metrics 規劃上，建議你遵循業界通用的 USE 原則和 RED 原則。

USE 原則指按照以下三個維度來規劃資源 Metrics：

  (1) **利用率**（utilization），資源被有效利用來提供服務的平均時間占比；

  (2) **飽和度**（saturation），資源的擁擠程度，例如工作佇列的長度；

  (3) **錯誤**（error），錯誤的數量。

RED 原則，指按照以下三個維度來規劃服務 Metrics：

  (1) 每秒請求數量（rate）；

  (2) 每秒錯誤數量（error）；

  (3) 服務反應時間（duration）。

不難發現，USE 原則主要關注「資源」，例如節點和容器的資源使用情況；而 RED 原則主要關注「服務」，例如 kube-apiserver 或者某個應用程式的工作情況。在本節講解的 Kubernetes+Prometheus 組成的監控體系中，可以完全覆蓋這兩種指標。

思考題

在監控體系中，對於資料的採集，其實既有 Prometheus 這種 Pull 模式，也有 Push 模式。你如何看待這兩種模式的異同和優缺點？

10.2 ▶ Custom Metrics：
讓 Auto Scaling 不再「食之無味」

上一節詳細介紹了 Kubernetes 中的核心監控體系的架構。不難看出，
Prometheus 在其中居於核心位置。實際上，借助前述監控體系，Kubernetes
就可以提供一種非常有用的能力 —— Custom Metrics。

在過去的很多 PaaS 中，其實有一種叫作 Auto Scaling（自動水平擴展）的功
能。只不過，該功能往往只能依據指定的資源類型執行，例如 CPU 或者記
憶體的使用值。

在真實的場景中，使用者需要進行 Auto Scaling 的依據往往是 Custom
Metrics，例如某個應用程式的等待佇列的長度，或者某種應用程式相關資源
的使用情況。在傳統 PaaS 和其他容器編排專案中，幾乎不可能輕鬆支援這
些複雜多變的需求。

憑藉強大的 API 擴展機制，Custom Metrics 已成為 Kubernetes 的一項標準能
力。並且，Kubernetes 的自動擴展器元件 HPA（horizontal Pod autoscaler）
也可以直接使用 Custom Metrics 來執行使用者指定的擴展策略，而且整個過
程非常靈活和可訂製。

不難想到，Kubernetes 裡的 Custom Metric 機制也是借助 Aggregator API
Server 擴展機制實現的。這裡的具體原理是，當 Custom Metrics API Server
啟動之後，Kubernetes 裡就會出現一個叫作 custom.metrics.k8s.io 的 API。
而當你訪問該 URL 時，Aggregator 就會把你的請求轉發給 Custom Metrics
API Server。

Custom Metrics API Server 的實現，其實就是一個 Prometheus 的 Adaptor。

例如，現在要實現一個根據指定 Pod 收到的 HTTP 請求數量來進行 Auto
Scaling 的 Custom Metrics，就可以透過訪問如下所示的自訂監控 URL 來
取得。

```
https://<apiserver_ip>/apis/custom-metrics.metrics.k8s.io/v1beta1/namespaces/default/pods/
sample-metrics-app/http_requests
```

這裡的工作原理是，當你訪問這個 URL 時，Custom Metrics API Server 就會去 Prometheus 裡查詢名為 sample-metrics-app 這個 Pod 的 `http_requests` 指標的值，然後按照固定格式返回給訪問者。

當然，`http_requests` 指標的值，需要由 Prometheus 按照上一節講到的核心監控體系從目標 Pod 上採集。具體做法有很多，最普遍的做法，是讓 Pod 裡的應用程式本身暴露一個 /metrics API，然後在這個 API 裡返回自己收到的 HTTP 請求的數量。所以，接下來 HPA 只需要定時訪問自訂監控 URL，然後根據這些值計算是否要執行擴展即可。

接下來舉例說明 Custom Metrics 的具體使用方式。這個例子依然假設你的叢集是用 kubeadm 部署出來的，所以 Aggregator 功能已預設開啟。

> **Tip**
>
> 這裡使用的實例，來自 Lucas Käldström 讀高中時製作的一系列 Kubernetes 指南。

第一步，當然是部署 Prometheus，自然會使用 Prometheus Operator 來完成，如下所示：

```
$ git clone https://github.com/resouer/kubeadm-workshop.git

$ kubectl apply -f demos/monitoring/prometheus-operator.yaml
clusterrole.rbac.authorization.k8s.io/prometheus-operator created
serviceaccount/prometheus-operator created
clusterrolebinding.rbac.authorization.k8s.io/prometheus-operator created
deployment.apps/prometheus-operator created

$ kubectl apply -f demos/monitoring/sample-prometheus-instance.yaml
clusterrole.rbac.authorization.k8s.io/prometheus created
serviceaccount/prometheus created
clusterrolebinding.rbac.authorization.k8s.io/prometheus created
prometheus.monitoring.coreos.com/sample-metrics-prom created
service/sample-metrics-prom created
```

第二步，部署 Custom Metrics API Server，如下所示：

```
$ kubectl apply -f demos/monitoring/custom-metrics.yaml
namespace/custom-metrics created
serviceaccount/custom-metrics-apiserver created
clusterrolebinding.rbac.authorization.k8s.io/custom-metrics:system:auth-
delegator created
rolebinding.rbac.authorization.k8s.io/custom-metrics-auth-reader created
clusterrole.rbac.authorization.k8s.io/custom-metrics-resource-reader created
clusterrolebinding.rbac.authorization.k8s.io/custom-metrics-apiserver-resource-
reader created
clusterrole.rbac.authorization.k8s.io/custom-metrics-getter created
clusterrolebinding.rbac.authorization.k8s.io/hpa-custom-metrics-getter created
deployment.apps/custom-metrics-apiserver created
service/api created
apiservice.apiregistration.k8s.io/v1beta1.custom.metrics.k8s.io created
clusterrole.rbac.authorization.k8s.io/custom-metrics-server-resources created
clusterrolebinding.rbac.authorization.k8s.io/hpa-controller-custom-metrics created
```

第三步，需要為 Custom Metrics API Server 建立對應的 ClusterRoleBinding，
以便能夠使用 curl 來直接訪問 Custom Metrics 的 API：

```
$ kubectl create clusterrolebinding allowall-cm --clusterrole
custom-metrics-server-resources --user system:anonymous
clusterrolebinding.rbac.authorization.k8s.io/allowall-cm created
```

第四步，就可以把待監控的應用程式和 HPA 部署起來了，如下所示：

```
$ kubectl apply -f demos/monitoring/sample-metrics-app.yaml
deployment.apps/sample-metrics-app created
service/sample-metrics-app created
servicemonitor.monitoring.coreos.com/sample-metrics-app created
horizontalpodautoscaler.autoscaling/sample-metrics-app-hpa created
ingress.extensions/sample-metrics-app created
```

這裡需要關注 HPA 的配置，如下所示：

```
kind: HorizontalPodAutoscaler
apiVersion: autoscaling/v2beta1
metadata:
```

```
      name: sample-metrics-app-hpa
spec:
  scaleTargetRef:
    apiVersion: apps/v1
    kind: Deployment
    name: sample-metrics-app
  minReplicas: 2
  maxReplicas: 10
  metrics:
  - type: Object
    object:
      target:
        kind: Service
        name: sample-metrics-app
      metricName: http_requests
      targetValue: 100
```

可以看到，HPA 的配置就是你設定 Auto Scaling 規則的地方。例如，`scaleTargetRef` 欄位就指定了被監控物件是名為 `sample-metrics-app` 的 Deployment，即前面部署的被監控應用程式。並且，它最小的實例數目是 2，最大是 10。

在 `metrics` 欄位，我們指定了這個 HPA 進行擴展的依據是名為 `http_requests` 的 Metrics。取得這個 Metrics 的途徑是訪問名為 `sample-metrics-app` 的 Service。

有了這些欄位裡的定義，HPA 就可以向如下所示的 URL 發起請求來取得 Custom Metrics 的值了：

```
https://<apiserver_ip>/apis/custom-metrics.metrics.k8s.io/v1beta1/namespaces/
default/services/sample-metrics-app/http_requests
```

需要注意的是，上述這個 URL 對應的被監控物件，是我們的應用程式對應的 Service。這跟本節開頭舉例用到的 Pod 對應的 Custom Metrics URL 不同。當然，對於一個多實例應用程式來說，透過 Service 採集 Pod 的 Custom Metrics 其實才是合理的做法。

此時，可以透過一個名為 hey 的測試工具來為我們的應用程式增加一些訪問壓力，具體做法如下所示：

```
$ # 安裝 hey
$ docker run -it -v /usr/local/bin/:/go/bin golang:1.14 go get github.com/rakyll/hey

$ export APP_ENDPOINT=$(kubectl get svc sample-metrics-app -o template --template
{{.spec.clusterIP}}); echo ${APP_ENDPOINT}
$ hey -n 50000 -c 1000 http://${APP_ENDPOINT}
```

與此同時，如果你訪問應用程式 Service 的 Custom Metircs URL，就會看到這個 URL 已經可以為你返回應用程式收到的 HTTP 請求數量了，如下所示：

```
$ curl -sSLk
https://<apiserver_ip>/apis/custom-metrics.metrics.k8s.io/v1beta1/namespaces/
default/services/sample-metrics-app/http_requests
{
  "kind": "MetricValueList",
  "apiVersion": "custom-metrics.metrics.k8s.io/v1beta1",
  "metadata": {
    "selfLink":
"/apis/custom-metrics.metrics.k8s.io/v1beta1/namespaces/default/services/sample-
metrics-app/http_requests"
  },
  "items": [
    {
      "describedObject": {
        "kind": "Service",
        "name": "sample-metrics-app",
        "apiVersion": "/__internal"
      },
      "metricName": "http_requests",
      "timestamp": "2020-09-20T20:56:34Z",
      "value": "501484m"
    }
  ]
}
```

這裡需要注意 Custom Metrics API 為你返回的 Value 的格式。

在為被監控應用程式編寫 /metrics API 的返回值時，其實比較容易計算該 Pod 收到的 HTTP 請求的總數。所以，這個應用程式的程式碼如下所示：

```
if (request.url == "/metrics") {
    response.end("# HELP http_requests_total The amount of requests served by the
server in total\n# TYPE http_requests_total counter\nhttp_requests_total " +
totalrequests + "\n");
    return;
}
```

可以看到，我們的應用程式在 /metrics 對應的 HTTP 響應裡返回的，其實是 http_requests_total 的值，也就是 Prometheus 收集到的值。而 Custom Metrics API Server 在收到對 http_requests 指標的訪問請求之後，它會從 Prometheus 裡查詢 http_requests_total 的值，然後將其折算成以時間為單位的請求率，最後把這個結果作為 http_requests 指標對應的值返回。

所以，我們訪問前面的 Custom Metircs URL 時，會看到值是 501484m。這裡的格式其實就是 milli-requests，相當於過去兩分鐘內每秒有 501 個請求。這樣，應用程式的開發者就無須關心如何計算每秒的請求數目了。而這樣的「請求率」的格式，HPA 可以直接拿來使用。

此時，如果你同時查看 Pod 的個數，就會看到 HPA 開始增加 Pod 的數目了。

不過，這裡你可能會有一個疑問：Prometheus 是如何知道採集哪些 Pod 的 /metrics API 作為監控指標的來源呢？實際上，如果仔細觀察前面建立應用程式的輸出，會看到有一個類型是 ServiceMonitor 的物件也被建立了出來。它的 YAML 檔如下所示：

```
apiVersion: monitoring.coreos.com/v1
kind: ServiceMonitor
metadata:
  name: sample-metrics-app
  labels:
    service-monitor: sample-metrics-app
spec:
  selector:
    matchLabels:
      app: sample-metrics-app
```

```
endpoints:
- port: web
```

這個 `ServiceMonitor` 物件正是 Prometheus Operator 用來指定被監控 Pod 的一個配置檔。可以看到，我其實是透過 Label Selector 來為 Prometheus 指定被監控應用程式的。

小結

本節詳細講解了 Kubernetes 裡 Custom Metrics 的設計與實現機制。這套機制的擴展性非常強，也終於使得 Auto Scaling 在 Kubernetes 裡不再是一個「食之無味」的雞肋功能了。

另外可以看到，Kubernetes 的 Aggregator API Server 是一個非常有效的 API 擴展機制。而且，Kubernetes 社群已經提供了名為 KubeBuilder 的工具庫，幫你生成一個 API Server 的完整程式碼框架，你只需要在裡面新增自訂 API 以及對應的業務邏輯即可。

思考題

在你的業務場景中，你希望使用什麼樣的指標作為 Custom Metrics，以便對 Pod 進行 Auto Scaling 呢？如何取得這種指標呢？

10.3 ▶ 容器日誌收集與管理：讓日誌無處可逃

前面詳細講解了 Kubernetes 的核心監控體系，以及自訂監控體系的設計與實現思路。本節將詳細介紹 Kubernetes 裡對容器日誌的處理方式。

首先需要明確，Kubernetes 裡對容器日誌的處理方式都叫作 cluster-level-logging，即這個日誌處理系統與容器、Pod 以及節點的生命週期都完全無關。這種設計當然是為了保證無論容器不工作、Pod 被刪除，甚至節點當機，依然可以正常取得應用程式的日誌。

對於一個容器來說，當應用程式把日誌輸出到 stdout 和 stderr 之後，容器本身預設會把這些日誌輸出到宿主機上的一個 JSON 檔案裡。這樣，透過 `kubectl logs` 指令就可以看到這些容器的日誌了。

上述機制就是本節要講解的容器日誌收集的基礎假設。如果你的應用程式是把檔案輸出到別處，例如直接輸出到容器裡的某個檔案裡，或者輸出到遠端儲存裡，就另當別論了。當然，本節也會介紹這些特殊情況的處理方法。

Kubernetes 本身實際上不會為你做容器日誌收集工作。所以，為了實現上述 cluster-level-logging，你需要在部署叢集時，提前規劃具體的日誌方案。Kubernetes 本身主要推薦了三種日誌方案。

第一種方案，在節點上部署 logging agent，將日誌檔案轉發到後端儲存裡儲存起來。這種方案的架構如圖 10-3 所示。

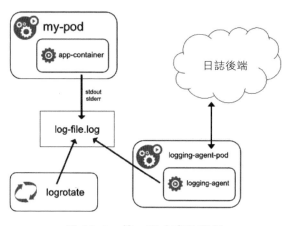

圖 10-3　第一種方案的架構

不難看出，這裡的核心就在於 logging agent，它一般會以 DaemonSet 的方式在節點上執行，然後把宿主機上的容器日誌目錄掛載進去，最後由 logging-agent 把日誌轉發出去。

例如，我們可以把 Fluentd 作為宿主機上的 logging-agent，然後把日誌轉發到遠端的 Elasticsearch 裡儲存起來供將來檢索。具體的操作過程參見官方文件。另外，Kubernetes 的很多部署會自動為你啟用 logrotate，在日誌檔案大小超過 10 MB 時自動對日誌檔案進行切割（logrotate）操作。

可以看到，在節點上部署 logging agent 最大的優點在於一個節點僅需部署一個 agent，並且對應用程式和 Pod 沒有任何侵入性。所以，在社群中該方案最常用。但是，這種方案的明顯不足之處在於，它要求應用程式輸出的日誌都必須直接輸出到容器的 stdout 和 stderr 裡。

第二種 Kubernetes 容器日誌方案，處理的就是這種特殊情況：當容器的日誌只能輸出到某些檔案裡時，我們可以透過一個 sidecar 容器把這些日誌檔案重新輸出到 sidecar 的 stdout 和 stderr 上，這樣就能夠繼續使用第一種方案了。這種方案的具體工作原理如圖 10-4 所示。

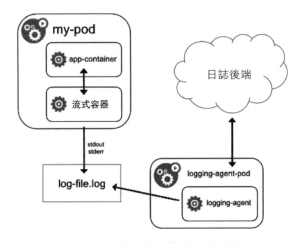

圖 10-4　第二種方案的工作原理

例如，現在我的應用程式 Pod 只有一個容器，它會把日誌輸出到容器裡的 /var/log/1.log 和 2.log 這兩個檔案裡。這個 Pod 的 YAML 檔如下所示：

```
apiVersion: v1
kind: Pod
metadata:
  name: counter
spec:
  containers:
  - name: count
    image: busybox
    args:
    - /bin/sh
    - -c
```

```
  - >
    i=0;
    while true;
    do
      echo "$i: $(date)" >> /var/log/1.log;
      echo "$(date) INFO $i" >> /var/log/2.log;
      i=$((i+1));
      sleep 1;
    done
    volumeMounts:
    - name: varlog
      mountPath: /var/log
  volumes:
  - name: varlog
    emptyDir: {}
```

在這種情況下，使用 `kubectl logs` 指令看不到應用程式的任何日誌。而且前面講解的最常用的第一種方案也無法使用。

此時，我們就可以為這個 Pod 新增兩個 sidecar 容器，分別將上述兩個日誌檔案裡的內容重新以 stdout 和 stderr 的方式輸出。這個 YAML 檔的寫法如下所示：

```
apiVersion: v1
kind: Pod
metadata:
  name: counter
spec:
  containers:
  - name: count
    image: busybox
    args:
    - /bin/sh
    - -c
    - >
      i=0;
      while true;
      do
        echo "$i: $(date)" >> /var/log/1.log;
        echo "$(date) INFO $i" >> /var/log/2.log;
```

```
        i=$((i+1));
        sleep 1;
      done
    volumeMounts:
    - name: varlog
      mountPath: /var/log
  - name: count-log-1
    image: busybox
    args: [/bin/sh, -c, 'tail -n+1 -f /var/log/1.log']
    volumeMounts:
    - name: varlog
      mountPath: /var/log
  - name: count-log-2
    image: busybox
    args: [/bin/sh, -c, 'tail -n+1 -f /var/log/2.log']
    volumeMounts:
    - name: varlog
      mountPath: /var/log
  volumes:
  - name: varlog
    emptyDir: {}
```

此時，就可以透過 `kubectl logs` 指令查看這兩個 sidecar 容器的日誌，間接看到應用程式的日誌內容了，如下所示：

```
$ kubectl logs counter count-log-1
0: Mon Jan  1 00:00:00 UTC 2001
1: Mon Jan  1 00:00:01 UTC 2001
2: Mon Jan  1 00:00:02 UTC 2001
...
$ kubectl logs counter count-log-2
Mon Jan  1 00:00:00 UTC 2001 INFO 0
Mon Jan  1 00:00:01 UTC 2001 INFO 1
Mon Jan  1 00:00:02 UTC 2001 INFO 2
...
```

由於 sidecar 跟主容器之間共享 Volume，因此這裡的 sidecar 方案的額外性能損耗並不大，也就是多占用一點 CPU 和記憶體罷了。

需要注意的是，此時宿主機上實際上會存在兩份相同的日誌檔案：一份是應用程式自己寫入的，另一份則是 sidecar 的 stdout 和 stderr 對應的 JSON 檔。這對磁碟是很大的浪費。所以，除非萬不得已或者應用程式容器完全不可能被修改，否則還是建議你直接使用第一種方案，或者直接使用第三種方案。

第三種方案，就是透過一個 sidecar 容器，直接把應用程式的日誌檔案發送到遠端儲存中去。這就相當於把第一種方案中的 logging agent 放在應用程式 Pod 裡。這種方案的架構如圖 10-5 所示。

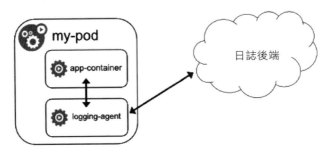

圖 10-5　第三種方案的架構

在這種方案下，你的應用程式還可以直接把日誌輸出到固定的檔案裡，而不是 stdout，你的 logging-agent 還可以使用 fluentd，後端儲存還可以是 Elasticsearch。只不過，fluentd 的輸入源變成了應用程式的日誌檔案。一般說來，我們會把 fluentd 的輸入源配置儲存在一個 ConfigMap 裡，如下所示：

```
apiVersion: v1
kind: ConfigMap
metadata:
  name: fluentd-config
data:
  fluentd.conf: |
    <source>
      type tail
      format none
      path /var/log/1.log
      pos_file /var/log/1.log.pos
      tag count.format1
    </source>
```

```
<source>
  type tail
  format none
  path /var/log/2.log
  pos_file /var/log/2.log.pos
  tag count.format2
</source>

<match **>
  type google_cloud
</match>
```

然後，我們在應用程式 Pod 的定義裡就可以宣告一個 Fluentd 容器作為
sidecar，專門負責將應用程式生成的 1.log 和 2.log 轉發到 Elasticsearch 當
中。這個配置如下所示：

```
apiVersion: v1
kind: Pod
metadata:
  name: counter
spec:
  containers:
  - name: count
    image: busybox
    args:
    - /bin/sh
    - -c
    - >
      i=0;
      while true;
      do
        echo "$i: $(date)" >> /var/log/1.log;
        echo "$(date) INFO $i" >> /var/log/2.log;
        i=$((i+1));
        sleep 1;
      done
    volumeMounts:
    - name: varlog
      mountPath: /var/log
  - name: count-agent
```

```
    image: k8s.gcr.io/fluentd-gcp:1.30
    env:
    - name: FLUENTD_ARGS
      value: -c /etc/fluentd-config/fluentd.conf
    volumeMounts:
    - name: varlog
      mountPath: /var/log
    - name: config-volume
      mountPath: /etc/fluentd-config
  volumes:
  - name: varlog
    emptyDir: {}
  - name: config-volume
    configMap:
      name: fluentd-config
```

可以看到，這個 Fluentd 容器使用的輸入源就是透過引用前面編寫的 ConfigMap 來指定的。這裡用到了 Projected Volume 來把 ConfigMap 掛載到 Pod 裡。5.3 節講解過該用法，可自行回顧。

需要注意的是，這種方案雖然部署簡單，並且對宿主機非常友好，但是這個 sidecar 容器很可能會消耗較多資源，甚至拖垮應用程式容器。並且，由於日誌還是沒有輸出到 stdout 上，因此透過 kubectl logs 看不到任何日誌輸出。

以上，就是 Kubernetes 管理容器應用程式日誌最常用的三種手段。

小結

本節詳細講解了 Kubernetes 對容器應用程式日誌的收集方式。上述三種方案中，最常用的一種方式就是將應用程式日誌輸出到 stdout 和 stderr，然後透過在宿主機上部署 logging-agent 來集中處理日誌。

這種方案不僅管理簡單，可靠性高，kubectl logs 也可以用，而且宿主機很可能內建了 rsyslogd 等成熟的日誌收集元件供使用。

除此之外，還有一種方式：在編寫應用程式時直接指定好日誌的儲存後端，如圖 10-6 所示。

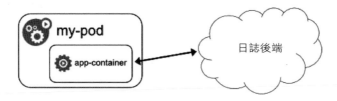

圖 10-6 編寫應用程式時直接指定好日誌的儲存後端

在這種方案下，Kubernetes 就完全不必操心容器日誌的收集了，這對於已經有完善的日誌處理系統的公司來說是一個非常好的選擇。

最後需要指出的是，無論採用哪種方案，你都必須配置好宿主機上的日誌檔案切割和清理工作，或者給日誌目錄專門掛載一些容量巨大的遠端盤。否則，一旦主磁碟分區占滿，整個系統就可能陷入崩潰狀態，這是非常麻煩的。

思考題

(1) 當日誌量很大時，直接將日誌輸出到容器 stdout 和 stderr 上有無隱患？有何解決辦法？

(2) 你還有哪些容器日誌收集方案？

Kubernetes 應用程式
管理進階

11.1 ▶ 再談 Kubernetes 的本質與雲原生

前面講過 Kubernetes 的本質是「平台的平台」，講解了 Kubernetes 的宣告式 API 的設計和用法，並且深入剖析其中的各項核心設計原理。本章將繼續深入講解 Kubernetes 更高階的設計原理和實踐。

11.1.1 什麼是雲原生

在講解後面的內容之前，首先解釋「雲原生」到底是什麼。

在不同的場合，這個詞的定義也不同。有人說，雲原生就是 Kubernetes 和容器；也有人說，雲原生就是「彈性可擴展」；還有人說，雲原生就是 Serverless；後來有人乾脆宣稱，雲原生就像「哈姆雷特」，每個人的理解都不同。

實際上，自這個關鍵字被 CNCF 和 Kubernetes 技術生態「借用」之初，雲原生的意義和內涵就是非常確定的。在這個生態當中，雲原生的本質是一

系列最佳實踐的結合；更詳細地說，雲原生為實踐者指定了一條低心智負擔的，能夠以可擴展、可複製的方式最大化地利用雲的能力、發揮雲的價值的最佳路徑。

所以，雲原生並不指代某個開源專案或者某種技術，而是一套指導軟體與基礎設施架構設計的思想。這裡的關鍵在於，基於這套思想構建出來的應用程式和應用程式基礎設施，將天然地能夠與「雲」整合，充分發揮「雲」的能力和價值。

這種思想，以一言以蔽之，就是「以應用程式為中心」。正是因為以應用程式為中心，雲原生技術體系才會無限強調，讓基礎設施能更好地配合應用程式，以更高效的方式為應用程式「輸送」基礎設施能力。相應地，Kubernetes、Docker、Operator 等在雲原生生態中發揮關鍵作用的開源專案，就是讓這種思想落地的技術手段。

以應用程式為中心，是指導整個雲原生生態和 Kubernetes 蓬勃發展至今的重要主線。

11.1.2 「下沉」的應用程式基礎設施能力

你可能聽說過，在以 Kubernetes 為代表的基礎設施領域的演進過程中，有一個重要的關鍵字，那就是應用程式基礎設施能力的「下沉」。

過去我們編寫一個應用程式所需要的基礎設施能力，例如資料庫、分布式鎖、服務註冊 / 發現、消息服務等，往往是透過引入中介軟體來解決的。這些中介軟體是由專門的中介軟體團隊編寫的服務接入程式碼，讓你無須深入了解具體基礎設施能力細節，便能以最小的代價學習和使用這些基礎設施能力。這其實是一種單純的「關注點分離」概念。不過更確切地說，中介軟體的出現，不單單是要讓「專業的人做專業的事」，更多是因為過去基礎設施的能力既不強大，也不標準。這就意味著，假如沒有中介軟體來封鎖這些基礎設施細節，統一接入方式，業務研發只得「被迫營業」，去學習無數晦澀的基礎設施 API 和呼叫方法，對於「生產力就是一切」的研發人員來說，這顯然是不可接受的。

不過,基礎設施本身的演進過程,實際上也伴隨著雲端運算和開源社群的迅速崛起。時至今日,以雲為中心、以開源社群為依託的現代基礎設施體系,已經徹底打破了原先企業級基礎設施能力良莠不齊,或者只能由全世界幾家巨頭提供的情況。

這個變化,正是雲原生技術改變傳統應用程式中介軟體格局的開始。更確切地說,原先透過應用程式中介軟體提供和封裝的各種基礎設施能力,現在全都被 Kubernetes 從應用程式層「拽」到了基礎設施層,也就是 Kubernetes 當中。值得注意的是,Kubernetes 本身其實不直接提供這些能力,Kubernetes 扮演的角色,是透過宣告式 API 和控制器模式對使用者「暴露」更底層的基礎設施能力。這些能力或者來自「雲」(例如 PolarDB 資料庫服務),或者來自生態開源專案(例如 Prometheus 和 CoreDNS)。

這也是 CNCF 能夠基於 Kubernetes 這樣一個種子,迅速構建起一個由數百個開源專案組成的龐大生態的根本原因:Kubernetes 從來就不是一個簡單的平台或者資源管理專案,而是一個分量十足的「接入層」,是雲原生時代真正意義上的「作業系統」。

可是,為什麼只有 Kubernetes 能做到這一點呢?這是因為,Kubernetes 是第一個真正嘗試以「應用程式為中心」的基礎設施開源專案。

這其實才是 Kubernetes 的設計初衷。以應用程式為中心,使得 Kubernetes 從一開始就把宣告式 API,而不是調度和資源管理作為自己的立身之本。宣告式 API 最大的價值在於「把簡單留給使用者,把複雜留給自己」。透過宣告式 API,Kubernetes 的使用者永遠只需要關心和宣告應用程式的終態,而不是底層基礎設施(如雲端硬碟或者 Nginx)的配置方法和實現細節。注意,這裡應用程式的「終態」不僅包括應用程式本身的執行終態,還包括應用程式所需要的所有底層基礎設施能力(如路由策略、訪問策略、儲存需求等所有應用程式依賴)的終態。

這些都是以「應用程式為中心」的切實體現。所以,Kubernetes 並沒有讓中介軟體消失,而是把自己變成了一種「宣告式」、「與語言無關的」中介軟體,這正是應用程式基礎設施能力「下沉」的真實含義。

應用程式基礎設施能力「下沉」實際上始終伴隨著整個雲原生技術體系和 Kubernetes 的發展。例如，Kubernetes 最早提供的應用程式副本管理、服務發現和分布式協同能力，其實就是把構建分布式應用程式最迫切的幾個需求，透過 Replication Controller、kube-proxy 體系和 etcd「下沉」到了基礎設施當中。Service Mesh 進一步把傳統中介軟體裡至關重要的「服務與服務間流量管理」部分也「下沉」了。

隨著底層基礎設施能力的日趨完善和強大，越來越多的能力會以各種方式「下沉」。而在此過程中，CRD+Operator 的出現更是起到了關鍵的推進作用。CRD+Operator 實際上對外暴露了 Kubernetes 宣告式 API 驅動，任何基礎設施「能力」的開發人員都可以把這個「能力」輕鬆地植入 Kubernetes 當中。當然，這也體現了 Operator 和自訂 Controller 的本質區別：Operator 是一種特殊的自訂 Controller，它的編寫者一定是某個「能力」對應的領域專家，例如 MySQL 的開發人員，而不是 Kubernetes 專家。

11.1.3　Kubernetes 會變得越來越複雜，但這其實沒什麼

一個不爭的事實是，Kubernetes 其實會越來越複雜，而不是越來越簡單。更確切地說，「宣告式基礎設施」的基礎就是讓越來越多的「複雜性」下沉到基礎設施裡，無論是外掛程式化、介面化的 Kubernetes「民主化」的努力，還是容器設計模式或者 Mesh 體系，所有這些令人興奮的技術演進，最終都會導致 Kubernetes 變得越來越複雜。而宣告式 API 的好處就在於，它能夠在基礎設施本身的複雜度以指數級攀升的同時，保證使用者的互動介面複雜度仍呈線性上升。否則，如今的 Kubernetes 恐怕早就已經重蹈 OpenStack 的覆轍而被人拋棄了。

「複雜」是任何一個基礎設施天生的特質，而非缺點。今天的 Linux 核心一定比 1991 年的第一版複雜許多，今天的 Linux 核心開發人員也一定無法像十年前那樣對每個模組都瞭若指掌。這是基礎設施演進的必然結果。

但是，基礎設施本身的複雜度，並不意味著基礎設施的所有使用者都需要承受。這就好比雖然我們使用 Linux 核心，但並不會抱怨「Linux 核心實在是太複雜了」，因為大多數時候我們甚至察覺不到 Linux 核心的存在。

所以，在接下來幾節的高階實踐中，我會重點講解如何基於「以應用程式為中心」的思想來解決 Kubernetes 的「複雜度」難題，所涉及的各種方法實際上跟 Linux 進行「分層抽象」的理念完全一致。

11.2 ▶ 宣告式應用程式管理簡介

前面多次講到這樣一個概念 —— 宣告式應用程式管理。實際上，這也是 Kubernetes 跟其他所有技術設施都不同的一個設計，也是 Kubernetes 獨有的能力。那麼，宣告式應用程式管理在 Kubernetes 中的具體表現到底是什麼？

11.2.1 宣告式應用程式管理不僅僅是「宣告式 API」

回顧 Kubernetes 的核心工作原理，就不難發現這樣一個事實：Kubernetes 中的絕大多數功能，無論是 kubelet 執行容器、kube-proxy 執行 iptables 規則，還是 kube-scheduler 進行 Pod 調度，以及 Deployment 管理 ReplicaSet 的過程等，其實在整體設計上遵循著前面介紹的「控制器模式」。使用者透過 YAML 檔等方式表達期望狀態，也就是終態（無論是網路還是儲存），然後 Kubernetes 的各種元件，就會讓整個叢集的狀態向使用者宣告的終態逼近，以至最終兩者完全一致。這個實際狀態逐漸向期望狀態逼近的過程叫作「調諧」。Operator 和自訂 Controller 的核心工作方式同理。

這種透過宣告式描述檔，以驅動控制器執行調諧，來逼近兩個狀態的工作型態，正是宣告式應用程式管理最直觀的體現。需要注意的是，這個過程其實有兩層含義。

(1) 宣告式描述的期望狀態。該描述必須是嚴格意義上使用者想要的終態，如果你在該描述裡填寫的是某個中間狀態，或者你希望動態地調整這個期望狀態，都會影響這個宣告式語義的準確執行。

(2) 基於調諧的狀態逼近過程。調諧過程的存在確保了系統狀態與終態保持一致的理論正確性。確切地說，調諧過程不停地執行「檢查→ Diff →執行」的循環，系統才能始終知道系統本身狀態與終態之間的差異並採取必要行動。相比之下，僅僅擁有宣告式描述是不充分的。這個

道理很容易理解，你第一次提交這個描述時，系統達成了你的期望狀態，並不能保證 1 小時後情況依然如此。很多人會搞混「宣告式應用程式管理」和「宣告式 API」，其實就是沒有正確認識調諧的必要性。

你也許比較好奇，採用這種宣告式應用程式管理體系對於 Kubernetes 來說有何好處？

11.2.2　宣告式應用程式管理的本質

實際上，宣告式應用程式管理體系的理論基礎，是一種叫作 Infrastructure as Data（IaD）的概念。按照這種概念，基礎設施的管理不應該耦合於某種程式語言或者配置方式，而應該是純粹的、格式化的、系統可讀的資料，並且這些資料能夠完整地表徵使用者所期望的系統狀態。

這樣做的好處在於，我們任何時候對基礎設施執行操作，最終都等價於對這些資料的增、刪、改、查。更重要的是，對這些資料進行增、刪、改、查的方式與這個基礎設施無關。所以，跟一個基礎設施互動的過程，就不會綁定在某種程式語言、某種遠端呼叫協定或者某種 SDK 上。只要能夠生成對應格式的「資料」，就能天馬行空地使用任何方式來，完成對基礎設施的操作。

這種好處體現在 Kubernetes 上，就是如果想在 Kubernetes 上執行任何操作，都只需要提交一個 YAML 檔，然後對該 YAML 檔進行增、刪、改、查即可，而不是必須使用 Kubernetes 的 Restful API 或者 SDK。這個 YAML 檔其實就是 Kubernetes 這個 IaD 系統對應的 Data。

所以，Kubernetes 自誕生起，就把它的所有功能都定義成了所謂的「API 物件」，其實就是一個個 Data。這樣，使用者就可以透過對這些 Data 進行增、刪、改、查來實現目標，而不是被綁定在某種語言或者 SDK 上。這不僅賦予了 Kubernetes 使用者極大的自由，而且基於 Kubernetes 構建上層系統或者跟其他系統整合也變得非常容易：不管這個系統是用什麼語言編寫的，它只需要透過自己的方式生成和操作一個個 Kubernetes API 物件，就可以跟 Kubernetes 進行互動。

正是因為使用者能夠以非常小的代價基於 Kubernetes 構建或者整合其他系統，Kubernetes 才成功地把自己「塞進」基礎設施與傳統 PaaS 之間，向下整合各種雲和基礎設施的能力，向上支援使用者構建各種應用程式管理系統。所以，IaD 正是 Kubernetes 能夠達成「平台的平台」這個目標的核心能力所在。

至此，估計大家已經明白了：IaD 設計中的 Data 具體表現出來，其實就是宣告式的 Kubernetes API 物件；而 Kubernetes 中的控制循環確保系統本身能夠始終跟這些 Data 所描述的狀態保持一致。

使用 Kubernetes 時之所以要寫那麼多 YAML 檔，只因我們需要透過一種方式把 Data 提交給 Kubernetes 而已。在此過程中，YAML 只是一種為了讓人類格式化地編寫 Data 的一種載體。打個比方，YAML 就像小朋友作業本裡的「田字格」，「田字格」裡寫的那些文字才是 Kubernetes 真正需要處理的 Data。

你可能已經想到了，既然 Kubernetes 需要處理這些 Data，那麼 Data 本身是不是也應該有一個固定的「格式」或「規範」，這樣 Kubernetes 才能解析它們？

沒錯，這些 Data 的格式在 Kubernetes 中就叫作 API 物件的 schema。這個 Schema 在編寫自訂控制器時體現得就非常直接了，它正是透過自訂 API 物件的 CRD 來進行規範的。

小結

本節簡要講解了宣告式應用程式管理的理論基礎，這有助於你真正理解 Kubernetes 的技術本質。例如，宣告式應用程式管理與宣告式 API 的關係，為什麼需要控制器模式，API 物件與 CRD 的關係，為什麼 Kubernetes 要透過 YAML 來進行操作等。歸根結底，這些設計的本質都是 IaD，都是為了能夠讓使用者透過與工具、協定無關的方式，把 Data 提交給 Kubernetes。

11.3 ▶ 宣告式應用程式管理進階

上一節介紹了宣告式應用程式管理體系的核心，是用來表徵系統期望狀態的 Data，以及這些 Data 的格式是由 Kubernetes 中的 schema 機制（例如 CRD）來約束的。本節將深入講解 Data 部分的進階實踐。

11.3.1　Kubernetes 的「複雜性」

如果你經常使用 Kubernetes，相信時常會聽到這樣一種說法：「Kubernetes 實在是太複雜了。」

但透過本書對 Kubernetes 的介紹，你應該能夠感覺到，Kubernetes 本身的設計和核心思想並沒有很複雜的概念；它所對接的網路、儲存等基礎設施能力都是常見的技術，並沒有什麼「黑科技」。那麼，Kubernetes 的「複雜性」究竟從何說起呢？

其中的主要原因是，IaD 這種設計的主要目標是讓上層系統更好地整合 Kubernetes，而不是直接服務使用者。這就使得 Kubernetes 對於大多數人來說學習門檻很高，需要處理很多 YAML 檔，它們的各種組合也非常複雜。實際上，宣告式 API 以及基於 YAML 檔承載 Data 的做法儘管不是新概念，但確實只有 Kubernetes 將這個概念在基礎設施領域真正發揚光大。這個變革對於每個 Kubernetes 使用者都是一個挑戰，而對於那些嘗試直接使用 Kubernetes 的業務研發人員與運維人員來說，尤其麻煩。

11.3.2　構建上層抽象

既然我們弄清楚了 Kubernetes 的複雜性源自於其定位（一個構建上層平台的基礎底座，而非針對使用者的平台），那麼一個自然而然的想法就是，我們應該嘗試基於 Kubernetes 打造一個上層平台，提供更為使用者導向的語義，這樣就能加滿足我們的訴求。

為了解釋這個問題，來看幾個最基本的 Kubernetes 物件。

```
kind: Deployment
apiVersion: apps/v1
metadata:
  name: web-deployment
spec:
  replicas: 4
  selector:
    matchLabels:
      deploy: example
  template:
    metadata:
      labels:
        deploy: example
    spec:
      containers:
        - name: web
          image: nginx:1.7.9
          securityContext:
            allowPrivilegeEscalation: false
---
apiVersion: v1
kind: Service
metadata:
  name: my-service
spec:
  selector:
    deploy: example
  ports:
    - protocol: TCP
      port: 80
      targetPort: 80
```

在很多人的印象中，這樣一個 YAML 檔跟一個「應用程式」等價，理應屬
於業務研發人員日常操作的一個重要檔案。然而真實情況是，在雲端社群
中，極少有公司或者團隊會直接把這個 Deployment+Service 的組合物件暴露
給業務研發人員，原因有很多。

首先，這裡有太多業務使用者不關心的細節性欄位。例如，如果上述
Deployment YAML 檔應該由業務研發人員負責編寫，那他們如何知道怎麼
填寫 securityContext 欄位呢？

顯然，業務研發人員並非安全專家，可能不知道若 allowPrivilegeEscalation 欄位不設定為 false，那麼這個應用程式對應的容器就有權限洩露的風險。再例如，Service 具體是什麼意思？它的定義中用來關聯 Pod 的 selector 欄位又該怎麼處理？這些都不是業務人員所熟悉的概念。

其次，這裡還有很多欄位，並且跟系統強相關。例如，上述 Deployment 裡的 replicas=4 欄位代表該應用程式的副本數應該始終為 4，這看起來應該是研發人員需要定義好的應用程式終態。然而事實是，在生產環境中，這個 Deployment 有可能被運維人員或者 Kubernetes 自動水平擴充功能（例如 HPA）接管。在這種情況下，系統裡真正的副本數就不一定是 4 了，它可能是一個任意值。這種欄位會給使用者帶來很多困惑，尤其是當系統本身也會操作或者修改這個欄位時。

作為「平台的平台」，Kubernetes 的主要使用者，是基礎設施工程師或者平台開發工程師，所以哪怕是像 Deployment、Service 這樣在我們看起來比較簡單的物件，對於真正的業務研發人員、運維人員等最終使用者來說，學習成本和心智負擔都比較重。這就好比他們只想用 PHP 寫個網站，卻被要求必須精通 Linux 核心網路堆疊一樣：不僅「學不動」，而且根本「不想學」。

11.3.3　設計一個研發人員導向的 Deployment 物件

那麼，假設我們現在想為業務研發人員打造一個更上層的應用程式平台，暴露出更簡單、更使用者導向的物件，能否做到呢？

其實，如果仔細觀察前面的例子，就不難發現，這個 YAML 中業務研發人員真正關心的欄位其實很少，大概只有下面這些：

```
...
  containers:
    - name: web
      image: nginx:1.7.9
...
      port: 80
```

也就是說，研發人員實際上只需要告訴系統以下訊息：

(1) 我要部署一個容器；

(2) 這個容器的鏡像是 `nginx:1.7.9`；

(3) 這個容器對外暴露 80 埠。

至於這個容器啟動後有多少個實例、如何擴容、安全策略是什麼，應該是運維側根據系統的需求來設置的，研發人員在部署時不必關心。

其他欄位，例如執行後的實例數 `replicas` 和容器的安全配置 `securityContext`，都是運維側的概念，不屬於研發人員需要關心的範疇。至於 `template`、`selector` 這種欄位，已經完全是系統關心的概念了，與研發人員和運維人員無關。

根據以上描述，一個真正研發導向的物件應該是什麼樣子的呢？

```
apiVersion: demo/v1alpha1
kind: WebService
metadata:
  name: web
spec:
  containers:
    - name: web
      image: nginx:1.7.9
      port: 80
```

如上所示，現在把一個簡化後的、新的部署物件叫作 `WebService`，它僅需要包含研發側關心的訊息。在系統中，我們可以用這樣一個 `WebService` 物件來生成 Deployment 和 Service 物件。這樣一來，給研發人員的物件是不是就簡潔很多了呢！

這種為 Kubernetes API 物件設計「簡化版」API 物件的過程，就叫作「構建上層抽象」。它是我們基於 Kubernetes 構建上層應用程式平台的必經之路。

11.3.4　從「構建抽象」到「應用程式模型」

綜上所述，Kubernetes 飽受詬病的複雜性和高使用門檻，本質上是它作為基礎設施層的天然屬性。正是由於 Kubernetes 的抽象程度足夠低，以及其故意與 PaaS 拉開距離，專注於對更下層的基礎設施進行抽象和封裝，才造就了如今基於 Kubernetes 的百花齊放的雲原生生態。

當然，這也就意味著，我們如果想把 Kubernetes 打造成一個「人見人愛」的雲原生應用程式管理平台，那麼「構建上層抽象」就是必不可少的關鍵步驟。而這一過程其實也是大多數團隊基於 Kubernetes 構建容器雲或者 PaaS、Serverless 平台時主要的二次開發工作，幾乎每個團隊都有自己的一套做法。上面舉例的定義 WebService 抽象就是一種實踐。

那麼問題來了：有沒有一種方法能夠讓我們以統一、標準化、可擴展的方式來定義和管理上層抽象呢？

下一節會介紹雲原生社群中一種叫作「應用程式模型」的技術，它能夠專門從 API 層來優雅、統一地解決這個問題。

11.4 ▶ 打造以應用程式為中心的 Kubernetes

前面介紹了 Kubernetes 宣告式 API 的本質是透過 IaD 的方式，把整個基礎設施的所有能力都透過資料的方式暴露出來，這些資料就是 Kubernetes 裡常見的 YAML 檔。

此外，我們也知道，Kubernetes 作為一個「平台的平台」，其核心目標使用者是基礎設施工程師或者平台構建者。所以，上述 YAML 檔裡的資料，本質上，是暴露給基礎設施工程師，用來構建 PaaS 等上層平台使用的基礎性原語。這就解釋了為什麼哪怕是最簡單的 Deployment 物件，如果要直接暴露給業務研發人員使用，還是困難重重。

前面提到了上述問題其實可以透過構建「上層抽象」來解決，例如設計一個更簡單的、使用者導向的物件來生成最終的 Deployment。其實，在有了 Kubernetes 之後，我們構建 PaaS 這樣的上層平台，本質上就變成了基於

Kubernetes 構建上層抽象的過程。這也就意味著，在雲原生時代，構建一個使用者友好的 PaaS 甚至 Serverless 平台，不再是大公司、大團隊的專利，幾個普通開發者基於 Kubernetes 及其生態中的各種外掛程式能力，在短時間內「攢」出一個應用程式平台，應該不是問題。

不過，這件事情理論上雖然可行，但是難就難在這個「攢」字。

類比樂高積木這類產品，樂高提供的實際上是一堆基礎模組，你可以拿這些基礎模組「攢」出各種玩具。可是，不知道大家有沒有想過，如果我們只有基礎模組，沒有圖紙，還能這麼輕鬆地「攢」出玩具嗎？

其實目前 Kubernetes 和雲原生生態就是這樣。在今天的雲原生生態裡，幾乎已經具備「攢」出一個應用程式平台所需的所有能力或者說基礎模組。例如，工作負載（Deployment、StatefulSet、Operator）、流量管理（Service Mesh）、發布策略（Flagger、ArgoRollout）、雲服務管理與接入（Crossplane）等。但問題是，把這些能力「攢」成一個應用程式平台的圖紙在哪裡呢？

所以，本節將重點介紹開源專案 OAM（Open Application Model，開放應用程式模型）和 KubeVela。它們的主要價值就是幫助你基於 Kubernetes「攢」出一個端到端的應用程式管理平台的「通用圖紙」。

11.4.1 OAM 簡介

OAM 是一個由阿里巴巴和微軟在 2019 年末共同發布的開源專案，旨在幫助開發者以統一、標準、簡單的方式針對所有執行時交付應用程式，並以此為基礎構建「以應用程式為中心」的上層平台。該專案主要包括兩部分：OAM 規範和 OAM 規範的 Kubernetes 實現。

OAM spec 定義了 OAM 的核心設計和使用規範。該規範本身與底層平台無關，你既可以基於 Kubernetes 來實現 OAM，也可以基於雲端服務、OpenStack、IoT 基礎設施等所有底層執行時來實現。OAM spec 本身沒有與這些基礎設施綁定。

KubeVela 是 OAM spec 在 Kubernetes 上的完整實現。因此，對於最終使用者（例如業務研發人員和運維人員）來說，KubeVela 很像一個功能完善、使用體驗良好的「PaaS 平台」。而對於平台工程師來說，KubeVela 則更像是一個可以無限擴展、Kubernetes 原生的應用程式平台構建引擎。KubeVela 本質上其實就是在 Kubernetes 上安裝了一個 OAM 外掛程式，從而使得平台工程師能夠按照 OAM 模型，把 Kubernetes 生態中的各種能力或者外掛程式「攢」成一個應用程式交付平台。所以，它既對最終使用者提供媲美 PaaS 的使用體驗，又為平台工程師帶來了 Kubernetes 原生的高可擴展性和平台構建規範，這是 KubeVela 不同於各種傳統 PaaS 的關鍵所在。

11.4.2　KubeVela 的使用體驗

KubeVela 的使用體驗到底如何呢？不妨看一個簡單的例子。

• Application

KubeVela 暴露給使用者的主要操作物件叫作 Application，下面是一個 Application 物件的範例：

```yaml
apiVersion: core.oam.dev/v1alpha2
kind: Application
metadata:
  name: application-sample
spec:
  components:
    - name: myweb
      type: worker
      settings:
        image: "busybox"
        cmd:
        - sleep
        - "1000"
      traits:
        - name: scaler
          properties:
            replicas: 10
```

```
      - name: sidecar
        properties:
          name: "sidecar-test"
          image: "fluentd"
```

只要上述一個檔案，KubeVela 就能透過 Kubernetes 為你建立一個 Deployment、若干個 Service、若干個 Ingress，還自動分配了域名，配置了已經簽名的憑證，建立注入 sidecar 容器等。可見，透過引入 Application 這個上層抽象，KubeVela 對 Kubernetes 的能力做了更高層次的封裝，大大簡化了使用者使用 Kubernetes 的流程，降低了學習門檻。

在實現上，Application 物件中可填寫的欄位是由 Definition 物件裡的元件模板（Component）和運維特徵（Trait）決定的。而這個模板是 KubeVela 透過 CUElang 這個配置語言或者直接引用 Helm Chart 等方式，定義在 ComponentDefinition 和 TraitDefinition 物件中的。

• ComponentDefinition

ComponentDefinition 的主要作用是在系統中註冊元件模板，範例如下：

```
apiVersion: core.oam.dev/v1alpha2
kind: ComponentDefinition
metadata:
  name: worker #  元件類型
spec:
  template:
    ... # 使用者提供的元件模板
  parameters:
    ... # 元件模板暴露出的參數
```

如上所示，這樣一個 ComponentDefinition 物件安裝在 Kubernetes 後，它的名字就提供了它所註冊的元件類型，即 Application 物件中的 `component.type` 欄位；而這個元件具體工作負載的 schema，也就是 `component.settings` 部分怎麼寫，則取決於上述物件裡 parameters 欄位的內容。

• Trait

Trait（應用程式特徵）就是一系列針對應用程式運維行為的物件，它們一般是經過抽象和封裝後的應用程式運維能力，例如 rollout（灰度發布）、route、scale（擴容策略）等，如圖 11-1 所示。

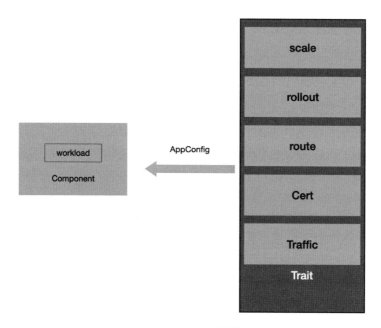

圖 11-1　Trait 示意圖

和元件類似，Trait 也允許使用者在系統中自由新增，而且該功能的實現也依賴另一個物件：TraitDefinition（應用程式特徵定義）。

• TraitDefinition

```
apiVersion: core.oam.dev/v1alpha2
kind: TraitDefinition
metadata:
  name: scale
spec:
  appliesTo:
    - *.core.oam.dev
    - *.apps.k8s.io
```

```
template:
    ... # 使用者提供的運維物件模板
parameters:
    ... # 運維物件模板暴露出的參數
```

與 ComponentDefinition 類似，TraitDefinition 提供了一個運維能力的定義和使用方式，使得使用者可以在 Application 物件中引用它。

上述 Application 以及 Definition 等物件其實正是 OAM 規範的主要內容。關於 OAM 和 KubeVela 的設計與使用方式，本書不再贅述，歡迎瀏覽 KubeVela 官網進一步學習。

小結

隨著以 Kubernetes 為核心的雲原生技術體系的逐漸成熟，開發一個媲美 Cloud Foundry 這樣的企業級 PaaS 不再是大公司的專利，而會成為每個小團隊甚至個人觸手可及的目標。

OAM 和 KubeVela 就是在此背景和願景中誕生的。它們的價值主要體現在以下兩個方面。

(1) 對於平台構建者：構建標準化、高可擴展 PaaS/Serverless 平台的「圖紙」與基礎模組。

(2) 對於最終使用者：簡單友好的應用程式交付體驗，無門檻享受「無限」的平台能力。

所以，相比於傳統 PaaS「封閉、不可擴展」的難題，像 KubeVela 這種基於 OAM 和 Kubernetes 構建的現代雲原生應用程式平台，本質是「以應用程式為中心」的 Kubernetes，保證了應用程式平台，能夠端到端地接入整個雲原生生態的所有能力。與此同時，還為平台的最終使用者帶來低心智負擔、媲美 PaaS 的應用程式管理與交付體驗。隨著未來基於 OAM 的應用程式平台越來越普遍，一個應用程式定義可以完全不加修改地在雲、邊、端等任何環境中直接交付並執行，這會很快成為現實。

Kubernetes 開源社群

前面詳細講解了容器與 Kubernetes 的所有核心技術點、CNCF 和 Kubernetes 社群的關係，以及 Kubernetes 社群的運作方式。本章最後討論 Kubernetes 開源社群以及 CNCF 相關的話題。

我們知道，Kubernetes 託管在 CNCF 基金會下。但是，前面介紹容器與 Kubernetes 的發展歷史時提過，CNCF 跟 Kubernetes 並不是傳統意義上的基金會與託管專案的關係，CNCF 實際上扮演的是 Kubernetes 的市場推廣者角色。

這就好比本來 Kubernetes 應該由 Google 公司一家維護、運營和推廣。但是為了維持中立，並且吸引更多貢獻者加入，Kubernetes 從一開始就選擇了由基金會託管的模式。關鍵在於，這個基金會本身就是 Kubernetes 背後的「大佬們」一手建立的，然後以中立的方式對 Kubernetes 進行運營和市場推廣。

透過這種方式，Kubernetes 既避免了因為 Google 公司在開源社群裡的「作風」和非中立角色被競爭對手口誅筆伐，又可以站在開源基金會的制高點

上團結社群裡所有跟容器相關的力量。而隨後 CNCF 基金會的迅速發展和壯大，也印證了這個思路其實非常正確和有先見之明。

不過，在 Kubernetes 和 Prometheus 這兩個 CNCF 的一號和二號專案相繼「畢業」之後，現在 CNCF 社群更多地扮演了傳統的開源基金會的角色：吸納會員，幫助專案成形和運轉。

由於 Kubernetes 的巨大成功，CNCF 在雲端運算領域，已經獲得了極高的聲譽和認可度，也填補了以往 Linux 基金會在這個領域的空白。所以，可以認為現在的 CNCF 就是雲端運算領域裡的 Apache，它的作用跟當年大數據領域裡 Apache 基金會的作用相同。

需要指出的是，對於開源專案和開源社群的運作來說，第三方基金會從來就不是一個必要條件。事實上，世界上成功的開源專案和社群大多來自於一個聰明的想法或者一幫傑出的駭客。在這些專案的發展過程中，第三方基金會的作用更多體現為在該專案發展到一定程度後主動進行商業運作。切勿把開源專案與基金會間的這一層關係本末倒置了。

另外，需要指出的是，CNCF 基金會僅負責成員專案的市場推廣，而絕不會也沒有能力直接影響具體專案的發展。任何一家成員公司或者是 CNCF 的 TOC（Technical Oversight Committee，技術監督委員會）都沒有對 Kubernetes「指手畫腳」的權利和義務，除非是 Kubernetes 裡的關鍵人物。

所以，真正能夠影響 Kubernetes 發展的，當然還是 Kubernetes 社群。你可能會好奇，Kubernetes 社群是如何運作的呢？

通常，一個基金會下面託管的專案需要遵循基金會的管理機制。例如統一的 CI 系統、程式碼審核流程、管理方式等。但是，實際情況是先有 Kubernetes，後有 CNCF，並且 CNCF 基金會還是 Kubernetes「一手帶大」的。所以，在專案管理這件事情上，Kubernetes 早就自成體系，發展得非常完善了。而基金會裡的其他專案一般「各自為政」，CNCF 不會對專案的管理方法提出過多要求。

Kubernetes 的管理方式其實還是比較貼近 Google 風格的，即重視程式碼，重視社群的「民主性」。

首先，Kubernetes 是一個沒有 maintainer（維護者）的專案。這一點非常有意思，Kubernetes 裡曾經短時間存在過 maintainer 這個角色，但很快就被廢棄了。取而代之的是 approver+reviewer 機制。具體原理是在 Kubernetes 的每一個目錄下，你都可以新增一個 OWNERS 檔，然後在檔案裡寫入如下欄位：

```
approvers:
- caesarxuchao
reviewers:
- lavalamp
labels:
- sig/api-machinery
- area/apiserver
```

例如，在上面的例子裡，approver 的 GitHub ID 就是 caesarxuchao（Xu Chao），reviewer 就是 lavalamp。這就意味著，任何人提交的 PR，只要修改了該目錄下的檔案，就必須經 lavalamp 審核程式碼，然後經過 caesarxuchao 的批准才能被合併。當然，在這個檔案裡，caesarxuchao 的權力最大，他既可以審核程式碼，也能做最後的批准，但 lavalamp 不能做出批准。

當然，無論是程式碼審核通過，還是批准，這些維護者只需要在 PR 下面評論 /lgtm 和 /approve，Kubernetes 的機器人（k8s-ci-robot）就會自動給該 PR 加上 lgtm 和 approve 標籤，然後進入 KubernetesCI 系統的合併佇列，最後被合併。此外，如果你要給這個專案加標籤，或者把它指派給他人，也都可以透過評論的方式進行。

在上述整個過程中，程式碼維護者不需要對 Kubernetes 擁有寫入權限，即可完成程式碼審核、合併等所有流程。這當然得益於 Kubernetes 社群完善的機器人機制，這也是 GitHub 最吸引人的特性之一。

順便一提，很多人問，GitHub 比其他程式碼託管平台強在哪裡？實際上，GitHub 龐大的 API 和外掛程式生態，才是它最具吸引力的地方。

當然，當你想把自己的想法以程式碼的形式提交給 Kubernetes 時，除非你的改動是修補漏洞或者很簡單，否則直接提交一個 PR，很可能不會被批准。一定要按照下面的流程進行。

(1) 在 Kubernetes 主庫裡建立 Issue，詳細描述你希望解決的問題、方案以及開發計劃。如果社群裡已經存在相關的 Issue，那你必須在這裡引用它們。如果社群裡已經存在相同的 Issue，你就需要確認，是否應該直接轉到原有 Issue 上進行討論。

(2) 給 Issue 加上與它相關的 SIG 的標籤。例如，你可以直接評論 /sig node，這個 Issue 就會被加上 sig-node 的標籤，這樣 SIG-Node 的成員就會特別留意這個 Issue。

(3) 收集社群中這個 Issue 的訊息，回覆評論，與 SIG 成員達成一致。必要時還需要參加 SIG 的週會，充分闡述你的想法和計劃。

(4) 在與 SIG 的大多數成員達成一致後，就可以開始進行詳細的設計了。

如果設計比較複雜，你還需要在 Kubernetes 的設計提議目錄（在 Kubernetes Community 裡）下提交一個 PR，加入你的設計文件。這樣，所有關心這個設計的社群成員都會對你的設計進行討論。不過最後，在整個 Kubernetes 社群，只有極少部分的成員有權限來審核和批准你的設計文件。他們當然也被定義在了這個目錄下面的 OWNERS 檔裡，如下所示：

```
reviewers:
- brendandburns
- dchen1107
- jbeda
- lavalamp
- smarterclayton
- thockin
- wojtek-t
- bgrant0607
approvers:
- brendandburns
- dchen1107
- jbeda
- lavalamp
- smarterclayton
- thockin
- wojtek-t
- bgrant0607
labels:
- kind/design
```

這幾位成員便是社群裡的「大佬」。不過需要注意,「大佬」並不一定代表能力最強,所以還是要擦亮眼睛。此外,Kubernetes 的幾位創始成員被稱作 Elders(元老),分別是 jbeda、bgrant0607、brendandburns、dchen1107 和 thockin。

上述設計提議被合併後,你就可以按照設計文件的內容編寫程式碼了。這個流程才是大家所熟知的編寫程式碼、提交 PR、透過 CI 測試、進行程式碼審核,然後等待合併的流程。

如果你的 feature 需要在 Kubernetes 的正式 Release 裡發布上線,那麼還需要在 Kubernetes Enhancements 這個庫裡提交一個 KEP(Kubernetes Enhancement Proposal)。KEP 的主要內容是詳細描述你的編碼計劃、測試計劃、發布計劃以及向後相容計劃等軟體工程相關訊息,供全社群進行監督和指導。

以上,就是 Kubernetes 社群主要的運作方式。

小結

本章詳細介紹了 CNCF 和 Kubernetes 社群的關係,以及 Kubernetes 社群的運作方式,希望能夠幫助你理解該社群的特點及其先進之處。

除此之外,你可能還聽說過 Kubernetes 社群裡有一個叫作 Kubernetes Steering Committee 的組織。該組織其實也屬於 Kubernetes Community 庫的一部分。成員的主要職能是對 Kubernetes 管理的流程進行約束和規範,但通常不會直接干涉 Kubernetes 具體的設計和程式碼實現。

其實,到目前為止,Kubernetes 社群最大的優點就是清楚地區分了「搞政治」的人和「搞技術」的人。不難理解,在一個活躍的開源社群裡這兩種角色其實都是需要的,但是,如果這兩部分人大量重合,那對於一個開源社群來說恐怕就是災難了。

結語
Kubernetes：贏開發者贏天下

第 1 章用了大量篇幅探討了這樣一個話題：Kubernetes 為什麼會贏？

當時下了這樣一個結論：Kubernetes 之所以能贏，最重要的原因，在於它爭取到了雲端運算生態裡的絕大多數平台開發者（或者叫：平台工程師）。不過，當時你可能會對這個結論有所疑惑：大家不都說 Kubernetes 是一個運維工具嗎？怎麼就和平台工程師搭上關係了呢？

事實上，Kubernetes 發展至今，已成為雲端運算領域中平台層當仁不讓的事實標準。但這樣的生態地位，並不是一個運維工具或者 DevOps 專案所能達到的。其中的原因也很容易理解：Kubernetes 的成功，是雲端運算平台上的眾多平台工程師用腳投票的結果。在學習完本書之後，相信你也應該能夠明白，雲端運算平台上的平台工程師所關心的，並不是調度、資源管理、網路或者儲存，他們只關心一件事 —— Kubernetes 的 API。

這也是為什麼，在 Kubernetes 裡，凡是跟 API 相關的事情就都是大事；凡是想在這個社群構建影響力的人或者組織，就一定會在 API 層面展開角逐。這個「API 為王」的思路，早已經深入 Kubernetes 裡每一個 API 物件的每一個欄位的設計過程當中了。

所以，Kubernetes 的本質其實就是「控制器模式」。這個思想不僅是 Kubernetes 裡每一個元件的「設計模板」，也是 Kubernetes 能夠將平台工程師緊緊團結到自己身邊的重要原因。作為平台的構建者，能夠用一個 YAML 檔表達一個非常複雜的基礎設施能力的最終狀態，並且自動地對應用程式進行運維和管理，這種信賴關係就是連接 Kubernetes 和平台工程師最重要的紐帶。更重要的是，當這個 API 趨向於足夠穩定和完善時，越來越多的平台工程師會自動匯集到這個 API 上來，依託它所提供的能力構建出一個全新的生態。

這幾位成員便是社群裡的「大佬」。不過需要注意,「大佬」並不一定代表能力最強,所以還是要擦亮眼睛。此外,Kubernetes 的幾位創始成員被稱作 Elders（元老）,分別是 jbeda、bgrant0607、brendandburns、dchen1107 和 thockin。

上述設計提議被合併後,你就可以按照設計文件的內容編寫程式碼了。這個流程才是大家所熟知的編寫程式碼、提交 PR、透過 CI 測試、進行程式碼審核,然後等待合併的流程。

如果你的 feature 需要在 Kubernetes 的正式 Release 裡發布上線,那麼還需要在 Kubernetes Enhancements 這個庫裡提交一個 KEP（Kubernetes Enhancement Proposal）。KEP 的主要內容是詳細描述你的編碼計劃、測試計劃、發布計劃以及向後相容計劃等軟體工程相關訊息,供全社群進行監督和指導。

以上,就是 Kubernetes 社群主要的運作方式。

小結

本章詳細介紹了 CNCF 和 Kubernetes 社群的關係,以及 Kubernetes 社群的運作方式,希望能夠幫助你理解該社群的特點及其先進之處。

除此之外,你可能還聽說過 Kubernetes 社群裡有一個叫作 Kubernetes Steering Committee 的組織。該組織其實也屬於 Kubernetes Community 庫的一部分。成員的主要職能是對 Kubernetes 管理的流程進行約束和規範,但通常不會直接干涉 Kubernetes 具體的設計和程式碼實現。

其實,到目前為止,Kubernetes 社群最大的優點就是清楚地區分了「搞政治」的人和「搞技術」的人。不難理解,在一個活躍的開源社群裡這兩種角色其實都是需要的,但是,如果這兩部分人大量重合,那對於一個開源社群來說恐怕就是災難了。

結語
Kubernetes：贏開發者贏天下

第 1 章用了大量篇幅探討了這樣一個話題：Kubernetes 為什麼會贏？

當時下了這樣一個結論：Kubernetes 之所以能贏，最重要的原因，在於它爭取到了雲端運算生態裡的絕大多數平台開發者（或者叫：平台工程師）。不過，當時你可能會對這個結論有所疑惑：大家不都說 Kubernetes 是一個運維工具嗎？怎麼就和平台工程師搭上關係了呢？

事實上，Kubernetes 發展至今，已成為雲端運算領域中平台層當仁不讓的事實標準。但這樣的生態地位，並不是一個運維工具或者 DevOps 專案所能達到的。其中的原因也很容易理解：Kubernetes 的成功，是雲端運算平台上的眾多平台工程師用腳投票的結果。在學習完本書之後，相信你也應該能夠明白，雲端運算平台上的平台工程師所關心的，並不是調度、資源管理、網路或者儲存，他們只關心一件事 —— Kubernetes 的 API。

這也是為什麼，在 Kubernetes 裡，凡是跟 API 相關的事情就都是大事；凡是想在這個社群構建影響力的人或者組織，就一定會在 API 層面展開角逐。這個「API 為王」的思路，早已經深入 Kubernetes 裡每一個 API 物件的每一個欄位的設計過程當中了。

所以，Kubernetes 的本質其實就是「控制器模式」。這個思想不僅是 Kubernetes 裡每一個元件的「設計模板」，也是 Kubernetes 能夠將平台工程師緊緊團結到自己身邊的重要原因。作為平台的構建者，能夠用一個 YAML 檔表達一個非常複雜的基礎設施能力的最終狀態，並且自動地對應用程式進行運維和管理，這種信賴關係就是連接 Kubernetes 和平台工程師最重要的紐帶。更重要的是，當這個 API 趨向於足夠穩定和完善時，越來越多的平台工程師會自動匯集到這個 API 上來，依託它所提供的能力構建出一個全新的生態。

事實上，在雲端運算的發展歷程中，像這樣圍繞一個 API 建立出一個「新世界」已有先例，這正是 AWS 和它龐大的使用者生態的故事。這一次 Kubernetes 的巨大成功，其實就是 AWS 故事的另一個版本。只不過，相比於 AWS 作為網路、儲存和計算層提供運維和資源抽象標準的故事，Kubernetes 生態更進一步把觸角探到了平台工程師的邊界，使得平台工程師有能力聚焦在如何服務好應用程式的執行狀態和運維方法，實現了經典 PaaS 很多年前就已經提出，卻始終沒能實現的美好願景。

這也是為什麼本書一再強調，Kubernetes 裡最重要的是它的「容器設計模式」，是它的 API 物件，是它的 API 編程範式。這些都是未來雲端運算時代的每一個平台工程師需要融會貫通，融入自己技術基因裡的關鍵所在。也只有這樣，作為平台工程師，你才能開發和構建出符合未來雲端運算型態的應用程式基礎設施能力。而更重要的是，再借助 Open Application Model 等構建上層應用程式平台的標準化框架，你就能夠讓自己系統級的技術工作透過更加友好的方式透出給使用者，讓 Kubernetes 和雲原生真正產生價值。

透過本書的講解，希望你能夠真正理解 Kubernetes API 背後的設計理念，並領悟 Kubernetes 為了贏得開發者信賴的「煞費苦心」。更重要的是，當你帶著這種「覺悟」再去學習和理解 Kubernetes 調度、網路、儲存、資源管理、容器執行時的設計和實現方法時，才會真正觸碰到這些機制隱藏在文件和程式碼背後的靈魂所在。

所以，當你不太理解為什麼要學習 Kubernetes 時，或者你在學習 Kubernetes 感到困難時，不妨想像一下 Kubernetes 就是未來的 Linux 作業系統。在這個雲端運算以前所未有的速度迅速普及的世界裡，Kubernetes 很快就會像作業系統一樣，成為每一個技術從業者必備的基礎知識。而現在，你不僅牢牢掌握住了 Kubernetes 的精髓，也就是宣告式 API 和控制器模式；掌握了這個 API 獨有的程式範式，即 Controller 和 Operator；還以此為基礎詳細地了解了每一個核心模組和功能的設計與實現方法。那麼，對於這個未來雲端運算時代的作業系統，還有什麼好擔心的呢？

所以，本書閱讀的結束，其實是你技術生涯全新的開始。相信你一定能夠帶著這個「贏開發者贏天下」的啟發，在雲端運算的海洋裡繼續乘風破浪，一往無前！

深入剖析 Kubernetes

作　　者：張　磊
企劃編輯：莊吳行世
文字編輯：詹祐甯
設計裝幀：張寶莉
發 行 人：廖文良

發 行 所：碁峰資訊股份有限公司
地　　址：台北市南港區三重路 66 號 7 樓之 6
電　　話：(02)2788-2408
傳　　真：(02)8192-4433
網　　站：www.gotop.com.tw
書　　號：ACA027000
版　　次：2022 年 07 月初版
建議售價：NT$560

國家圖書館出品預行編目資料

深入剖析 Kubernetes / 張磊原著. -- 初版. -- 臺北市：碁峰資訊，2022.07
　　面；　公分
　　ISBN 978-626-324-223-4(平裝)
　　1.CST：作業系統
312.54　　　　　　　　　　　　　　　　111008736

讀者服務

● 感謝您購買碁峰圖書，如果您對本書的內容或表達上有不清楚的地方或其他建議，請至碁峰網站：「聯絡我們」\「圖書問題」留下您所購買之書籍及問題。(請註明購買書籍之書號及書名，以及問題頁數，以便能儘快為您處理)
http://www.gotop.com.tw

● 售後服務僅限書籍本身內容，若是軟、硬體問題，請您直接與軟體廠商聯絡。

● 若於購買書籍後發現有破損、缺頁、裝訂錯誤之問題，請直接將書寄回更換，並註明您的姓名、連絡電話及地址，將有專人與您連絡補寄商品。